计算机技术
开发与应用丛书

Octave图像处理

于红博 ◎ 编著

清华大学出版社

北京

内 容 简 介

Octave 为 GNU 项目下的开源软件,旨在解决线性和非线性数值计算问题。本书由浅入深,全面讲解基于 Octave 软件的图像处理技术,帮助读者尽快掌握 Octave 图像处理的技巧。

本书共 13 章,将图像处理算法按照不同的技术路线归类,不但囊括图像增强、图像叠加、图像滤波等传统图像处理算法,还重点讲解先进的 AI 图像处理技术。利用这些技术可创作出风格各异的图像。本书中的大部分图像处理算法附带图像处理效果图,可用于比较不同图像处理算法的效果,使本书阅读更直观,图像处理算法更易懂。

本书适合各种基础的读者,配套数百段实战程序代码,没有接触过图像处理的读者可以通过本书快速入门,接触过图像处理的读者可以通过本书快速查找所需的图像处理程序代码。

图书在版编目(CIP)数据

Octave 图像处理 / 于红博编著. -- 北京 : 清华大学出版社,2025. 7.
(计算机技术开发与应用丛书). -- ISBN 978-7-302-69635-3

Ⅰ. TP391.413

中国国家版本馆 CIP 数据核字第 2025NN3036 号

责任编辑:赵佳霓
封面设计:吴 刚
责任校对:时翠兰
责任印制:丛怀宇

出版发行:清华大学出版社
      网 址:https://www.tup.com.cn,https://www.wqxuetang.com
      地 址:北京清华大学学研大厦 A 座   邮 编:100084
      社 总 机:010-83470000   邮 购:010-62786544
      投稿与读者服务:010-62776969, c-service@tup.tsinghua.edu.cn
      质量反馈:010-62772015, zhiliang@tup.tsinghua.edu.cn
      课件下载:https://www.tup.com.cn,010-83470236
印 装 者:三河市天利华印刷装订有限公司
经 销:全国新华书店
开 本:186mm×240mm   印 张:33.25   字 数:746 千字
版 次:2025 年 8 月第 1 版   印 次:2025 年 8 月第 1 次印刷
印 数:1~1500
定 价:139.00 元

产品编号:109317-01

前 言
PREFACE

图像处理是指对图像进行分析、加工和处理以满足特定需求的技术。它涵盖了从简单的图像增强到复杂的图像分析等多个方面。

图像处理在许多领域有广泛的应用。在摄影工业中,图像处理可以应用于直方图均化、图像去噪和对比度增强等处理和分析。在遥感与卫星成像中,图像处理可以应用于地质勘探和环境监测等场景。在安全监控中,图像处理可以应用于人脸识别、车牌识别和道路识别等场景。在商业零售中,图像处理可以应用于商品识别、效果图生成和模特生成等场景。

笔者依据真实的工业研发经验和在科学计算领域的积累,将实际的应用场景和理论的图像处理算法相融合,博采其他编程语言的经典概念,配合 Octave 编程的基础知识进行实战,力求读者可以由浅入深地上手图像处理技术中的各个环节。

第 1 章和第 2 章讲解 Octave 基本概念和基本图像操作。第 2 章先从图像读取入手,然后讲解查看图像信息和图像格式,以及图像分割和图像分块处理方式,最后讲解图像显示或保存。

第 3 章讲解与图像数据格式相关的知识。图像按数据格式大致分为彩色图像、灰度图像、二值图像、索引图像和多帧图像,并且可以在不同的数据格式之间互相转换,还可以通过文件流进行流式传输。

第 4 章讲解与颜色相关的知识。读者先需要理解颜色空间的理论,再领会图像通道和颜色图的概念,这样便可管理图像中的颜色,配合实际的颜色处理算法对图像的颜色进行调节。

第 5 章讲解图像运算。图像运算可以分为像素运算、算术运算、邻域运算、几何变换、空间变换和二值图像打包解包。读者在学习这些算法后,可以将原始图像经运算后实现另外的效果。

第 6 章讲解与图像分析相关的知识。本章先讲解了经典且常用的直方图理论和图像归一化算法,再深入讲解图像的相关性指标,从单幅图像的指标扩展到两幅图像之间的指标。本章还涉及边缘检测、霍夫变换和凸包检测的用法,最后介绍图像统计和像素对比算法。读者可以通过图像分析指标进行后期处理,调节出视觉效果更具美感的图像。

第 7 章从图像平滑算法入手,配合颜色增强等增强算法,可以直接改变图像的整体风格,帮助读者创作出更有视觉表现力的图像。

　　第 8 章讲解与图像叠加相关的知识。图像在叠加其他元素之后,可以突出展示图像中的某些关键部分。

　　第 9 章讲解图像滤波的入门知识,从知名的滤波算子入手,到使用自定义算子滤波,带领读者设计自己的滤波算法,从复杂的图像中滤波得到需要的图像特征。本章还介绍了好用的图像去噪算法。读者可以利用该算法方便地去除图像中的噪声或噪点,而不需要设计自己的滤波算法。

　　第 10 章讲解图像模糊算法。图像模糊算法可以为图像增添一种朦胧的视觉效果,既可以用于改变图像的视觉效果,也可以用于抹掉图像的细节。

　　第 11 章讲解图像重建算法。图像重建算法用于提高图像的质量。读者可以通过图像重建算法从不完整或有噪声的测量数据中恢复出完整、清晰的图像。

　　第 12 章讲解与图像形态学相关的知识。通过图像形态学算法处理的图像通常具有抽象的变化,读者可以通过图像形态学的相关算法创作出富有想象力的图像效果。

　　第 13 章讲解 AI 与机器学习图像处理。国产 AI 大模型发展迅速,本章重点提到几十种国产 AI 大模型的图像处理算法,是一场国产 AI 大模型的盛宴。此外,本章还讲解了经典的 Stable Diffusion 模型,包括 Stable Diffusion WebUI 的图像界面用法和 Stable Diffusion WebUI API 用法,这些也是 AI 工程师的必备工具。读者不仅可以在本章中学习 AI 图像处理和机器学习图像处理的精要,还可以学习 AI 工程师的基本操作手法。

　　限于本人的水平和经验,书中难免存在疏漏之处,恳请专家与读者批评指正。

于红博

2025 年 5 月于哈尔滨

目 录
CONTENTS

本书源码

绪　　论

　　图像处理可按应用场景细分为颜色算法、图像运算、图像分析、图像增强、图像叠加、图像模糊、图像重建、图像形态学和 AI 图像处理等,涵盖学科广泛,对开发者的基础知识的要求全面。随着 AI 技术的研发速度加快,目前 AI 工程师非常稀缺,因此学习图像处理知识是一种不错的选择,哪怕从头开始也不晚。

　　目前,AI 图像处理的发展前景广阔。随着 AI 大模型的研发速度不断提升,市面上已经陆续地出现了提供众多功能的 AI 生图大模型,可以满足批量生图的需求。某些先进的云服务商已经可以提供较低价格的 AI 生图服务,在消费者中获得了较高评价。读者可以在阅读本书的过程中从简单的图像处理算法学起,逐渐地学会 AI 生图技术,循序渐进,力求在图像处理生态当中掌握完整的研发流程。

　　消费者对图像处理技术的需求促进了行业的发展,行业的发展也促进了图像处理技术的发展,因此图像处理技术正处于一个快速迭代的发展阶段。目前,国内的 AI 生图技术发展迅速,本书介绍了大量的国产 AI 大模型内容,读者可以从中学习先进的 AI 技术。

　　在继续阅读本书之前,必须先了解以下概念。

1. Octave 使用的编程语言

Octave 使用的编程语言叫作 MATLAB 语言。MATLAB 语言主要被用于 MATLAB 软件的程序编写。虽然 Octave 使用了 MATLAB 语言进行程序编写,但 Octave 和 MATLAB 软件对于 MATLAB 语言上的解释规则有所不同,所以,对于学习过 MATLAB 语言或者 MATLAB 软件的读者而言,学习 Octave 的难度要降低很多,但是不能套用已有的 MATLAB 中的经验,因为那些经验有些是不适用的。

　　此外,Octave 还支持其他编程语言的接口,例如 C 语言、Java 语言、Perl 语言和 Python 语言。通过调用接口的方式,还可以使用其他编程语言进行混合编程。

2. Octave 版本

本书使用的 Octave 版本为 9.1.0。Octave 的某些特性会根据 Octave 的版本变化而相应改变。

3. Python 版本

本书使用的 Python 版本为 3.13。Python 的某些特性会根据 Python 的版本变化而相应改变。

4. 关于 Python 运行环境的说明

Linux 版本的 Octave 会在操作系统环境变量中的 Python 运行环境之下执行 Python 代码。如果使用 Windows 等版本的 Octave，则 Octave 可能会在一个独立的 Python 运行环境之下执行 Python 代码，这种 Python 运行环境需要独立安装依赖库。

5. Linux 版本

本书使用的 Linux 版本为 Fedora 41。Fedora 的某些软件包名会根据 Fedora 的版本变化而相应改变。

6. 交叉学科中的名词混用

Octave 是一款面向数学及其他学科的科学计算工具，在编程当中无法避免交叉学科中的名词混用情况，例如因为"矩阵"一词代表数学当中的纵横排列的表格，而"向量"一词代表沿一个方向排列的表格，所以"向量"也属于"矩阵"，而"数组"一词代表计算机中按规则排列的一组数据，并且 Octave 使用"数组"类型的数据描述矩阵，所以"数组"在 Octave 中等价于"矩阵"。于是，有时在可以使用"向量"一词的场合中，"向量"一词也可以使用"矩阵""行数为 1 的矩阵"和"列数为 1 的矩阵"等名词进行替代；有时在可以使用"矩阵"一词的场合中，"矩阵"一词也可以使用"数组"等名词进行替代。

7. 函数名称记法

本书将同时出现两种函数的记法：

(1) 在记录函数名时加上圆括号。

(2) 在记录函数名时不加圆括号。

这两种记法存在区别。根据约定俗成的做法，Octave 在涉及常用圆括号传入参数的函数时，在函数名的后面加上圆括号，而在涉及不常用圆括号传入参数的函数时，在函数名的后面不加圆括号，示例如下。

对于 hold 函数而言，常用的调用方式如下：

```
>> hold on
```

此时 hold 函数不使用圆括号传入参数。虽然这行代码等效于：

```
>> hold('on')
```

但用户一般不用圆括号传入参数，所以将此函数记为"hold()函数"。

对于 fprintf()函数而言，常用的调用方式如下：

```
>> fprintf('output')
```

此时 fprintf()函数使用圆括号传入参数。虽然这行代码等效于：

```
>> fprintf output
```

但用户一般用圆括号传入参数，所以将此函数记为"fprintf()函数"。

8. 命令提示符

因为 Octave 支持交互操作,所以用户可以直接在 Octave 的命令行窗口中输入命令,但 Octave 的命令行窗口和终端都有一个相同的特点:输入和输出都打印在一起,所以,如果本书不对输入命令和输出内容加以区分,则本书将很难阅读。

为了解决这一问题,本书在代码部分严格引入命令提示符。只要看到命令提示符,就意味着需要将命令提示符所在行后面的内容当作一条命令输入 Octave 的命令行窗口或终端、其他软件的终端或操作系统的终端中。

在下面的代码中,每行都代表着一种命令提示符。本书中使用的命令提示符包括但不限于以下种类的命令提示符:

```
>>
$
#
```

9. 命令提示符的灵活解释

有时,命令提示符会和其他符号含义冲突,此时,则需要根据书中的具体场景,对符号的含义进行具体分析。

10. 依赖库

本书有一部分代码需要依赖库才能运行。

安装 image 工具箱,代码如下:

```
>> pkg install - forge image
```

加载 image 工具箱,代码如下:

```
>> pkg load image
```

安装 matgeom 工具箱,代码如下:

```
>> pkg install - forge matgeom
```

加载 matgeom 工具箱,代码如下:

```
>> pkg load matgeom
```

安装 signal 工具箱,代码如下:

```
>> pkg install - forge signal
```

加载 signal 工具箱,代码如下:

```
>> pkg load signal
```

安装 PIL 库,代码如下:

```
$ pip install pillow
```

安装 OpenCV 库,代码如下:

```
$ pip install opencv - python
```

安装 GraphicsMagick,代码如下:

```
$ sudo dnf install graphicsmagick
```

安装智谱清言大模型 SDK,代码如下:

```
$ pip install zhipuai
```

安装豆包大模型 SDK,代码如下:

```
$ pip install volcengine
```

安装通义大模型 SDK,代码如下:

```
$ pip install dashscope
```

安装混元大模型 SDK,代码如下:

```
$ pip install tencentcloud - manager tencentcloud - sdk - python - hunyuan
```

安装 Stable Diffusion WebUI API SDK,代码如下:

```
$ pip install webuiapi
```

安装 Stable Diffusion WebUI。Stable Diffusion WebUI 对显卡的要求较高,建议读者在云上部署。笔者在 http://stablediffusionwebui. cnoctave. cn/网址部署了 Stable Diffusion WebUI,读者可以访问此网址学习 Stable Diffusion WebUI。

注意:Octave 中文网将在一段时间内提供免费的 Stable Diffusion WebUI 服务。

基本图像操作

图像需要从文件读取到内存中才能进行处理。处理完的图像既可以直接显示,也可以保存到文件中。不同的图像可能包含不同的图像信息。不同的图像可能拥有不同的图像格式。图像可以分割为更小的图像。图像可以分块处理。

2.1 图像读取

imread()函数用于读取图像。imread()函数至少需要传入 1 个参数,这个参数既可以是文件名,也可以是网址。

读取文件 input.png 的代码如下:

```
>> input_png = imread('input.png');
```

将图像网址指定为 http://cnoctave.cn/input.png,读取图像的代码如下:

```
>> imread('http://cnoctave.cn/input.png');
```

此外,imread()函数允许追加第 2 个参数,这个参数是文件类型。读取文件 input.png,指定文件格式为 png 的代码如下:

```
>> imread('input.png', 'png');
```

此外,imread()函数允许指定图像索引。读取文件 input.png,指定索引为 1 的代码如下:

```
>> imread('input.png', 1);
```

此外,imread()函数允许指定键-值对参数,如表 2-1 所示。

表 2-1 imread()函数允许指定的键-值对参数

键 参 数	含 义
Frames	可用于指定图像索引;
Index	如果以这种方式指定文件格式,则文件格式还可以写作 all

键　参　数	含　义
Info	仅用于兼容 MATLAB
PixelRegion	控制读取图像的像素范围； 值必须是一个元胞,元胞的第 1 个元素是起始像素,元胞的第 2 个元素是终止像素； 可以指定读取像素的增量,如果不指定增量,则增量的默认值为 1

读取文件 input.png,用 Frames 参数指定索引为 1 的代码如下:

```
>> imread('input.png', 'Frames', 1);
```

读取文件 input.png,用 Index 参数指定索引为 1 的代码如下:

```
>> imread('input.png', 'Index', 1);
```

读取文件 input.png,用 PixelRegion 参数指定像素范围为{[200 600],[300 700]}的代码如下:

```
>> imread('input.png', "PixelRegion", {[200 600], [300 700]});
```

读取文件 input.png,用 PixelRegion 参数指定像素范围为{[200 600],[300 700]}且增量为 2 的代码如下:

```
>> imread('input.png', "PixelRegion", {[200 2 600], [300 2 700]});
```

PIL 库可以读取图像,代码如下:

```
# 第 2 章/read_picture_pillow.py
from PIL import Image

img = Image.open('input.png')

>> python('read_picture_pillow.py');
```

OpenCV 库可以读取图像。用 OpenCV 库读取图像,代码如下:

```
# 第 2 章/read_picture_opencv.py
import sys
import cv2

def read_picture_opencv(image_path):
    image = cv2.imread(image_path)

if __name__ == "__main__":
    read_picture_opencv(sys.argv[1])
```

将图像指定为 input.png,读取图像的代码如下:

```
>> python("read_picture_opencv.py", "input.png")
```

OpenCV 库可以读取图像并指定读取格式。OpenCV 库支持的读取格式如表 2-2 所示。

表 2-2　OpenCV 库支持的读取格式

读 取 格 式	含　义
IMREAD_UNCHANGED	原样读取
IMREAD_GRAYSCALE	读取为灰度图像
IMREAD_COLOR_BGR	读取为 BGR 图像
IMREAD_COLOR	读取为彩色图像
IMREAD_ANYDEPTH	读取为任意深度的图像
IMREAD_ANYCOLOR	读取为任意彩色的图像
IMREAD_LOAD_GDAL	使用 GDAL 读取图像
IMREAD_REDUCED_GRAYSCALE_2	读取为低精度灰度图像,图像占用内存为 1/2
IMREAD_REDUCED_COLOR_2	读取为低精度彩色图像,图像占用内存为 1/2
IMREAD_REDUCED_GRAYSCALE_4	读取为低精度灰度图像,图像占用内存为 1/4
IMREAD_REDUCED_COLOR_4	读取为低精度彩色图像,图像占用内存为 1/4
IMREAD_REDUCED_GRAYSCALE_8	读取为低精度灰度图像,图像占用内存为 1/8
IMREAD_REDUCED_COLOR_8	读取为低精度彩色图像,图像占用内存为 1/8
IMREAD_IGNORE_ORIENTATION	读取图像时不按照 EXIF 信息旋转图像
IMREAD_COLOR_RGB	读取为 RGB 图像

用 OpenCV 库读取图像并指定读取格式,代码如下:

```
# 第 2 章/read_picture_opencv_format.py
import sys
import cv2

def read_picture_opencv_format(image_path, mode = cv2.IMREAD_UNCHANGED):
    image = cv2.imread(image_path, mode)

if __name__ == "__main__":
    read_picture_opencv_format(sys.argv[1], eval(sys.argv[2]))
```

将图像指定为 input. png,将读取格式指定为 cv2. IMREAD_UNCHANGED,读取图像并指定读取格式的代码如下:

```
>> python("read_picture_opencv_format.py", "input.png",
"cv2.IMREAD_UNCHANGED")
```

2.2　图像信息

imfinfo()函数用于查看图像信息。imfinfo()函数至少需要传入 1 个参数,这个参数既可以是文件名,也可以是网址。

查看文件 input. png 的图像信息的代码如下:

```
>> imfinfo('input.png');
```

将图像网址指定为 http://cnoctave.cn/input.png,查看图像信息的代码如下:

```
>> imfinfo('http://cnoctave.cn/input.png');
```

此外,imfinfo()函数允许追加第2个参数,这个参数是文件类型。查看文件 input.png 的图像信息,将文件格式指定为 png 的代码如下:

```
>> imfinfo('input.png', 'png');
```

图像信息由多部分组成,如表 2-3 所示。

表 2-3　图像信息

键 参 数	含 义	键 参 数	含 义
Filename	图像文件全名	DisposalMethod	多帧图像的处置方法
FileModDate	最后一次修改文件的时间	Chromaticities	色域
FileSize	文件大小	Comment	备注
Format	文件格式	Compression	压缩算法
Height	图像高度	Colormap	颜色图
Width	图像宽度	Orientation	方向
BitDepth	每个通道每个像素的比特数	Software	拍摄用的软件
ColorType	颜色类型	Make	相机厂商
XResolution	图像的 X 分辨率	Model	相机型号
YResolution	图像的 Y 分辨率	DateTime	拍摄时间
ResolutionUnit	分辨率单位	ImageDescription	图像描述
DelayTime	每帧图像之间的延时	Artist	艺术家
LoopCount	多帧图像的循环数	Copyright	版权
ByteOrder	字节序	DigitalCamera	EXIF 信息中的 DigitalCamera
Gamma	伽马	GPSInfo	EXIF 信息中的 GPSInfo
Quality	品质		

此外,用 PIL 库也可以查看图像信息,代码如下:

```
# 第 2 章/get_picture_info_pillow.py
from PIL import Image

with Image.open('input.png') as img:
    print("Format:", img.format)
    print("Mode:", img.mode)
    print("Size:", img.size)
    print("Palette:", img.palette)
    print("Info:", img.info)

>> python('get_picture_info_pillow.py');
```

2.3　图像格式

由于不同的图像格式拥有不同的特点,因此要根据图像的用途选择适当的图像格式。知名的图像格式和说明如表 2-4 所示。

表 2-4　知名的图像格式和说明

图像格式	说　　明
PNG	支持无损压缩； 适用于图标、UI 元素和需要高质量无损压缩的图像
JPEG	适用于照片和复杂的图像； 可以调整质量以平衡文件大小和图像质量
GIF	支持无损压缩； 支持动画和有限的颜色深度（最多 256 色）； 适用于简单的动画和颜色不多的图像
SVG	基于 XML 的向量图形格式； 可无限放大而不失真； 适用于图标、标志和需要缩放的图形设计
BMP	未压缩或简单压缩的位图格式； 文件体积较大； 适用于不需要压缩的原始图像数据
TIFF	常用于专业图像处理领域； 支持无损压缩； 适用于高质量图像存储和专业印刷
WebP	由谷歌开发的现代图像格式； 支持无损压缩； 适用于网络，旨在提供比 JPEG 更高的压缩效率
ICO	用于 Windows 操作系统中的图标； 支持多个尺寸和颜色深度； 适用于程序图标和网页 Favicon
APNG	PNG 的扩展，支持动画； 类似于 GIF，但使用 PNG 的技术，支持更高的图像质量
AVIF	压缩效率高； 适用于需要高效存储和传输高质量图像的应用
PIX	支持多种颜色深度，从黑白单色到高色彩图像； 支持无损压缩； 主要用于专业的三维图形应用程序和视觉效果（VFX）制作流程
DDS	支持多种压缩格式，包括 DXT1、DXT3 和 DXT5（也称为 S3TC）； 可以用来存储各种类型的图像数据，例如纹理贴图、法线贴图、环境贴图等； 支持 mipmap
DPX	支持 10 位和 12 位色彩深度； 支持无损压缩； 可以包含丰富的元数据，例如时间码、场序信息、摄影机设置等
OpenEXR	支持浮点数颜色通道； 支持额外的通道，例如深度信息、遮罩层、阴影信息等； 支持无损压缩，例如 Zip、Piz、Pxr24、B44 和 B44A 等

续表

图像格式	说　　明
GEM Raster	支持不同的颜色深度； 主要用于 GEM 系统
HDR	亮度范围宽； 支持 10 位或 12 位色彩深度； 对比度高
PAM	可以存储多种类型的图像数据，包括灰度、RGB、RGBA 等； 使用简单的文本格式，易于生成和解析； 支持无损压缩
PBM	仅包含黑白两种颜色； 支持两种文件格式，一种是纯文本格式(P1)，另一种是更紧凑的二进制格式(P4)； 支持无损压缩
PCX	支持多种颜色深度； 支持无损压缩； 包含元数据，例如图像尺寸、每英寸点数（DPI）、调色板信息等
PFM	使用浮点数来代表每个像素的颜色值，亮度范围宽； 既可以存储 RGB 图像，也可以存储灰度图像； 支持无损压缩
PGM	仅包含灰度信息，没有彩色信息； 适合存储简单的灰度图像或扫描文档
PPM	主要用于存储彩色图像； 支持两种文件格式，一种是纯文本格式(P3)，另一种是更紧凑的二进制格式(P6)； 支持无损压缩
SGI	支持多种像素格式，包括 8 位灰度图像、16 位 RGB 彩色图像及 32 位 RGBA 彩色图像； 支持无损压缩
RAS	支持不同的色彩深度； 支持无损压缩
TGA	支持不同的色彩深度； 支持无损压缩
TXD	主要用于存储和管理游戏中的纹理资源； TXD 文件被组织成一个"字典"形式，其中包含了多个纹理贴图，每个纹理都有其独特的标识符，并且可以包含各种不同的属性； 可以包含多种类型的纹理数据，例如位图、法线贴图、光泽度贴图等
WBMP	仅支持两种颜色：黑色和白色； 支持无损压缩； 主要用于无线设备，尤其是早期的移动电话和 PDA
XBM	只支持两种颜色：黑色和白色； 通常用于静态图像，例如菜单图标、按钮等用户界面元素
X-face	只支持两种颜色：黑色和白色； X-face 图像没有单独的文件格式或扩展名，而是被直接嵌入邮件消息中

续表

图 像 格 式	说 明
XPM	支持多种色彩模式,包括单色、索引颜色和真彩色; 可以存储索引图像; 主要用于类 UNIX 系统的图标
XWD	支持多种色彩模式,包括单色、索引颜色和真彩色; 可以存储索引图像; 主要用于从 X Window 中捕获窗口的快照

imformats()函数用于查看或处理支持的图像格式。imformats()函数允许不传入参数进行调用,此时将返回支持的所有图像格式,代码如下:

```
>> imformats
Extension | isa | Info | Read | Write | Alpha | Description
----------+-----+------+------+-------+-------+-------------
bmp       | yes | yes  | yes  | yes   | yes   | Microsoft Windows bitmap image
cur       | yes | yes  | yes  | no    | yes   | Microsoft Cursor Icon
gif       | yes | yes  | yes  | yes   | yes   | CompuServe graphics interchange
format
ico       | yes | yes  | yes  | no    | yes   | Microsoft Icon
jp2, jpx  | yes | yes  | yes  | yes   | yes   | JPEG-2000 JP2 File Format Syntax
jpg, jpeg | yes | yes  | yes  | yes   | yes   | Joint Photographic Experts Group JFIF format
pbm       | yes | yes  | yes  | yes   | yes   | Portable bitmap format (black/white)
pcx       | yes | yes  | yes  | yes   | yes   | ZSoft IBM PC Paintbrush
pgm       | yes | yes  | yes  | yes   | yes   | Portable graymap format (gray scale)
png       | yes | yes  | yes  | yes   | yes   | Portable Network Graphics
pnm       | yes | yes  | yes  | yes   | yes   | Portable anymap
ppm       | yes | yes  | yes  | yes   | yes   | Portable pixmap format (color)
ras       | yes | yes  | yes  | yes   | yes   | SUN Rasterfile
tga, tpic | yes | yes  | yes  | yes   | yes   | Truevision Targa image
tif, tiff | yes | yes  | yes  | yes   | yes   | Tagged Image File Format
xbm       | yes | yes  | yes  | yes   | yes   | X Windows system bitmap (black/white)
xpm       | yes | yes  | yes  | yes   | yes   | X Windows system pixmap (color)
```

此外,imformats()函数允许传入 1 个参数进行调用,这个参数既可以是图像格式,也可以是扩展名,此时 imformats()函数将返回对应的详细格式信息。

```
>> imformats('png')
ans =

  scalar structure containing the fields:

    coder = PNG
    ext =
    {
```

```
        [1,1] = png
    }

    isa =

@(x) isa_magick (coders {fidx, 1}, x)

    info = @__imfinfo__
    read = @__imread__
    write = @__imwrite__
    alpha = 1
    description = Portable Network Graphics
    multipage = 0
```

此外,imformats()函数允许传入 add 参数进行调用,此时将添加一种新的支持的格式。
添加一种新的支持的格式 ABC,编码器为 ABC,扩展名为 abc,isa 函数为@(x) isa_abc,info 函数为@__imfinfo__,read 函数为@__imread__,write 函数为@__imwrite__,支持透明度,描述为 ABC,不支持多帧图像的代码如下:

```
>> imformats('add', struct('coder', 'ABC', 'ext', {'abc'}, 'isa', @(x) isa_abc (coders {fidx, 1},
x), 'info', @__imfinfo__, 'read', @__imread__, 'write', @__imwrite__, 'alpha', 1,
'description', 'ABC', 'multipage', 0))
```

此外,imformats()函数允许传入 remove 参数进行调用,此时将移除一种已有的扩展名。移除扩展名 abc 的代码如下:

```
>> imformats('remove', 'abc')
ans =

    1x17 struct array containing the fields:

        coder
        ext
        isa
        info
        read
        write
        alpha
        description
        multipage
```

此外,imformats()函数允许传入 update 参数进行调用,此时可以将一种扩展名更新到已有的格式中。将扩展名 abc 更新到 ABC 格式的代码如下:

```
>> imformats('update', 'abc', struct('coder', 'ABC', 'ext', {'abc'}, 'isa', @(x) isa_abc (coders
{fidx, 1}, x), 'info', @__imfinfo__, 'read', @__imread__, 'write', @__imwrite__, 'alpha', 1,
'description', 'ABC', 'multipage', 0))
```

```
ans =

    1x18 struct array containing the fields:

        coder
        ext
        isa
        info
        read
        write
        alpha
        description
        multipage
```

此外，imformats()函数允许传入 factory 参数进行调用，此时将更新到出厂格式，代码如下：

```
>> imformats('factory')
```

查看 PIL 库支持的图像格式，代码如下：

```
# 第2章/get_supported_image_formats_pillow.py
from PIL import Image

print(Image.registered_extensions())

>> python('get_supported_image_formats_pillow.py');
```

2.4 图像分割

imcrop()函数用于可视化的图像分割。在调用 imcrop()函数后将显示一个图形窗口，用户用鼠标取两个点，用这两点确定边界盒，最后分割出边界盒中的图像。

imcrop()函数允许不传入参数进行调用，此时将在当前图形窗口中开始取点并分割图像；如果当前没有图形窗口，则不会显示图像，图像分割也不起作用。直接进行可视化的图像分割，代码如下：

```
>> imcrop
```

此外，imcrop()函数允许传入 1 个参数，这个参数是文件名，此时将打开相应文件、取点并分割图像。对图像 input_png 进行可视化图像分割，代码如下：

```
>> imcrop(input_png);
```

此外，imcrop()函数允许传入 1 个参数，这个参数是句柄，此时将在相应句柄上取点并分割图像。对句柄 a 进行可视化图像分割，代码如下：

```
>> imcrop(a);
```

此外,imcrop()函数允许传入两个参数,这两个参数分别是索引图像和颜色图,此时将打开相应索引图像,根据颜色图显示索引图像,取点并分割图像。对索引图像 a 进行可视化图像分割,将颜色图指定为 b,代码如下:

```
>> imcrop(a, b);
```

此外,imcrop()函数允许直接指定分割范围,此时将不进行可视化取点操作。分割范围使用四元矩阵代表,前两个元素代表分割范围的起点,后两个元素代表分割范围的终点,此时将分割从起点到终点的矩形中的图像部分。对文件 input.png 进行图像分割,将起点指定为(1,2),并将终点指定为(3,4),代码如下:

```
>> imcrop( input_png, [1 2 3 4])
ans =

ans(:,:,1) =

  68  69  72  76
  57  65  83  76
  55  61  64  76
  66  66  65  73
  51  55  63  70

ans(:,:,2) =

  39  40  40  44
  30  38  51  44
  28  34  32  44
  39  39  33  41
  24  28  31  38

ans(:,:,3) =

  25  26  27  31
  16  24  41  34
  14  20  22  34
  28  28  20  28
  13  17  18  25
```

2.5　图像分块

bestblk()函数用于确定图像分块的最佳大小。bestblk()函数允许传入 1 个参数进行调用,这个参数是图像尺寸。

将图像尺寸指定为[300 400],确定图像分块的最佳大小,代码如下:

```
>> bestblk([300 400])
ans =

   100  100
```

此外,bestblk()函数允许追加传入第2个参数进行调用,这个参数是最大尺寸。

将最大尺寸指定为200,并将图像尺寸指定为[300 400],确定图像分块的最佳大小,代码如下:

```
>> bestblk([300 400], 200)
ans =

   150  200
```

blockproc()函数用于按照自定义函数将图像分块进行处理。blockproc()函数允许传入3个参数进行调用,第1个参数是图像,第2个参数是分块尺寸,第3个参数是自定义函数。

将分块尺寸指定为[300 400],并将自定义函数指定为sample_function,按照自定义函数对图像input_png分块进行处理,代码如下:

```
>> blockproc(input_png, [300 400], sample_function)
```

此外,blockproc()函数允许传入4个参数进行调用,第1个参数是图像,第2个参数是分块尺寸,第3个参数是边界尺寸,第4个参数是自定义函数。这里的边界代表在实际图像尺寸不能被分块尺寸整除时多出来的虚拟边界,而并非图像的边缘。

将分块尺寸指定为[300 400],将边界尺寸指定为[2 2],并将自定义函数指定为sample_function,按照自定义函数对图像input_png分块进行处理,代码如下:

```
>> blockproc(input_png, [300 400], [2 2], sample_function)
```

此外,blockproc()函数允许追加传入indexed参数进行调用,此时需要传入索引图像。

指定indexed参数,将分块尺寸指定为[300 400],将边界尺寸指定为[2 2],并将自定义函数指定为sample_function,按照自定义函数对图像input_gif分块进行处理,代码如下:

```
>> blockproc(input_gif, "indexed", [300 400], [2 2], sample_function)
```

此外,blockproc()函数允许追加传入其他参数进行调用,这些参数是自定义函数所需要的参数。

先设计一个需要传入1个参数的函数add_diag,代码如下:

```
>> function ret = add_diag(x, param1)
>>     ret = x + diag(param1);
>> endfunction
```

再指定 indexed 参数,将分块尺寸指定为[300 400],将边界尺寸指定为[2 2],并将自定义函数指定为 add_diag,add_diag 函数需要追加传入的参数为[1,2;3,4],按照自定义函数对图像 input_gif 分块进行处理,代码如下:

```
>> blockproc(input_gif, "indexed", [300 400], [2 2], sample_function, [1,2;3,4])
```

im2col()函数用于将图像转换为列矩阵。im2col()函数允许传入两个参数进行调用,第 1 个参数是图像,第 2 个参数是分块尺寸。

将分块尺寸指定为[5 5],将图像 input_png 转换为列矩阵,代码如下:

```
>> im2col(input_png, [50 50]);
```

此外,im2col()函数允许追加传入第 3 个参数进行调用,这个参数是分块类型。im2col()函数支持的分块类型如表 2-5 所示。

表 2-5 im2col()函数支持的分块类型

分 块 类 型	含 义
distinct	每块完全不同
sliding	类似于滑窗的分块方式

将分块尺寸指定为[5 5],将分块类型指定为 distinct,并将图像 input_png 转换为列矩阵,代码如下:

```
>> im2col(input_png, [5 5], "distinct");
```

此外,im2col()函数允许追加传入 indexed 参数进行调用,此时需要传入索引图像。

指定 indexed 参数,将分块尺寸指定为[5 5],将分块类型指定为 distinct,并将图像 input_png 转换为列矩阵,代码如下:

```
>> im2col(input_png, "indexed", [5 5], "distinct");
```

col2im()函数用于将列矩阵转换回图像,与 im2col 相反。col2im()函数允许传入 3 个参数进行调用,第 1 个参数是列矩阵,第 2 个参数是分块尺寸,第 3 个参数是图像尺寸。

将列矩阵指定为[1 2 3 4;5 6 7 8;9 10 11 12;13 14 15 16],将分块尺寸指定为[1 1],将图像尺寸指定为[4 4],并将列矩阵转换回图像,代码如下:

```
>> col2im([1 2 3 4;5 6 7 8;9 10 11 12;13 14 15 16], [1 1], [4 4]);
```

此外,col2im()函数允许追加传入第 4 个参数进行调用,这个参数是分块类型。

将列矩阵指定为[1 2 3 4;5 6 7 8;9 10 11 12;13 14 15 16],将分块尺寸指定为[1 1],将图像尺寸指定为[4 4],将分块类型指定为 distinct,并将图像 input_png 转换为列矩阵,代码如下:

```
>> col2im([1 2 3 4;5 6 7 8;9 10 11 12;13 14 15 16], [1 1], [4 4], "distinct")
```

2.6 图像显示

2.6.1 按原分辨率显示图像

imshow()函数用于按原分辨率显示图像。imshow()函数至少需要传入 1 个参数,这个参数既可以是文件名,也可以是图像。

显示文件 input.png 的代码如下:

```
>> imshow('input.png');
```

显示图像的效果如图 2-1 所示。

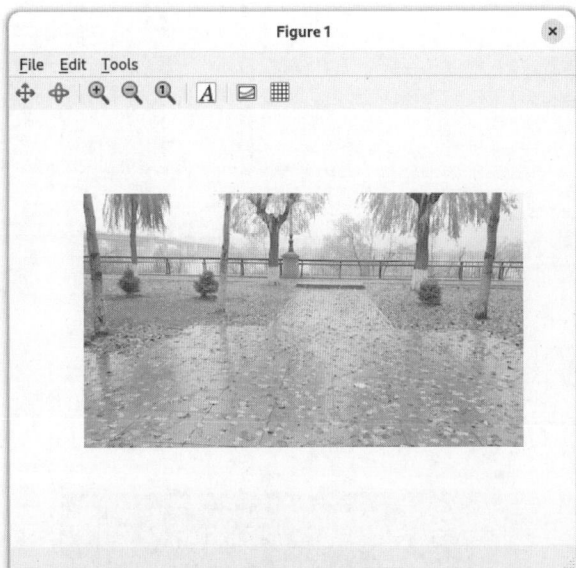

图 2-1 显示图像

显示图像 img 的代码如下:

```
>> imshow(img);
```

此外,imshow()函数允许追加第 2 个参数,这个参数是显示范围。显示文件 input.png,指定显示范围是[100,200]的代码如下:

```
>> imshow('input.png', [100, 200]);
```

此外,imshow()函数允许追加第 2 个参数,这个参数是颜色图。如果图像是索引图像,则将按照颜色图显示图像。显示图像 img,指定颜色图是 jet 的代码如下:

```
>> imshow(img, jet);
```

此外，imshow()函数允许指定键-值对参数。imshow()函数支持的键-值对含义对照表如表 2-6 所示。

表 2-6　imshow()函数支持的键-值对含义对照表

键　参　数	含　义
displayrange	图像的显示范围
colormap	颜色图
xdata	图像的 x 方向显示范围
ydata	图像的 y 方向显示范围

PIL 库可以显示图像。用 PIL 库显示图像，代码如下：

```
♯第 2 章/imshow_pillow.py
from PIL import Image
import sys

def imshow_pillow(image_path):
    img = Image.open(image_path)
    img.show()

if __name__ == "__main__":
    imshow_pillow(sys.argv[1])
```

将图像指定为 input.png，显示图像的代码如下：

```
>> python("imshow_pillow.py", "input.png")
```

显示图像的效果如图 2-2 所示。

图 2-2　PIL 库显示图像

OpenCV 库可以显示图像。用 OpenCV 库显示图像,代码如下:

```
#第2章/imshow.py
import sys
import cv2

def imshow(image_path, winname = "image"):
    image = cv2.imread(image_path)
    cv2.imshow(winname, image)
    cv2.waitKey(0)
    cv2.destroyAllWindows()

if __name__ == "__main__":
    imshow(sys.argv[1], sys.argv[2])
```

将图像指定为 input.png,将图像窗口标题指定为 image,显示图像的代码如下:

```
>> python("imshow.py", "input.png", "image")
```

显示图像的效果如图 2-3 所示。

GraphicsMagick 可以显示图像。将图像指定为 input.png,显示图像的代码如下:

```
>> system("gm display input.png")
```

显示图像的效果如图 2-4 所示。

图 2-3 OpenCV 库显示图像

图 2-4 GraphicsMagick 显示图像

2.6.2 缩放显示图像

imagesc()函数用于缩放显示图像。imagesc()函数至少需要传入 1 个参数,这个参数是要缩放的图像,并将按原分辨率显示图像。

显示图像 input_png 的代码如下:

```
>> imagesc(input_png);
```

此外,imagesc()函数允许传入 3 个参数,第 1 个参数是图像的 x 方向显示范围,第 2 个参数是图像的 y 方向显示范围,第 3 个参数是要缩放的图像,此时将按指定的范围缩放显示图像。

将图像的 x 方向显示范围指定为 $[1,2]$,将图像的 y 方向显示范围指定为 $[3,4]$,缩放显示图像 input_png 的代码如下:

```
>> imagesc([1, 2], [3, 4], input_png);
```

缩放显示图像的效果如图 2-5 所示。

图 2-5　缩放显示图像

此外,imagesc()函数允许追加传入颜色图的范围,如果图像是索引图像,则将限制颜色图的范围并缩放显示图像。

将颜色图的范围指定为 $[100,200]$,缩放显示图像 input_png 的代码如下:

```
>> imagesc(input_png, [100, 200])
```

此外,imagesc()函数允许追加传入轴对象句柄,此时将缩放显示某个轴对象上的图像。缩放显示轴对象 gca 上的图像的代码如下:

```
>> img = imread('input.png');
>> imagesc(gca, img)
```

此外,imagesc()函数允许指定键-值对参数,这些参数用于控制位图对象。imagesc()函数支持的键-值对含义对照表如表 2-7 所示。

表 2-7   imagesc()函数支持的键-值对含义对照表

键 参 数	含 义	取 值 范 围
busyaction	如果一个回调函数想要中断这个位图对象,并且将这个位图对象的 busyaction 设置为 cancel,则立刻取消这个中断请求; 如果一个回调函数想要中断这个位图对象,并且将这个位图对象的 busyaction 设置为 queue,则将这个中断请求放入中断队列	cancel/queue
interruptible	on 代表当前位图对象的回调函数可被其他回调函数中断; off 代表当前位图对象的回调函数不能被其他回调函数中断	off/on
beingdeleted	on 代表当前位图对象已被假删除; off 代表当前位图对象未被假删除	off/on
createfcn	在位图对象创建完成后立刻执行的回调函数	—
deletefcn	在位图对象删除前立刻执行的回调函数	—
clipping	on 代表当前位图对象的显示范围受到轴对象的限制; off 代表当前位图对象的显示范围不受到轴对象的限制	off/on
visible	on 代表当前位图对象在屏幕上渲染; off 代表当前位图对象不在屏幕上渲染	off/on
alphadata	—	—
alphadatamapping	—	—
cdata	位图对象的像素值,即图像	—
cdatamapping	direct 代表当前位图对象直接渲染图像; scaled 代表当前位图对象按比例渲染图像	direct/scaled
xdata	代表当前位图对象之下的点的 x 坐标数据范围; 第 1 个分量代表 x 坐标范围下界; 第 2 个分量代表 x 坐标范围上界	—
ydata	代表当前位图对象之下的点的 y 坐标数据范围; 第 1 个分量代表 y 坐标范围下界; 第 2 个分量代表 y 坐标范围上界	—
buttondownfcn	按下键盘或单击鼠标时调用的回调函数	—
contextmenu	右击图像时弹出的 uicontextmenu 菜单	—
hittest	on 代表当前位图对象会将鼠标单击操作传递给父对象进行处理; off 代表当前位图对象会自行处理鼠标单击操作,不传递给父对象进行处理	off/on
pickableparts	用于描述当前位图对象是否支持鼠标单击; all 代表当前位图对象的可见部分和不可见部分均支持鼠标单击; none 代表当前位图对象的可见部分和不可见部分均不支持鼠标单击; visible 代表只有当前位图对象的可见部分才支持鼠标单击	all/none/visible
selected	on 代表当前位图对象已被选中; off 代表当前位图对象未被选中	off/on

续表

键 参 数	含 义	取 值 范 围
selectionhighlight	on 代表当前位图对象在被选中时高亮； off 代表当前位图对象在被选中时不高亮	off/on
tag	允许用户自定义的标签参数	—
type	位图对象的类名	—
userdata	允许用户自定义的数据	—
children	位图对象的所有子对象	—
handlevisibility	on 代表当前位图对象会出现在它们父对象的 children 值参数之内； off 代表当前位图对象不会出现在它们父对象的 children 值参数之内	—
parent	位图对象的父对象句柄	—

GraphicsMagick 可以缩放显示图像。将图像指定为 input.png，将分辨率指定为 640×480，窗口的左上角点位于屏幕的位置为$(200,300)$，缩放显示图像的代码如下：

```
>> system("gm display - geometry 640x480 + 200 + 300! input.png")
```

缩放显示图像的效果如图 2-6 所示。

图 2-6　GraphicsMagick 缩放显示图像

2.7　图像保存

imwrite()函数将图像保存为文件。imwrite()函数至少需要传入两个参数，第 1 个参数是图像，第 2 个参数是文件名，此时将图像按指定文件名保存为文件。

将图像 a 保存为文件 input.png 的代码如下：

```
>> imwrite(a, 'input.png');
```

此外,imwrite()函数允许追加第 3 个参数,这个参数是文件类型。将图像 a 保存为文件 input.png,将文件格式指定为 png 的代码如下:

```
>> imwrite(a, 'input.png', 'png');
```

此外,imwrite()函数允许保存索引图像,此时第 1 个参数是索引图像,第 2 个参数是颜色图,第 3 个参数是文件名。将图像 a 和索引 b 保存为文件 input.gif,代码如下:

```
>> imwrite(a, b, 'input.gif');
```

此外,imwrite()函数允许指定键-值对参数。imwrite()函数支持的键-值对含义对照表如表 2-8 所示。

表 2-8　imwrite()函数支持的键-值对含义对照表

键 参 数	含 义
Alpha	透明度
Compression	压缩算法; 可选 none、bzip、fax3、fax4、jpeg、lzw、rle 或 deflate; 默认为 none
DelayTime	每帧图像之间的延时
DisposalMethod	多帧图像的处置方法
LoopCount	多帧图像的循环数
Quality	品质; 0~100 的值,值越大品质越高
WriteMode	多帧图像的写模式; 可选 Overwrite 或 Append; 默认为 Overwrite

PIL 库可以保存图像。用 PIL 库保存图像,代码如下:

```
#第2章/save.py
from PIL import Image
import sys

def save(image_path, output_path):
    img = Image.open(image_path)
    img.save(output_path)

if __name__ == "__main__":
    save(sys.argv[1], sys.argv[2])
```

将图像指定为 input.png,将输出图像指定为 output.png,保存图像的代码如下:

```
>> python("save.py", "input.png", "output.png")
```

OpenCV 库可以保存图像。用 OpenCV 库保存图像,代码如下:

```
#第 2 章/imwrite.py
import sys
import cv2

def imwrite(image_path, output_path):
    image = cv2.imread(image_path)
    cv2.imwrite(output_path, image)

if __name__ == "__main__":
    imwrite(sys.argv[1], sys.argv[2])
```

将图像指定为 input.png,将输出图像指定为 output.png,保存图像的代码如下:

```
>> python("imwrite.py", "input.png", "output.png")
```

第 3 章

CHAPTER 3

图像数据格式

不同的图像可能拥有不同的数据格式,大致分为彩色图像、灰度图像、二值图像、索引图像和多帧图像。图像可以在不同的数据格式之间互相转换。图像还可以通过文件流进行流式传输。

3.1 彩色图像

读取文件 input.png,并查看其尺寸,代码如下:

```
>> a = imread('input.png');
>> size(a)
ans =

    270    480      3
```

此图像是一个 PNG 格式、无透明度通道的图像。通过图像的尺寸可知,此图像包含 3 个通道,每个通道的尺寸是 270×480,这个尺寸也是图像的像素数。

有的彩色图像包含透明度通道,透明度通道需要单独指定一个变量进行读取。读取文件 input_alpha80.png,并查看其尺寸和透明度通道的尺寸,代码如下:

```
>> [b,～,c] = imread('input_alpha80.png');
>> size(b)
ans =

    270    480      3

>> size(c)
ans =

    270    480
```

此图像是一个 PNG 格式、有透明度通道的图像。通过图像的尺寸可知,此图像包含 3 个通道,并且透明度通道的尺寸也是图像的像素数。

3.2　灰度图像

读取文件 input_pgm.pgm,并查看其尺寸,代码如下:

```
>> b = imread('input_pgm.pgm');
>> size(b)
ans =

   270   480
```

此图像是一个 PGM 格式的图像。通过图像的尺寸可知,此图像包含 1 个通道,通道的尺寸是 270×480,这个尺寸也是图像的像素数。

3.3　二值图像

读取文件 input_pbm.pbm,并查看其尺寸,代码如下:

```
>> b = imread('input_pbm.pbm');
>> size(b)
ans =

   270   480
```

此图像是一个 PBM 格式的图像。通过图像的尺寸可知,此图像包含 1 个通道,通道的尺寸是 270×480,这个尺寸也是图像的像素数。

3.4　索引图像

读取文件 input_gif.gif,并查看其尺寸和颜色图,代码如下:

```
>> [b,c] = imread('input_gif.gif');
>> size(b)
ans =

   270   480

>> c
c =

   0.027451   0.031373   0.015686
♯省略以下输出
```

此图像是一个 GIF 格式的图像。通过图像的尺寸可知,此图像包含 1 个通道,通道的尺寸是 270×480,这个尺寸也是图像的像素数。此外,索引图像还包含颜色图信息。在更改索引图像的像素颜色时,因为索引图像中的像素代表颜色图中的索引,所以要先对照颜色图的对应索引找到对应的颜色,再将想要修改的像素改为对应的索引。

有的索引图像包含透明度通道,透明度通道需要单独指定一个变量进行读取。读取文件 input_gif_alpha80.gif,并查看其尺寸和透明度通道的尺寸,代码如下:

```
>> [b,~,c] = imread('input_gif_alpha80.gif');
>> size(b)
ans =

    270    480

>> size(c)
ans =

    270    480
```

此图像是一个 GIF 格式、有透明度通道的图像。通过图像的尺寸可知,此图像包含 3 个通道,并且透明度通道的尺寸也是图像的像素数。

3.5　多帧图像

读取文件 input_gif_2frames.gif,并查看其尺寸,代码如下:

```
>> b = imread('input_gif_2frames.gif');
>> size(b)
ans =

    270    480
```

此图像是一个 GIF 格式的图像,包含两个帧。通过图像的尺寸可知,多帧图像在读入内存中后不会体现多个帧。实际上,多帧图像只读入第 1 个帧。

3.6　图像数据格式转换

imcast()函数可以将图像转换为 single、double、uint8、uint16、logical 或 int16 类型。imcast()函数至少需要传入两个参数,第 1 个参数是图像,第 2 个参数是类型。

将图像 input_png 保存为 int16 整型的代码如下:

```
>> imcast(input_png, "int16");
```

此外,imcast()函数允许追加传入 indexed 参数,此时需要传入索引图像。

指定 indexed 参数,将图像 input_png 保存为 int16 整型的代码如下:

```
>> imcast(input_png, "int16", "indexed");
```

3.6.1　双精度浮点型

im2double()函数可以将图像转换为双精度浮点型。im2double()函数至少需要传入
1个参数,这个参数是图像。im2double()函数的转换规则如表3-1所示。

表 3-1　im2double()函数的转换规则

源图像格式	转换结果
uint8、uint16 或 int16	归一化到[0,1]
logical	将 true 转换为 1; 将 false 转换为 0
single	转换为双精度浮点型
double	原样返回

将图像 input_png 保存为双精度浮点型的代码如下:

```
>> im2double(input_png);
```

此外,im2double()函数允许追加传入 indexed 参数,此时需要传入索引图像。
指定 indexed 参数,将图像 input_png 保存为双精度浮点型的代码如下:

```
>> im2double(input_png, "indexed");
```

3.6.2　单精度浮点型

im2single()函数可以将图像转换为单精度浮点型。im2single()函数至少需要传入
1个参数,这个参数是图像。im2single()函数的转换规则如表3-2所示。

表 3-2　im2single()函数的转换规则

源图像格式	处理方式
uint8、uint16 或 int16	归一化到[0,1]
logical	将 true 转换为 1; 将 false 转换为 0
single	原样返回
double	转换为单精度浮点型

将图像 input_png 保存为单精度浮点型的代码如下:

```
>> im2single(input_png);
```

此外,im2single()函数允许追加传入 indexed 参数,此时需要传入索引图像。
指定 indexed 参数,将图像 input_png 保存为单精度浮点型的代码如下:

```
>> im2single(input_png, "indexed");
```

3.6.3　半精度浮点型

OpenCV 库可以将图像转换为半精度浮点型。使用 OpenCV 库将图像转换为半精度浮点型的代码如下：

```
#第4章/im2fp16.py
import sys
import cv2
import numpy as np

def im2fp16(image_path, output_path):
    image = cv2.imread(image_path, cv2.IMREAD_ANYDEPTH)
    image = image.astype(np.float32)
    ret = cv2.convertFp16(image)
    cv2.imwrite(output_path, ret)

if __name__ == "__main__":
    im2fp16(sys.argv[1], sys.argv[2])
```

将图像指定为 input.png，将输出图像指定为 output.png，将图像转换为半精度浮点型的代码如下：

```
>> python("im2fp16.py", "input.png", "output.png")
```

将图像转换为半精度浮点型的结果如图 3-1 所示。

图 3-1　将图像转换为半精度浮点型的结果

注意：图像在被转换为半精度浮点型之后，精度损失非常大，因此如果不是在显存限制非常严格的场景下，则尽量不用半精度浮点型存储图像。

3.6.4　uint8 整型

im2uint8()函数可以将图像转换为 uint8 整型。im2uint8()函数至少需要传入 1 个参数,这个参数是图像。im2uint8()函数的转换规则如表 3-3 所示。

表 3-3　im2uint8()函数的转换规则

源图像格式	处理方式
uint16 或 int16	归一化到[0,255]
logical	将 true 转换为 255; 将 false 转换为 0
single 或 double	先除以 255,再归一化到[0,255]
uint8	原样返回

将图像 input_png 保存为 uint8 整型的代码如下:

```
>> im2uint8(input_png);
```

此外,im2uint8()函数允许追加传入 indexed 参数,此时需要传入索引图像。

指定 indexed 参数,将图像 input_png 保存为 uint8 整型的代码如下:

```
>> im2uint8(input_png, "indexed");
```

3.6.5　uint16 整型

im2uint16()函数可以将图像转换为 uint16 整型。im2uint16()函数至少需要传入 1 个参数,这个参数是图像。im2uint16()函数的转换规则如表 3-4 所示。

表 3-4　im2uint16()函数的转换规则

源图像格式	处理方式
int16 或 uint8	归一化到[0,65 535]
logical	将 true 转换为 65 535; 将 false 转换为 0
single 或 double	先除以 65 535,再归一化到[0,65 535]
uint16	原样返回

将图像 input_png 保存为 uint16 整型的代码如下:

```
>> im2uint16(input_png);
```

此外,im2uint16()函数允许追加传入 indexed 参数,此时需要传入索引图像。

指定 indexed 参数,将图像 input_png 保存为 uint16 整型的代码如下:

```
>> im2uint16(input_png, "indexed");
```

3.6.6　int16 整型

im2int16()函数可以将图像转换为 int16 整型。im2int16()函数至少需要传入 1 个参数,这个参数是图像。im2int16()函数的转换规则如表 3-5 所示。

表 3-5 **im2int16()函数的转换规则**

源图像格式	处理方式
uint16 或 uint8	归一化到[−32 768,32 767]
logical	将 true 转换为 32 767; 将 false 转换为−32 768
single 或 double	先除以 65 535,再归一化到[−32 768,32 767]
int16	原样返回

将图像 input_png 保存为 int16 整型的代码如下:

```
>> im2int16(input_png);
```

此外,im2int16()函数允许追加传入 indexed 参数,此时需要传入索引图像。
指定 indexed 参数,将图像 input_png 保存为 int16 整型的代码如下:

```
>> im2int16(input_png, "indexed");
```

3.7 图像和文件流

OpenCV 库可以将图像转换为文件流,可用于流式传输。使用 OpenCV 库将图像转换
为文件流的代码如下:

```
# 第 3 章/imencode.py
import sys
import cv2
import numpy as np

def imencode(image_path, ext = '.jpg'):
image = cv2.imread(image_path)
success, buffer = cv2.imencode(ext, image)

if __name__ == "__main__":
imencode(sys.argv[1], sys.argv[2])
```

将图像指定为 input.png,将文件格式指定为.jpg,将图像转换为文件流的代码如下:

```
>> python("imencode.py", "input.png", ".jpg")
```

OpenCV 库可以将文件流转换为图像。使用 OpenCV 库将文件流转换为图像的代码
如下:

```
# 第 3 章/imdecode.py
import sys
import cv2
import numpy as np

def imdecode(image_path, ext = '.jpg', mode = cv2.IMREAD_UNCHANGED):
```

```
        image = cv2.imread(image_path)
        success, buffer = cv2.imencode(ext, image)
        ret = cv2.imdecode(buffer, mode)

    if __name__ == "__main__":
        imdecode(sys.argv[1], sys.argv[2], eval(sys.argv[3]))
```

将图像指定为 input.png,将文件格式指定为.jpg,并将读取格式指定为 cv2.IMREAD_UNCHANGED,将文件流转换为图像的代码如下:

```
>> python("imdecode.py", "input.png", ".jpg", "cv2.IMREAD_UNCHANGED")
```

颜　　色

颜色在不同的颜色空间中的色值不同。颜色可以在不同的颜色空间中互相转换。不同的颜色分量存在于不同的图像通道中。多种颜色的集合可以用颜色图表示。有些图像处理算法只针对颜色进行处理。

4.1　颜色空间

颜色在不同的颜色空间拥有不同的描述方式。

4.1.1　常用颜色空间

有一些常用的颜色空间经常被用于图像处理,例如 RGB 颜色空间就常用来代表图像的颜色,这些颜色空间如下。

1. CineonLog

CineonLog 是一种用于数字电影制作的对数颜色空间,模拟胶片的响应特性,适用于高动态范围图像的存储和处理。CineonLog 颜色空间主要用于数字电影后期制作、视觉特效等。

2. CMYK

CMYK 是减色模型,由青色、品红色、黄色和黑色共 4 种颜色组成。CMYK 颜色空间主要用于打印和印刷行业,因为这些颜色可以通过吸收光线的不同部分来产生图像。

3. GRAY

灰度颜色空间只包含一个灰度通道,代表从纯黑到纯白的不同等级,主要用于黑白照片、简单图像处理、降低颜色复杂性等。

4. HSL

HSL 是色调、饱和度、亮度颜色空间。HSL 颜色空间主要用于用户界面设计、图像编辑软件等。

5. HSV

HSV 是色调、饱和度、明度颜色空间。HSV 颜色空间主要用于用户界面设计、图像编辑软件等。

6. LAB

LAB 是一种更复杂的颜色空间,试图与人眼感知的颜色相匹配,常用于颜色测量和校准。

7. HWB

HWB 是色调、白色、黑色颜色空间。HWB 颜色空间主要用于设计领域,特别是一些需要考虑黑白对比度的设计工作。

8. OHTA

OHTA 色彩空间是一种基于日本色彩学家 Ohta 的研究开发的颜色空间,试图更好地匹配人类的视觉感知。OHTA 颜色空间主要用于图像处理、计算机视觉等,尤其是在需要模拟人眼感知的应用中。

9. RGB

RGB 是加色模型,由红、绿、蓝 3 种颜色组成。RGB 颜色空间主要用于显示器、电视、摄影机等电子设备显示颜色。

10. Rec601Luma

Rec601Luma 是基于 ITU-R BT.601 标准的亮度分量,用于视频信号传输。Rec601Luma 颜色空间主要用于标清电视系统中,用于分离亮度和色度信息。

11. Rec709Luma

Rec709Luma 是基于 ITU-R BT.709 标准的亮度分量,用于高清视频信号。Rec709Luma 颜色空间主要用于高清电视系统中,用于分离亮度和色度信息。

12. Rec601YCbCr

Rec601YCbCr 是基于 ITU-R BT.601 标准的 YCbCr 颜色空间。Rec601YCbCr 颜色空间主要用于标清电视系统中,用于视频信号传输。

13. Rec709YCbCr

Rec709YCbCr 是基于 ITU-R BT.709 标准的 YCbCr 颜色空间。Rec709YCbCr 颜色空间主要用于高清电视系统中,用于视频信号传输。

14. XYZ

XYZ 是一种线性的颜色空间,由 3 个假想的原色组成,旨在与人眼的光谱响应相匹配。XYZ 颜色空间主要用于色彩转换和其他颜色空间的定义。

15. YCbCr

YCbCr 是一种广泛使用的颜色空间,包括亮度和两个色度分量。YCbCr 颜色空间主要用于视频和图像编码,特别是在数字视频和图像压缩中。

16. YIQ

YIQ 是一种用于美国 NTSC 彩色电视系统的颜色空间,包括亮度和两个色度分量。YIQ 颜色空间主要用于老式电视信号传输。

17. YPbPr

YPbPr 是一种颜色空间,用于模拟和数字视频系统,包括亮度和两个色度分量。YPbPr 颜色空间主要用于高清晰度电视(HDTV)系统。

18. YUV

YUV 包括亮度和两个色度分量,在不同视频标准中有更细分的定义。YUV 颜色空间主要用于视频处理、编码和解码。

4.1.2 颜色空间转换

如果一种颜色需要在不同的颜色空间中描述,则只需先确定这种颜色在一种颜色空间中的描述方式,然后将这种颜色转换到其他颜色空间中,这就是颜色空间转换。

1. 转换为 RGB 颜色空间

ycbcr2rgb()函数用于将 YCbCr 颜色空间转换为 RGB 颜色空间。ycbcr2rgb()函数允许传入 1 个参数进行调用,这个参数代表 RGB 颜色空间下的图像。将一幅图像从 YCbCr 颜色空间转换为 RGB 颜色空间,代码如下:

```
>> input_png = ycbcr2rgb(input_png_ycbcr);
```

此外,ycbcr2rgb()函数允许传入 1 个参数进行调用,这个参数代表颜色图。将 jet 颜色图从 YCbCr 颜色空间转换为 RGB 颜色空间,代码如下:

```
>> jet = ycbcr2rgb(jet_ycbcr);
```

此外,ycbcr2rgb()函数可以追加传入两个参数进行调用,这两个参数分别代表 Kb 和 Kr。将 Kb 和 Kr 分别指定为 0.114 和 0.299,将 jet 颜色图从 YCbCr 颜色空间转换为 RGB 颜色空间,代码如下:

```
>> jet = ycbcr2rgb(jet_ycbcr, 0.114, 0.299);
```

此外,ycbcr2rgb()函数可以追加传入 YCbCr 标准。

将 YCbCr 标准指定为 2020,将 jet 颜色图从 YCbCr 颜色空间转换为 RGB 颜色空间,代码如下:

```
>> jet = ycbcr2rgb(jet_ycbcr, "2020");
```

wavelength2rgb()函数用于将光谱波长转换为 RGB 颜色值。wavelength2rgb()函数允许传入 1 个参数进行调用,这个参数代表光谱波长。将光谱波长 400 转换为 RGB 颜色值,代码如下:

```
>> wavelength2rgb(400)
```

此外,wavelength2rgb()函数允许传入多维光谱波长矩阵,返回的 RGB 颜色值的维数始终加 3。

将光谱波长矩阵[400 410]转换为 RGB 颜色值,代码如下:

```
>> wavelength2rgb([400 410])
```

此外,wavelength2rgb()函数允许追加传入第 2 个参数,这个参数代表颜色类型。wavelength2rgb()函数支持的颜色类型如表 4-1 所示。

表 4-1　wavelength2rgb()函数支持的颜色类型

颜 色 类 型	含　　义	颜 色 类 型	含　　义
double	双精度浮点型	uint16	uint16 整型
single	单精度浮点型	int16	int16 整型
uint8	uint8 整型		

将颜色类型指定为 uint8,将光谱波长矩阵[400 410]转换为 RGB 颜色值,代码如下:

```
>> wavelength2rgb([400 410], "uint8")
```

此外,wavelength2rgb()函数允许追加传入第 3 个参数,这个参数代表伽马。伽马的范围在区间[0,1]。

将颜色类型指定为 uint8,将伽马指定为 0.9,将光谱波长矩阵[400 410]转换为 RGB 颜色值,代码如下:

```
>> wavelength2rgb([400 410], "uint8", 0.9)
```

hsv2rgb()函数用于将 HSV 颜色空间转换为 RGB 颜色空间。hsv2rgb()函数允许传入 1 个参数进行调用,这个参数代表 HSV 颜色空间下的图像。将一幅图像从 HSV 颜色空间转换为 RGB 颜色空间,代码如下:

```
>> input_png = hsv2rgb(input_png_hsv);
```

此外,hsv2rgb()函数允许传入 1 个参数进行调用,这个参数代表颜色图。将 jet 颜色图从 HSV 颜色空间转换为 RGB 颜色空间,代码如下:

```
>> jet = hsv2rgb(jet_hsv);
```

ntsc2rgb()函数用于将 NTSC 颜色空间转换为 RGB 颜色空间。ntsc2rgb()函数允许传入 1 个参数进行调用,这个参数代表 NTSC 颜色空间下的图像。将一幅图像从 NTSC 颜色空间转换为 RGB 颜色空间,代码如下:

```
>> input_png = ntsc2rgb(input_png_ntsc);
```

此外,ntsc2rgb()函数允许传入 1 个参数进行调用,这个参数代表颜色图。将 jet 颜色图从 NTSC 颜色空间转换为 RGB 颜色空间,代码如下:

```
>> jet = rgb2ntsc(jet_ntsc);
```

lab2rgb()函数用于将 CIELAB 颜色空间转换为 RGB 颜色空间。lab2rgb()函数允许传入 1 个参数进行调用,这个参数代表 CIELAB 颜色空间下的图像。将一幅图像从 CIELAB 颜色空间转换为 RGB 颜色空间,代码如下:

```
>> lab2rgb(input_png_lab)
```

此外,lab2rgb()函数允许传入 1 个参数进行调用,这个参数代表 RGB 颜色空间下的颜色图。将 jet 颜色图从 CIELAB 颜色空间转换为 RGB 颜色空间,代码如下:

```
>> lab2rgb(jet_lab)
```

xyz2rgb()函数用于将 XYZ 颜色空间转换为 RGB 颜色空间。xyz2rgb()函数允许传入 1 个参数进行调用,这个参数代表 XYZ 颜色空间下的图像。将一幅图像从 XYZ 颜色空间转换为 RGB 颜色空间,代码如下:

```
>> xyz2rgb(input_png_xyz);
```

此外,xyz2rgb()函数允许传入 1 个参数进行调用,这个参数代表 XYZ 颜色空间下的颜色图。将 jet 颜色图从 XYZ 颜色空间转换为 RGB 颜色空间,代码如下:

```
>> xyz2rgb(jet_xyz);
```

label2rgb()函数用于将标记过的图像转换为 RGB 颜色空间。label2rgb()函数允许传入 1 个参数进行调用,这个参数代表标记过的图像。将标记过的图像 l 转换为 RGB 颜色空间,代码如下:

```
>> l_rgb = label2rgb(l);
```

此外,label2rgb()函数允许追加传入第 2 个参数进行调用,这个参数代表颜色图。将颜色图指定为 jet,将标记过的图像 l 转换为 RGB 颜色空间,代码如下:

```
>> l_rgb = label2rgb(l, jet);
```

此外,label2rgb()函数允许追加传入第 3 个参数进行调用,这个参数代表背景颜色,用于填充值为 0 的像素。label2rgb()函数支持的背景颜色如表 4-2 所示。

表 4-2 label2rgb()函数支持的背景颜色

颜　色	含　义	颜　色	含　义
w 或 white	白色	r 或 red	红色
b 或 blue	蓝色	y 或 yellow	黄色
c 或 cyan	青色	三元组颜色	第 1 个元素代表红色分量;
g 或 green	绿色		第 2 个元素代表绿色分量;
k 或 black	黑色		第 3 个元素代表蓝色分量
m 或 magenta	洋红色		

将颜色图指定为 jet,将背景颜色指定为[0.9,0.1,0],将标记过的图像 l 转换为 RGB 颜色空间,代码如下:

```
>> l_rgb = label2rgb(l, jet, [0.9, 0.1, 0]);
```

此外,label2rgb()函数允许追加传入第 4 个参数进行调用,这个参数代表颜色顺序。

label2rgb()函数支持的颜色顺序如表 4-3 所示。

表 4-3　label2rgb()函数支持的颜色顺序

颜 色 顺 序	含　　义
shuffle	颜色图中的颜色在转换之前将随机更改顺序
noshuffle	颜色图中的颜色在转换之前将保持原有顺序

将颜色图指定为 jet，将背景颜色指定为[0.9,0.1,0]，将背景顺序指定为"shuffle"，将标记过的图像 l 转换为 RGB 颜色空间，代码如下：

```
>> l_rgb = label2rgb(l, jet, [0.9, 0.1, 0], "shuffle");
```

OpenCV 库可以用于颜色空间转换。OpenCV 库支持的颜色空间转换方式如表 4-4 所示。

表 4-4　OpenCV 库支持的颜色空间转换方式

转 换 方 式	含　　义
COLOR_BGR2BGRA	从 BGR 格式转换为 BGRA 格式
COLOR_RGB2RGBA	从 RGB 格式转换为 RGBA 格式
COLOR_BGRA2BGR	从 BGRA 格式转换为 BGR 格式
COLOR_RGBA2RGB	从 RGBA 格式转换为 RGB 格式
COLOR_BGR2RGBA	从 BGR 格式转换为 RGBA 格式
COLOR_RGB2BGRA	从 RGB 格式转换为 BGRA 格式
COLOR_RGBA2BGR	从 RGBA 格式转换为 BGR 格式
COLOR_BGRA2RGB	从 BGRA 格式转换为 RGB 格式
COLOR_BGR2RGB	从 BGR 格式转换为 RGB 格式
COLOR_RGB2BGR	从 RGB 格式转换为 BGR 格式
COLOR_BGRA2RGBA	从 BGRA 格式转换为 RGBA 格式
COLOR_RGBA2BGRA	从 RGBA 格式转换为 BGRA 格式
COLOR_BGR2GRAY	从 BGR 格式转换为灰度格式
COLOR_RGB2GRAY	从 RGB 格式转换为灰度格式
COLOR_GRAY2BGR	从灰度格式转换为 BGR 格式
COLOR_GRAY2RGB	从灰度格式转换为 RGB 格式
COLOR_GRAY2BGRA	从灰度格式转换为 BGRA 格式
COLOR_GRAY2RGBA	从灰度格式转换为 RGBA 格式
COLOR_BGRA2GRAY	从 BGRA 格式转换为灰度格式
COLOR_RGBA2GRAY	从 RGBA 格式转换为灰度格式
COLOR_BGR2BGR565	从 BGR 格式转换为 BGR565 格式
COLOR_RGB2BGR565	从 RGB 格式转换为 BGR565 格式
COLOR_BGR5652BGR	从 BGR565 格式转换为 BGR 格式
COLOR_BGR5652RGB	从 BGR565 格式转换为 RGB 格式
COLOR_BGRA2BGR565	从 BGRA 格式转换为 BGR565 格式
COLOR_RGBA2BGR565	从 RGBA 格式转换为 BGR565 格式

续表

转 换 方 式	含 义
COLOR_BGR5652BGRA	从 BGR565 格式转换为 BGRA 格式
COLOR_BGR5652RGBA	从 BGR565 格式转换为 RGBA 格式
COLOR_GRAY2BGR565	从灰度格式转换为 BGR565 格式
COLOR_BGR5652GRAY	从 BGR565 格式转换为灰度格式
COLOR_BGR2BGR555	从 BGR 格式转换为 BGR555 格式
COLOR_RGB2BGR555	从 RGB 格式转换为 BGR555 格式
COLOR_BGR5552BGR	从 BGR555 格式转换为 BGR 格式
COLOR_BGR5552RGB	从 BGR555 格式转换为 RGB 格式
COLOR_BGRA2BGR555	从 BGRA 格式转换为 BGR555 格式
COLOR_RGBA2BGR555	从 RGBA 格式转换为 BGR555 格式
COLOR_BGR5552BGRA	从 BGR555 格式转换为 BGRA 格式
COLOR_BGR5552RGBA	从 BGR555 格式转换为 RGBA 格式
COLOR_GRAY2BGR555	从灰度格式转换为 BGR555 格式
COLOR_BGR5552GRAY	从 BGR555 格式转换为灰度格式
COLOR_BGR2XYZ	从 BGR 格式转换为 XYZ 格式
COLOR_RGB2XYZ	从 RGB 格式转换为 XYZ 格式
COLOR_XYZ2BGR	从 XYZ 格式转换为 BGR 格式
COLOR_XYZ2RGB	从 XYZ 格式转换为 RGB 格式
COLOR_BGR2YCrCb 或 COLOR_BGR2YCR_CB	从 BGR 格式转换为 YCrCb 格式
COLOR_RGB2YCrCb 或 COLOR_RGB2YCR_CB	从 RGB 格式转换为 YCrCb 格式
COLOR_YCrCb2BGR 或 COLOR_YCR_CB2BGR	从 YCrCb 格式转换为 BGR 格式
COLOR_YCrCb2RGB 或 COLOR_YCR_CB2RGB	从 YCrCb 格式转换为 RGB 格式
COLOR_BGR2HSV	从 BGR 格式转换为 HSV 格式
COLOR_RGB2HSV	从 RGB 格式转换为 HSV 格式
COLOR_BGR2Lab 或 COLOR_BGR2LAB	从 BGR 格式转换为 LAB 格式
COLOR_RGB2Lab 或 COLOR_RGB2LAB	从 RGB 格式转换为 LAB 格式
COLOR_BGR2Luv 或 COLOR_BGR2LUV	从 BGR 格式转换为 LAB 格式
COLOR_RGB2Luv 或 COLOR_RGB2LUV	从 RGB 格式转换为 LAB 格式
COLOR_BGR2HLS	从 BGR 格式转换为 HLS 格式
COLOR_RGB2HLS	从 RGB 格式转换为 HLS 格式
COLOR_HSV2BGR	从 HSV 格式转换为 BGR 格式
COLOR_HSV2RGB	从 HSV 格式转换为 RGB 格式
COLOR_Lab2BGR 或 COLOR_LAB2BGR	从 Lab 格式转换为 BGR 格式
COLOR_Lab2RGB 或 COLOR_LAB2RGB	从 Lab 格式转换为 RGB 格式
COLOR_Luv2BGR 或 COLOR_LUV2BGR	从 Luv 格式转换为 BGR 格式
COLOR_Luv2RGB 或 COLOR_LUV2RGB	从 Luv 格式转换为 RGB 格式
COLOR_HLS2BGR	从 HLS 格式转换为 BGR 格式
COLOR_HLS2RGB	从 HLS 格式转换为 RGB 格式
COLOR_BGR2HSV_FULL	从 BGR 格式转换为 HSV_FULL 格式

转 换 方 式	含 义
COLOR_RGB2HSV_FULL	从 RGB 格式转换为 HSV_FULL 格式
COLOR_BGR2HLS_FULL	从 BGR 格式转换为 HLS_FULL 格式
COLOR_RGB2HLS_FULL	从 RGB 格式转换为 HLS_FULL 格式
COLOR_HSV2BGR_FULL	从 HSV 格式转换为 BGR_FULL 格式
COLOR_HSV2RGB_FULL	从 HSV 格式转换为 RGB_FULL 格式
COLOR_HLS2BGR_FULL	从 HLS 格式转换为 BGR_FULL 格式
COLOR_HLS2RGB_FULL	从 HLS 格式转换为 RGB_FULL 格式
COLOR_LBGR2Lab 或 COLOR_LBGR2LAB	从 LBGR 格式转换为 LAB 格式
COLOR_LRGB2Lab 或 COLOR_LRGB2LAB	从 LRGB 格式转换为 LAB 格式
COLOR_LBGR2Luv 或 COLOR_LBGR2LUV	从 LBGR 格式转换为 LUV 格式
COLOR_LRGB2Luv 或 COLOR_LRGB2LUV	从 LRGB 格式转换为 LUV 格式
COLOR_Lab2LBGR 或 COLOR_LAB2LBGR	从 Lab 格式转换为 LBGR 格式
COLOR_Lab2LRGB 或 COLOR_LAB2LRGB	从 Lab 格式转换为 LRGB 格式
COLOR_Luv2LBGR 或 COLOR_LUV2LBGR	从 Luv 格式转换为 LBGR 格式
COLOR_Luv2LRGB 或 COLOR_LUV2LRGB	从 Luv 格式转换为 LRGB 格式
COLOR_BGR2YUV	从 BGR 格式转换为 YUV 格式
COLOR_RGB2YUV	从 RGB 格式转换为 YUV 格式
COLOR_YUV2BGR	从 YUV 格式转换为 BGR 格式
COLOR_YUV2RGB	从 YUV 格式转换为 RGB 格式
COLOR_YUV2RGB_NV12	从 YUV 格式转换为 RGB_NV12 格式
COLOR_YUV2BGR_NV12	从 YUV 格式转换为 BGR_NV12 格式
COLOR_YUV2RGB_NV21	从 YUV 格式转换为 RGB_NV21 格式
COLOR_YUV2BGR_NV21	从 YUV 格式转换为 BGR_NV21 格式
COLOR_YUV420sp2RGB 或 COLOR_YUV420SP2RGB	从 YUV420SP 格式转换为 RGB 格式
COLOR_YUV420sp2BGR 或 COLOR_YUV420SP2BGR	从 YUV420SP 格式转换为 BGR 格式
COLOR_YUV2RGBA_NV12	从 YUV 格式转换为 RGBA_NV12 格式
COLOR_YUV2BGRA_NV12	从 YUV 格式转换为 BGRA_NV12 格式
COLOR_YUV2RGBA_NV21	从 YUV 格式转换为 RGBA_NV21 格式
COLOR_YUV2BGRA_NV21	从 YUV 格式转换为 BGRA_NV21 格式
COLOR_YUV420sp2RGBA 或 COLOR_YUV420SP2RGBA	从 YUV420SP 格式转换为 RGBA 格式
COLOR_YUV420sp2BGRA 或 COLOR_YUV420SP2BGRA	从 YUV420SP 格式转换为 BGRA 格式
COLOR_YUV2RGB_YV12	从 YUV 格式转换为 RGB_YV12 格式
COLOR_YUV2BGR_YV12	从 YUV 格式转换为 BGR_YV12 格式
COLOR_YUV2RGB_IYUV	从 YUV 格式转换为 RGB_IYUV 格式
COLOR_YUV2BGR_IYUV	从 YUV 格式转换为 BGR_IYUV 格式
COLOR_YUV2RGB_I420	从 YUV 格式转换为 RGB_I420 格式
COLOR_YUV2BGR_I420	从 YUV 格式转换为 BGR_I420 格式
COLOR_YUV420p2RGB 或 COLOR_YUV420P2RGB	从 YUV420P 格式转换为 RGB 格式
COLOR_YUV420p2BGR 或 COLOR_YUV420P2BGR	从 YUV420P 格式转换为 BGR 格式

续表

转 换 方 式	含 义
COLOR_YUV2RGBA_YV12	从 YUV 格式转换为 RGBA_YV12 格式
COLOR_YUV2BGRA_YV12	从 YUV 格式转换为 BGRA_YV12 格式
COLOR_YUV2RGBA_IYUV	从 YUV 格式转换为 RGBA_IYUV 格式
COLOR_YUV2BGRA_IYUV	从 YUV 格式转换为 BGRA_IYUV 格式
COLOR_YUV2RGBA_I420	从 YUV 格式转换为 RGBA_I420 格式
COLOR_YUV2BGRA_I420	从 YUV 格式转换为 BGRA_I420 格式
COLOR_YUV420p2RGBA 或 COLOR_YUV420P2RGBA	从 YUV420P 格式转换为 RGBA 格式
COLOR_YUV420p2BGRA 或 COLOR_YUV420P2BGRA	从 YUV420P 格式转换为 BGRA 格式
COLOR_YUV2GRAY_420	从 YUV 格式转换为 GRAY_420 格式
COLOR_YUV2GRAY_NV21	从 YUV 格式转换为 GRAY_NV21 格式
COLOR_YUV2GRAY_NV12	从 YUV 格式转换为 GRAY_NV12 格式
COLOR_YUV2GRAY_YV12	从 YUV 格式转换为 GRAY_YV12 格式
COLOR_YUV2GRAY_IYUV	从 YUV 格式转换为 GRAY_IYUV 格式
COLOR_YUV2GRAY_I420	从 YUV 格式转换为 GRAY_I420 格式
COLOR_YUV420sp2GRAY 或 COLOR_YUV420SP2GRAY	从 YUV420SP 格式转换为灰度格式
COLOR_YUV420p2GRAY 或 COLOR_YUV420P2GRAY	从 YUV420P 格式转换为灰度格式
COLOR_YUV2RGB_UYVY	从 YUV 格式转换为 RGB_UYVY 格式
COLOR_YUV2BGR_UYVY	从 YUV 格式转换为 BGR_UYVY 格式
COLOR_YUV2RGB_Y422	从 YUV 格式转换为 RGB_Y422 格式
COLOR_YUV2BGR_Y422	从 YUV 格式转换为 BGR_Y422 格式
COLOR_YUV2RGB_UYNV	从 YUV 格式转换为 RGB_UYNV 格式
COLOR_YUV2BGR_UYNV	从 YUV 格式转换为 BGR_UYNV 格式
COLOR_YUV2RGBA_UYVY	从 YUV 格式转换为 RGBA_UYVY 格式
COLOR_YUV2BGRA_UYVY	从 YUV 格式转换为 BGRA_UYVY 格式
COLOR_YUV2RGBA_Y422	从 YUV 格式转换为 RGBA_Y422 格式
COLOR_YUV2BGRA_Y422	从 YUV 格式转换为 BGRA_Y422 格式
COLOR_YUV2RGBA_UYNV	从 YUV 格式转换为 RGBA_UYNV 格式
COLOR_YUV2BGRA_UYNV	从 YUV 格式转换为 BGRA_UYNV 格式
COLOR_YUV2RGB_YUY2	从 YUV 格式转换为 RGB_YUY2 格式
COLOR_YUV2BGR_YUY2	从 YUV 格式转换为 BGR_YUY2 格式
COLOR_YUV2RGB_YVYU	从 YUV 格式转换为 RGB_YVYU 格式
COLOR_YUV2BGR_YVYU	从 YUV 格式转换为 BGR_YVYU 格式
COLOR_YUV2RGB_YUYV	从 YUV 格式转换为 RGB_YUYV 格式
COLOR_YUV2BGR_YUYV	从 YUV 格式转换为 BGR_YUYV 格式
COLOR_YUV2RGB_YUNV	从 YUV 格式转换为 RGB_YUNV 格式
COLOR_YUV2BGR_YUNV	从 YUV 格式转换为 BGR_YUNV 格式
COLOR_YUV2RGBA_YUY2	从 YUV 格式转换为 RGBA_YUY2 格式
COLOR_YUV2BGRA_YUY2	从 YUV 格式转换为 BGRA_YUY2 格式
COLOR_YUV2RGBA_YVYU	从 YUV 格式转换为 RGBA_YVYU 格式

续表

转 换 方 式	含 义
COLOR_YUV2BGRA_YVYU	从 YUV 格式转换为 BGRA_YVYU 格式
COLOR_YUV2RGBA_YUYV	从 YUV 格式转换为 RGBA_YUYV 格式
COLOR_YUV2BGRA_YUYV	从 YUV 格式转换为 BGRA_YUYV 格式
COLOR_YUV2RGBA_YUNV	从 YUV 格式转换为 RGBA_YUNV 格式
COLOR_YUV2BGRA_YUNV	从 YUV 格式转换为 BGRA_YUNV 格式
COLOR_YUV2GRAY_UYVY	从 YUV 格式转换为 GRAY_UYVY 格式
COLOR_YUV2GRAY_YUY2	从 YUV 格式转换为 GRAY_YUY2 格式
COLOR_YUV2GRAY_Y422	从 YUV 格式转换为 GRAY_Y422 格式
COLOR_YUV2GRAY_UYNV	从 YUV 格式转换为 GRAY_UYNV 格式
COLOR_YUV2GRAY_YVYU	从 YUV 格式转换为 GRAY_YVYU 格式
COLOR_YUV2GRAY_YUYV	从 YUV 格式转换为 GRAY_YUYV 格式
COLOR_YUV2GRAY_YUNV	从 YUV 格式转换为 GRAY_YUNV 格式
COLOR_RGBA2mRGBA 或 COLOR_RGBA2M_RGBA	从 RGBA 格式转换为 mRGBA 格式
COLOR_mRGBA2RGBA 或 COLOR_M_RGBA2RGBA	从 mRGBA 格式转换为 RGBA 格式
COLOR_RGB2YUV_I420	从 RGB 格式转换为 YUV_I420 格式
COLOR_BGR2YUV_I420	从 BGR 格式转换为 YUV_I420 格式
COLOR_RGB2YUV_IYUV	从 RGB 格式转换为 YUV_IYUV 格式
COLOR_BGR2YUV_IYUV	从 BGR 格式转换为 YUV_IYUV 格式
COLOR_RGBA2YUV_I420	从 RGBA 格式转换为 YUV_I420 格式
COLOR_BGRA2YUV_I420	从 BGRA 格式转换为 YUV_I420 格式
COLOR_RGBA2YUV_IYUV	从 RGBA 格式转换为 YUV_IYUV 格式
COLOR_BGRA2YUV_IYUV	从 BGRA 格式转换为 YUV_IYUV 格式
COLOR_RGB2YUV_YV12	从 RGB 格式转换为 YUV_YV12 格式
COLOR_BGR2YUV_YV12	从 BGR 格式转换为 YUV_YV12 格式
COLOR_RGBA2YUV_YV12	从 RGBA 格式转换为 YUV_YV12 格式
COLOR_BGRA2YUV_YV12	从 BGRA 格式转换为 YUV_YV12 格式
COLOR_BayerBG2BGR 或 COLOR_BAYER_BG2BGR	从 BayerBG 格式转换为 BGR 格式
COLOR_BayerGB2BGR 或 COLOR_BAYER_GB2BGR	从 BayerGB 格式转换为 BGR 格式
COLOR_BayerRG2BGR 或 COLOR_BAYER_RG2BGR	从 BayerRG 格式转换为 BGR 格式
COLOR_BayerGR2BGR 或 COLOR_BAYER_GR2BGR	从 BayerGR 格式转换为 BGR 格式
COLOR_BayerRGGB2BGR 或 COLOR_BAYER_RGGB2BGR	从 BayerRGGB 格式转换为 BGR 格式
COLOR_BayerGRBG2BGR 或 COLOR_BAYER_GRBG2BGR	从 BayerGRBG 格式转换为 BGR 格式
COLOR_BayerBGGR2BGR 或 COLOR_BAYER_BGGR2BGR	从 BayerBGGR 格式转换为 BGR 格式
COLOR_BayerGBRG2BGR 或 COLOR_BAYER_GBRG2BGR	从 BayerGBRG 格式转换为 BGR 格式
COLOR_BayerRGGB2RGB 或 COLOR_BAYER_RGGB2RGB	从 BayerRGGB 格式转换为 RGB 格式
COLOR_BayerGRBG2RGB 或 COLOR_BAYER_GRBG2RGB	从 BayerGRBG 格式转换为 RGB 格式
COLOR_BayerBGGR2RGB 或 COLOR_BAYER_BGGR2RGB	从 BayerBGGR 格式转换为 RGB 格式
COLOR_BayerGBRG2RGB 或 COLOR_BAYER_GBRG2RGB	从 BayerGBRG 格式转换为 RGB 格式
COLOR_BayerBG2RGB 或 COLOR_BAYER_BG2RGB	从 BayerBG 格式转换为 RGB 格式

续表

转 换 方 式	含 义
COLOR_BayerGB2RGB 或 COLOR_BAYER_GB2RGB	从 BayerGB 格式转换为 RGB 格式
COLOR_BayerRG2RGB 或 COLOR_BAYER_RG2RGB	从 BayerRG 格式转换为 RGB 格式
COLOR_BayerGR2RGB 或 COLOR_BAYER_GR2RGB	从 BayerGR 格式转换为 RGB 格式
COLOR_BayerBG2GRAY 或 COLOR_BAYER_BG2GRAY	从 BayerBG 格式转换为灰度格式
COLOR_BayerGB2GRAY 或 COLOR_BAYER_GB2GRAY	从 BayerGB 格式转换为灰度格式
COLOR_BayerRG2GRAY 或 COLOR_BAYER_RG2GRAY	从 BayerRG 格式转换为灰度格式
COLOR_BayerGR2GRAY 或 COLOR_BAYER_GR2GRAY	从 BayerGR 格式转换为灰度格式
COLOR_BayerRGGB2GRAY 或 COLOR_BAYER_RGGB2GRAY	从 BayerRGGB 格式转换为灰度格式
COLOR_BayerGRBG2GRAY 或 COLOR_BAYER_GRBG2GRAY	从 BayerGRBG 格式转换为灰度格式
COLOR_BayerBGGR2GRAY 或 COLOR_BAYER_BGGR2GRAY	从 BayerBGGR 格式转换为灰度格式
COLOR_BayerGBRG2GRAY 或 COLOR_BAYER_GBRG2GRAY	从 BayerGBRG 格式转换为灰度格式
COLOR_BayerBG2BGR_VNG 或 COLOR_BAYER_BG2BGR_VNG	从 BayerBG 格式转换为 BGR_VNG 格式
COLOR_BayerGB2BGR_VNG 或 COLOR_BAYER_GB2BGR_VNG	从 BayerGB 格式转换为 BGR_VNG 格式
COLOR_BayerRG2BGR_VNG 或 COLOR_BAYER_RG2BGR_VNG	从 BayerRG 格式转换为 BGR_VNG 格式
COLOR_BayerGR2BGR_VNG 或 COLOR_BAYER_GR2BGR_VNG	从 BayerGR 格式转换为 BGR_VNG 格式
COLOR_BayerRGGB2BGR_VNG 或 COLOR_BAYER_RGGB2BGR_VNG	从 BayerRGGB 格式转换为 BGR_VNG 格式
COLOR_BayerGRBG2BGR_VNG 或 COLOR_BAYER_GRBG2BGR_VNG	从 BayerGRBG 格式转换为 BGR_VNG 格式
COLOR_BayerBGGR2BGR_VNG 或 COLOR_BAYER_BGGR2BGR_VNG	从 BayerBGGR 格式转换为 BGR_VNG 格式
COLOR_BayerGBRG2BGR_VNG 或 COLOR_BAYER_GBRG2BGR_VNG	从 BayerGBRG 格式转换为 BGR_VNG 格式
COLOR_BayerRGGB2RGB_VNG 或 COLOR_BAYER_RGGB2RGB_VNG	从 BayerRGGB 格式转换为 RGB_VNG 格式
COLOR_BayerGRBG2RGB_VNG 或 COLOR_BAYER_GRBG2RGB_VNG	从 BayerGRBG 格式转换为 RGB_VNG 格式
COLOR_BayerBGGR2RGB_VNG 或 COLOR_BAYER_BGGR2RGB_VNG	从 BayerBGGR 格式转换为 RGB_VNG 格式
COLOR_BayerGBRG2RGB_VNG 或 COLOR_BAYER_GBRG2RGB_VNG	从 BayerGBRG 格式转换为 RGB_VNG 格式

续表

转 换 方 式	含　义
COLOR_BayerBG2RGB_VNG 或 COLOR_BAYER_BG2RGB_VNG	从 BayerBG 格式转换为 RGB_VNG 格式
COLOR_BayerGB2RGB_VNG 或 COLOR_BAYER_GB2RGB_VNG	从 BayerGB 格式转换为 RGB_VNG 格式
COLOR_BayerRG2RGB_VNG 或 COLOR_BAYER_RG2RGB_VNG	从 BayerRG 格式转换为 RGB_VNG 格式
COLOR_BayerGR2RGB_VNG 或 COLOR_BAYER_GR2RGB_VNG	从 BayerGR 格式转换为 RGB_VNG 格式
COLOR_BayerBG2BGR_EA 或 COLOR_BAYER_BG2BGR_EA	从 BayerBG 格式转换为 BGR_EA 格式
COLOR_BayerGB2BGR_EA 或 COLOR_BAYER_GB2BGR_EA	从 BayerGB 格式转换为 BGR_EA 格式
COLOR_BayerRG2BGR_EA 或 COLOR_BAYER_RG2BGR_EA	从 BayerRG 格式转换为 BGR_EA 格式
COLOR_BayerGR2BGR_EA 或 COLOR_BAYER_GR2BGR_EA	从 BayerGR 格式转换为 BGR_EA 格式
COLOR_BayerRGGB2BGR_EA 或 COLOR_BAYER_RGGB2BGR_EA	从 BayerRGGB 格式转换为 BGR_EA 格式
COLOR_BayerGRBG2BGR_EA 或 COLOR_BAYER_GRBG2BGR_EA	从 BayerGRBG 格式转换为 BGR_EA 格式
COLOR_BayerBGGR2BGR_EA 或 COLOR_BAYER_BGGR2BGR_EA	从 BayerBGGR 格式转换为 BGR_EA 格式
COLOR_BayerGBRG2BGR_EA 或 COLOR_BAYER_GBRG2BGR_EA	从 BayerGBRG 格式转换为 BGR_EA 格式
COLOR_BayerRGGB2RGB_EA 或 COLOR_BAYER_RGGB2RGB_EA	从 BayerRGGB 格式转换为 RGB_EA 格式
COLOR_BayerGRBG2RGB_EA 或 COLOR_BAYER_GRBG2RGB_EA	从 BayerGRBG 格式转换为 RGB_EA 格式
COLOR_BayerBGGR2RGB_EA 或 COLOR_BAYER_BGGR2RGB_EA	从 BayerBGGR 格式转换为 RGB_EA 格式
COLOR_BayerGBRG2RGB_EA 或 COLOR_BAYER_GBRG2RGB_EA	从 BayerGBRG 格式转换为 RGB_EA 格式
COLOR_BayerBG2RGB_EA 或 COLOR_BAYER_BG2RGB_EA	从 BayerBG 格式转换为 RGB_EA 格式
COLOR_BayerGB2RGB_EA 或 COLOR_BAYER_GB2RGB_EA	从 BayerGB 格式转换为 RGB_EA 格式
COLOR_BayerRG2RGB_EA 或 COLOR_BAYER_RG2RGB_EA	从 BayerRG 格式转换为 RGB_EA 格式

续表

转 换 方 式	含　　义
COLOR _ BayerGR2RGB _ EA 或 COLOR _ BAYER _ GR2RGB_EA	从 BayerGR 格式转换为 RGB_EA 格式
COLOR_BayerBG2BGRA 或 COLOR_BAYER_BG2BGRA	从 BayerBG 格式转换为 BGRA 格式
COLOR_BayerGB2BGRA 或 COLOR_BAYER_GB2BGRA	从 BayerGB 格式转换为 BGRA 格式
COLOR_BayerRG2BGRA 或 COLOR_BAYER_RG2BGRA	从 BayerRG 格式转换为 BGRA 格式
COLOR_BayerGR2BGRA 或 COLOR_BAYER_GR2BGRA	从 BayerGR 格式转换为 BGRA 格式
COLOR _ BayerRGGB2BGRA 或 COLOR _ BAYER _ RGGB2BGRA	从 BayerRGGB 格式转换为 BGRA 格式
COLOR _ BayerGRBG2BGRA 或 COLOR _ BAYER _ GRBG2BGRA	从 BayerGRBG 格式转换为 BGRA 格式
COLOR _ BayerBGGR2BGRA 或 COLOR _ BAYER _ BGGR2BGRA	从 BayerBGGR 格式转换为 BGRA 格式
COLOR _ BayerGBRG2BGRA 或 COLOR _ BAYER _ GBRG2BGRA	从 BayerGBRG 格式转换为 BGRA 格式
COLOR _ BayerRGGB2RGBA 或 COLOR _ BAYER _ RGGB2RGBA	从 BayerRGGB 格式转换为 RGBA 格式
COLOR _ BayerGRBG2RGBA 或 COLOR _ BAYER _ GRBG2RGBA	从 BayerGRBG 格式转换为 RGBA 格式
COLOR _ BayerBGGR2RGBA 或 COLOR _ BAYER _ BGGR2RGBA	从 BayerBGGR 格式转换为 RGBA 格式
COLOR _ BayerGBRG2RGBA 或 COLOR _ BAYER _ GBRG2RGBA	从 BayerGBRG 格式转换为 RGBA 格式
COLOR_BayerBG2RGBA 或 COLOR_BAYER_BG2RGBA	从 BayerBG 格式转换为 RGBA 格式
COLOR_BayerGB2RGBA 或 COLOR_BAYER_GB2RGBA	从 BayerGB 格式转换为 RGBA 格式
COLOR_BayerRG2RGBA 或 COLOR_BAYER_RG2RGBA	从 BayerRG 格式转换为 RGBA 格式
COLOR_BayerGR2RGBA 或 COLOR_BAYER_GR2RGBA	从 BayerGR 格式转换为 RGBA 格式
COLOR_RGB2YUV_UYVY	从 RGB 格式转换为 YUV_UYVY 格式
COLOR_BGR2YUV_UYVY	从 BGR 格式转换为 YUV_UYVY 格式
COLOR_RGB2YUV_Y422	从 RGB 格式转换为 YUV_Y422 格式
COLOR_BGR2YUV_Y422	从 BGR 格式转换为 YUV_Y422 格式
COLOR_RGB2YUV_UYNV	从 RGB 格式转换为 YUV_UYNV 格式
COLOR_BGR2YUV_UYNV	从 BGR 格式转换为 YUV_UYNV 格式
COLOR_RGBA2YUV_UYVY	从 RGBA 格式转换为 YUV_UYVY 格式
COLOR_BGRA2YUV_UYVY	从 BGRA 格式转换为 YUV_UYVY 格式
COLOR_RGBA2YUV_Y422	从 RGBA 格式转换为 YUV_Y422 格式
COLOR_BGRA2YUV_Y422	从 BGRA 格式转换为 YUV_Y422 格式
COLOR_RGBA2YUV_UYNV	从 RGBA 格式转换为 YUV_UYNV 格式
COLOR_BGRA2YUV_UYNV	从 BGRA 格式转换为 YUV_UYNV 格式
COLOR_RGB2YUV_YUY2	从 RGB 格式转换为 YUV_YUY2 格式

续表

转 换 方 式	含　义
COLOR_BGR2YUV_YUY2	从 BGR 格式转换为 YUV_YUY2 格式
COLOR_RGB2YUV_YVYU	从 RGB 格式转换为 YUV_YVYU 格式
COLOR_BGR2YUV_YVYU	从 BGR 格式转换为 YUV_YVYU 格式
COLOR_RGB2YUV_YUYV	从 RGB 格式转换为 YUV_YUYV 格式
COLOR_BGR2YUV_YUYV	从 BGR 格式转换为 YUV_YUYV 格式
COLOR_RGB2YUV_YUNV	从 RGB 格式转换为 YUV_YUNV 格式
COLOR_BGR2YUV_YUNV	从 BGR 格式转换为 YUV_YUNV 格式
COLOR_RGBA2YUV_YUY2	从 RGBA 格式转换为 YUV_YUY2 格式
COLOR_BGRA2YUV_YUY2	从 BGRA 格式转换为 YUV_YUY2 格式
COLOR_RGBA2YUV_YVYU	从 RGBA 格式转换为 YUV_YVYU 格式
COLOR_BGRA2YUV_YVYU	从 BGRA 格式转换为 YUV_YVYU 格式
COLOR_RGBA2YUV_YUYV	从 RGBA 格式转换为 YUV_YUYV 格式
COLOR_BGRA2YUV_YUYV	从 BGRA 格式转换为 YUV_YUYV 格式
COLOR_RGBA2YUV_YUNV	从 RGBA 格式转换为 YUV_YUNV 格式
COLOR_BGRA2YUV_YUNV	从 BGRA 格式转换为 YUV_YUNV 格式
COLOR_COLORCVT_MAX	转换为 COLORCVT_MAX 格式

使用 OpenCV 库对图像颜色空间进行转换的代码如下：

```
♯第 4 章/cvt_color.py
import sys
import cv2
import numpy as np

def cvt_color(image_path, output_path, format = cv2.COLOR_BGR2GRAY):
    image = cv2.imread(image_path)
    ret = cv2.cvtColor(image, format)
    cv2.imwrite(output_path, ret)

if __name__ == "__main__":
    cvt_color(sys.argv[1], sys.argv[2], eval(sys.argv[3]))
```

将图像指定为 input.png，将输出图像指定为 output.png，使用 OpenCV 库将图像转换为 RGB 颜色空间的代码如下：

```
>> python("cvt_color.py", "input.png", "output.png", "cv2.COLOR_BGR2RGB")
```

2. 转换为 YCbCr 颜色空间

rgb2ycbcr() 函数用于将 RGB 颜色空间转换为 YCbCr 颜色空间。rgb2ycbcr() 函数允许传入 1 个参数进行调用，这个参数代表 RGB 颜色空间下的图像。将一幅图像从 RGB 颜色空间转换为 YCbCr 颜色空间，代码如下：

```
>> input_png_ycbcr = rgb2ycbcr(input_png);
```

此外,这个参数代表颜色图。将 jet 颜色图从 RGB 颜色空间转换为 YCbCr 颜色空间,代码如下:

```
>> jet_ycbcr = rgb2ycbcr(jet);
```

此外,rgb2ycbcr()函数可以追加传入两个参数进行调用,这两个参数分别代表 Kb 和 Kr。将 Kb 和 Kr 分别指定为 0.114 和 0.299,将 jet 颜色图从 RGB 颜色空间转换为 YCbCr 颜色空间,代码如下:

```
>> jet_ycbcr = rgb2ycbcr(jet, 0.114, 0.299);
```

此外,rgb2ycbcr()函数可以追加传入 YCbCr 标准。rgb2ycbcr()函数支持的 YCbCr 标准如表 4-5 所示。

表 4-5 rgb2ycbcr()函数支持的 YCbCr 标准

YCbCr 标准	含 义
601	ITU-R BT.601 标准; Kb 和 Kr 分别是 0.114 和 0.299
709	ITU-R BT.709 标准; Kb 和 Kr 分别是 0.0722 和 0.2116
2020	ITU-R BT.2020 标准; Kb 和 Kr 分别是 0.0593 和 0.2627

将 YCbCr 标准指定为 2020,将 jet 颜色图从 RGB 颜色空间转换为 YCbCr 颜色空间,代码如下:

```
>> jet_ycbcr = rgb2ycbcr(jet, "2020");
```

将图像指定为 input.png,将输出图像指定为 output.png,使用 OpenCV 库将图像转换为 YCbCr 颜色空间的代码如下:

```
>> python("cvt_color.py", "input.png", "output.png",
"cv2.COLOR_BGR2YCrCb")
```

3. 转换为 GRAY 颜色空间

rgb2gray()函数用于将 RGB 图像转换为灰度图像。rgb2gray()函数允许传入 1 个参数进行调用,这个参数代表 RGB 图像。将一个 RGB 图像转换为灰度图像,代码如下:

```
>> rgb2gray(input_png)
```

将图像指定为 input.png,将输出图像指定为 output.png,使用 OpenCV 库将图像转换为 GRAY 颜色空间的代码如下:

```
>> python("cvt_color.py", "input.png", "output.png", "cv2.COLOR_BGR2GRAY")
```

4. 转换为 HSV 颜色空间

rgb2hsv()函数用于将 RGB 颜色空间转换为 HSV 颜色空间。rgb2hsv()函数允许传入

1 个参数进行调用,这个参数代表 RGB 颜色空间下的图像。将一幅图像从 RGB 颜色空间转换为 HSV 颜色空间,代码如下:

```
>> input_png_hsv = rgb2hsv(input_png);
```

此外,这个参数代表颜色图。将 jet 颜色图从 RGB 颜色空间转换为 HSV 颜色空间,代码如下:

```
>> jet_hsv = rgb2hsv(jet);
```

将 HSL 颜色空间转换为 HSV 颜色空间的代码如下:

```
# 第 4 章/hsl2hsv.m
function ret = hsl2hsv(hslcolor)
    h = hslcolor(1);
    s = hslcolor(2) / 100;
    l = hslcolor(3) / 100;
    v = 0;
    if (s == 0)
        v = 1;
    elseif (l > 0.5)
        v = l + s * (1 - l)
        if v == 0
            s = 0;
        else
            s = (2 * s * (1 - l)) / v;
        endif
    else
        v = l * (s + 1)
        if v == 0
            s = 0;
        else
            s = (2 * s) / (s + 1);
        endif
    endif
    ret = [h, s, v];
endfunction
```

上面的代码使用的算法如下:

(1) 将 s 和 l 同时除以 100。

(2) 令 v 等于 0。

(3) 如果 s 等于 0,则令 v 等于 1,否则判断 l 是否大于 0.5。

(4) 如果 l 大于 0.5,则令 v 等于 l+s*(1−l),再判断 v 是否等于 0。

(5) 如果 v 等于 0,则令 s 等于 0,否则令 s 等于(2*s*(1−l))/v。

(6) 如果 l 小于或等于 0.5,则令 v 等于 v=l*(s+1),再判断 v 是否等于 0。

(7) 如果 v 等于 0,则令 s 等于 0,否则令 s 等于(2*s)/(s+1)。

(8) 最终的 HSV 色值为[h,s,v]。

将图像指定为 input.png,将输出图像指定为 output.png,使用 OpenCV 库将图像转换为 HSV 颜色空间的代码如下：

```
>> python("cvt_color.py", "input.png", "output.png", "cv2.COLOR_BGR2HSV")
```

5. 转换为 NTSC 颜色空间

rgb2ntsc()函数用于将 RGB 颜色空间转换为 NTSC 颜色空间。rgb2ntsc()函数允许传入 1 个参数进行调用，这个参数代表 RGB 颜色空间下的图像。将一幅图像从 RGB 颜色空间转换为 NTSC 颜色空间，代码如下：

```
>> input_png_ntsc = rgb2ntsc(input_png);
```

此外，这个参数代表 RGB 颜色空间下的颜色图。将 jet 颜色图从 RGB 颜色空间转换为 NTSC 颜色空间，代码如下：

```
>> jet_ntsc = rgb2ntsc(jet);
```

6. 转换为 LAB 颜色空间

rgb2lab()函数用于将 RGB 颜色空间转换为 CIELAB 颜色空间。rgb2lab()函数允许传入 1 个参数进行调用，这个参数代表 RGB 颜色空间下的图像。将一幅图像从 RGB 颜色空间转换为 CIELAB 颜色空间，代码如下：

```
>> input_png_lab = rgb2lab(input_png)
```

此外，这个参数代表 RGB 颜色空间下的颜色图。将 jet 颜色图从 RGB 颜色空间转换为 CIELAB 颜色空间，代码如下：

```
>> jet_lab = rgb2lab(jet)
```

xyz2lab()函数用于将 XYZ 颜色空间转换为 CIELAB 颜色空间。xyz2lab()函数允许传入 1 个参数进行调用，这个参数代表 XYZ 颜色空间下的图像。将一幅图像从 XYZ 颜色空间转换为 CIELAB 颜色空间，代码如下：

```
>> xyz2lab(input_png);
```

此外，这个参数代表 XYZ 颜色空间下的颜色图。将 jet 颜色图从 XYZ 颜色空间转换为 CIELAB 颜色空间，代码如下：

```
>> xyz2lab(jet);
```

lab2double()函数用于将 CIELAB 图像转换为双精度浮点型。lab2double()函数允许传入 1 个参数进行调用，这个参数代表 CIELAB 图像。将一幅 CIELAB 图像转换为双精度浮点型，代码如下：

```
>> input_png_lab_double = lab2double(input_png_lab);
```

lab2single()函数用于将 CIELAB 图像转换为单精度浮点型。lab2single()函数允许传入 1 个参数进行调用，这个参数代表 CIELAB 图像。将一幅 CIELAB 图像转换为单精度浮点型，代码如下：

```
>> input_png_lab_single = lab2single(input_png_lab);
```

lab2uint16()函数用于将 CIELAB 图像转换为 uint16 整型。lab2uint16()函数允许传入 1 个参数进行调用,这个参数代表 CIELAB 图像。将一幅 CIELAB 图像转换为 uint16 整型,代码如下:

```
>> input_png_lab_uint16 = lab2uint16(input_png_lab);
```

lab2uint8()函数用于将 CIELAB 图像转换为 uint8 整型。lab2uint8()函数允许传入 1 个参数进行调用,这个参数代表 CIELAB 图像。将一幅 CIELAB 图像转换为 uint8 整型,代码如下:

```
>> input_png_lab_uint8 = lab2uint8(input_png_lab);
```

将图像指定为 input.png,将输出图像指定为 output.png,使用 OpenCV 库将图像转换为 LAB 颜色空间的代码如下:

```
>> python("cvt_color.py", "input.png", "output.png", "cv2.COLOR_BGR2LAB")
```

7. 转换为 XYZ 颜色空间

rgb2xyz()函数用于将 RGB 颜色空间转换为 XYZ 颜色空间。rgb2xyz()函数允许传入 1 个参数进行调用,这个参数代表 RGB 颜色空间下的图像。将一幅图像从 RGB 颜色空间转换为 XYZ 颜色空间,代码如下:

```
>> input_png_xyz = rgb2xyz(input_png);
```

此外,这个参数代表 RGB 颜色空间下的颜色图。将 jet 颜色图从 RGB 颜色空间转换为 XYZ 颜色空间,代码如下:

```
>> jet_xyz = rgb2xyz(jet);
```

lab2xyz()函数用于将 CIELAB 颜色空间转换为 XYZ 颜色空间。lab2xyz()函数允许传入 1 个参数进行调用,这个参数代表 CIELAB 颜色空间下的图像。将一幅图像从 CIELAB 颜色空间转换为 XYZ 颜色空间,代码如下:

```
>> lab2xyz(input_png);
```

此外,这个参数代表 XYZ 颜色空间下的颜色图。将 jet 颜色图从 CIELAB 颜色空间转换为 XYZ 颜色空间,代码如下:

```
>> lab2xyz(jet);
```

将图像指定为 input.png,将输出图像指定为 output.png,使用 OpenCV 库将图像转换为 XYZ 颜色空间的代码如下:

```
>> python("cvt_color.py", "input.png", "output.png", "cv2.COLOR_BGR2XYZ")
```

8. 转换为 HSL 颜色空间

将 HSV 颜色空间转换为 HSL 颜色空间的代码如下:

```
#第4章/hsv2hsl.m
function ret = hsv2hsl(hsvcolor)
    h = hsvcolor(1);
    s = hsvcolor(2);
    v = hsvcolor(3);
    t = (2 - s) * v;
    temp = t;
    if ((v == 0) || (s == 0))
        s = 0;
    else
        if (t > 1)
            temp = 2 - t;
        endif
        s = (s * v) / temp;
    endif
    ret = [h, s * 100, (t / 2) * 100];
endfunction
```

上面的代码使用的算法如下：

(1) 令 t 等于(2-s)＊v。

(2) 如果 v 等于 0 或 s 等于 0，则令 s 等于 0，否则判断 t 是否大于 1。

(3) 如果 t 大于 1，则令 s 等于(s＊v)/(2-t)，否则令 s 等于(s＊v)/t。

(4) 最终的 HSL 色值为[h，s＊100，(t/2)＊100]。

4.1.3　灰度转换

mat2gray()函数用于将任意矩阵转换为灰度图像。mat2gray()函数允许传入 1 个参数进行调用，这个参数代表任意矩阵，此时将小于或等于 0 的值转换为 0，将最大的值转换为 1，其余的值按比例进行转换。

将矩阵[1 2 3 4]转换为灰度图像，代码如下：

```
>> mat2gray([1 2 3 4])
ans =

        0    0.3333    0.6667    1.0000
```

此外，mat2gray()函数允许追加传入第 2 个参数进行调用，这个参数代表转换范围下限和上限，此时将小于或等于转换范围下限的值转换为 0，将大于或等于转换范围上限的值转换为 1，其余的值按比例进行转换。

将转换范围指定为[2,3]，将矩阵[1 2 3 4]转换为灰度图像，代码如下：

```
>> mat2gray([1 2 3 4], [2, 3])
ans =

     0   0   1   1
```

4.2　图像通道

4.2.1　常用图像通道

1. RGB 通道

在 RGB 图像中,图像至少有 3 个通道,通道如下:

(1) R 通道代表图像的红色分量。

(2) G 通道代表图像的绿色分量。

(3) B 通道代表图像的蓝色分量。

2. RGBA 通道

在 RGBA 图像中,图像至少有 4 个通道,通道如下:

(1) R 通道代表图像的红色分量。

(2) G 通道代表图像的绿色分量。

(3) B 通道代表图像的蓝色分量。

(4) A 通道代表图像的透明度分量。

3. CMYK 通道

在 CMYK 图像中,图像至少有 4 个通道,通道如下:

(1) C 通道代表图像的青色分量。

(2) M 通道代表图像的品红分量。

(3) Y 通道代表图像的黄色分量。

(4) K 通道代表图像的黑色分量。

4. GRAY 通道

在灰度图像中只有一个 GRAY 通道,代表图像的灰度。

5. HSV 通道

在 HSV 图像中,图像有 3 个通道,通道如下:

(1) H 通道代表图像的色调分量。

(2) S 通道代表图像的饱和度分量。

(3) V 通道代表图像的明度分量。

6. HSL 通道

在 HSL 图像中,图像有 3 个通道,通道如下:

(1) H 通道代表图像的色调分量。

(2) S 通道代表图像的饱和度分量。

(3) L 通道代表图像的亮度分量。

4.2.2 索引图像通道

在索引图像中,图像有索引颜色通道,用于存放颜色图,而图像数据则用于保存索引值。

4.2.3 抽取图像通道

OpenCV 库可以用于抽取图像通道。使用 OpenCV 库抽取图像通道的代码如下:

```
＃第4章/extract_channel.py
import sys
import cv2

def extract_channel(image_path, output_path, index = 0):
    image = cv2.imread(image_path)
    ret = cv2.extractChannel(image, index)
    cv2.imwrite(output_path, ret)

if __name__ == "__main__":
    extract_channel(sys.argv[1], sys.argv[2], int(sys.argv[3]))
```

将图像指定为 input.png,将通道下标指定为 0,并将输出图像指定为 output_png.png,抽取图像通道的代码如下:

```
>> python("extract_channel.py", "input.png", "output_png.png", "0")
```

抽取图像通道的结果如图 4-1 所示。

图 4-1 抽取图像通道

4.2.4 拆分图像通道

1. 拆分图像通道并保存为灰度图像

OpenCV 库可以用于拆分图像通道并保存为灰度图像。使用 OpenCV 库拆分图像的 R 通道的代码如下:

```
#第4章/split_r.py
import sys
import cv2
import numpy as np

def split_r(image_path, output_path):
    image = cv2.imread(image_path)
    b, g, r = cv2.split(image)
    cv2.imwrite(output_path, r)

if __name__ == "__main__":
    split_r(sys.argv[1], sys.argv[2])
```

将图像指定为 input.png,将输出图像指定为 output_png.png,拆分图像的 R 通道的代码如下:

```
>> python("split_r.py", "input.png", "output_png.png")
```

拆分图像的 R 通道的结果如图 4-2 所示。

图 4-2 拆分图像的 R 通道

OpenCV 库可以用于拆分图像通道并保存为灰度图像。使用 OpenCV 库拆分图像的 G 通道的代码如下:

```
#第4章/split_g.py
import sys
import cv2
import numpy as np

def split_g(image_path, output_path):
    image = cv2.imread(image_path)
    b, g, r = cv2.split(image)
    cv2.imwrite(output_path, g)

if __name__ == "__main__":
    split_g(sys.argv[1], sys.argv[2])
```

将图像指定为 input. png,将输出图像指定为 output_png. png,拆分图像的 G 通道的代码如下:

```
>> python("split_g.py", "input.png", "output_png.png")
```

拆分图像的 G 通道的结果如图 4-3 所示。

图 4-3 拆分图像的 G 通道

OpenCV 库可以用于拆分图像通道并保存为灰度图像。使用 OpenCV 库拆分图像的 B 通道的代码如下:

```
# 第 4 章/split_b.py
import sys
import cv2
import numpy as np

def split_b(image_path, output_path):
    image = cv2.imread(image_path)
    b, g, r = cv2.split(image)
    cv2.imwrite(output_path, b)

if __name__ == "__main__":
    split_b(sys.argv[1], sys.argv[2])
```

将图像指定为 input. png,将输出图像指定为 output_png. png,拆分图像的 B 通道的代码如下:

```
>> python("split_b.py", "input.png", "output_png.png")
```

拆分图像的 B 通道的结果如图 4-4 所示。

GraphicsMagick 可以拆分图像通道并保存为灰度图像。GraphicsMagick 可以拆分的通道如表 4-6 所示。

图 4-4　拆分图像的 **B** 通道

表 4-6　**GraphicsMagick** 可以拆分的通道

通　　道	含　　义	通　　道	含　　义
Red	R 通道	Cyan	C 通道
Green	G 通道	Magenta	M 通道
Blue	B 通道	Yellow	Y 通道
Opacity	A 通道	Black	K 通道
Matte	遮罩通道	Gray	GRAY 通道

　　将图像指定为 input. png,将输出图像指定为 output_png. png,拆分 R 通道的代码如下:

```
>> system("gm convert - channel Red input.png output_png.png")
```

　　将图像指定为 input. png,将输出图像指定为 output_png. png,拆分 G 通道的代码如下:

```
>> system("gm convert - channel Green input.png output_png.png")
```

　　将图像指定为 input. png,将输出图像指定为 output_png. png,拆分 B 通道的代码如下:

```
>> system("gm convert - channel Blue input.png output_png.png")
```

2. 拆分图像通道并保存为彩色图像

　　OpenCV 库可以用于拆分图像通道并保存为彩色图像。使用 OpenCV 库拆分图像的 R 通道的代码如下:

```
#第4章/split_r_color.py
import sys
import cv2
import numpy as np

def split_r_color(image_path, output_path):
```

```
    image = cv2.imread(image_path)
    b, g, r = cv2.split(image)
    g[:] = 0
    b[:] = 0
    modified_image = cv2.merge([b, g, r])
    cv2.imwrite(output_path, modified_image)

if __name__ == "__main__":
    split_r_color(sys.argv[1], sys.argv[2])
```

将图像指定为 input.png，将输出图像指定为 output_png.png，拆分图像的 R 通道的代码如下：

```
>> python("split_r_color.py", "input.png", "output_png.png")
```

OpenCV 库可以用于拆分图像通道并保存为彩色图像。使用 OpenCV 库拆分图像的 G 通道的代码如下：

```
#第4章/split_g_color.py
import sys
import cv2
import numpy as np

def split_g_color(image_path, output_path):
    image = cv2.imread(image_path)
    b, g, r = cv2.split(image)
    r[:] = 0
    b[:] = 0
    modified_image = cv2.merge([b, g, r])
    cv2.imwrite(output_path, modified_image)

if __name__ == "__main__":
    split_g_color(sys.argv[1], sys.argv[2])
```

将图像指定为 input.png，将输出图像指定为 output_png.png，拆分图像的 G 通道的代码如下：

```
>> python("split_g_color.py", "input.png", "output_png.png")
```

OpenCV 库可以用于拆分图像通道并保存为彩色图像。使用 OpenCV 库拆分图像的 B 通道的代码如下：

```
#第4章/split_b_color.py
import sys
import cv2
import numpy as np

def split_b_color(image_path, output_path):
    image = cv2.imread(image_path)
    b, g, r = cv2.split(image)
```

```
    g[:] = 0
    r[:] = 0
    modified_image = cv2.merge([b, g, r])
    cv2.imwrite(output_path, modified_image)

if __name__ == "__main__":
    split_b_color(sys.argv[1], sys.argv[2])
```

将图像指定为 input.png，将输出图像指定为 output_png.png，拆分图像的 B 通道的代码如下：

```
>> python("split_b_color.py", "input.png", "output_png.png")
```

4.3 颜色图

颜色图也叫颜色映射，可以用于存储一种或多种颜色。

4.3.1 Octave 的内置颜色图

Octave 内置了一部分常用的颜色图，因此在绘图时可以直接调用这些颜色图。Octave 的内置颜色图的组成颜色如表 4-7 所示。

表 4-7 Octave 的内置颜色图的组成颜色

内置颜色图	组 成 颜 色
viridis	默认颜色
jet	遍历蓝色、青色、绿色、黄色和红色
cubehelix	以增加的强度遍历黑色、蓝色、绿色、红色和白色
hsv	遍历色调、饱和度和明度
rainbow	遍历红色、黄色、蓝色、绿色和紫色
hot	遍历黑色、红色、橙色、黄色和白色
cool	遍历青色、紫色和品红色
spring	从洋红到黄色
summer	从绿色到黄色
autumn	遍历红色、橙色和黄色
winter	从蓝色到绿色
gray	在灰色阴影中从黑色到白色
bone	遍历黑色、灰蓝色和白色
copper	从黑色到浅紫色
pink	遍历黑色、灰粉色和白色
ocean	遍历黑色、深蓝色和白色
colorcube	RGB 颜色空间中等间距的颜色
flag	红色、白色、蓝色和黑色的循环 4 色

续表

内置颜色图	组成颜色
lines	具有轴 ColorOrder 属性的颜色
prism	红色、橙色、黄色、绿色、蓝色和紫色的循环 6 色
white	白色(无颜色)

4.3.2 OpenCV 库的内置颜色图

OpenCV 库支持的颜色图,如表 4-8 所示。

表 4-8 OpenCV 库支持的颜色图

颜 色 图	含 义
COLORMAP_AUTUMN	遍历红色、橙色和黄色
COLORMAP_BONE	遍历黑色、灰蓝色和白色
COLORMAP_JET	遍历蓝色、青色、绿色、黄色和红色
COLORMAP_WINTER	从蓝色到绿色
COLORMAP_RAINBOW	遍历红色、黄色、蓝色、绿色和紫色
COLORMAP_OCEAN	遍历黑色、深蓝色和白色
COLORMAP_SUMMER	从绿色到黄色
COLORMAP_SPRING	从洋红色到黄色
COLORMAP_COOL	遍历青色、紫色和品红色
COLORMAP_HSV	遍历色调、饱和度和明度
COLORMAP_PINK	遍历黑色、灰粉色和白色
COLORMAP_HOT	遍历黑色、红色、橙色、黄色和白色
COLORMAP_PARULA	遍历绿色、紫色和黄色
COLORMAP_MAGMA	遍历黑色、紫色、红色和白色
COLORMAP_INFERNO	遍历黑色、紫色、红色、橙色、黄色和白色
COLORMAP_PLASMA	红色、橙色、黄色、绿色、蓝色和紫色的循环 6 色
COLORMAP_VIRIDIS	遍历紫色、蓝色、绿色和黄色
COLORMAP_CIVIDIS	遍历蓝色、灰色和黄色
COLORMAP_TWILIGHT	遍历灰色、蓝色、紫色和棕色
COLORMAP_TWILIGHT_SHIFTED	遍历紫色、蓝色、灰色和棕色
COLORMAP_TURBO	遍历紫色、蓝色、绿色、黄色、橙色和红色
COLORMAP_DEEPGREEN	遍历深绿色

4.3.3 查看颜色图

调用 colormap()函数可以查看颜色图。colormap()函数在调用时无须参数,此时将返回当前使用的颜色图,代码如下:

```
>> colormap
```

此外,colormap()函数允许追加一个参数,用于显示特定的颜色图,此时这个参数既可以是颜色图变量,也可以是 Octave 的内置颜色图的名称。

jet 是一种 Octave 的内置颜色图的名称,因此在查看 jet 颜色图时需要将字符串 jet 传入 colormap()函数中。查看 jet 颜色图的代码如下:

```
>> jet = colormap('jet')
jet =

        0        0   0.5625
        0        0   0.6250
        0        0   0.6875
        0        0   0.7500
        0        0   0.8125
        0        0   0.8750
        0        0   0.9375
        0        0   1.0000
        0   0.0625   1.0000
        0   0.1250   1.0000
        0   0.1875   1.0000
        0   0.2500   1.0000
        0   0.3125   1.0000
        0   0.3750   1.0000
        0   0.4375   1.0000
        0   0.5000   1.0000
        0   0.5625   1.0000
        0   0.6250   1.0000
        0   0.6875   1.0000
        0   0.7500   1.0000
        0   0.8125   1.0000
        0   0.8750   1.0000
        0   0.9375   1.0000
        0   1.0000   1.0000
   0.0625   1.0000   0.9375
   0.1250   1.0000   0.8750
   0.1875   1.0000   0.8125
   0.2500   1.0000   0.7500
   0.3125   1.0000   0.6875
   0.3750   1.0000   0.6250
   0.4375   1.0000   0.5625
   0.5000   1.0000   0.5000
   0.5625   1.0000   0.4375
   0.6250   1.0000   0.3750
   0.6875   1.0000   0.3125
   0.7500   1.0000   0.2500
   0.8125   1.0000   0.1875
   0.8750   1.0000   0.1250
   0.9375   1.0000   0.0625
   1.0000   1.0000        0
```

1.0000	0.9375	0
1.0000	0.8750	0
1.0000	0.8125	0
1.0000	0.7500	0
1.0000	0.6875	0
1.0000	0.6250	0
1.0000	0.5625	0
1.0000	0.5000	0
1.0000	0.4375	0
1.0000	0.3750	0
1.0000	0.3125	0
1.0000	0.2500	0
1.0000	0.1875	0
1.0000	0.1250	0
1.0000	0.0625	0
1.0000	0	0
0.9375	0	0
0.8750	0	0
0.8125	0	0
0.7500	0	0
0.6875	0	0
0.6250	0	0
0.5625	0	0
0.5000	0	0

4.3.4　颜色图移位

GraphicsMagick 可以对颜色图进行移位,使图像的颜色整体发生变化。将图像指定为 input.png,将输出图像指定为 output.png,颜色图移位的代码如下:

```
>> system("gm convert – cycle 100 input.png output.png")
```

颜色图移位的结果如图 4-5 所示。

图 4-5　颜色图移位

4.4 去色

去色用于将彩色图像转换成灰度图像,即去除图像中的颜色信息。去色功能可以使图像中的所有像素只保留亮度信息,而忽略原来的色彩分量。

去色可以用替换颜色图的方式实现,将彩色的颜色图替换为 gray 颜色图,代码如下:

```
#第4章/decolor.m
input_png = uint8(input_png);
[x, map] = rgb2ind (input_png);
gray_cmap = colormap("gray");
ret = ind2rgb (x, gray_cmap);
imwrite(ret, 'output.png');
```

OpenCV 库可以用于去色。使用 OpenCV 库对图像进行去色的代码如下:

```
#第4章/decolor.py
import sys
import cv2
import numpy as np

def decolor(image_path, output_path):
    image = cv2.imread(image_path)
    grayscale, color_boost = cv2.decolor(image)
    cv2.imwrite(output_path, grayscale)

if __name__ == "__main__":
    decolor(sys.argv[1], sys.argv[2])
```

将图像指定为 input.png,将输出图像指定为 output.png,对图像进行去色的代码如下:

```
>> python("decolor.py", "input.png", "output.png")
```

图像去色的结果如图 4-6 所示。

图 4-6　图像去色

PIL 库可以用于去色。使用 PIL 库的去色脚本如下：

```
# 第 4 章/decolorization.py
import sys

from PIL import Image

if len(sys.argv) < 3:
    print("用法: python decolorization.py < image_path > < output_path >")
    sys.exit(1)

def decolorization(image_path, output_path):
    image = Image.open(image_path)
    grayscale_image = image.convert('L')
    grayscale_image.save(output_path)

if __name__ == "__main__":
    decolorization(sys.argv[1], sys.argv[2])
```

将图像指定为 input.png，将输出图像指定为 output.png，对图像进行去色的代码如下：

```
>> python decolorization.py input.png output.png
```

GraphicsMagick 可以去色。将图像指定为 input.png，将输出图像指定为 output.png，
对图像进行去色的代码如下：

```
>> system("gm convert - colorspace GRAY input.png output.png")
```

4.5 着色

GraphicsMagick 可以着色，将本图像转换为以另一种颜色为主的图像。将图像指定为
input.png，将输出图像指定为 output.png，并将颜色指定为(50,100,200)，着色的代码如下：

```
>> system("gm convert input.png - colorize 50,100,200 output.png")
```

图像着色的结果如图 4-7 所示。

图 4-7　图像着色

4.6 伪彩色

伪彩色图像处理是一种将灰度图像转换为彩色图像的技术。伪彩色图像通过将灰度图像的像素值映射到色值来增强图像的视觉效果,使人眼对微小差别的感知更加敏感。

4.6.1 灰度分层法

使用灰度分层法可以将灰度图像转换为伪彩色图像。灰度分层法需要先调用 grayslice()函数转换图像,再配合颜色图显示转换后的图像。

使用灰度变换法将灰度图像转换为伪彩色图像的代码如下:

```
♯第 4 章/grayslice_pcolor.m
ret = grayslice(input_png, 128);
imshow(ret, jet(128));

>> grayslice_pcolor
```

上面的代码使用的算法如下:

(1) 调用 grayslice()函数将图像分为 128 层。

(2) 用 128 种颜色的 jet 颜色图显示图像,显示为 128×128×128 色图像。

灰度分层法的结果如图 4-8 所示。

图 4-8 灰度分层法

4.6.2 灰度变换法

使用灰度变换法可以将灰度图像转换为伪彩色图像。灰度变换法需要对灰度图像的像素进行 3 次变换,用于将灰度值映射成不同大小的 RGB 色值。

使用灰度变换法将灰度图像转换为伪彩色图像的代码如下:

```
#第4章/grayconvert_pcolor.m
input_pgm = uint8(input_pgm);
[m, n] = size(input_pgm);
R = uint8(zeros(m, n));
G = uint8(zeros(m, n));
B = uint8(zeros(m, n));
ret = uint8(zeros(m, n, 3));
for i = 1:m
    for j = 1:n
        if input_pgm(i, j) <= 50
            R(i, j) = 10;
            G(i, j) = 20;
            B(i, j) = 180;
        elseif input_pgm(i, j) <= 150
            R(i, j) = 200;
            G(i, j) = 40;
            B(i, j) = 50;
        elseif input_pgm(i, j) <= 200
            R(i, j) = 100;
            G(i, j) = 180;
            B(i, j) = 200;
        else
            R(i, j) = 200;
            G(i, j) = 10;
            B(i, j) = 20;
        endif
    endfor
endfor
ret(:, :, 1) = R;
ret(:, :, 2) = G;
ret(:, :, 3) = B;
imshow(ret);

>> grayconvert_pcolor
```

上面的代码使用的算法如下：

（1）将源图像转换为 uint8 整型。

（2）如果源图像的某像素值小于或等于 50,则将此像素的色值映射为(10,20,180)。

（3）如果源图像的某像素值大于 50 且小于或等于 150,则将此像素的色值映射为(200, 40,50)。

（4）如果源图像的某像素值大于 150 且小于或等于 200,则将此像素的色值映射为 (100,180,200)。

（5）如果源图像的某像素值大于 200,则将此像素的色值映射为(200,10,20)。

（6）将 3 种颜色通道合并为 RGB 图像。

灰度变换法的结果如图 4-9 所示。

图 4-9 灰度变换法

4.6.3 智能伪彩色处理

OpenCV 库可以用于智能伪彩色处理，无须对图像进行预处理即可生成伪彩色图像。使用 OpenCV 库对图像进行智能伪彩色处理的代码如下：

```python
# 第 4 章/apply_colormap.py
import sys
import cv2
import numpy as np

def apply_colormap(image_path, output_path, colormap = cv2.COLORMAP_JET):
    image = cv2.imread(image_path)
    image = cv2.applyColorMap(image, colormap)
    cv2.imwrite(output_path, image)

if __name__ == "__main__":
    apply_colormap(sys.argv[1], sys.argv[2], eval(sys.argv[3]))
```

将两幅图像指定为 input.png，将输出图像指定为 output_png.png，将颜色图指定为 cv2.COLORMAP_JET，对图像进行智能伪彩色处理的代码如下：

```python
>> python("apply_colormap.py", "input.png", "output_png.png", "cv2.COLORMAP_JET")
```

智能伪彩色处理的结果如图 4-10 所示。

图 4-10 智能伪彩色处理

4.7　反色

反色用于将图像的颜色反转，即将图像中的每个像素颜色都替换为其补色。反色操作通常会产生一种负片效果，类似于传统胶片摄影中的底片效果。

4.7.1　全部反色

imcomplement()函数用于反色。imdivide()函数需要传入 1 个参数，这个参数是图像。将图像 input_png 反色，代码如下：

```
>> imcomplement(input_png)
```

图像反色的结果如图 4-11 所示。

图 4-11　图像反色

PIL 库可以用于反色。使用 PIL 库的反色脚本如下：

```
#第 4 章/invert_color.py
import sys

from PIL import Image, ImageOps

if len(sys.argv) < 3:
    print("用法: python invert_color.py < image_path > < output_path >")
    sys.exit(1)

def invert_color(image_path, output_path):
    image = Image.open(image_path).convert('RGB')
    inverted_image = ImageOps.invert(image)
    inverted_image.save(output_path)

if __name__ == "__main__":
    invert_color(sys.argv[1], sys.argv[2])
```

上面的代码使用的算法如下：

（1）调用 Image 对象的 convert()方法并传入 RGB 参数。

（2）调用 ImageOps 类的 invert()方法进行反色。

（3）将图像保存为图像文件。

将图像指定为 input.png,将输出图像指定为 output.png,对图像进行反色的代码如下：

```
>> python invert_color.py input.png output.png
```

GraphicsMagick 可以反色。将图像指定为 input.png,将输出图像指定为 output.png,
对图像进行反色的代码如下：

```
>> system("gm convert input.png - negate output.png")
```

4.7.2　部分反色

GraphicsMagick 可以只将强度低于某个阈值的像素反色。将图像指定为 input.png,
将输出图像指定为 output.png,只将强度低于50%的像素反色,反色的代码如下：

```
>> system("gm convert input.png - solarize 50 % output.png")
```

只将强度低于50%的像素反色的结果如图 4-12 所示。

图 4-12　只将强度低于 50%的像素反色

4.8　透明度

透明度决定了图像中每个像素的不透明程度,并且可以影响颜色的显示方式。

4.8.1　修改透明度

对于 RGBA 格式的颜色而言,第 4 个分量代表透明度,因此直接修改 RGBA 格式的颜色的第 4 个分量即可修改透明度。

用 Python 可以修改透明度,脚本如下:

```
# 第 4 章/mod_alpha.py
import sys

if len(sys.argv) < 3:
    print("用法: python mod_alpha.py < color(r,g,b,a)> < alpha >")
    sys.exit(1)

def mod_alpha(color, alpha):
    r, g, b, a = eval(color)
    alpha = float(alpha)
    print((r, g, b, alpha))
    return (r, g, b, alpha)

if __name__ == "__main__":
    mod_alpha(sys.argv[1], sys.argv[2])
```

上面的脚本接收两个参数,第 1 个参数代表 RGBA 格式的颜色,第 2 个参数代表修改后的透明度。将 RGBA 格式的颜色指定为(255,0,0,0.5),将修改后的透明度指定为 0.6,运行脚本的命令如下:

```
>> python("mod_alpha.py", "\"(255, 0, 0, 0.5)\"", "0.6")
ans = (255, 0, 0, 0.6)
```

4.8.2　颜色混合

在混合两种颜色时需要透明度的概念。假设顶层图像中的一像素具有 RGB 值(255,0,0)(红色),Alpha 通道值为 0.5(半透明),而底层图像在同一位置的 RGB 值为(0,0,255)(蓝色),则混合后的颜色为品红色(一种红色和蓝色的混合色)。

用 Python 可以实现颜色混合,脚本如下:

```
# 第 4 章/blend_colors.py
import sys

if len(sys.argv) < 4:
    print("用法: python blend_colors.py < color1(r,g,b,a)> < color2(r,g,b,a)> < alpha >")
    sys.exit(1)

def blend_colors(color1, color2, alpha):
    r1, g1, b1, a1 = eval(color1)
    r2, g2, b2, a2 = eval(color2)
    alpha = float(alpha)
    r = int(r1 * (1 - alpha) + r2 * alpha)
    g = int(g1 * (1 - alpha) + g2 * alpha)
    b = int(b1 * (1 - alpha) + b2 * alpha)
```

```
        a = int(a1 * (1 - alpha) + a2 * alpha)
        print((r, g, b, a))
        return (r, g, b, a)

if __name__ == "__main__":
        blend_colors(sys.argv[1], sys.argv[2], sys.argv[3])
```

上面的脚本接收 3 个参数,前两个参数代表两个 RGBA 格式的颜色,第 3 个参数代表混合的透明度。将两个 RGBA 格式的颜色分别指定为$(255,0,0,0.5)$和$(0,0,255,0.5)$,将混合的透明度指定为 0.5,运行脚本的命令如下:

```
>> python("blend_colors.py", "\"(255, 0, 0, 0.5)\"", "\"(0, 0, 255, 0.5)\"", "0.5")
ans = (127, 0, 127, 0)
```

上面的代码使用的算法如下:

(1) 将一种颜色的红色色值乘以$(1-alpha)$,将另一种颜色的红色色值乘以 alpha,二者相加得到混合后的红色色值。

(2) 将一种颜色的绿色色值乘以$(1-alpha)$,将另一种颜色的绿色色值乘以 alpha,二者相加得到混合后的绿色色值。

(3) 将一种颜色的蓝色色值乘以$(1-alpha)$,将另一种颜色的蓝色色值乘以 alpha,二者相加得到混合后的蓝色色值。

(4) 将一种颜色的透明度乘以$(1-alpha)$,将另一种颜色的透明度乘以 alpha,二者相加得到混合后的透明度。

(5) 将 4 个通道合并为 RGBA 图像。

4.8.3　颜色渐变

先将颜色放到图像中,再修改每个像素的透明度即可达到一种渐变的效果,例如将 RGBA 格式的颜色$(255,0,0,255)$逐渐修改为$(255,0,0,0)$,在白底之下即可实现颜色渐变。

用 Python 可以实现颜色渐变,脚本如下:

```
# 第 4 章/gradient_color.py
import sys

from PIL import Image, ImageDraw

if len(sys.argv) < 3:
    print("用法: python gradient_color.py < color1(r,g,b,a) > < color2(r,g,b,a) >")
    sys.exit(1)

image = Image.new('RGBA', (300, 200), 'white')
draw = ImageDraw.Draw(image)
```

```
start_color = eval(sys.argv[1])
end_color = eval(sys.argv[2])

for y in range(image.height):
    alpha = int(255 * (1 - (y / (image.height - 1))))
    current_color = (start_color[0], start_color[1], start_color[2], alpha)
    draw.line([(0, y), (image.width, y)], fill = current_color, width = 1)

image.save('gradient.png')
```

上面的代码使用的算法如下：

（1）创建一个空白图层。

（2）将颜色以渐变形式放到空白图层中，每变换一种颜色就绘制 1 条这种颜色的直线。

（3）将图像保存为图像文件。

将初始的 RGBA 格式的颜色指定为(255,0,0,255)，结束的 RGBA 格式的颜色为 (255,0,0,0)，颜色渐变的代码如下：

```
>> python("gradient_color.py", "\"(255, 0, 0, 255)\"", "\"(255, 0, 0, 0)\"")
```

颜色渐变的结果如图 4-13 所示。

图 4-13　颜色渐变

4.9　对比度

4.9.1　增加对比度

GraphicsMagick 可以增加对比度。将图像指定为 input.png，将输出图像指定为 output.png，增加对比度的代码如下：

```
>> system("gm convert input.png + contrast + contrast output.png")
```

增加对比度的结果如图 4-14 所示。

图 4-14 增加对比度

4.9.2 减小对比度

GraphicsMagick 可以减小对比度。将图像指定为 input.png,将输出图像指定为 output.png,减小对比度的代码如下:

```
>> system("gm convert input.png -contrast -contrast output.png")
```

减小对比度的结果如图 4-15 所示。

图 4-15 减小对比度

4.10 颜色查找表

4.10.1 创建颜色查找表

makelut()函数用于创建颜色查找表。makelut()函数允许传入两个参数,第 1 个参数是创建颜色查找表使用的函数,这个函数既可以是一个函数名,也可以是一个匿名函数;第

2个参数是矩阵的尺寸。

将创建颜色查找表使用的函数指定为@(x) sum(sum(x+diag(x))),将矩阵的尺寸指定为3,代码如下：

```
>> makelut(@(x) sum(sum(x + diag(x))), 3)
```

此外,makelut()函数允许追加传入其他参数,这些参数是创建颜色查找表使用的函数需要的参数。

先设计一个需要传入1个参数的函数 add_diag,代码如下：

```
>> function ret = add_diag(x, param1)
ret = sum(sum(x + diag(param1)));
endfunction
```

再将创建颜色查找表使用的函数指定为 add_diag,将矩阵的尺寸指定为3,add_diag 函数需要追加传入的参数为[1,2,3;4,5,6;7,8,9],代码如下：

```
>> makelut("add_diag", 3, [1,2,3;4,5,6;7,8,9])
```

4.10.2 应用颜色查找表

applylut()函数用于对图像应用颜色查找表。applylut()函数允许传入两个参数,第1个参数是二值图像,第2个参数是颜色查找表。

将颜色查找表指定为 uint16(65535:−1:0),对图像 input_pbm 应用颜色查找表,代码如下：

```
>> intlut(input_pbm, uint16(65535:−1:0))
```

OpenCV 库可以用于对图像应用颜色查找表。使用 OpenCV 库对图像应用颜色查找表的代码如下：

```python
# 第4章/apply_lut.py
import sys
import cv2
import numpy as np

def apply_lut(image_path, output_path, lut):
    image = cv2.imread(image_path)
    b_channel, g_channel, r_channel = cv2.split(image)
    b_channel_lut = cv2.LUT(b_channel, lut)
    g_channel_lut = cv2.LUT(g_channel, lut)
    r_channel_lut = cv2.LUT(r_channel, lut)
    lut_image = cv2.merge((b_channel_lut, g_channel_lut, r_channel_lut))
    cv2.imwrite(output_path, lut_image)

if __name__ == "__main__":
    apply_lut(sys.argv[1], sys.argv[2], eval(sys.argv[3]))
```

上面的代码使用的算法如下：

(1) 将图像按 RGB 颜色通道分开。

(2) 对每个通道应用颜色查找表。

(3) 将图像的每个通道合并。

将图像指定为 input.png，将输出图像指定为 output_png.png，将颜色查找表指定为 np.array([i ** 2 for i in range(256)]).astype(np.uint8)，对图像应用颜色查找表的代码如下：

```
>> python("apply_lut.py", "input.png", "output_png.png", "\"np.array([i ** 2 for i in range(256)]).astype(np.uint8)\"")
```

对图像应用颜色查找表的结果如图 4-16 所示。

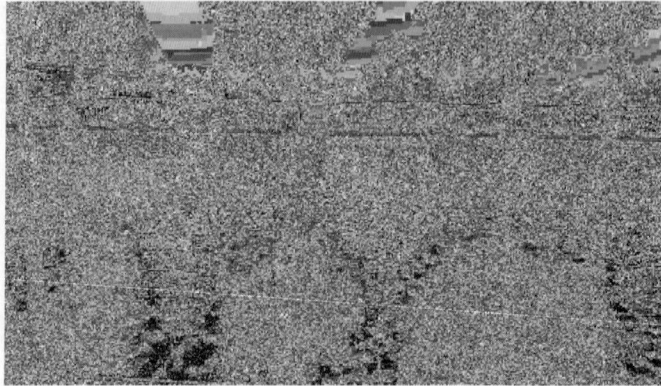

图 4-16　对图像应用颜色查找表

4.10.3　用颜色查找表替换颜色

intlut()函数用于使用颜色查找表转换一个或多个数字，将一个或多个数字组成的矩阵替换为颜色查找表中的颜色。intlut()函数允许传入两个参数，第 1 个参数是数字矩阵，第 2 个参数是颜色查找表。

将数字矩阵指定为 uint16(1:4)，将颜色查找表指定为 uint16(65535:-1:0)，转换颜色，代码如下：

```
>> intlut(uint16(1:4), uint16(65535:-1:0))
ans =

   65534   65533   65532   65531
```

注意：intlut()函数只能用于 uint8、uint16 或 int16 格式的颜色的转换。

4.11　颜色替换

GraphicsMagick 可以将图像中的一种颜色替换为另一种颜色。将图像指定为 input. png,将输出图像指定为 output. png,将白色替换为蓝色,颜色替换的代码如下:

```
>> system("gm convert input.png – opaque white – fill blue output.png")
```

GraphicsMagick 可以将图像中的一种颜色替换为透明色。将图像指定为 input. png, 将输出图像指定为 output. png,将白色替换为透明色,颜色替换的代码如下:

```
>> system("gm convert input.png – transparent white output.png")
```

注意:由于在实际使用相机拍摄的图像中很难存在纯白色像素,因此采用颜色替换方式实际替换像素的数量极少。

第5章

CHAPTER 5

图 像 运 算

图像运算大致分为像素运算、算术运算、邻域运算、几何变换、空间变换和二值图像打包解包。

5.1 像素运算

5.1.1 获取像素

impixel()函数用于获取图像中特定像素的值。

impixel()函数允许传入 3 个参数,第 1 个参数是图像,第 2 个参数是 x 坐标,第 3 个参数是 y 坐标,此时将返回该图像在指定坐标处的像素的值。

获取图像 input.png 中(1,2)坐标处的像素的值,代码如下:

```
>> impixel(input_png, 1, 2)
ans =

    68   68   68
    39   39   39
    25   25   25
```

此外,impixel()函数允许传入 4 个参数,第 1 个参数是图像,第 2 个参数是索引,第 3 个参数是 x 坐标,第 4 个参数是 y 坐标,此时将返回该图像在指定坐标处的像素的值。

获取图像 input_gif.gif 中(1,2)坐标处的像素的值,代码如下:

```
>> impixel(input_gif_ind, input_gif_map, 1, 2)
```

此外,impixel()函数允许传入 5 个参数,第 1 个参数是 xData,第 2 个参数是 yData,第 3 个参数是图像,第 4 个参数是 x 坐标,第 5 个参数是 y 坐标,此时将返回该图像在指定坐标处的像素的值。

获取图像 input.png 中(1,2)坐标处的像素的值,xData 为 1:10,yData 为 2:20,代码如下:

```
>> impixel(1:10, 2:20, input_png, 1, 2)
ans =

    69   69   69
    40   40   40
    26   26   26
```

此外,impixel()函数允许传入 6 个参数,第 1 个参数是 xData,第 2 个参数是 yData,第 3 个参数是图像,第 4 个参数是索引,第 5 个参数是 x 坐标,第 6 个参数是 y 坐标,此时将返回该图像在指定坐标处的像素的值。

获取图像 input_gif. gif 中(1,2)坐标处的像素的值,xData 为 1:10,yData 为 2:20,代码如下:

```
>> impixel(1:10, 2:20, input_gif_ind, input_gif_map, 1, 2)
```

5.1.2　根据像素生成二值图像

roicolor()函数用于根据像素生成二值图像。roicolor()函数至少需要传入两个参数,第 1 个参数是图像,第 2 个参数是颜色,此时将图像中等于指定颜色的像素设为 1 并将其他颜色设为 0,返回这个新的二值图像。

将图像指定为 input_png 且将颜色指定为 150,生成二值图像的代码如下:

```
>> roicolor(input_png, 150);
```

根据像素生成二值图像的结果如图 5-1 所示。

图 5-1　根据像素生成二值图像

此外,roicolor()函数还允许传入 3 个参数,第 1 个参数是图像,第 2 个参数是颜色范围的下界,第 3 个参数是颜色范围的上界,此时将图像中在颜色范围中的像素设为 1 并将其他颜色设为 0,返回这个新的二值图像。

将图像指定为 input_png 且将颜色范围的下界和上界分别指定为 100 和 150,生成二值图像的代码如下:

```
>> roicolor(input_png, 100, 150);
```

根据像素生成二值图像的结果如图 5-2 所示。

图 5-2　根据像素生成二值图像 颜色下界和上界分别为 100 和 150

5.1.3　量化生成图像

imquantize()函数用于量化生成图像。imquantize()函数至少需要传入两个参数,第 1 个参数是图像,第 2 个参数是多个阈值。如果指定 n 个阈值,则图像按阈值量化得到的像素为 $1,2,\cdots,n+1$。

将图像指定为 input_png 且将多个阈值指定为[3,6,9],量化生成图像的代码如下:

```
>> imquantize(input_png, [3, 6, 9]);
```

此外,imquantize()函数允许追加传入第 3 个参数,这个参数被认为是多个量化得到的像素值。如果指定 n 个阈值,则必须指定 $n+1$ 个量化得到的像素值。

将图像指定为 input_png,将多个阈值指定为[3,6,9]且将多个量化得到的像素值指定为[10,50,100,150],量化生成图像的代码如下:

```
>> imquantize(input_png, [3, 6, 9], [10, 50, 100, 150]);
```

5.1.4　像素排序

OpenCV 库可以用于像素排序。OpenCV 库支持的像素排序方式如表 5-1 所示。

表 5-1　OpenCV 库支持的像素排序方式

像素排序方式	含　义
SORT_EVERY_ROW	按行独立排序
SORT_EVERY_COLUMN	按列独立排序; 与按行独立排序互斥

续表

像素排序方式	含　义
SORT_ASCENDING	升序排序
SORT_DESCENDING	降序排序； 与升序排序互斥

注意：OpenCV 库在像素排序时，需要同时传入两种排序方式。

使用 OpenCV 库进行像素排序的代码如下：

```
♯第5章/sort.py
import sys
import cv2

def sort(image_path, output_path, flags = cv2.SORT_EVERY_COLUMN):
    image = cv2.imread(image_path)
    image = cv2.cvtColor(image, cv2.COLOR_BGR2GRAY)
    ret = cv2.sort(image, flags)
    cv2.imwrite(output_path, ret)

if __name__ == "__main__":
    sort(sys.argv[1], sys.argv[2], eval(sys.argv[3]))
```

1. 按行独立排序且按升序排序

将图像指定为 input.png，将输出图像指定为 output_png.png，按行独立排序且按升序排序的代码如下：

```
>> python("sort.py", "input.png", "output_png.png", "\"cv2.SORT_EVERY_ROW + cv2.SORT_
ASCENDING\"")
```

按行独立排序且按升序排序的结果如图 5-3 所示。

图 5-3　按行独立排序且按升序排序

2. 按行独立排序且按降序排序

将图像指定为 input.png，将输出图像指定为 output_png.png，按行独立排序且按降序排序的代码如下：

```
>> python("sort.py", "input.png", "output_png.png", "\"cv2.SORT_EVERY_ROW + cv2.SORT_
DESCENDING\"")
```

按行独立排序且按降序排序的结果如图 5-4 所示。

图 5-4　按行独立排序且按降序排序

3. 按列独立排序且按升序排序

将图像指定为 input.png，将输出图像指定为 output_png.png，按列独立排序且按升序排序的代码如下：

```
>> python("sort.py", "input.png", "output_png.png",
"\"cv2.SORT_EVERY_COLUMN + cv2.SORT_ASCENDING\"")
```

按列独立排序且按升序排序的结果如图 5-5 所示。

图 5-5　按列独立排序且按升序排序

4. 按列独立排序且按降序排序

将图像指定为 input.png,将输出图像指定为 output_png.png,按列独立排序且按降序排序的代码如下:

```
>> python("sort.py", "input.png", "output_png.png",
"\"cv2.SORT_EVERY_COLUMN + cv2.SORT_DESCENDING\"")
```

按列独立排序且按降序排序的结果如图 5-6 所示。

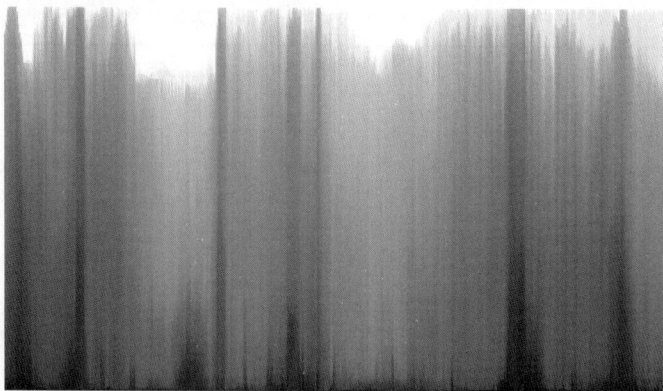

图 5-6　按列独立排序且按降序排序

5.1.5　固定阈值法

1. 用于图像二值化的阈值

graythresh()函数用于自动计算灰度图像转换为二值图像的阈值。graythresh()函数允许传入 1 个参数进行调用,这个参数代表灰度图像。

自动计算图像 input_png 转换为二值图像的阈值,代码如下:

```
>> graythresh(input_png)
ans = 0.5020
```

此外,graythresh()函数允许追加传入第 2 个参数进行调用,这个参数代表自动计算阈值的方式。graythresh()函数支持的自动计算阈值的方式如表 5-2 所示。

表 5-2　graythresh()函数支持的自动计算阈值的方式

自动计算阈值的方式	含　　义	自动计算阈值的方式	含　　义
Otsu	大津法	mean	均值
concavity	凹性	MinError	最小错误
intermodes	中间帧模式	minimum	最小值
intermeans	中间帧均值	moments	几何矩阈值
MaxEntropy	最大熵	percentile	百分比法
MaxLikelihood	最大似然估计		

将自动计算阈值的方式指定为 concavity,自动计算图像 input_png 转换为二值图像的阈值,代码如下:

```
>> graythresh( input_png, "concavity")
ans = 0.4431
```

此外,graythresh()函数允许追加传入第 3 个参数进行调用,这个参数代表自动计算阈值的选项。graythresh()函数支持的自动计算阈值的选项如表 5-3 所示。

表 5-3 graythresh()函数支持的自动计算阈值的选项

自动计算阈值的方式	自动计算阈值的选项	自动计算阈值的方式	自动计算阈值的选项
Otsu	—	mean	—
concavity	—	MinError	—
intermodes	—	minimum	—
intermeans	—	moments	—
MaxEntropy	—	percentile	假定占比在[0,1]的像素为背景
MaxLikelihood	—		

将自动计算阈值的方式指定为 percentile,假定占比 0.5(50%)的像素为背景,自动计算图像 input_png 转换为二值图像的阈值,代码如下:

```
>> graythresh( input_png, "percentile", 0.5)
ans = 0.4431
```

2. 使用大津法计算阈值

otsuthresh()函数用于使用大津法计算阈值进行图像二值化。otsuthresh()函数允许传入 1 个参数,这个参数是图像的直方图。

指定直方图 nn,使用大津法计算阈值进行图像二值化,代码如下:

```
>> otsuthresh(nn)
```

3. 将灰度图像转换为二值图像

grayslice()函数用于将灰度图像转换为二值图像。grayslice()函数允许传入 1 个参数进行调用,这个参数代表灰度图像。

将图像 input_pgm 转换为二值图像,代码如下:

```
>> grayslice(input_pgm);
```

此外,grayslice()函数追加允许传入第 2 个参数进行调用,这个参数代表多个阈值。

将多个阈值指定为[0 0.5 1],将图像 input_pgm 转换为二值图像,代码如下:

```
>> grayslice(input_pgm, [0 0.5 1]);
```

4. 通过固定阈值法进行像素运算

im2bw()函数用于将彩色图像或灰度图像转换为二值图像。im2bw()函数允许传入 1 个参数进行调用,这个参数代表 RGB 颜色空间下的图像或灰度图像。

将图像 input_png 转换为二值图像,代码如下:

```
>> im2bw(input_png);
```

转换为二值图像的结果如图 5-7 所示。

图 5-7 转换为二值图像

将图像 input_pgm 转换为二值图像,代码如下:

```
>> im2bw(input_pgm);
```

此外,im2bw()函数允许传入两个参数进行调用,第 1 个参数代表索引图像,第 2 个参数代表颜色图。

将颜色图指定为 jet,将图像 input_gif 转换为二值图像,代码如下:

```
>> im2bw(input_gif, jet);
```

im2bw()函数可以追加传入 1 个参数进行调用,这个参数代表阈值,用于区分转换后的颜色是 0 或 1。

将阈值指定为 0.3,将图像 input_png 转换为二值图像,代码如下:

```
>> im2bw(input_png, 0.3);
```

转换为二值图像的结果如图 5-8 所示。

图 5-8 转换为二值图像 阈值为 0.3

此外,im2bw()函数可以追加传入 1 个参数进行调用,这个参数代表 graythresh()函数自动计算阈值的方式。

将自动计算阈值的方式指定为 concavity,将图像 input_png 转换为二值图像,代码如下:

```
>> im2bw( input_png, "concavity");
```

转换为二值图像的结果如图 5-9 所示。

图 5-9　转换为二值图像 自动计算阈值

OpenCV 库可以通过固定阈值法进行像素运算。OpenCV 库支持的固定阈值类型如表 5-4 所示。

表 5-4　OpenCV 库支持的固定阈值类型

固定阈值类型	含　义
THRESH_BINARY	用于图像二值化的阈值; 如果像素值大于此阈值,则将像素转换为最大值,否则将像素转换为最小值
THRESH_BINARY_INV	用于图像反向二值化的阈值; 如果像素值大于此阈值,则将像素转换为最小值,否则将像素转换为最大值
THRESH_TRUNC	用于图像截断的阈值; 如果像素值大于此阈值,则将像素转换为最大值,否则像素不变
THRESH_TOZERO	用于图像截断并取 0 的阈值; 如果像素值大于此阈值,则像素不变,否则将像素转换为 0
THRESH_TOZERO_INV	用于图像反向截断并取 0 的阈值; 如果像素值大于此阈值,则像素转换为 0,否则像素不变
THRESH_MASK	—
THRESH_OTSU	使用大津法计算阈值
THRESH_TRIANGLE	使用三角法计算阈值

使用 OpenCV 库通过固定阈值法进行像素运算的代码如下：

```
# 第5章/threshold.py
import sys
import cv2
import numpy as np

def threshold(image_path, output_path, thresh,
              maxval = 255, type = cv2.THRESH_BINARY):
    image = cv2.imread(image_path)
    if type == cv2.THRESH_OTSU or type == cv2.THRESH_TRIANGLE:
        image = cv2.cvtColor(image, cv2.COLOR_BGR2GRAY)
    thr, ret = cv2.threshold(image, thresh = thresh,
                             maxval = maxval, type = type)
    cv2.imwrite(output_path, ret)

if __name__ == "__main__":
    threshold(sys.argv[1], sys.argv[2],
              float(sys.argv[3]), 255,
              eval(sys.argv[4]))
```

将图像指定为 input.png，将输出图像指定为 output.png，将阈值指定为 100，将最大值指定为 255，并将固定阈值类型指定为 cv2.THRESH_BINARY，通过固定阈值法进行像素运算的代码如下：

```
>> python("threshold.py", "input.png", "output.png", "100",
"cv2.THRESH_BINARY")
```

固定阈值法的结果如图 5-10 所示。

图 5-10 固定阈值类型为 cv2. THRESH_BINARY

将图像指定为 input.png，将输出图像指定为 output.png，将阈值指定为 100，将最大值指定为 255，并将固定阈值类型指定为 cv2.THRESH_BINARY_INV，通过固定阈值法进行像素运算的代码如下：

```
>> python("threshold.py", "input.png", "output.png", "100",
"cv2.THRESH_BINARY_INV")
```

固定阈值法的结果如图 5-11 所示。

图 5-11   固定阈值类型为 **cv2. THRESH_BINARY_INV**

将图像指定为 input. png,将输出图像指定为 output. png,将阈值指定为 100,将最大值指定为 255,并将固定阈值类型指定为 cv2. THRESH_TRUNC,通过固定阈值法进行像素运算的代码如下:

```
>> python("threshold.py", "input.png", "output.png", "100",
"cv2.THRESH_TRUNC")
```

固定阈值法的结果如图 5-12 所示。

图 5-12   固定阈值类型为 **cv2. THRESH_TRUNC**

将图像指定为 input. png,将输出图像指定为 output. png,将阈值指定为 100,将最大值指定为 255,并将固定阈值类型指定为 cv2. THRESH_TOZERO,通过固定阈值法进行像素运算的代码如下:

```
>> python("threshold.py", "input.png", "output.png", "100",
"cv2.THRESH_TOZERO")
```

固定阈值法的结果如图 5-13 所示。

图 5-13 固定阈值类型为 cv2. THRESH_TOZERO

将图像指定为 input. png,将输出图像指定为 output. png,将阈值指定为 100,将最大值指定为 255,并将固定阈值类型指定为 cv2. THRESH_TOZERO_INV,通过固定阈值法进行像素运算的代码如下:

```
>> python("threshold.py", "input.png", "output.png", "100",
"cv2.THRESH_TOZERO_INV")
```

固定阈值法的结果如图 5-14 所示。

图 5-14 固定阈值类型为 cv2. THRESH_TOZERO_INV

将图像指定为 input. png,将输出图像指定为 output. png,将阈值指定为 100,将最大值指定为 255,并将固定阈值类型指定为 cv2. THRESH_OTSU,通过固定阈值法进行像素运算的代码如下:

```
>> python("threshold.py", "input.png", "output.png", "100",
"cv2.THRESH_OTSU")
```

固定阈值法的结果如图 5-15 所示。

图 5-15   固定阈值类型为 cv2. THRESH_OTSU

将图像指定为 input. png,将输出图像指定为 output. png,将阈值指定为 100,将最大值指定为 255,并将固定阈值类型指定为 cv2. THRESH_TRIANGLE,通过固定阈值法进行像素运算的代码如下:

```
>> python("threshold.py", "input.png", "output.png", "100",
"cv2.THRESH_TRIANGLE")
```

固定阈值法的结果如图 5-16 所示。

图 5-16   固定阈值类型为 cv2. THRESH_TRIANGLE

GraphicsMagick 可以基于强度阈值将图像转换为二值图像,如果像素的强度低于阈值,则设为黑色,其余像素设为白色。将图像指定为 input. png,将输出图像指定为 output. png,将强度阈值指定为 40%,将图像转换为二值图像的代码如下:

```
>> system("gm convert input.png - threshold 40 % output.png")
```

5.1.6   基于通道阈值更改像素

GraphicsMagick 可以基于通道阈值更改像素,如果像素的 R 通道、G 通道或 B 通道的像素值低于对应阈值,则将对应通道的像素值设为 0,其余通道的像素值不变。将图像指定为 input.png,将输出图像指定为 output.png,将 R 通道阈值指定为 40%,将 G 通道阈值指定为 50%,将 B 通道阈值指定为 60%,基于通道阈值更改像素的代码如下:

```
>> system("gm convert input.png – black – threshold 40%,50%,60% output.png")
```

基于通道阈值更改像素的结果如图 5-17 所示。

图 5-17 基于通道阈值更改像素

5.1.7 像素扩散

GraphicsMagick 可以用于像素扩散。将图像指定为 input.png,将输出图像指定为 output.png,将像素扩散数指定为 5,颜色替换的代码如下:

```
>> system("gm convert input.png – spread 5 output.png")
```

像素扩散的结果如图 5-18 所示。

图 5-18 像素扩散

5.2 算术运算

5.2.1 绝对差值

imabsdiff()函数用于计算两幅图像之间的绝对差值。如果两幅图像的尺寸和类型相同,则返回的结果代表两幅图像之间的绝对差值。imabsdiff()函数至少需要传入两个参数,这两个参数是图像。

返回图像 input_png 和 input_png2 的绝对差值,代码如下:

```
>> imabsdiff(input_png, input_png2);
```

绝对差值如图 5-19 所示。

图 5-19 绝对差值

此外,imabsdiff()函数允许追加传入第 3 个参数,即图像类型。图像类型可以是 double 或 logical。

返回图像 input_png 和 input_png2 的绝对差值,类型为 double,代码如下:

```
>> imabsdiff(input_png, input_png2, "double")
```

OpenCV 库可以用于计算图像间的绝对差值。使用 OpenCV 库计算图像间的绝对差值的代码如下:

```
# 第 5 章/absdiff.py
import sys
import cv2

def absdiff(image1_path, image2_path, output_path):
    image1 = cv2.imread(image1_path, cv2.IMREAD_GRAYSCALE)
    image2 = cv2.imread(image2_path, cv2.IMREAD_GRAYSCALE)
    diff = cv2.absdiff(image1, image2)
    cv2.imwrite(output_path, diff)
```

```
if __name__ == "__main__":
    absdiff(sys.argv[1], sys.argv[2], sys.argv[3])
```

将两幅图像指定为 input.png 和 input2.png,将输出图像指定为 output_png.png,计算图像间的绝对差值的代码如下:

```
>> python("absdiff.py", "input.png", "input2.png", "output_png.png")
```

5.2.2 图像加法

1. 直接相加

imadd()函数用于将两幅图像相加。如果两幅图像的尺寸和类型相同,则返回的结果代表将两幅图像相加后的结果。imadd()函数至少需要传入两个参数,这两个参数是图像。

将图像 input_png 和 input_png2 相加,代码如下:

```
>> imadd(input_png, input_png2)
```

图像加法的结果如图 5-20 所示。

图 5-20　图像加法

此外,imadd()函数允许追加传入第 3 个参数,这个参数是图像类型。图像类型可以是 double 或 logical。

将图像 input_png 和 input_png2 相加,类型为 double,代码如下:

```
>> imadd(input_png, input_png2, "double")
```

OpenCV 库可以用于将两幅图像相加。使用 OpenCV 库将两幅图像相加的代码如下:

```
# 第 5 章/image_add.py
import sys
import cv2

def image_add(image1_path, image2_path, output_path):
    image1 = cv2.imread(image1_path, cv2.IMREAD_GRAYSCALE)
    image2 = cv2.imread(image2_path, cv2.IMREAD_GRAYSCALE)
```

```
    ret = cv2.add(image1, image2)
    cv2.imwrite(output_path, ret)

if __name__ == "__main__":
    image_add(sys.argv[1], sys.argv[2], sys.argv[3])
```

将图像指定为 input.png 和 input.jpg，将输出图像指定为 output_png.png，将两幅图像相加的代码如下：

```
>> python("image_add.py", "input.png", "input.jpg", "output_png.png")
```

2. 按比例相加

OpenCV 库可以用于将两幅图像按比例相加。使用 OpenCV 库将两幅图像按比例相加的代码如下：

```
#第5章/scale_add.py
import sys
import cv2

def scale_add(image1_path, image2_path, scale, output_path):
    image1 = cv2.imread(image1_path, cv2.IMREAD_GRAYSCALE)
    image2 = cv2.imread(image2_path, cv2.IMREAD_GRAYSCALE)
    ret = cv2.scaleAdd(image1, scale, image2)
    cv2.imwrite(output_path, ret)

if __name__ == "__main__":
    scale_add(sys.argv[1], sys.argv[2],
            float(sys.argv[3]), sys.argv[4])
```

将图像指定为 input.png 和 input2.png，将比例指定为 2，将输出图像指定为 output_png.png，将两幅图像按比例相加的代码如下：

```
>> python("scale_add.py", "input.png", "input2.png", "2",
"output_png.png")
```

图像按比例相加的结果如图 5-21 所示。

图 5-21　图像按比例相加

5.2.3 图像减法

imsubtract()函数用于将两个图像相减。如果两幅图像的尺寸和类型相同,则返回的结果代表将两幅图像相减后的结果。imsubtract()函数至少需要传入两个参数,这两个参数是图像。

将图像 input_png 和 input_png2 相减,代码如下:

```
>> imsubtract(input_png, input_png2)
```

图像减法的结果如图 5-22 所示。

图 5-22 图像减法

此外,imsubtract()函数允许追加传入第 3 个参数,这个参数是图像类型。图像类型可以是 double 或 logical。

将图像 input_png 和 input_png2 相减,类型为 double,代码如下:

```
>> imsubtract(input_png, input_png2, "double")
```

OpenCV 库可以用于将两幅图像相减。使用 OpenCV 库将两幅图像相减的代码如下:

```
#第 5 章/image_subtract.py
import sys
import cv2

def image_subtract(image1_path, image2_path, output_path):
    image1 = cv2.imread(image1_path, cv2.IMREAD_GRAYSCALE)
    image2 = cv2.imread(image2_path, cv2.IMREAD_GRAYSCALE)
    ret = cv2.subtract(image1, image2)
    cv2.imwrite(output_path, ret)

if __name__ == "__main__":
    image_subtract(sys.argv[1], sys.argv[2], sys.argv[3])
```

将图像指定为 input.png 和 input.jpg,将输出图像指定为 output_png.png,将两幅图像相减的代码如下：

```
>> python("image_subtract.py", "input.png", "input.jpg",
"output_png.png")
```

5.2.4　图像乘法

immultiply()函数用于对两幅图像按元素进行相乘。如果两幅图像的尺寸和类型相同，则返回的结果代表将两幅图像按元素相乘的结果。immultiply()函数至少需要传入两个参数，这两个参数是图像。

将图像 input_png 和 input_png2 按元素相乘，代码如下：

```
>> immultiply(input_png, input_png2)
```

图像乘法的结果如图 5-23 所示。

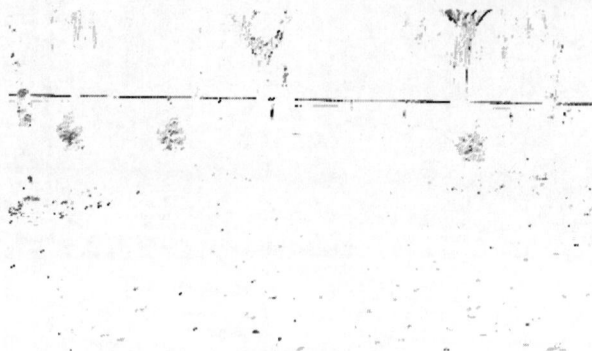

图 5-23　图像乘法

此外，immultiply()函数允许追加传入第 3 个参数，这个参数是图像类型。图像类型可以是 double 或 logical。

将图像 input_png 和 input_png2 按元素相乘，类型为 double，代码如下：

```
>> immultiply(input_png, input_png2, "double")
```

OpenCV 库可以用于将两幅图像按元素相乘。使用 OpenCV 库将两幅图像按元素相乘的代码如下：

```
# 第 5 章/image_mul.py
import sys
import cv2

def image_mul(image1_path, image2_path, output_path):
    image1 = cv2.imread(image1_path, cv2.IMREAD_GRAYSCALE)
    image2 = cv2.imread(image2_path, cv2.IMREAD_GRAYSCALE)
    ret = cv2.multiply(image1, image2)
    cv2.imwrite(output_path, ret)
```

```
if __name__ == "__main__":
    image_mul(sys.argv[1], sys.argv[2], sys.argv[3])
```

将图像指定为 input.png 和 input.jpg，将输出图像指定为 output_png.png，将两幅图像按元素相乘的代码如下：

```
>> python("image_mul.py", "input.png", "input.jpg", "output_png.png")
```

OpenCV 库可以用于将图像和自身的转置相乘。使用 OpenCV 库将图像和自身的转置相乘的代码如下：

```
#第 5 章/image_mul_transposed.py
import sys
import cv2

def image_mul_transposed(image_path, output_path):
    image = cv2.imread(image_path, cv2.IMREAD_GRAYSCALE)
    ret = cv2.mulTransposed(image, True)
    cv2.imwrite(output_path, ret)

if __name__ == "__main__":
    image_mul_transposed(sys.argv[1], sys.argv[2])
```

将图像指定为 input.png，将输出图像指定为 output_png.png，将图像和自身转置相乘的代码如下：

```
>> python("image_mul_transposed.py", "input.png", "output_png.png")
```

OpenCV 库可以用于将图像的转置和自身相乘。使用 OpenCV 库将图像的转置和自身相乘的代码如下：

```
#第 5 章/image_transposed_mul.py
import sys
import cv2

def image_transposed_mul(image_path, output_path):
    image = cv2.imread(image_path, cv2.IMREAD_GRAYSCALE)
    ret = cv2.mulTransposed(image, False)
    cv2.imwrite(output_path, ret)

if __name__ == "__main__":
    image_transposed_mul(sys.argv[1], sys.argv[2])
```

将图像指定为 input.png，将输出图像指定为 output_png.png，将图像的转置和自身相乘的代码如下：

```
>> python("image_mul_transposed.py", "input.png", "output_png.png")
```

5.2.5 图像除法

imdivide()函数用于对两幅图像按元素相除。如果两幅图像的尺寸和类型相同,则返回的结果代表将两幅图像按元素相除的结果。imdivide()函数至少需要传入两个参数,这两个参数是图像。

将图像 input_png 和 input_png2 按元素相除,代码如下:

```
>> imdivide(input_png, input_png2)
```

图像除法的结果如图 5-24 所示。

图 5-24　图像除法

此外,imdivide()函数允许追加传入第 3 个参数,这个参数是图像类型。图像类型可以是 double 或 logical。

将图像 input_png 和 input_png2 按元素相除,类型为 double,代码如下:

```
>> imdivide(input_png, input_png2, "double")
```

OpenCV 库可以用于将两幅图像按元素相除。使用 OpenCV 库将两幅图像按元素相除的代码如下:

```python
#第5章/image_divide.py
import sys
import cv2

def image_divide(image1_path, image2_path, output_path):
    image1 = cv2.imread(image1_path, cv2.IMREAD_GRAYSCALE)
    image2 = cv2.imread(image2_path, cv2.IMREAD_GRAYSCALE)
    ret = cv2.divide(image1, image2)
    cv2.imwrite(output_path, ret)

if __name__ == "__main__":
    image_divide(sys.argv[1], sys.argv[2], sys.argv[3])
```

将图像指定为 input. png 和 input. jpg,将输出图像指定为 output_png. png,将两幅图像按元素相除的代码如下:

```
>> python("image_divide.py", "input.png", "input.jpg", "output_png.png")
```

5.2.6 图像幂运算

OpenCV 库可以用于对图像进行幂运算。使用 OpenCV 库对图像进行幂运算的代码如下:

```
#第5章/pow.py
import sys
import cv2

def pow(image_path, output_path, power):
    image = cv2.imread(image_path)
    ret = cv2.pow(image, power)
    cv2.imwrite(output_path, ret)

if __name__ == "__main__":
    pow(sys.argv[1], sys.argv[2], float(sys.argv[3]))
```

将图像指定为 input. png,将输出图像指定为 output_png. png,将幂次指定为 3,对图像进行幂运算的代码如下:

```
>> python("pow.py", "input.png", "output_png.png", "3")
```

图像幂运算的结果如图 5-25 所示。

图 5-25 图像幂运算

5.2.7 图像开方运算

OpenCV 库可以用于对图像进行开方运算。使用 OpenCV 库对图像进行开方运算的代码如下:

```
#第5章/sqrt.py
import sys
import cv2

def sqrt(image_path, output_path):
    image = cv2.imread(image_path).astype(float)
    ret = cv2.sqrt(image)
    cv2.imwrite(output_path, ret)

if __name__ == "__main__":
    sqrt(sys.argv[1], sys.argv[2])
```

将图像指定为 input.png,将输出图像指定为 output_png.png,对图像进行开方运算的代码如下:

```
>> python("sqrt.py", "input.png", "output_png.png")
```

图像开方运算的结果如图 5-26 所示。

图 5-26　图像开方运算

5.2.8　图像指数运算

OpenCV 库可以用于对图像进行指数运算。使用 OpenCV 库对图像进行指数运算的代码如下:

```
#第5章/exp.py
import sys
import cv2

def exp(image_path, output_path):
    image = cv2.imread(image_path).astype(float)
    ret = cv2.exp(image)
    cv2.imwrite(output_path, ret)

if __name__ == "__main__":
    exp(sys.argv[1], sys.argv[2])
```

将图像指定为 input.png,将输出图像指定为 output_png.png,对图像进行指数运算的代码如下:

```
>> python("exp.py", "input.png", "output_png.png")
```

图像指数运算的结果如图 5-27 所示。

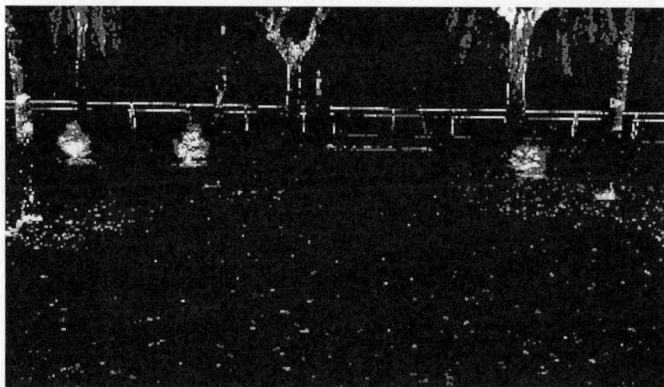

图 5-27 图像指数运算

5.2.9 图像对数运算

OpenCV 库可以用于对图像进行求自然对数。使用 OpenCV 库对图像进行求自然对数的代码如下:

```
#第 5 章/log.py
import sys
import cv2

def log(image_path, output_path):
    image = cv2.imread(image_path).astype(float)
    ret = cv2.log(image)
    cv2.imwrite(output_path, ret)

if __name__ == "__main__":
    log(sys.argv[1], sys.argv[2])
```

将图像指定为 input.png,将输出图像指定为 output_png.png,对图像进行求自然对数的代码如下:

```
>> python("log.py", "input.png", "output_png.png")
```

5.2.10 图像求逆

OpenCV 库可以用于求逆。如果图像的逆不存在,则求伪逆。使用 OpenCV 库对图像进行求逆的代码如下:

```
#第5章/invert.py
import sys
import cv2
import numpy as np

def invert(image_path, output_path):
    image = cv2.imread(image_path)
    image = cv2.cvtColor(image, cv2.COLOR_BGR2GRAY)
    w, h = image.shape
    if w <= h:
        image = image[:w, :w]
    else:
        image = image[:h, :h]
    image = image.astype(np.float64)
    is_trueinv, ret = cv2.invert(image)
    cv2.imwrite(output_path, ret)

if __name__ == "__main__":
    invert(sys.argv[1], sys.argv[2])
```

将图像指定为 input.png，将输出图像指定为 output.png，对图像进行求逆的代码如下：

```
>> python("invert.py", "input.png", "output.png")
```

5.2.11　图像转置

OpenCV 库可以用于转置。使用 OpenCV 库对图像进行转置的代码如下：

```
#第5章/transpose.py
import sys
import cv2
import numpy as np

def transpose(image_path, output_path):
    image = cv2.imread(image_path)
    ret = cv2.transpose(image)
    cv2.imwrite(output_path, ret)

if __name__ == "__main__":
    transpose(sys.argv[1], sys.argv[2])
```

将图像指定为 input.png，将输出图像指定为 output.png，对图像进行转置的代码如下：

```
>> python("transpose.py", "input.png", "output.png")
```

图像转置的结果如图 5-28 所示。

图 5-28　图像转置

5.2.12　图像按位与运算

OpenCV 库可以用于对两幅图像进行按位与运算。使用 OpenCV 库对两幅图像进行按位与运算的代码如下：

```python
# 第5章/bitwise_and.py
import sys
import cv2

def bitwise_and(image1_path, image2_path, output_path):
    image1 = cv2.imread(image1_path, cv2.IMREAD_GRAYSCALE)
    image2 = cv2.imread(image2_path, cv2.IMREAD_GRAYSCALE)
    ret = cv2.bitwise_and(image1, image2)
    cv2.imwrite(output_path, ret)

if __name__ == "__main__":
    bitwise_and(sys.argv[1], sys.argv[2], sys.argv[3])
```

将图像指定为 input.png 和 input2.png，将输出图像指定为 output_png.png，对两幅图像进行按位与运算的代码如下：

```
>> python("bitwise_and.py", "input.png", "input2.png", "output_png.png")
```

图像按位与运算的结果如图 5-29 所示。

图 5-29 图像按位与运算

5.2.13 图像按位或运算

OpenCV 库可以用于对两幅图像进行按位或运算。使用 OpenCV 库对两幅图像进行按位或运算的代码如下：

```python
#第5章/bitwise_or.py
import sys
import cv2

def bitwise_or(image1_path, image2_path, output_path):
    image1 = cv2.imread(image1_path, cv2.IMREAD_GRAYSCALE)
    image2 = cv2.imread(image2_path, cv2.IMREAD_GRAYSCALE)
    ret = cv2.bitwise_or(image1, image2)
    cv2.imwrite(output_path, ret)

if __name__ == "__main__":
    bitwise_or(sys.argv[1], sys.argv[2], sys.argv[3])
```

将图像指定为 input.png 和 input2.png，将输出图像指定为 output_png.png，对两幅图像进行按位或运算的代码如下：

```
>> python("bitwise_or.py", "input.png", "input2.png", "output_png.png")
```

图像按位或运算的结果如图 5-30 所示。

图 5-30 图像按位或运算

5.2.14 图像按位非运算

OpenCV 库可以用于对两幅图像进行按位非运算。使用 OpenCV 库对两幅图像进行按位非运算的代码如下：

```
#第5章/bitwise_not.py
import sys
import cv2

def bitwise_not(image1_path, image2_path, output_path):
    image1 = cv2.imread(image1_path, cv2.IMREAD_GRAYSCALE)
    image2 = cv2.imread(image2_path, cv2.IMREAD_GRAYSCALE)
    ret = cv2.bitwise_not(image1, image2)
    cv2.imwrite(output_path, ret)

if __name__ == "__main__":
    bitwise_not(sys.argv[1], sys.argv[2], sys.argv[3])
```

将图像指定为 input.png 和 input2.png，将输出图像指定为 output_png.png，对两幅图像进行按位非运算的代码如下：

```
>> python("bitwise_not.py", "input.png", "input2.png", "output_png.png")
```

图像按位非运算的结果如图 5-31 所示。

图 5-31　图像按位非运算

5.2.15 图像按位异或运算

OpenCV 库可以用于对两幅图像进行按位异或运算。使用 OpenCV 库对两幅图像进行按位异或运算的代码如下：

```
#第5章/bitwise_xor.py
import sys
```

```
import cv2

def bitwise_xor(image1_path, image2_path, output_path):
    image1 = cv2.imread(image1_path, cv2.IMREAD_GRAYSCALE)
    image2 = cv2.imread(image2_path, cv2.IMREAD_GRAYSCALE)
    ret = cv2.bitwise_xor(image1, image2)
    cv2.imwrite(output_path, ret)

if __name__ == "__main__":
    bitwise_xor(sys.argv[1], sys.argv[2], sys.argv[3])
```

将图像指定为 input.png 和 input2.png,将输出图像指定为 output_png.png,对两幅图像进行按位异或运算的代码如下:

```
>> python("bitwise_xor.py", "input.png", "input2.png", "output_png.png")
```

图像按位异或运算的结果如图 5-32 所示。

图 5-32　图像按位异或运算

5.2.16　图像加权组合

imlincomb()函数用于计算一幅或多幅图像加权组合。imlincomb()函数至少需要传入两个参数,第 1 个参数是权重,第 2 个参数是图像。

将权重指定为 0.5,将输入图像指定为 input_png,计算图像加权组合,代码如下:

```
>> imlincomb(0.5, input_png)
```

图像加权组合的结果如图 5-33 所示。

此外,imlincomb()函数允许追加传入多组权重和图像。

将权重指定为 0.5,将输入图像指定为 input_png;将权重指定为 0.6,将输入图像指定为 input_jpg,计算图像加权组合,代码如下:

```
>> imlincomb(0.5, input_png, 0.6, input_jpg)
```

图 5-33 图像加权组合

此外,imlincomb()函数允许追加传入偏移量,此时最终的输出结果会加上偏移量。

将权重指定为 0.5,将输入图像指定为 input_png;将权重指定为 0.6,将输入图像指定为 input_jpg;将偏移量指定为 0.1,计算图像的加权组合,代码如下:

```
>> imlincomb(0.5, input_png, 0.6, input_jpg, 0.1)
```

5.2.17　图像线性变换

imapplymatrix()函数用于将线性变换矩阵应用到图像上,通常用于颜色空间转换。imapplymatrix()函数至少需要传入两个参数,第 1 个参数是变换矩阵,第 2 个参数是图像。

将变换矩阵指定为 ones(3,3),将输入图像指定为 input_png,将线性变换矩阵应用到图像上,代码如下:

```
>> imapplymatrix(ones(3,3), input_png)
```

将线性变换矩阵应用到图像上的结果如图 5-34 所示。

图 5-34　将线性变换矩阵应用到图像上

此外,imapplymatrix()函数允许追加传入第 3 个参数,这个参数是常数矩阵。

将变换矩阵指定为 ones(3,3),将输入图像指定为 input_png,常数矩阵是 ones(size([])(1),1),将线性变换矩阵应用到图像上,代码如下:

```
>> imapplymatrix(ones(3,3), input_png, ones(size([])(1), 1))
```

此外,imapplymatrix()函数允许指定输出的数据类型,这里的数据类型可以是 Octave 中的任意输出类型。

将变换矩阵指定为 ones(3,3),将输入图像指定为 input_png,将输出的数据类型指定为 uint8,将线性变换矩阵应用到图像上,代码如下:

```
>> imapplymatrix(ones(3,3), input_png, "uint8")
```

5.3 邻域运算

nlfilter()函数用于对图像以邻域方式进行处理。nlfilter()函数需要传入 3 个参数,第 1 个参数是图像,第 2 个参数是邻域尺寸,第 3 个参数是运算函数。

将邻域尺寸指定为[2 3],将运算函数指定为@(x) sum (x(:)),对图像 input_png 以邻域方式进行处理,代码如下:

```
>> nlfilter(input_png, [2 3], @(x) sum (x(:)))
```

此外,nlfilter()函数允许追加传入其他参数进行调用,这些参数是自定义函数所需要的参数。

先设计一个需要传入 1 个参数的函数 add_diag,代码如下:

```
>> function ret = add_diag(x, param1)
>>     ret = x + diag(param1);
>> endfunction
```

将邻域尺寸指定为[2 3],将自定义函数指定为 add_diag,add_diag 函数需要追加传入的参数为[1,2;3,4],对图像 input_png 以邻域方式进行处理,代码如下:

```
>> nlfilter(input_png, [2 3], "add_diag", [1,2;3,4])
```

colfilt()函数用于对图像在列方向以邻域方式进行处理。colfilt()函数允许传入 4 个参数进行调用,第 1 个参数是图像,第 2 个参数是分块尺寸,第 3 个参数是分块类型,第 4 个参数是自定义函数。

将分块尺寸指定为[5 5],将分块类型指定为 distinct,并将自定义函数指定为 sample_function,对图像 input_png 在列方向以邻域方式进行处理,代码如下:

```
>> colfilt(input_png, [5 5], "distinct", sample_function)
```

此外,colfilt()函数允许追加传入 1 个参数进行调用,这个参数是子尺寸,用于在图像分块之前先分成小块。

将分块尺寸指定为[5 5]，将子尺寸指定为[10 10]，将分块类型指定为 distinct，将自定义函数指定为 sample_function，对图像 input_png 在列方向以邻域方式进行处理，代码如下：

```
>> colfilt(input_png, [5 5], [10 10], "distinct", sample_function)
```

此外，colfilt()函数允许追加传入 indexed 参数进行调用，此时需要传入索引图像。

指定 indexed 参数，将分块尺寸指定为[5 5]，将子尺寸指定为[10 10]，将分块类型指定为 distinct，并将自定义函数指定为 sample_function，对图像 input_gif 在列方向以邻域方式进行处理，代码如下：

```
>> colfilt(input_gif, "indexed", [5 5], [10 10], "distinct",
sample_function)
```

此外，colfilt()函数允许追加传入其他参数进行调用，这些参数是自定义函数所需要的参数。

先设计一个需要传入 1 个参数的函数 add_diag，代码如下：

```
>> function ret = add_diag(x, param1)
>>     ret = x + diag(param1);
>> endfunction
```

再指定 indexed 参数，将分块尺寸指定为[5 5]，将子尺寸指定为[10 10]，将分块类型指定为 distinct，并将自定义函数指定为 add_diag，add_diag 函数需要追加传入的参数为[1,2; 3,4]，对图像 input_gif 在列方向以邻域方式进行处理，代码如下：

```
>> colfilt(input_gif, "indexed", [5 5], [10 10], "distinct",
sample_function, [1,2;3,4])
```

5.4　几何变换

5.4.1　高斯金字塔

impyramid()函数用于创建高斯金字塔。impyramid()函数需要传入两个参数，第 1 个参数是图像，第 2 个参数是高斯金字塔的方向。

将图像指定为 input_png，将高斯金字塔的方向指定为扩大（上一层金字塔），创建高斯金字塔，代码如下：

```
>> impyramid(input_png, "expand")
```

OpenCV 库可以用于创建高斯金字塔，将高斯金字塔的方向指定为扩大。使用 OpenCV 库创建高斯金字塔的代码如下：

```
# 第 5 章/pyr_up.py
import sys
import cv2

def pyr_up(image_path, output_path):
    image = cv2.imread(image_path)
    ret = cv2.pyrUp(image)
    cv2.imwrite(output_path, ret)

if __name__ == "__main__":
    pyr_up(sys.argv[1], sys.argv[2])
```

将输入图像指定为 input.png,将输出图像指定为 output.png,创建高斯金字塔的代码如下:

```
>> python("pyr_up.py", "input.png", "output.png")
```

将输入图像指定为 input_png,将高斯金字塔的方向指定为缩小(下一层金字塔),创建高斯金字塔,代码如下:

```
>> impyramid(input_png, "reduce")
```

OpenCV 库可以用于创建高斯金字塔,将高斯金字塔的方向指定为缩小。使用 OpenCV 库创建高斯金字塔的代码如下:

```
# 第 5 章/pyr_down.py
import sys
import cv2

def pyr_down(image_path, output_path):
    image = cv2.imread(image_path)
    ret = cv2.pyrDown(image)
    cv2.imwrite(output_path, ret)

if __name__ == "__main__":
    pyr_down(sys.argv[1], sys.argv[2])
```

将输入图像指定为 input.png,将输出图像指定为 output.png,创建高斯金字塔的代码如下:

```
>> python("pyr_down.py", "input.png", "output.png")
```

5.4.2 镜像复制

1. 将图像的下半部分以镜像方式复制到图像的上半部分

OpenCV 库可以用于镜像复制,将图像的下半部分以镜像方式复制到图像的上半部分形成对称。使用 OpenCV 库将图像的下半部分以镜像方式复制到图像的上半部分的代码如下:

```
# 第 5 章/symm_bottom_to_top.py
import sys
import cv2

def symm_bottom_to_top(image_path, output_path):
    image = cv2.imread(image_path)
    image = cv2.cvtColor(image, cv2.COLOR_BGR2GRAY)
    w, h = image.shape
    if w <= h:
        image = image[:w, :w]
    else:
        image = image[:h, :h]
    ret = cv2.completeSymm(image, True)
    cv2.imwrite(output_path, ret)

if __name__ == "__main__":
    symm_bottom_to_top(sys.argv[1], sys.argv[2])
```

将输入图像指定为 input.png,将输出图像指定为 output.png,将图像的下半部分以镜像方式复制到图像的上半部分的代码如下:

```
>> python("symm_bottom_to_top.py", "input.png", "output.png")
```

将图像的下半部分以镜像方式复制到图像的上半部分的结果如图 5-35 所示。

图 5-35 将图像的下半部分以镜像方式复制到图像的上半部分

2. 将图像的上半部分以镜像方式复制到图像的下半部分

OpenCV 库可以用于镜像复制,将图像的上半部分以镜像方式复制到图像的下半部分。使用 OpenCV 库将图像的上半部分以镜像方式复制到图像的下半部分的代码如下:

```
# 第 5 章/symm_top_to_bottom.py
import sys
```

```
import cv2

def symm_top_to_bottom(image_path, output_path):
    image = cv2.imread(image_path)
    image = cv2.cvtColor(image, cv2.COLOR_BGR2GRAY)
    w, h = image.shape
    if w <= h:
        image = image[:w, :w]
    else:
        image = image[:h, :h]
    ret = cv2.completeSymm(image, False)
    cv2.imwrite(output_path, ret)

if __name__ == "__main__":
    symm_top_to_bottom(sys.argv[1], sys.argv[2])
```

将输入图像指定为 input.png,将输出图像指定为 output.png,将图像的上半部分以镜像方式复制到图像的下半部分的代码如下:

```
>> python("symm_top_to_bottom.py", "input.png", "output.png")
```

将图像的上半部分以镜像方式复制到图像的下半部分的结果如图 5-36 所示。

图 5-36　将图像的上半部分以镜像方式复制到图像的下半部分

5.4.3　镜像翻转

1. 垂直镜像翻转

OpenCV 库可以用于镜像翻转,将图像垂直镜像翻转。使用 OpenCV 库将图像垂直镜像翻转的代码如下:

```
#第5章/flip_vertical.py
import sys
import cv2

def flip_vertical(image_path, output_path):
    image = cv2.imread(image_path)
    ret = cv2.flip(image, 0)
    cv2.imwrite(output_path, ret)

if __name__ == "__main__":
    flip_vertical(sys.argv[1], sys.argv[2])
```

将输入图像指定为 input.png,将输出图像指定为 output.png,将图像垂直镜像翻转的代码如下:

```
>> python("flip_vertical.py", "input.png", "output.png")
```

垂直镜像翻转的结果如图 5-37 所示。

图 5-37 垂直镜像翻转

GraphicsMagick 可以垂直镜像翻转图像。将输入图像指定为 input.png,将输出图像指定为 output.png,垂直镜像翻转图像的代码如下:

```
>> system("gm convert input.png - flip output.png")
```

2. 水平镜像翻转

OpenCV 库可以用于镜像翻转,将图像水平镜像翻转。使用 OpenCV 库将图像水平镜像翻转的代码如下:

```
#第5章/flip_horizontal.py
import sys
import cv2

def flip_horizontal(image_path, output_path):
    image = cv2.imread(image_path)
    ret = cv2.flip(image, 1)
```

```
        cv2.imwrite(output_path, ret)

if __name__ == "__main__":
    flip_horizontal(sys.argv[1], sys.argv[2])
```

将输入图像指定为 input. png,将输出图像指定为 output. png,将图像水平镜像翻转的代码如下:

```
>> python("flip_horizontal.py", "input.png", "output.png")
```

水平镜像翻转的结果如图 5-38 所示。

图 5-38　水平镜像翻转

GraphicsMagick 可以水平镜像翻转图像。将输入图像指定为 input. png,将输出图像指定为 output. png,水平镜像翻转图像的代码如下:

```
>> system("gm convert input.png - flop output.png")
```

3. 同时垂直和水平镜像翻转

OpenCV 库可以用于镜像翻转,将图像同时垂直和水平镜像翻转。使用 OpenCV 库将图像同时垂直和水平镜像翻转的代码如下:

```
#第 5 章/flip_vertical_horizontal.py
import sys
import cv2

def flip_vertical_horizontal(image_path, output_path):
    image = cv2.imread(image_path)
    ret = cv2.flip(image, - 1)
    cv2.imwrite(output_path, ret)

if __name__ == "__main__":
    flip_vertical_horizontal(sys.argv[1], sys.argv[2])
```

将输入图像指定为 input. png,将输出图像指定为 output. png,将图像同时垂直和水平镜像翻转的代码如下:

```
>> python("flip_vertical_horizontal.py", "input.png", "output.png")
```

同时垂直和水平镜像翻转的结果如图 5-39 所示。

图 5-39　同时垂直和水平镜像翻转

GraphicsMagick 可以同时垂直和水平镜像翻转图像。将输入图像指定为 input.png，将输出图像指定为 output.png，同时垂直和水平镜像翻转图像的代码如下：

```
>> system("gm convert input.png - flip - flop output.png")
```

OpenCV 库可以用于镜像翻转，将图像按某一维度镜像翻转。使用 OpenCV 库将图像按某一维度镜像翻转的代码如下：

```
# 第 5 章/flip_nd.py
import sys
import cv2

def flip_nd(image_path, output_path, axis = 0):
    image = cv2.imread(image_path)
    ret = cv2.flipND(image, axis)
    cv2.imwrite(output_path, ret)

if __name__ == "__main__":
    flip_nd(sys.argv[1], sys.argv[2], int(sys.argv[3]))
```

将输入图像指定为 input.png，将输出图像指定为 output.png，将维度指定为 1，将图像按此维度镜像翻转的代码如下：

```
>> python("flip_vertical_horizontal.py", "input.png", "output.png", "1")
```

5.4.4　图像复制

OpenCV 库可以用于图像复制，按水平方向和垂直方向复制。使用 OpenCV 库复制图像的代码如下：

```
#第5章/repeat.py
import sys
import cv2

def repeat(image_path, output_path, ny = 1, nx = 1):
    image = cv2.imread(image_path)
    gray = cv2.cvtColor(image, cv2.COLOR_BGR2GRAY)
    ret = cv2.repeat(gray, ny = ny, nx = nx)
    cv2.imwrite(output_path, ret)

if __name__ == "__main__":
    repeat(sys.argv[1], sys.argv[2],
            int(sys.argv[3]), int(sys.argv[4]))
```

将输入图像指定为 input.png，将输出图像指定为 output.png，指定按水平方向复制 1 次，指定按垂直方向复制 2 次，图像复制的代码如下：

```
>> python("repeat.py", "input.png", "output.png", "2", "1")
```

图像复制的结果如图 5-40 所示。

图 5-40　图像复制

5.5　空间变换

5.5.1　图像空间变换

1. 平移

imtranslate()函数用于平移图像。imtranslate()函数至少需要传入 3 个参数,第 1 个参数是要平移的图像,第 2 个参数是按 x 轴方向平移的像素数,第 3 个参数是按 y 轴方向平移的像素数。

将输入图像指定为 input_pgm,按 x 轴方向平移 100 像素,按 y 轴方向平移 200 像素,平移图像,代码如下:

```
>> imtranslate(input_pgm, 100, 200)
```

平移图像的结果如图 5-41 所示。

图 5-41　平移图像

此外,imtranslate()函数允许追加传入第 4 个参数,这个参数代表平移方式。默认的平移方式为 wrap。imtranslate()函数支持的平移方式如表 5-5 所示。

表 5-5　imtranslate()函数支持的平移方式

平 移 方 式	含　　义
crop	裁剪透视变换后的图像的中心部分,裁剪后的尺寸为源图像的尺寸
wrap	透视变换后的图像的尺寸为源图像的尺寸,将多出来的像素包回源图像

将输入图像指定为 input_pgm,按 x 轴方向平移 1 像素,按 y 轴方向平移 2 像素,平移方式为 crop,平移图像,代码如下:

```
>> imtranslate(input_pgm, 1, 2, "crop")
```

2. 旋转

imrotate()函数用于旋转图像。imrotate()函数至少需要传入两个参数,第 1 个参数是图像,第 2 个参数是旋转角度(逆时针)。

将输入图像指定为 input_png,将旋转角度指定为 45°,旋转图像,代码如下:

```
>> imrotate( input_png, 45)
```

旋转图像的结果如图 5-42 所示。

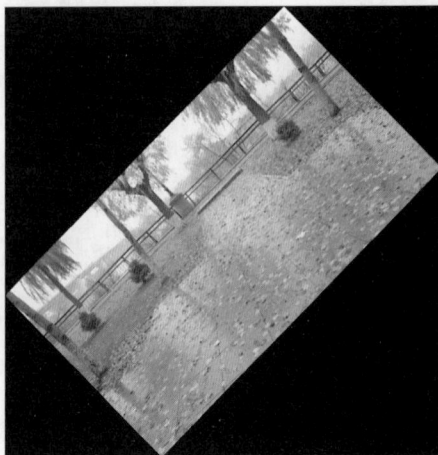

图 5-42　旋转图像

此外,imrotate()函数允许追加传入第 3 个参数,这个参数代表插值方式。默认的插值方式为 linear。imrotate()函数支持的插值方式如表 5-6 所示。

表 5-6　imrotate()函数支持的插值方式

插 值 方 式	含　　义
linear,bilinear,triangle	线性插值
pchip	分段三次 Hermite 插值
nearest	最近邻插值
cubic,bicubic	三次插值

将输入图像指定为 input_png,将旋转角度指定为 45°,将插值方式指定为 bilinear,旋转图像,代码如下:

```
>> imrotate( input_png, 45, "bilinear")
```

此外,imrotate()函数允许追加传入第 4 个参数,这个参数代表旋转方式。默认的旋转方式为 loose。imrotate()函数支持的旋转方式如表 5-7 所示。

表 5-7　imrotate()函数支持的旋转方式

旋 转 方 式	含　　义
loose	直接返回透视变换后的图像
crop	裁剪透视变换后的图像的中心部分,裁剪后的尺寸为源图像的尺寸

将输入图像指定为 input_png,将旋转角度指定为 45°,将插值方式指定为 bilinear,并将旋转方式指定为 crop,旋转图像,代码如下:

```
>> imrotate(input_png, 45, "bilinear", "crop")
```

此外，imrotate()函数允许追加传入第 5 个参数，这个参数代表填充颜色。默认的填充颜色为 0。

将输入图像指定为 input_png，将旋转角度指定为 45°，将插值方式指定为 bilinear，将旋转方式指定为 crop，并将填充颜色指定为 1，旋转图像，代码如下：

```
>> imrotate(input_png, 45, "bilinear", "crop", 1)
```

OpenCV 库可以用于图像旋转，顺时针旋转 90°。使用 OpenCV 库顺时针旋转 90°，代码如下：

```python
# 第 5 章/rotate_90_clockwise.py
import sys
import cv2

def rotate_90_clockwise(image_path, output_path):
    image = cv2.imread(image_path)
    gray = cv2.cvtColor(image, cv2.COLOR_BGR2GRAY)
    ret = cv2.rotate(gray, rotateCode = cv2.ROTATE_90_CLOCKWISE)
    cv2.imwrite(output_path, ret)

if __name__ == "__main__":
    rotate_90_clockwise(sys.argv[1], sys.argv[2])
```

将输入图像指定为 input.png，将输出图像指定为 output.png，顺时针旋转 90°的代码如下：

```
>> python("rotate_90_clockwise.py", "input.png", "output.png")
```

源图顺时针旋转 90°的结果如图 5-43 所示。

图 5-43　源图顺时针旋转 90°

OpenCV 库可以用于图像旋转,源图逆时针旋转 90°。使用 OpenCV 库逆时针旋转 90°,代码如下:

```
# 第 5 章/rotate_90_counterclockwise.py
import sys
import cv2

def rotate_90_counterclockwise(image_path, output_path):
    image = cv2.imread(image_path)
    gray = cv2.cvtColor(image, cv2.COLOR_BGR2GRAY)
    ret = cv2.rotate(gray, rotateCode = cv2.ROTATE_90_COUNTERCLOCKWISE)
    cv2.imwrite(output_path, ret)

if __name__ == "__main__":
    rotate_90_counterclockwise(sys.argv[1], sys.argv[2])
```

将输入图像指定为 input.png,将输出图像指定为 output.png,逆时针旋转 90°的代码如下:

```
>> python("rotate_90_counterclockwise.py", "input.png", "output.png")
```

源图逆时针旋转 90°的结果如图 5-44 所示。

图 5-44 源图逆时针旋转 90°

OpenCV 库可以用于图像旋转,源图旋转 180°。使用 OpenCV 库旋转 180°,代码如下:

```
# 第 5 章/rotate_180.py
import sys
import cv2

def rotate_180(image_path, output_path):
```

```
    image = cv2.imread(image_path)
    gray = cv2.cvtColor(image, cv2.COLOR_BGR2GRAY)
    ret = cv2.rotate(gray, rotateCode = cv2.ROTATE_180)
    cv2.imwrite(output_path, ret)

if __name__ == "__main__":
    rotate_180(sys.argv[1], sys.argv[2])
```

将输入图像指定为 input.png,将输出图像指定为 output.png,旋转 180°的代码如下：

```
>> python("rotate_180.py", "input.png", "output.png")
```

源图旋转 180°的结果如图 5-45 所示。

图 5-45　源图旋转 180°

3. 缩放

imresize( )函数用于缩放图像。imresize( )函数至少需要传入两个参数,第 1 个参数是图像,第 2 个参数是缩放倍数。

将输入图像指定为 input_png,将缩放倍数指定为 0.5,缩放图像,代码如下：

```
>> imresize(input_png, 0.5)
```

此外,如果第 2 个参数是一个二元矩阵,则第 1 个参数是图像,第 2 个参数是缩放尺寸。

将输入图像指定为 input_png,将缩放尺寸指定为[100,300],缩放图像,代码如下：

```
>> imresize(input_png, [100, 300])
```

缩放的结果如图 5-46 所示。

图 5-46　缩放

此外,imresize()函数允许追加传入第 3 个参数,这个参数代表插值方式。默认的插值方式为 cubic。imresize()函数支持的插值方式如表 5-8 所示。

表 5-8　imresize()函数支持的插值方式

插 值 方 式	含　义
nearest,box	最近邻插值
linear,bilinear,triangle	双线性插值
cubic,bicubic	双三次插值

将输入图像指定为 input_png,将缩放尺寸指定为[100,200],并将插值方式指定为 bilinear,缩放图像,代码如下:

```
>> imresize(input_png, [100, 200], "bilinear")
```

此外,imresize()函数允许追加传入的键-值对参数,如表 5-9 所示。

表 5-9　imresize()函数允许追加传入的键-值对参数

键 参 数	含　义
Antialiasing	如果设为 true,并且宽度或高度的缩放倍数小于 1,则在宽度或高度上应用抗锯齿
Method	与插值方式的参数相同
OutputSize	输出的图像尺寸; 值为一个二元矩阵
Scale	输出的图像缩放倍数; 值为一个标量或一个二元矩阵

将输入图像指定为 input_png,将缩放尺寸指定为[100,200],并将插值方式指定为 bilinear,应用抗锯齿,缩放图像,代码如下:

```
>> imresize(input_png, [100, 200], "bilinear", "Antialiasing", true)
```

OpenCV 库可以用于图像缩放,缩放到特定尺寸。使用 OpenCV 库将图像缩放到特定尺寸的代码如下:

```
# 第 5 章/resize_dsize.py
import sys
import cv2

def resize_dsize(image_path, output_path, dsize = (100, 200)):
    image = cv2.imread(image_path)
    gray = cv2.cvtColor(image, cv2.COLOR_BGR2GRAY)
    ret = cv2.resize(gray, dsize = dsize)
    cv2.imwrite(output_path, ret)

if __name__ == "__main__":
    resize_dsize(sys.argv[1], sys.argv[2],
                 eval(sys.argv[3]))
```

将输入图像指定为 input.png,将输出图像指定为 output.png,将缩放尺寸指定为

(100,200)，将图像缩放到特定尺寸的代码如下：

```
>> python("repeat.py", "input.png", "output.png", "(100, 200)")
```

OpenCV 库可以用于图像缩放，按水平方向或垂直方向缩放某个倍数。使用 OpenCV 库按水平方向或垂直方向缩放某个倍数的代码如下：

```
#第5章/resize_fx_fy.py
import sys
import cv2

def resize_fx_fy(image_path, output_path, fx = 1, fy = 1):
    image = cv2.imread(image_path)
    gray = cv2.cvtColor(image, cv2.COLOR_BGR2GRAY)
    ret = cv2.resize(gray, fx = fx, fy = fy)
    cv2.imwrite(output_path, ret)

if __name__ == "__main__":
    resize_fx_fy(sys.argv[1], sys.argv[2],
                 float(sys.argv[3]),
                     float(sys.argv[4]))
```

将输入图像指定为 input.png，将输出图像指定为 output.png，按水平方向放大为 2 倍，按垂直方向放大为 3 倍，将图像缩放到特定尺寸的代码如下：

```
>> python("repeat.py", "input.png", "output.png", "2", "3")
```

OpenCV 库可以用于图像缩放，按指定的插值方式缩放。OpenCV 库支持的插值方式如表 5-10 所示。

表 5-10　OpenCV 库支持的插值方式

插 值 方 式	含　义
INTER_NEAREST	最近邻插值
INTER_LINEAR	线性插值
INTER_CUBIC	三次插值
INTER_AREA	像素面积关系插值
INTER_LANCZOS4	Lanczos 插值
INTER_LINEAR_EXACT	位精确线性插值
INTER_NEAREST_EXACT	位精确最近邻插值
INTER_MAX	插补码掩码
WARP_FILL_OUTLIERS	插值时填充目标图像的所有像素
WARP_INVERSE_MAP	插值的结果反向
WARP_RELATIVE_MAP	—

使用 OpenCV 库将图像缩放到特定尺寸的代码如下：

```
#第5章/resize_interp.py
import sys
```

```
import cv2

def resize_interp(image_path, output_path, dsize = (100, 200),
                  interpolation = cv2.INTER_LINEAR):
    image = cv2.imread(image_path)
    gray = cv2.cvtColor(image, cv2.COLOR_BGR2GRAY)
    ret = cv2.resize(gray, dsize = dsize,
                     interpolation = interpolation)
    cv2.imwrite(output_path, ret)

if __name__ == "__main__":
    resize_interp(sys.argv[1], sys.argv[2],
                  eval(sys.argv[3]),
                    eval(sys.argv[4]))
```

将输入图像指定为 input. png，将输出图像指定为 output. png，将缩放尺寸指定为 (100,200)，将插值方式指定为 cv2. INTER_LINEAR，将图像缩放到特定尺寸的代码如下：

```
>> python("repeat.py", "input.png", "output.png", "(100, 200)",
"cv2.INTER_LINEAR")
```

4. 切变

imshear()函数用于切变图像。imshear()函数至少需要传入 3 个参数，第 1 个参数是图像，第 2 个参数是切变的轴(x 或 y)，第 3 个参数是坡度。

将输入图像指定为 input_pgm，将切变的轴指定为 x，将坡度指定为 1.5，切变图像，代码如下：

```
>> imshear(input_pgm, "x", 1.5)
```

切变的结果如图 5-47 所示。

图 5-47 切变

此外，imshear()函数允许追加传入第 4 个参数，这个参数代表切变方式。默认的切变方式为 loose。imshear()函数支持的切变方式如表 5-11 所示。

表 5-11 imshear()函数支持的切变方式

切 变 方 式	含 义
loose	直接返回透视变换后的图像
crop	裁剪透视变换后的图像的中心部分，裁剪后的尺寸为源图像的尺寸
wrap	透视变换后的图像的尺寸为源图像的尺寸，将多出来的像素包回源图像

将输入图像指定为 input_png,将切变的轴指定为 x,将坡度指定为 1.5,将切变方式指定为 crop,切变图像,代码如下:

```
>> imshear(input_png, "x", 1.5, "crop")
```

此外,imshear()函数允许追加传入第 5 个参数,这个参数代表启用或禁用 fft 频移。如果此参数为 1,则禁用 fft 频移。默认启用 fft 频移。

将输入图像指定为 input_png,将切变的轴指定为 x,将坡度指定为 1.5,将切变方式指定为 crop,禁用 fft 频移,切变图像,代码如下:

```
>> imshear(input_png, "x", 1.5, "crop", 1)
```

5. 应用任意空间变换矩阵

imremap()函数用于将任意空间变换矩阵应用到图像。imremap()函数至少需要传入 3 个参数,第 1 个参数是图像,第 2 个参数是应用于 x 轴方向的映射矩阵,第 3 个参数是应用于 y 轴方向的映射矩阵。

将输入图像指定为 input_png,应用于 x 轴方向的映射矩阵为 ones(size(input_png)(1),size(input_png)(2)) * 2,应用于 y 轴方向的映射矩阵为 ones(size(input_png)(1),size(input_png)(2)) * 3,应用此空间变换,代码如下:

```
>> imremap(input_png, ones(size(input_png)(1), size(input_png)(2)) * 2,
ones(size(input_png)(1), size(input_png)(2)) * 3)
```

此外,imremap()函数允许追加传入第 4 个参数,这个参数代表插值方式。默认的插值方式为 linear。imremap()函数支持的插值方式如表 5-12 所示。

表 5-12　imremap()函数支持的插值方式

插 值 方 式	含　　义
linear,bilinear,triangle	线性插值
pchip	分段三次 Hermite 插值
nearest	最近邻插值
cubic,bicubic	三次插值
spline	样条插值

将输入图像指定为 input_png,应用于 x 轴方向的映射矩阵为 ones(size(input_png)(1),size(input_png)(2)) * 2,应用于 y 轴方向的映射矩阵为 ones(size(input_png)(1),size(input_png)(2)) * 3,将插值方式指定为 bilinear,应用此空间变换,代码如下:

```
>> imremap(input_png, ones(size(a)(1), size(a)(2)) * 2, ones(size(a)(1),
size(a)(2)) * 3, "bilinear")
```

此外,imremap()函数允许追加传入第 5 个参数,这个参数代表填充颜色。默认的填充颜色为 0。

将输入图像指定为 input_png,应用于 x 轴方向的映射矩阵为 ones(size(a)(1),size(a)(2)) * 2,

应用于 y 轴方向的映射矩阵为 ones(size(a)(1),size(a)(2)) * 3,将插值方式指定为 bilinear,将填充颜色指定为1,应用此空间变换,代码如下:

```
>> imremap(input_png, ones(size(input_png)(1), size(input_png)(2)) * 2,
ones(size(input_png)(1), size(input_png)(2)) * 3, "bilinear", 1)
```

6. 应用任意空间变换对象

imtransform()函数用于将任意空间变换对象应用到图像。imtransform()函数至少需要传入两个参数,第1个参数是图像,第2个参数是调用 maketform()函数返回的空间变换对象。

将输入图像指定为 input_png,将空间变换对象指定为 t,应用此空间变换,代码如下:

```
>> imtransform(input_png, t)
```

表 5-13　imtransform()函数支持的插值方式

插值方式	含　义
bicubic	双三次插值
bilinear	双线性插值
nearest	最近邻插值

此外,imtransform()函数允许追加传入插值方式。默认的插值方式为 bilinear。imtransform()函数支持的插值方式如表 5-13 所示。

将输入图像指定为 input_png,将空间变换对象指定为 t,将插值方式指定为 bilinear,旋转图像,代码如下:

```
>> imtransform(input_png, t)
```

此外,imtransform()函数允许追加传入键-值对参数。imtransform()函数支持的键-值对参数如表 5-14 所示。

表 5-14　imtransform()函数支持的键-值对参数

键　参　数	含　义
udata	指定输入空间的水平限制范围; 值为一个二元矩阵,代表最小值和最大值
vdata	指定输入空间的垂直限制范围; 值为一个二元矩阵,代表最小值和最大值
xdata	指定需要的输出空间的水平限制范围; 值为一个二元矩阵,代表开始行和结束行
ydata	指定需要的输出空间的垂直限制范围; 值为一个二元矩阵,代表开始列和结束列
xyscale	指定输出空间中像素的大小; 如果值为一个标量,则代表每个像素的宽和高都缩放这个倍数; 如果值为一个二元矩阵[x,y],则代表每个像素的宽度缩放 x 倍且高度缩放 y 倍
size	指定输出图像的尺寸; 值为一个二元矩阵,代表最小值和最大值; 指定此参数将覆盖 xyscale 参数
fillvalues	填充颜色

5.5.2 点的空间变换

1. 对点应用正向变换

tformfwd()函数用于对一个或多个点应用正向变换。tformfwd()函数至少需要传入两个参数,第 1 个参数是调用 maketform()函数返回的空间变换对象,第 2 个参数是 $n\times2$ 的矩阵,代表多个点。

将空间变换对象指定为 t,将点指定为[1 2;3 4;5 6],应用正向变换,代码如下:

```
>> tformfwd(t, [1 2;3 4;5 6])
```

此外,tformfwd()函数允许传入 3 个参数,第 1 个参数是调用 maketform()函数返回的空间变换对象,第 2 个参数是 $n\times1$ 的矩阵(代表多个点的 x 坐标),第 3 个参数是 $n\times1$ 的矩阵(代表多个点的 y 坐标)。

将空间变换对象指定为 t,将点的 x 坐标指定为[1 2 3],将点的 y 坐标指定为[4 5 6],应用正向变换,代码如下:

```
>> tformfwd(t, [1 2 3], [4 5 6])
```

2. 对点应用逆变换

tforminv()函数用于对一个或多个点应用逆变换。tforminv()函数至少需要传入两个参数,第 1 个参数是调用 maketform()函数返回的空间变换对象,第 2 个参数是 $n\times2$ 的矩阵,代表多个点。

将空间变换对象指定为 t,将点指定为[1 2;3 4;5 6],应用逆变换,代码如下:

```
>> tforminv(t, [1 2;3 4;5 6])
```

此外,tforminv()函数允许传入 3 个参数,第 1 个参数是调用 maketform()函数返回的空间变换对象,第 2 个参数是 $n\times1$ 的矩阵(代表多个点的 x 坐标),第 3 个参数是 $n\times1$ 的矩阵(代表多个点的 y 坐标)。

将空间变换对象指定为 t,将点的 x 坐标指定为[1 2 3],将点的 y 坐标指定为[4 5 6],应用逆变换,代码如下:

```
>> tforminv(t, [1 2 3], [4 5 6])
```

5.5.3 空间变换对象

1. 二维仿射变换对象

affine2d()函数用于创建二维仿射变换对象。affine2d()函数允许不传入参数进行调用,此时将按照 eye(3)仿射变换矩阵创建二维仿射变换对象。

创建默认的二维仿射变换对象,代码如下:

```
>> affine2d()
```

此外,affine2d()函数允许传入 1 个参数,这个参数代表的是一个 3×3 的仿射变换矩阵。

将仿射变换矩阵指定为[0.1 0.2 0;0.3 0.4 0;0 0 1],创建二维仿射变换对象,代码如下:

```
>> affine2d([0.1 0.2 0; 0.3 0.4 0; 0 0 1])
```

2. 三维仿射变换对象

affine3d()函数用于创建三维仿射变换对象。affine3d()函数允许不传入参数进行调用,此时将按照 eye(4)仿射变换矩阵创建三维仿射变换对象。

创建默认的三维仿射变换对象,代码如下:

```
>> affine3d()
```

此外,affine3d()函数允许传入 1 个参数,这个参数代表的是一个 4×4 的仿射变换矩阵。

将仿射变换矩阵指定为[0.1 0.2 0.3;0.4 0.5 0.6;0.7 0.8 0.9;0 0 0 1],创建三维仿射变换对象,代码如下:

```
>> affine3d([0.1 0.2 0.3; 0.4 0.5 0.6; 0.7 0.8 0.9; 0 0 0 1])
```

3. 坐标变换对象

cp2tform()函数用于创建与内部空间坐标系和外部空间坐标系相关的坐标变换对象。cp2tform()函数允许传入 3 个参数,第 1 个参数是 $n×2$ 的矩阵(代表多个点在内部空间坐标系的坐标),第 2 个参数是 $n×2$ 的矩阵(代表多个点在外部空间坐标系的坐标),第 3 个参数是变换类型。

cp2tform()函数支持的变换类型如表 5-15 所示。

表 5-15 cp2tform()函数支持的变换类型

变 换 类 型	含 义	变 换 类 型	含 义
nonreflective similarity	非反射相似形变换	projective	投影变换
similarity	相似形变换	polynomial	多项式变换
affine	仿射变换		

将多个点在内部空间坐标系的坐标指定为[1,2,3;4,5,6],将多个点在外部空间坐标系的坐标指定为[10,20,30;40,50,60],将变换类型指定为非反射相似形变换,创建坐标变换对象,代码如下:

```
>> cp2tform([1,2,3;4,5,6], [10,20,30;40,50,60], "nonreflective similarity")
```

此外,cp2tform()函数允许追加传入第 4 个参数,这个参数代表多项式的阶数。多项式变换可选 2、3 或 4 阶多项式。

将多个点在内部空间坐标系的坐标指定为[1,2,3;4,5,6],将多个点在外部空间坐标系的坐标指定为[10,20,30;40,50,60],将变换类型指定为多项式变换,将多项式的阶数指定为2,创建坐标变换对象,代码如下:

```
>> cp2tform([1,2,3;4,5,6], [10,20,30;40,50,60], "polynomial", 2)
```

4. 任意变换对象

maketform()函数用于创建任意变换对象。maketform()函数允许传入两个参数,第1个参数是变换类型,第2个参数是变换矩阵。

maketform()函数支持的变换类型如表5-16所示。

表 5-16　maketform()函数支持的变换类型

变换类型	含义
projective	投影变换
affine	仿射变换
custom	自定义变换

将变换类型指定为仿射变换,将变换矩阵指定为[1,2,3;4,5,6;7,8,9],创建坐标变换对象,代码如下:

```
>> maketform("affine", [1,2,3;4,5,6;7,8,9])
```

注意:如果将变换类型指定为自定义变换,则不允许只传入两个参数。

此外,maketform()函数允许传入3个参数,第1个参数是变换类型,第2个参数是指定多个点在内部空间坐标系的坐标,第3个参数是指定多个点在外部空间坐标系的坐标。

将变换类型指定为仿射变换,将多个点在内部空间坐标系的坐标指定为[1,2,3;4,5,6],将多个点在外部空间坐标系的坐标指定为[10,20,30;40,50,60],创建坐标变换对象,代码如下:

```
>> maketform("affine", [1,2,3;4,5,6], [10,20,30;40,50,60])
```

注意:如果将变换类型指定为投影变换,则在内部空间坐标系的坐标和在外部空间坐标系的坐标一般为 4×2 的矩阵,即图像的 4 个角点;如果将变换类型指定为仿射变换,则在内部空间坐标系的坐标和在外部空间坐标系的坐标一般为 3×2 的矩阵,即图像的 3 个角点;如果将变换类型指定为自定义变换,则不允许只传入 3 个参数。

此外,maketform()函数允许传入6个参数,第1个参数必须是 custom,第2个参数是多个点在内部空间坐标系的维数,第3个参数是多个点在外部空间坐标系的维数,第4个参数是正向变换函数,第5个参数是逆变换函数,第6个参数是一个包含正向变换矩阵和逆变换矩阵的结构体,其中 T 代表正向变换矩阵,Tinv 代表逆变换矩阵。

将变换类型指定为自定义变换,将多个点在内部空间坐标系的维数指定为2,将多个点在外部空间坐标系的维数指定为2,将正向变换函数指定为@forward,将逆向变换函数指定为@inverse,将变换矩阵的结构体指定为 struct("T",[1,2,3;4,5,6;7,8,9],"Tinv",[9,8,7;6,5,4;3,2,1]),创建坐标变换对象,代码如下:

```
>> maketform("custom", 2, 2, @forward, @inverse, struct("T",
[1,2,3;4,5,6;7,8,9], "Tinv", [9,8,7;6,5,4;3,2,1]))
```

5.5.4 仿射变换

OpenCV 库可以用于仿射变换。使用 OpenCV 库进行仿射变换的代码如下：

```python
#第 5 章/affine.py
import sys
import cv2
import numpy as np

def affine(image_path, output_path, m = np.array([[1, 2, 3], [4, 5, 6]])):
    image = cv2.imread(image_path)
    h, w = image.shape[:2]
    ret = cv2.warpAffine(image, m = m, dsize = (w, h))
    cv2.imwrite(output_path, ret)

if __name__ == "__main__":
    affine(sys.argv[1], sys.argv[2], eval(sys.argv[3]))
```

将输入图像指定为 input.png，将输出图像指定为 output.png，将仿射变换矩阵指定为
np.array([[1,2,30],[4,0.5,60]])，仿射变换的代码如下：

```
>> python("affine.py", "input.png", "output.png", "\"np.float32([[1, 2,
30], [4, 0.5, 60]])\"")
```

仿射变换的结果如图 5-48 所示。

图 5-48 仿射变换

5.5.5 透视变换

imperspectivewarp()函数用于对图像进行透视变换。imperspectivewarp()函数至少需
要传入两个参数，第 1 个参数是图像，第 2 个参数是变换矩阵。

将输入图像指定为 input_png,将变换矩阵指定为 diag([1,2,3]),对图像进行透视变换,代码如下:

```
>> imperspectivewarp(input_png, diag([1, 2, 3]))
```

透视变换的结果如图 5-49 所示。

此外,imperspectivewarp()函数允许追加传入第 3 个参数,这个参数代表插值方式。默认的插值方式为 linear。imperspectivewarp()函数支持的插值方式如表 5-17 所示。

图 5-49 透视变换

表 5-17 imperspectivewarp()函数支持的插值方式

插 值 方 式	含 义
linear	线性插值
cubic	三次插值
nearest	最近邻插值
bicubic	双三次插值
bilinear	双线性插值
triangle	三角插值
box	盒子插值

将输入图像指定为 input_png,将变换矩阵指定为 diag([1,1,0.5]),将插值方式指定为 bilinear,对图像进行透视变换,代码如下:

```
>> imperspectivewarp(input_png, diag([1, 1, 0.5]), "bilinear")
```

此外,imperspectivewarp()函数允许追加传入第 4 个参数,这个参数代表透视方式。默认的透视方式为 loose。imperspectivewarp()函数支持的透视方式如表 5-18 所示。

表 5-18 imperspectivewarp()函数支持的透视方式

透 视 方 式	含 义
loose	直接返回透视变换后的图像
crop	裁剪透视变换后的图像的中心部分,裁剪后的尺寸为源图像的尺寸
same	返回透视变换后的图像,但保持源图像的坐标系统不变

将输入图像指定为 input_png,将变换矩阵指定为 diag([1,1,0.5]),将插值方式指定为 bilinear,并将透视方式指定为 crop,对图像进行透视变换,代码如下:

```
>> imperspectivewarp(input_png, diag([1, 1, 0.5]), "bilinear", "crop")
```

此外,imperspectivewarp()函数允许追加传入第 5 个参数,这个参数代表填充颜色。默认的填充颜色为 0。

将输入图像指定为 input_png,将变换矩阵指定为 diag([1,1,0.5]),将插值方式指定为 bilinear,将透视方式指定为 crop,并将填充颜色指定为 1,对图像进行透视变换,代码如下:

```
>> imperspectivewarp(input_png, diag([1, 1, 0.5]), "bilinear", "crop", 1)
```

OpenCV 库可以用于透视变换。使用 OpenCV 库对图像进行透视变换的代码如下：

```
# 第 5 章/warp_perspective.py
import sys
import cv2
import numpy as np

def warp_perspective(image_path, output_path,
                         transform_matrix = np.float32(
                             [[1,2,3],[4,5,6],[7,8,9]]
                             )):
    image = cv2.imread(image_path)
    h, w = image.shape[:2]
    gray = cv2.cvtColor(image, cv2.COLOR_BGR2GRAY)
    ret = cv2.warpPerspective(gray, transform_matrix, dsize = (w, h))
    cv2.imwrite(output_path, ret)

if __name__ == "__main__":
    warp_perspective(sys.argv[1], sys.argv[2], eval(sys.argv[3]))
```

将输入图像指定为 input.png，将输出图像指定为 output.png，并将变换矩阵指定为 np.float32([[1,2,3],[4,5,6],[7,8,9]])，对图像进行透视变换的代码如下：

```
>> python("warp_perspective.py", "input.png", "output.png",
"\"np.float32([[1,2,3],[4,5,6],[7,8,9]])\"")
```

OpenCV 库可以对每个像素独立进行透视变换。使用 OpenCV 库对每个像素独立进行透视变换的代码如下：

```
# 第 5 章/perspective_transform.py
import sys
import cv2
import numpy as np

def perspective_transform(image_path, output_path,
                         transform_matrix = np.float32(
[[1,2,3,4],[5,6,7,8],[9,10,11,12],[13,14,15,16]]
                             )):
    image = cv2.imread(image_path)
    gray = cv2.cvtColor(image, cv2.COLOR_BGR2GRAY)
    ret = cv2.perspectiveTransform(gray, transform_matrix)
    cv2.imwrite(output_path, ret)

if __name__ == "__main__":
        perspective_transform(sys.argv[1], sys.argv[2],
eval(sys.argv[3]))
```

将输入图像指定为 input.png，将输出图像指定为 output.png，并将变换矩阵指定为

np.float32([[1,2,3,4],[5,6,7,8],[9,10,11,12],[13,14,15,16]]),对每个像素独立进行透视变换的代码如下：

```
>> python("perspective_transform.py", "input.png", "output.png",
"\"np.float32([[1,2,3,4],[5,6,7,8],[9,10,11,12],[13,14,15,16]])\"")
```

5.5.6　角点检测

1. 角点的特征值和特征向量

OpenCV 库可以用于角点检测,返回角点的特征值和特征向量。使用 OpenCV 库返回角点的特征值和特征向量的代码如下：

```
#第5章/corner.py
import sys
import cv2
import numpy as np

def corner(image_path, output_path):
    image = cv2.imread(image_path, cv2.IMREAD_COLOR)
    points = cv2.cvtColor(image, cv2.COLOR_BGR2GRAY)
    ret = cv2.cornerEigenValsAndVecs(points, 5, 3)
    print(ret)
    return ret

if __name__ == "__main__":
    corner(sys.argv[1], sys.argv[2])
```

将输入图像指定为 input.png,将输出图像指定为 output.png,返回角点的特征值和特征向量的代码如下：

```
>> python("corner.py", "input.png", "output.png")
ans = [[[ 1.14501943e-03   2.89813412e-04  -8.96205366e-01   4.43639398e-01
        -4.43639398e-01  -8.96205366e-01]
  [ 1.03405549e-03   2.60062166e-04  -9.00474906e-01   4.34908032e-01
        -4.34908032e-01  -9.00474906e-01]
  [ 1.39679387e-03   2.99169216e-04  -9.87369776e-01   1.58432588e-01
        -1.58432588e-01  -9.87369776e-01]
  ...
  [ 4.25450417e-05   5.12894258e-06   9.93507147e-01  -1.13769636e-01
        -1.13769636e-01  -9.93507147e-01]
  [ 4.16319466e-07   1.98828516e-07   3.82690489e-01   9.23876643e-01
        -9.23876643e-01   3.82690489e-01]
  [ 0.00000000e+00   0.00000000e+00   0.00000000e+00   0.00000000e+00
    0.00000000e+00   0.00000000e+00]]

 [[ 9.46259301e-04   2.87573901e-04  -9.09257412e-01   4.16234195e-01
        -4.16234225e-01  -9.09257412e-01]
```

```
 [ 9.67575936e-04   2.36576379e-04  -9.22334969e-01   3.86391252e-01
  -3.86391252e-01  -9.22334969e-01]
 [ 1.46711455e-03   2.71447527e-04  -9.84809518e-01   1.73638284e-01
  -1.73638284e-01  -9.84809518e-01]
 ...
 [ 2.85709375e-05   8.10732308e-06   9.71283734e-01  -2.37924263e-01
  -2.37924263e-01  -9.71283734e-01]
 [ 1.93442520e-06   4.49317724e-07   1.84384286e-01  -9.82854247e-01
  -9.82854247e-01  -1.84384286e-01]
 [ 1.61052674e-06   2.34963906e-07   2.29751453e-01  -9.73249316e-01
  -9.73249316e-01  -2.29751453e-01]]

[[ 9.45304579e-04   2.18401678e-04  -8.69600356e-01   4.93756235e-01
  -4.93756235e-01  -8.69600356e-01]
 [ 1.16077729e-03   2.00314622e-04  -9.18134987e-01   3.96267712e-01
  -3.96267712e-01  -9.18134987e-01]
 [ 1.69677264e-03   2.41866335e-04  -9.77319956e-01   2.11768135e-01
  -2.11768135e-01  -9.77319956e-01]
 ...
 [ 2.49586101e-05   7.87500903e-06   9.97551382e-01  -6.99375048e-02
  -6.99375048e-02  -9.97551382e-01]
 [ 4.28618023e-06   1.63470531e-06   5.95803916e-01  -8.03129911e-01
  -8.03129911e-01  -5.95803916e-01]
 [ 4.53862503e-06   1.30537205e-06   5.34740269e-01  -8.45016479e-01
  -8.45016479e-01  -5.34740269e-01]]

 ...

[[ 6.33239746e-03   2.24168855e-03  -7.41683424e-01   6.70750082e-01
  -6.70750082e-01  -7.41683424e-01]
 [ 6.01595826e-03   2.50284327e-03  -3.64496887e-01   9.31204617e-01
  -9.31204617e-01  -3.64496887e-01]
 [ 8.80898908e-03   2.86775082e-03  -2.06344556e-02   9.99787092e-01
  -9.99787092e-01  -2.06344556e-02]
 ...
 [ 2.71266000e-03   1.26088841e-03  -1.91743568e-01   9.81445074e-01
  -9.81445074e-01  -1.91743568e-01]
 [ 2.13197363e-03   1.14768790e-03  -6.02409720e-01   7.98187017e-01
  -7.98187017e-01  -6.02409720e-01]
 [ 1.80175714e-03   1.08728535e-03  -8.99555743e-01   4.36805993e-01
  -4.36805993e-01  -8.99555743e-01]]

[[ 5.83464280e-03   1.50439242e-04  -6.08798683e-01   7.93324769e-01
  -7.93324769e-01  -6.08798683e-01]
 [ 5.84169850e-03   7.06552470e-04  -3.51162165e-01   9.36314642e-01
  -9.36314642e-01  -3.51162165e-01]
 [ 8.54591280e-03   1.40787510e-03  -9.47326571e-02   9.95502770e-01
  -9.95502770e-01  -9.47326571e-02]
 ...
```

```
[ 2.13315850e − 03   9.45041946e − 04  − 2.35608131e − 01   9.71848130e − 01
  − 9.71848130e − 01  − 2.35608131e − 01]]
[ 1.81241590e − 03   6.39102480e − 04  − 4.74356115e − 01   8.80333066e − 01
  − 8.80333066e − 01  − 4.74356115e − 01]
[ 1.65940716e − 03   6.97071024e − 04  − 6.24990284e − 01   7.80632555e − 01
  − 7.80632555e − 01  − 6.24990284e − 01]]

[[ 1.67782127e − 03   1.33482128e − 04  − 4.45609659e − 01   8.95227373e − 01
  − 8.95227373e − 01  − 4.45609659e − 01]
[ 2.15225830e − 03   2.54047482e − 04  − 1.83926851e − 01   9.82939959e − 01
  − 9.82939959e − 01  − 1.83926851e − 01]
[ 2.82179099e − 03   4.76479356e − 04  − 2.38750707e − 02   9.99714971e − 01
  − 9.99714971e − 01  − 2.38750707e − 02]
...
[ 1.15284999e − 03   4.56838869e − 04  − 9.56762731e − 01   2.90869534e − 01
  − 2.90869534e − 01  − 9.56762731e − 01]
[ 1.01499236e − 03   2.52827711e − 04  − 8.97153497e − 01   4.41718936e − 01
  − 4.41718966e − 01  − 8.97153497e − 01]
[ 1.46499742e − 03   2.25737065e − 04  − 9.17474627e − 01   3.97794306e − 01
  − 3.97794306e − 01  − 9.17474627e − 01]]]
```

2. Harris 角点检测

OpenCV 库可以用于 Harris 角点检测。使用 OpenCV 库对图像 Harris 角点进行检测的代码如下：

```python
#第5章/corner_harris.py
import sys
import cv2
import numpy as np

def corner_harris(image_path, output_path):
    image = cv2.imread(image_path, cv2.IMREAD_COLOR)
    points = cv2.cvtColor(image, cv2.COLOR_BGR2GRAY)
    ret = cv2.cornerHarris(points, 3, 5, 0.04)
    print(ret)
    return ret

if __name__ == "__main__":
    corner_harris(sys.argv[1], sys.argv[2])
```

将输入图像指定为 input.png，将输出图像指定为 output.png，对图像 Harris 角点进行检测的代码如下：

```
>> python("corner_harris.py", "input.png", "output.png")
ans = [[ 3.0927035e−06   4.7796252e−06  − 2.2270428e−06 ...  − 4.1788122e−11
    1.0521255e−14   0.0000000e + 00]
[ 4.7725794e−06   7.6710521e−06   1.2352284e−06 ...   4.3537188e−12
    2.0133755e−13  − 3.2392790e−14]
```

```
[ 3.9198103e-06   8.0588870e-06  -8.9221794e-07 ...   4.9946569e-10
    3.3147929e-12  -2.6629567e-12]
...
[ 4.6312362e-06  -2.0985994e-05   1.8438735e-04 ...   8.9653549e-05
    3.5211277e-05   1.0233603e-05]
[-4.8357424e-07  -5.3127724e-06  -6.1018727e-06 ...   2.3416495e-05
    1.0241789e-05   4.0832965e-06]
[ 6.6005763e-11   1.2821244e-09   4.0634571e-09 ...   7.7605046e-07
    8.5554493e-06   5.1563320e-06]]
```

3. 最小特征向量

OpenCV 库可以用于角点检测,返回最小特征向量。使用 OpenCV 库返回最小特征向量的代码如下:

```
#第5章/corner_min_eigen_val.py
import sys
import cv2
import numpy as np

def corner_min_eigen_val(image_path, output_path):
    image = cv2.imread(image_path, cv2.IMREAD_COLOR)
    points = cv2.cvtColor(image, cv2.COLOR_BGR2GRAY)
    ret = cv2.cornerMinEigenVal(points, 30)
    print(ret)
    return ret

if __name__ == "__main__":
    corner_min_eigen_val(sys.argv[1], sys.argv[2])
```

将输入图像指定为 input.png,将输出图像指定为 output.png,返回最小特征向量的代码如下:

```
>> python("corner_min_eigen_val.py", "input.png", "output.png")
ans = [[0.00086989 0.00086989 0.00086872 ... 0.01370446 0.01338646 0.01265368]
 [0.00086989 0.00086989 0.00086872 ... 0.01370446 0.01338646 0.01265368]
 [0.00087691 0.00087691 0.00087573 ... 0.01332753 0.0131539  0.01261878]
 ...
 [0.00317586 0.00317586 0.00317231 ... 0.00174782 0.00171562 0.00168094]
 [0.003131   0.003131   0.003121   ... 0.00175749 0.00172268 0.00168424]
 [0.00318256 0.00318256 0.0031609  ... 0.00185442 0.00180687 0.00175334]]
```

5.6 二值图像打包解包

5.6.1 二值图像打包

bwpack()函数用于打包二值图像,每 32 位二值图像会被打包为一个 uint32 数字,打包后的图像可能会占用更小的空间。bwpack()函数允许传入 1 个参数,这个参数代表二值图像。

打包图像 input_pbm,代码如下:

```
>> input_pbm_packed = bwpack(input_pbm)
```

此外,bitpack()函数也可以用于打包二值图像。bitpack()函数允许传入两个参数,第 1个参数是由 logical 类型的变量组成的矩阵,第 2 个参数是打包后的类型。bitpack()函数将1 个 logical 类型的变量视为 1 位,按打包后的类型将每若干位数的 logical 类型的变量打包为一个数字。打包后的类型和位数对照表如表 5-19 所示。

表 5-19 打包后的类型和位数对照表

打包后的类型	含 义	位 数
double	双精度浮点型	64 位
single	单精度浮点型	32 位
double complex	双精度浮点型,复数	128 位
single complex	单精度浮点型,复数	64 位
char	字符型	8 位
int8	8 位整型	8 位
int16	16 位整型	16 位
int32	32 位整型	32 位
int64	64 位整型	64 位
uint8	无符号 8 位整型	8 位
uint16	无符号 16 位整型	16 位
uint32	无符号 32 位整型	32 位
uint64	无符号 64 位整型	64 位

注意:bitpack()函数在打包时,logical 类型的变量必须是位数的整数倍,而图像的像素数不一定恰好是位数的整数倍,所以要进行额外处理。在解包时也同样要进行额外处理。

将打包后的类型指定为 double(64 位),使用 bitpack()函数打包图像 input_pbm,代码如下:

```
>> dims = size(input_pbm);
>> out_rows = ceil(dims(1) / 64);
>> in_rows = out_rows * 64;
>> result = resize (input_pbm, [in_nrows dims(2:end)]);
>> result = reshape (bitpack(result(:), "double"), [in_nrows dims(2:end)]);
```

5.6.2 二值图像解包

bwunpack()函数用于解包二值图像,每个 uint32 数字会被解包为 32 位二值图像。

bwunpack()函数允许传入 1 个参数,这个参数代表二值图像。

解包图像 input_pbm_packed,代码如下:

```
>> bwunpack(input_pbm_packed)
```

此外,bitunpack()函数也可以用于解包二值图像。bitunpack()函数允许传入 1 个参数,这个参数是由打包后的类型的变量组成的矩阵。bitunpack()函数将按打包后的类型将变量解包为 logical 类型的变量。

使用 bitunpack()函数解包图像 result,代码如下:

```
>> in_result = reshape(bitunpack(result), [in_nrows dims(2:end)]);
>> width = size(input_pbm)(1);
>> height = size(input_pbm)(2);
>> unpack_result = zeros(width, height);
>> for width_index = 1:width
>>     for height_index = 1:height
>>         unpack_result(width_index, height_index) = in_result(width_index, height_index);
>>     endfor
>> endfor
```

第 6 章

CHAPTER 6

图 像 分 析

图像有多种分析方式,对应于多种分析指标。通过不同的分析指标,可以初步得知图像的特征,进而可以决定图像处理的具体方式。有些分析指标只体现单幅图像的特征,而有些分析指标则体现两幅图像之间的差别。

6.1 直方图

直方图可以代表图像的每个通道的颜色或每个灰度的出现频率。

6.1.1 绘制直方图

imhist()函数用于绘制图像的直方图。imhist()函数允许传入 1 个参数,即要绘制直方图的图像。

绘制图像 input_png 的直方图,代码如下:

```
>> imhist(input_png)
```

直方图如图 6-1 所示。

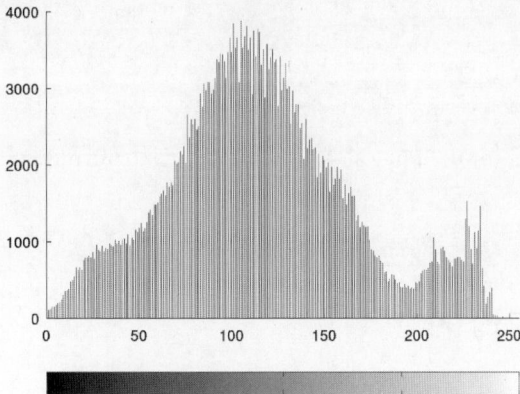

图 6-1　直方图

此外,imhist()函数允许追加传入第 2 个参数,这个参数代表直方图的组数。

绘制图像 input_png 的直方图,将组数指定为 10,代码如下:

```
>> imhist(input_png, 10)
```

此外,imhist()函数允许传入两个参数,用于显示索引图像的直方图,第 1 个参数是图像,第 2 个参数是索引。

绘制图像 input_gif.gif 的直方图,代码如下:

```
>> imhist(input_gif_ind, input_gif_map)
```

此外,如果在调用 imhist()函数时指定了返回参数,则 imhist()函数将不显示直方图,而返回直方图中每组的数量和每组的范围。

对于图像 input_png 的直方图,将组数指定为 10,返回直方图中每组的数量和每组的范围,代码如下:

```
>> nn, dims = imhist(input_png, 10)
```

OpenCV 库可以用于绘制直方图。使用 OpenCV 库绘制直方图的代码如下:

```
# 第 6 章/calc_hist.py
import sys
import cv2
import numpy as np
import matplotlib.pyplot as plt


def calc_hist(image_path, output_path, channels = [0], hist_size = [256], ranges = [0, 256]):
    image = cv2.imread(image_path)
    image = cv2.cvtColor(image, cv2.COLOR_BGR2GRAY)
    hist = cv2.calcHist([image], channels, None, hist_size, ranges)
    hist = hist.ravel()
    bin_centers = np.linspace(ranges[0][0], ranges[0][1], num = hist_size[0], endpoint = True)
    plt.bar(bin_centers, hist, width = (bin_centers[1] - bin_centers[0]), align = 'center')
    plt.savefig(output_path)


if __name__ == "__main__":
    calc_hist(sys.argv[1], sys.argv[2])
```

将输入图像指定为 input.png,将输出图像指定为 output.png,绘制直方图的代码如下:

```
>> python("calc_hist.py", "input.png", "output.png")
```

6.1.2 直方图均化

直方图均化即色调均化,是一种图像处理技术,用于改善图像的对比度。直方图均化通过重新分布图像的亮度值来增强图像的整体视觉效果,基本思想是通过改变图像的直方图来实现图像对比度的增强。

在直方图均化的过程中,有时需要按照颜色查找表对颜色进行重新映射。

histeq()函数用于对图像进行直方图均化。histeq()函数允许传入两个参数,第 1 个参数是 double 格式的图像,第 2 个参数是直方图的组数。

将直方图的组数指定为 3,对图像 input_pgm 进行直方图均化,代码如下:

```
>> histeq(input_pgm, 3)
```

直方图均化的结果如图 6-2 所示。

图 6-2　直方图均化

stretchlim()函数用于计算直方图拉伸限制。stretchlim()函数允许传入 1 个参数,这个参数代表的是图像。如果传入的是单通道图像,则将返回 2×1 的矩阵;如果传入的是 RGB 图像(三通道图像),则将返回 2×3 的矩阵;如果传入的是多通道图像,则将返回 2× 通道数的矩阵。

计算图像 input_png 的直方图拉伸限制,代码如下:

```
>> stretchlim(input_png)
ans =

    0.082353   0.066667   0.031373
    0.909804   0.905882   0.925490
```

此外,stretchlim()函数允许追加传入第 2 个参数,这两个参数被认为是饱和度限制,用于将饱和度限制到一个范围内。

将饱和度限制指定为[0.1 0.9],计算图像 input_png 的直方图拉伸限制,代码如下:

```
>> stretchlim(input_png, [0.1 0.9])
ans =

    0.2667   0.2275   0.1490
    0.7333   0.7216   0.7098
```

GraphicsMagick 可以用于二值图像或彩色图像的直方图均化。将输入图像指定为

input.png,将输出图像指定为 output.png,直方图均化的代码如下:

```
>> system("gm convert input.png - equalize output.png")
```

彩色图像的直方图均化的结果如图 6-3 所示。

图 6-3 彩色图像的直方图均化

OpenCV 库可以用于直方图均化。使用 OpenCV 库实现直方图均化的脚本如下:

```
♯第 4 章/hist_equalize_gray.py
import sys
import cv2
import numpy as np

def hist_equalize_gray(image_path, output_path):
    image = cv2.imread(image_path, cv2.IMREAD_GRAYSCALE)
    processed_image = cv2.equalizeHist(image)
    cv2.imwrite(output_path, processed_image)

if __name__ == "__main__":
    hist_equalize_gray(sys.argv[1], sys.argv[2])
```

将输入图像指定为 input_pgm.pgm,将输出图像指定为 output_pgm.pgm,运行脚本的命令如下:

```
>> python hist_equalize_gray.py input_pgm.pgm output_pgm.pgm
```

6.2 图像归一化

OpenCV 库可以用于图像归一化。使用 OpenCV 库对图像归一化的脚本如下:

```
♯第 6 章/normalize.py
import sys
import cv2
import numpy as np
```

```
def normalize(image_path, output_path, alpha = 0, beta = 255, norm_type = cv2.NORM_MINMAX):
    image = cv2.imread(image_path, cv2.IMREAD_GRAYSCALE)
    ret = cv2.normalize(image, None, alpha = alpha, beta = beta, norm_type = norm_type, dtype =
cv2.CV_8U)
    cv2.imwrite(output_path, ret)

if __name__ == "__main__":
    normalize(sys.argv[1], sys.argv[2], int(sys.argv[3]), int(sys.argv[4]), eval(sys.argv[5]))
```

将输入图像指定为 input_pgm.pgm，将输出图像指定为 output.png，将归一化后的最小值指定为 0，将归一化后的最小值指定为 255，将范数类型指定为 cv2.NORM_MINMAX，对图像归一化的命令如下：

```
>> python("normalize.py", "input_pgm.pgm", "output.png", "0", "255",
"cv2.NORM_MINMAX")
```

图像归一化的结果如图 6-4 所示。

图 6-4　图像归一化

6.3　图像相关性

图像相关性用于测量两幅图像之间的相似度。它通常用于图像匹配、模板匹配、图像对齐和图像识别等任务中。图像相关性可以通过比较两幅图像之间的像素值来评估它们之间的相似度。

6.3.1　相关系数

corr2()函数用于计算两个二维矩阵之间的相关系数，而由于图像在内存中可以被视为二维矩阵，因此 corr2()函数可用于计算两幅图像之间的相关系数。corr2()函数允许传入两个参数，即要计算的两幅图像。

计算两幅图像 input_png 和 input_png2 之间的相关系数,代码如下:

```
>> corr2(input_png, input_png2)
ans = 0.7968
```

6.3.2　增强相关系数

OpenCV 库可以用于计算图像间的增强相关系数(ECC)。使用 OpenCV 库计算图像间的增强相关系数的代码如下:

```
# 第 6 章/ecc.py
import sys
import cv2
import numpy as np

def ecc(image_path_1, image_path_2, r = 200):
    image_1 = cv2.imread(image_path_1)
    image_2 = cv2.imread(image_path_2)
    ret = cv2.computeECC(image_1, image_2)
    print(ret)
    return ret

if __name__ == "__main__":
    ecc(sys.argv[1], sys.argv[2])
```

将两幅图像指定为 input.png 和 input2.png,计算图像间的增强相关系数的代码如下:

```
>> python("ecc.py", "input.png", "input2.png")
```

6.3.3　峰值信噪比

psnr()函数用于计算图像间的峰值信噪比。psnr()函数允许传入两个参数,第 1 个参数是图像,第 2 个参数是参考图像。

计算两幅图像 input_png 和 input_png2 之间的峰值信噪比,代码如下:

```
>> psnr(input_png, input_png2)
ans = 17.957
```

此外,psnr()函数允许追加传入第 3 个参数,这个参数代表的是图像中的像素最大值。

计算两幅图像 input_png 和 input_png2 之间的峰值信噪比,将图像中的像素最大值指定为 200,代码如下:

```
>> psnr(input_png, input_png2, 200)
ans = 15.847
```

OpenCV 库可以用于计算图像间的峰值信噪比。使用 OpenCV 库计算图像间的峰值信噪比的代码如下:

```
#第6章/psnr.py
import sys
import cv2
import numpy as np

def psnr(image_path_1, image_path_2, r = 200):
    image_1 = cv2.imread(image_path_1)
    image_2 = cv2.imread(image_path_2)
    ret = cv2.PSNR(image_1, image_2)
    print(ret)
    return ret

if __name__ == "__main__":
    psnr(sys.argv[1], sys.argv[2])
```

将两幅图像指定为 input.png 和 input2.png,计算图像间的峰值信噪比的代码如下:

```
>> python("psnr.py", "input.png", "input2.png")
```

GraphicsMagick 可以计算图像间的峰值信噪比。将输入图像指定为 input.png 和 input2.png,计算图像间的峰值信噪比的代码如下:

```
>> system("gm compare − metric psnr input.png input2.png")
Image Difference (PeakSignalToNoiseRatio):
            PSNR
          ======
        Red: 18.04
      Green: 18.03
        lue: 17.81
      Total: 17.96
```

6.3.4　均方误差

immse()函数用于计算两幅图像之间的均方误差。immse()函数允许传入两个参数,这两个参数代表的是图像。

计算两幅图像 input_png 和 input_png2 之间的均方误差,代码如下:

```
>> immse(input_png, input_png2)
ans = 1040.8
```

GraphicsMagick 可以计算图像间的均方误差。将输入图像指定为 input.png 和 input2.png,计算图像间的均方误差的代码如下:

```
>> system("gm compare − metric mse input.png input2.png")
Image Difference (MeanSquaredError):
          Normalized  Absolute
        ============  ==========
      Red: 0.0157095553   1029.5
    Green: 0.0157576297   1032.7
     Blue: 0.0165503480   1084.6
    Total: 0.0160058443   1048.9
```

6.3.5 归一化互相关性

normxcorr2()函数用于计算两个二维矩阵的归一化互相关性,而由于图像在内存中可以被视为二维矩阵,因此 normxcorr2()函数可用于计算两幅图像之间的归一化互相关性。normxcorr2()函数允许传入两个参数,第 1 个参数是参考图像,第 2 个参数是图像。计算两幅图像 input_png 和 input_png2 之间的归一化互相关性,代码如下:

```
>> normxcorr2(input_png, input_png2);
```

6.3.6 平均绝对误差

GraphicsMagick 可以计算图像间的平均绝对误差。将输入图像指定为 input.png 和 input2.png,计算图像间的平均绝对误差的代码如下:

```
>> system("gm compare - metric mae input.png input2.png")
Image Difference (MeanAbsoluteError):
           Normalized  Absolute
        ============  ==========
     Red: 0.0837027657     5485.5
   Green: 0.0833923082     5465.1
    Blue: 0.0850960119     5576.8
   Total: 0.0840636952     5509.1
```

6.3.7 峰值绝对误差

GraphicsMagick 可以计算图像间的峰值绝对误差。将输入图像指定为 input.png 和 input2.png,计算图像间的峰值绝对误差的代码如下:

```
>> system("gm compare - metric pae input.png input2.png")
Image Difference (PeakAbsoluteError):
           Normalized  Absolute
        ============  ==========
     Red: 0.9137254902    59881.0
   Green: 0.9411764706    61680.0
    Blue: 0.9372549020    61423.0
   Total: 0.9411764706    61680.0
```

6.3.8 均方根误差

GraphicsMagick 可以计算图像间的均方根误差。将输入图像指定为 input.png 和 input2.png,计算图像间的均方根误差的代码如下:

```
>> system("gm compare - metric rmse input.png input2.png")
Image Difference (RootMeanSquaredError):
```

```
              Normalized Absolute
           ============ ==========
     Red: 0.1253377650    8214.0
   Green: 0.1255293976    8226.6
    Blue: 0.1286481560    8431.0
   Total: 0.1265142061    8291.1
```

6.4 边缘检测

边缘检测用于识别图像中亮度变化显著的部分,有助于提取图像的关键特征,对于图像分割、特征提取、物体识别等多个领域是非常重要的。

edge()函数用于检测图像中的边缘。edge()函数允许传入两个参数,第 1 个参数是图像,第 2 个参数是检测方式。

edge()函数支持的检测方式如表 6-1 所示。

表 6-1 edge()函数支持的检测方式

检测方式	含义	检测方式	含义
sobel	使用 Sobel 算子	zerocross	使用零交叉算子
prewitt	使用 Prewitt 算子	canny	使用 Canny 算子
kirsch	使用 Kirsch 算子	lindeberg	使用 Lindeberg 算子
roberts	使用 Roberts 算子	andy	使用 Andy 算子
log	使用 LoG 算子		

将检测方式指定为 sobel,对图像 input_pgm 进行边缘检测,代码如下:

```
>> edge(input_pgm, "sobel")
```

此外,如果将检测方式指定为 canny,则 edge()函数允许追加传入阈值。阈值既可以是一个 0~1 的数字,也可以是一个代表阈值下界和阈值上界的二元矩阵。

将检测方式指定为 canny,将阈值指定为 0.5,对图像 input_png 进行边缘检测,代码如下:

```
>> edge(input_png, "canny", 0.5)
```

将检测方式指定为 canny,将阈值指定为[0.4,1],对图像 input_png 进行边缘检测,代码如下:

```
>> edge(input_png, "canny", [0.4, 1])
```

此外,如果将检测方式指定为 canny,则 edge()函数允许追加传入阈值和 σ。

将检测方式指定为 canny,将阈值指定为 0.5,并将 σ 指定为 1.345,对图像 input_png 进行边缘检测,代码如下:

```
>> edge(input_png, "canny", 0.5, 1.345)
```

此外,如果将检测方式指定为 sobel、prewitt 或 kirsch,则 edge()函数允许追加传入阈值。

将检测方式指定为 sobel,将阈值指定为 1.3,对图像 input_png 进行边缘检测,代码如下:

```
>> edge(input_png, "sobel", 1.3)
```

此外,如果将检测方式指定为 sobel、prewitt 或 kirsch,则 edge()函数允许追加传入阈值和检测方向。edge()函数在将检测方式指定为 sobel、prewitt 或 kirsch 时支持的检测方向如表 6-2 所示。

将检测方式指定为 sobel,将阈值指定为 1.3,将检测方向指定为 horizontal,对图像 input_png 进行边缘检测,代码如下:

```
>> edge(input_png, "sobel", 1.3, "horizontal")
```

此外,如果将检测方式指定为 sobel、prewitt 或 kirsch,则 edge()函数允许追加传入阈值、检测方向和边缘细化方式。

edge()函数支持的边缘细化方式如表 6-3 所示。

表 6-2 sobel、prewitt 或 kirsch 支持的检测方向

检 测 方 向	含　　义
horizontal	水平方向
vertical	垂直方向
both	水平方向和垂直方向

表 6-3 edge()函数支持的边缘细化方式

检 测 方 向	含　　义
thinning	细化
nothinning	不细化

将检测方式指定为 sobel,将阈值指定为 1.3,将检测方向指定为 horizontal,将边缘细化方式指定为 nothinning,对图像 input_png 进行边缘检测,代码如下:

```
>> edge(input_png, "sobel", 1.3, "horizontal", "nothinning")
```

此外,如果将检测方式指定为 lindeberg,则 edge()函数允许追加传入 σ。

将检测方式指定为 lindeberg,将 σ 指定为 2,对图像 input_png 进行边缘检测,代码如下:

```
>> edge(input_png, "lindeberg", 2)
```

此外,如果将检测方式指定为 log,则 edge()函数允许追加传入阈值和 σ。

将检测方式指定为 log,将阈值指定为 0.5,将 σ 指定为 2,对图像 input_png 进行边缘检测,代码如下:

```
>> edge(input_png, "log", 0.5, 2)
```

此外,如果将检测方式指定为 roberts,则 edge()函数允许追加传入阈值。

将检测方式指定为 roberts,将阈值指定为 0.5,对图像 input_png 进行边缘检测,代码如下:

```
>> edge(input_png, "roberts", 0.5)
```

此外,如果将检测方式指定为 roberts,则 edge()函数允许追加传入阈值和边缘细化方式。

将检测方式指定为 roberts,将阈值指定为 0.5,并将边缘细化方式指定为 nothinning,对图像 input_png 进行边缘检测,代码如下:

```
>> edge(input_png, "roberts", 0.5, "nothinning")
```

此外,如果将检测方式指定为 zerocross,则 edge()函数允许追加传入阈值和自定义的算子。

将检测方式指定为 zerocross,将阈值指定为 0.5,将自定义的算子指定为[0,1,0;1,0,1;0,1,0],对图像 input_png 进行边缘检测,代码如下:

```
>> edge(input_png, "zerocross", 0.5, [0,1,0; 1,0,1; 0,1,0])
```

此外,如果将检测方式指定为 andy,则 edge()函数允许追加传入阈值和第 2 个参数。

将检测方式指定为 andy,将阈值指定为 0.5,将第 2 个参数指定为[8,1,3,3],对图像 input_png 进行边缘检测,代码如下:

```
>> edge(input_png, "andy", 0.5, [8, 1, 3, 3])
```

6.4.1 Sobel 边缘检测

对图像进行 Sobel 边缘检测的代码如下:

```
# 第6章/sobel.m
function ret = sobel(img)
    ret = edge(img, "sobel");
endfunction
```

将输入图像指定为 input_pgm,对图像进行 Sobel 边缘检测的代码如下:

```
>> ret = sobel(input_pgm);
```

Sobel 边缘检测的结果如图 6-5 所示。

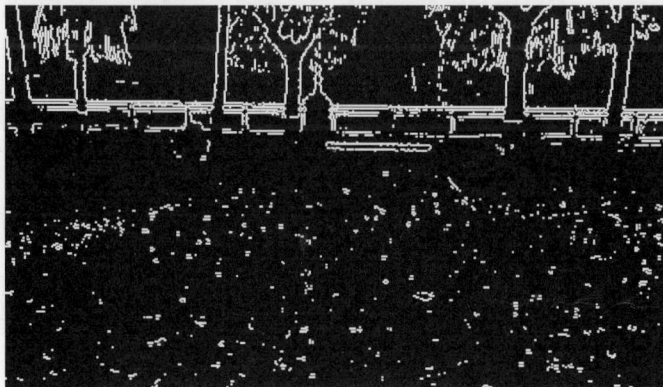

图 6-5 Sobel 边缘检测

OpenCV 库可以用于 Sobel 边缘检测。使用 OpenCV 库对图像进行 Sobel 边缘检测的
代码如下：

```
# 第 6 章/sobel.py
import sys
import cv2
import numpy as np

def sobel(image_path, output_path):
    image = cv2.imread(image_path, cv2.IMREAD_COLOR)
    image = cv2.cvtColor(image, cv2.COLOR_BGR2GRAY)
    grad_x = cv2.Sobel(image, cv2.CV_64F, dx = 1, dy = 0, ksize = 3)
    grad_y = cv2.Sobel(image, cv2.CV_64F, dx = 0, dy = 1, ksize = 3)
    grad_x = np.uint8(np.absolute(grad_x) / np.max(np.absolute(grad_x)) * 255)
    grad_y = np.uint8(np.absolute(grad_y) / np.max(np.absolute(grad_y)) * 255)
    abs_grad_x = cv2.convertScaleAbs(grad_x)
    abs_grad_y = cv2.convertScaleAbs(grad_y)
    edges = cv2.addWeighted(abs_grad_x, 0.5, abs_grad_y, 0.5, 0)
    cv2.imwrite(output_path, edges)

if __name__ == "__main__":
    sobel(sys.argv[1], sys.argv[2])
```

上面的代码使用的算法如下：
（1）将图像转换为灰度图像。
（2）对图像在 x 方向和 y 方向分别应用 Sobel 边缘检测。
（3）计算边缘幅度。
将输入图像指定为 input.png，对图像进行 Sobel 边缘检测的代码如下：

```
>> python("sobel.py", "input.png")
```

6.4.2 Prewitt 边缘检测

对图像进行 Prewitt 边缘检测的代码如下：

```
# 第 6 章/prewitt.m
function ret = prewitt(img)
    ret = edge(img, "prewitt");
endfunction
```

将输入图像指定为 input_pgm，对图像进行 Prewitt 边缘检测的代码如下：

```
>> ret = prewitt(input_pgm);
```

Prewitt 边缘检测的结果如图 6-6 所示。

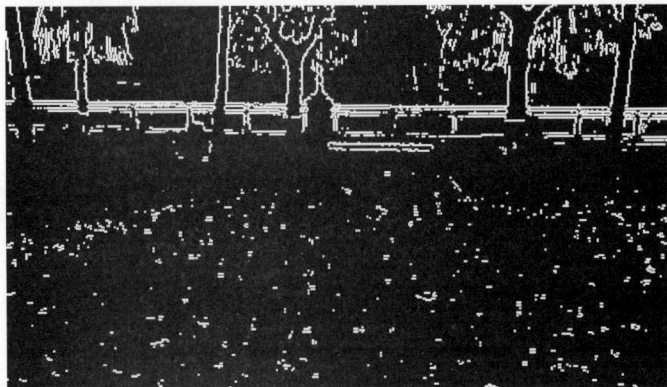

图 6-6　Prewitt 边缘检测

6.4.3　Kirsch 边缘检测

对图像进行 Kirsch 边缘检测的代码如下：

```
#第 6 章/kirsch.m
function ret = kirsch(img)
    ret = edge(img, "kirsch");
endfunction
```

将输入图像指定为 input_pgm，对图像进行 Kirsch 边缘检测的代码如下：

```
>> ret = kirsch(input_pgm);
```

Kirsch 边缘检测的结果如图 6-7 所示。

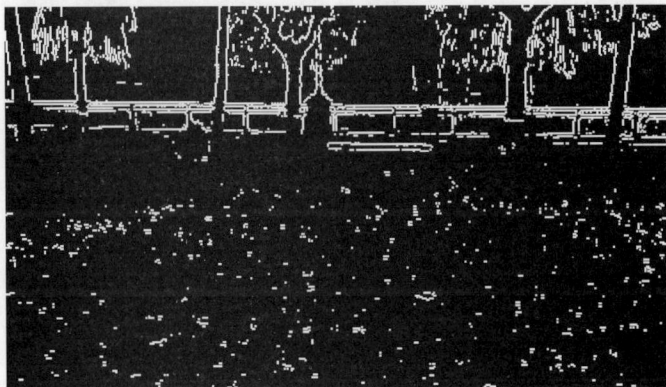

图 6-7　Kirsch 边缘检测

6.4.4　Roberts 边缘检测

对图像进行 Roberts 边缘检测的代码如下：

```
# 第 6 章/roberts.m
function ret = roberts(img)
    ret = edge(img, "roberts");
endfunction
```

将输入图像指定为 input_pgm,对图像进行 Roberts 边缘检测的代码如下:

```
>> ret = roberts(input_pgm);
```

6.4.5　LoG 边缘检测

对图像进行 LoG 边缘检测的代码如下:

```
# 第 6 章/LoG.m
function ret = LoG(img)
    ret = edge(img, "log");
endfunction
```

将输入图像指定为 input_pgm,对图像进行 LoG 边缘检测的代码如下:

```
>> ret = LoG(input_pgm);
```

LoG 边缘检测的结果如图 6-8 所示。

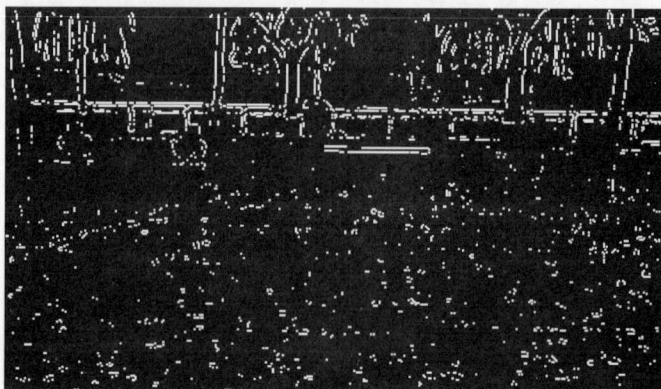

图 6-8　LoG 边缘检测

6.4.6　零交叉边缘检测

对图像进行零交叉边缘检测的代码如下:

```
# 第 6 章/zerocross.m
function ret = zerocross(img, threshold)
    ret = edge(img, "zerocross", threshold, [1 0 1;0 0 0;1 0 1]);
endfunction
```

将输入图像指定为 input_pgm,对图像进行零交叉边缘检测的代码如下:

```
>> ret = zerocross(input_pgm, 0.5);
```

6.4.7 Canny 边缘检测

对图像进行 Canny 边缘检测的代码如下：

```
♯第6章/canny.m
function ret = canny(img)
    ret = edge(img, "canny");
endfunction
```

将输入图像指定为 input_pgm，对图像进行 Canny 边缘检测的代码如下：

```
>> ret = canny(input_pgm);
```

Canny 边缘检测的结果如图 6-9 所示。

图 6-9 Canny 边缘检测

OpenCV 库可以用于 Canny 边缘检测。使用 OpenCV 库对图像进行 Canny 边缘检测的代码如下：

```
♯第6章/canny.py
import sys
import cv2

def canny(image_path):
    image = cv2.imread(image_path)
    gray = cv2.cvtColor(image, cv2.COLOR_BGR2GRAY)
    blurred = cv2.GaussianBlur(gray, (5, 5), 0)
    edges = cv2.Canny(blurred, 50, 150)
    print(edges)
    return edges

if __name__ == "__main__":
    canny(sys.argv[1])
```

上面的代码使用的算法如下：

（1）将图像转换为灰度图像。

（2）对图像进行高斯模糊。

（3）对图像应用 Canny 边缘检测。

将输入图像指定为 input.png，对图像进行 Canny 边缘检测的代码如下：

```
>> python("canny.py", "input.png")
```

6.4.8　Lindeberg 边缘检测

对图像进行 Lindeberg 边缘检测的代码如下：

```
#第6章/lindeberg.m
function ret = lindeberg(img)
    ret = edge(img, "lindeberg");
endfunction
```

将输入图像指定为 input_pgm，对图像进行 Lindeberg 边缘检测的代码如下：

```
>> ret = lindeberg(input_pgm);
```

Lindeberg 边缘检测的结果如图 6-10 所示。

图 6-10　Lindeberg 边缘检测

6.4.9　Andy 边缘检测

对图像进行 Andy 边缘检测的代码如下：

```
#第6章/andy.m
function ret = andy(img)
    ret = edge(img, "andy");
endfunction
```

将输入图像指定为 input_pgm，对图像进行 Andy 边缘检测的代码如下：

```
>> ret = andy(input_pgm);
```

Andy 边缘检测的结果如图 6-11 所示。

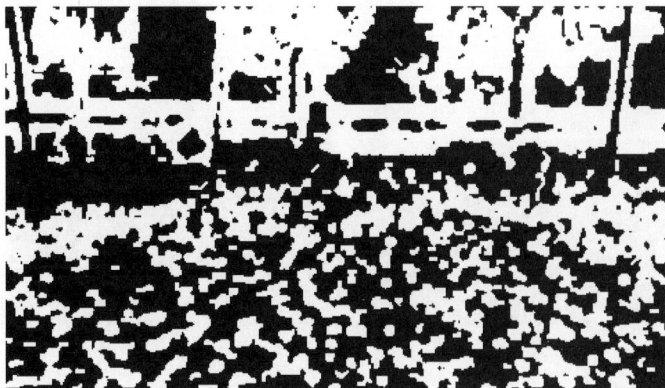

图 6-11 Andy 边缘检测

6.4.10 Scharr 边缘检测

OpenCV 库可以用于 Scharr 边缘检测。使用 OpenCV 库对图像进行 Scharr 边缘检测的代码如下：

```python
#第6章/scharr.py
import sys
import cv2
import numpy as np

def scharr(image_path, output_path):
    image = cv2.imread(image_path, cv2.IMREAD_COLOR)
    image = cv2.cvtColor(image, cv2.COLOR_BGR2GRAY)
    grad_x = cv2.Scharr(image, cv2.CV_64F, dx = 1, dy = 0, ksize = 3)
    grad_y = cv2.Scharr(image, cv2.CV_64F, dx = 0, dy = 1, ksize = 3)
    grad_x = np.uint8(np.absolute(grad_x) / np.max(np.absolute(grad_x)) * 255)
    grad_y = np.uint8(np.absolute(grad_y) / np.max(np.absolute(grad_y)) * 255)
    abs_grad_x = cv2.convertScaleAbs(grad_x)
    abs_grad_y = cv2.convertScaleAbs(grad_y)
    edges = cv2.addWeighted(abs_grad_x, 0.5, abs_grad_y, 0.5, 0)
    cv2.imwrite(output_path, edges)

if __name__ == "__main__":
    scharr(sys.argv[1], sys.argv[2])
```

上面的代码使用的算法如下：

（1）将图像转换为灰度图像。

（2）对图像在 x 方向和 y 方向分别应用 Scharr 边缘检测。

（3）计算边缘幅度。

将输入图像指定为 input.png，将输出图像指定为 output.png，对图像进行 Scharr 边缘检测的代码如下：

```
>> python("scharr.py", "input.png", "output.png")
```

Scharr 边缘检测的结果如图 6-12 所示。

图 6-12　Scharr 边缘检测

6.5　霍夫变换

hough()函数用于霍夫变换。hough()函数允许传入 1 个参数，这个参数代表的是二值图像。

对图像 input_pgm 进行霍夫变换，代码如下：

```
>> [input_pgm_hough, input_pgm_hough_theta, input_pgm_hough_rho] =
hough(input_pgm);
```

此外，hough()函数允许追加传入键-值对参数。hough()函数支持的键-值对参数如表 6-4 所示。

表 6-4　hough()函数支持的键-值对参数

键　参　数	含　　义
rhoresolution	用于兼容 MATLAB
thetaresolution	θ 的角度变化； 最终的 θ 为$[-90\!:\!\text{thetaresolution}\!:\!90]$； 指定此参数将覆盖 theta 参数
theta	θ 的角度； hough()函数将在这些角度上进行直线检测

对图像 input_pgm 进行霍夫变换,将 thetaresolution 指定为 3,代码如下:

```
>> [input_png_hough, input_png_hough_theta, input_png_hough_rho] =
hough(input_pgm, "thetaresolution", 3);
```

6.5.1 霍夫变换峰值

houghpeaks()函数用于在霍夫变换的结果中寻找峰值。houghpeaks()函数允许传入 1个参数,这个参数代表的是霍夫变换后的图像。

在对图像 input_pgm 霍夫变换的结果中寻找峰值,代码如下:

```
>> houghpeaks(input_pgm_hough)
ans =

   550  30
```

此外,houghpeaks()函数允许追加传入第 2 个参数,这个参数代表的是最大峰值数量,因此将至多返回这个数量的峰值。

在对图像 input_pgm 霍夫变换的结果中寻找峰值,将最大峰值数量指定为 2,代码如下:

```
>> houghpeaks(input_pgm_hough, 2)
ans =

   550  30
   785  152
```

此外,houghpeaks()函数允许追加传入键-值对参数。houghpeaks()函数支持的键-值对参数如表 6-5 所示。

表 6-5 houghpeaks()函数支持的键-值对参数

键 参 数	含 义
threshold	仅寻找低于此阈值的峰值
nhoodsize	邻域尺寸; 在找到一个峰值后,此邻域尺寸内的点将跳过查找

在对图像 input_pgm 霍夫变换的结果中寻找峰值,将最大峰值数量指定为 2,仅寻找低于 10 的峰值,邻域尺寸为[3 5],代码如下:

```
>> input_pgm_houghpeaks = houghpeaks(input_pgm_hough, 2, "threshold", 10,
"nhoodsize", [3 5])
input_pgm_houghpeaks =

   550  30
   785  152
```

6.5.2 直线检测

houghlines()函数用于在霍夫变换中提取直线。houghlines()函数允许传入 4 个参数，第 1 个参数是二值图像，第 2 个参数是 θ，第 3 个参数是 ρ，第 4 个参数是调用 houghpeaks() 函数返回的峰值。

在对图像 input_pgm 霍夫变换中提取直线，代码如下：

```
>> houghlines(input_pgm, input_pgm_hough_theta, input_pgm_hough_rho, input_pgm_houghpeaks)
ans =

    1x2 struct array containing the fields:

        point1
        point2
        theta
        rho
```

此外，houghlines()函数允许追加传入键-值对参数。houghlines()函数支持的键-值对参数如表 6-6 所示。

表 6-6　houghlines()函数支持的键-值对参数

键　参　数	含　　义
fillgap	补全间距； 如果直线中的线段间距小于此间距，则连在一起
minlength	最小线段长度； 将忽略小于此线段长度的线段

在对图像 input_pgm 霍夫变换中提取直线，将补全间距指定为 10，将最小线段长度指定为 20，代码如下：

```
>> houghlines(input_pgm, input_pgm_hough_theta, input_pgm_hough_rho, input_pgm_houghpeaks,
"fillgap", 10, "minlength", 20)
ans =

    1x2 struct array containing the fields:

        point1
        point2
        theta
        rho
```

hough_line()函数用于对图像进行直线检测。hough_line()函数允许传入两个参数，第 1 个参数是二值图像，第 2 个参数是霍夫变换的角度，返回霍夫变换之后的结果和径向距离。

对图像 input_pgm 进行霍夫变换，将霍夫变换的角度指定为 $[-\pi/2:\pi/180:\pi/2]$，代码如下：

```
>> [input_pgm_hough, input_pgm_angle] = hough_line(input_pgm, [-pi/2:pi/180:pi/2]);
```

OpenCV 库可以用于对图像进行直线检测。使用 OpenCV 库对图像进行直线检测的代码如下：

```
# 第 6 章/hough_lines.py
import sys
import cv2
import numpy as np

def hough_lines(image_path, output_path, rho = 1, theta = np.pi / 180, threshold = 100, srn = 0,
stn = 0, min_theta = np.pi/9 * 8, max_theta = np.pi):
    image = cv2.imread(image_path, cv2.IMREAD_GRAYSCALE)
    edges = cv2.Canny(image, 50, 150, apertureSize = 3)
    lines = cv2.HoughLines(edges, rho, theta, threshold, srn = srn, stn = stn, min_theta = min_
theta, max_theta = max_theta)
    if lines is not None:
        for rho, theta in lines[:, 0]:
            a = np.cos(theta)
            b = np.sin(theta)
            x0 = a * rho
            y0 = b * rho
            x1 = int(x0 + 1000 * (-b))
            y1 = int(y0 + 1000 * (a))
            x2 = int(x0 - 1000 * (-b))
            y2 = int(y0 - 1000 * (a))
            cv2.line(image, (x1, y1), (x2, y2), (255, 255, 255), 2)
    cv2.imwrite(output_path, image)

if __name__ == "__main__":
    hough_lines(sys.argv[1], sys.argv[2])
```

上面的代码使用的算法如下：

(1) 将图像转换为灰度图像。

(2) 对图像应用 Canny 边缘检测。

(3) 对图像应用直线检测。

(4) 将检测到的直线标记在图像中。

将输入图像指定为 input.png，将输出图像指定为 output_png.png，对图像进行直线检测的代码如下：

```
>> python("hough_lines.py", "input.png", "output_png.png")
```

直线检测的结果如图 6-13 所示。

图 6-13　直线检测

　　OpenCV 库可以用于对图像进行基于累加器的直线检测。使用 OpenCV 库对图像进行基于累加器的直线检测的代码如下:

```python
# 第 6 章/hough_lines_with_accumulator.py
import sys
import cv2
import numpy as np


def hough_lines_with_accumulator(image_path,
                                 rho = 1, theta = np.pi / 180,
                                 threshold = 100, srn = 0, stn = 0,
                                 min_theta = 0, max_theta = np.pi):
    image = cv2.imread(image_path, cv2.IMREAD_GRAYSCALE)
    edges = cv2.Canny(image, 50, 150, apertureSize = 3)
    lines = cv2.HoughLinesWithAccumulator(edges, rho,
                                          theta, threshold,
                                          srn = srn, stn = stn,
                                          min_theta = min_theta,
                                          max_theta = max_theta)
    print(lines)
    return lines


if __name__ == "__main__":
    hough_lines_with_accumulator(sys.argv[1])
```

　　上面的代码使用的算法如下:

（1）将图像转换为灰度图像。

（2）对图像应用 Canny 边缘检测。

（3）对图像应用基于累加器的直线检测。

　　将输入图像指定为 input.png,对图像进行基于累加器的直线检测的代码如下:

```
>> python("hough_lines_with_accumulator.py", "input.png")
ans = [[[ 72.          1.5882496 329.        ]]

 [[ 70.          1.5882496 324.        ]]

 [[ 65.          1.5882496 267.        ]]

 ...

 [[ - 330.          3.0892327 101.        ]]

 [[ - 379.          3.1241393 101.        ]]

 [[ - 213.          3.1241393 101.        ]]]
```

6.5.3 线段检测

OpenCV 库可以用于对图像进行线段检测,并可以返回线段端点。使用 OpenCV 库对图像进行线段检测的代码如下:

```python
# 第6章/hough_lines_p.py
import sys
import cv2
import numpy as np

def hough_lines_p(image_path, output_path, rho = 1, theta = np.pi / 180, threshold = 100,
minLineLength = 50, maxLineGap = 10):
    image = cv2.imread(image_path)
    gray = cv2.cvtColor(image, cv2.COLOR_BGR2GRAY)
    edges = cv2.Canny(gray, 50, 150, apertureSize = 3)
    lines = cv2.HoughLinesP(edges, rho, theta, threshold, minLineLength, maxLineGap)
    if lines is not None:
        for line in lines:
            x1, y1, x2, y2 = line[0]
            cv2.line(image, (x1, y1), (x2, y2), (255, 255, 255), 2)
    else:
        print("未检测到线段")
    cv2.imwrite(output_path, image)

if __name__ == "__main__":
    hough_lines_p(sys.argv[1], sys.argv[2])
```

上面的代码使用的算法如下:

(1) 将图像转换为灰度图像。

(2) 对图像应用 Canny 边缘检测。

(3) 对图像应用线段检测。

(4) 将检测到的线段标记在图像中。

将输入图像指定为 input. png,将输出图像指定为 output_png. png,对图像进行线段检测的代码如下：

```
>> python("hough_lines_p.py", "input.png", "output_png.png")
```

线段检测的结果如图 6-14 所示。

图 6-14　线段检测

6.5.4　圆形检测

hough_circle()函数用于对图像进行圆形检测。hough_circle()函数允许传入两个参数，第 1 个参数是二值图像，第 2 个参数是圆形的一个或多个半径。

对图像 input_pgm 进行圆形检测，将圆形的半径指定为 50，代码如下：

```
>> input_pgm_hough = hough_circle(input_pgm, [50])
```

对图像 input_pgm 进行圆形检测，将圆形的半径指定为 10、20 和 50，代码如下：

```
>> input_png_hough = hough_circle(input_pgm, [10, 20, 50])
```

OpenCV 库可以用于对图像进行圆形检测。使用 OpenCV 库对图像进行圆形检测的代码如下：

```
# 第 6 章/hough_circles.py
import sys
import cv2
import numpy as np

def hough_circles(image_path, output_path, dp = 1.5, minDist = 50, param1 = 50, param2 = 30,
minRadius = 0, maxRadius = 0):
    image = cv2.imread(image_path, cv2.IMREAD_COLOR)
    gray = cv2.cvtColor(image, cv2.COLOR_BGR2GRAY)
    gray = cv2.GaussianBlur(gray, (9, 9), 2)
    circles = cv2.HoughCircles(gray, cv2.HOUGH_GRADIENT, dp, minDist,
                               param1 = param1, param2 = param2, minRadius = minRadius,
maxRadius = maxRadius)
```

```
    if circles is not None:
        circles = np.uint16(np.around(circles))
        for i in circles[0, :]:
            cv2.circle(image, (i[0], i[1]), 1, (0, 100, 100), 3)
            cv2.circle(image, (i[0], i[1]), i[2], (0, 255, 0), 3)
    else:
        print("未检测到圆形")
    cv2.imwrite(output_path, image)

if __name__ == "__main__":
    hough_circles(sys.argv[1], sys.argv[2])
```

上面的代码使用的算法如下：

（1）将图像转换为灰度图像。

（2）对图像进行高斯模糊。

（3）对图像应用圆形检测。

（4）将检测到的圆形标记在图像中。

将输入图像指定为 input.png，将输出图像指定为 output_png.png，对图像进行圆形检测的代码如下：

```
>> python("hough_circles.py", "input.png", "output_png.png")
```

圆形检测的结果如图 6-15 所示。

图 6-15 圆形检测

imfindcircles()函数用于快速检测图像中的圆形。imfindcircles()函数允许传入两个参数，第 1 个参数是图像，第 2 个参数是圆形的半径。圆形的半径既可以是一个数字，也可以是一个由最小半径和最大半径组成的矩阵。返回检测出的圆的圆心。

快速检测图像 input_png 中的圆形，将圆形的半径指定为 2，代码如下：

```
>> centers = imfindcircles(input_png, 2)
centers =

    240.50  135.50
```

快速检测图像 input_png 中的圆形,将圆形的半径指定为[2,4],代码如下:

```
>> centers = imfindcircles(input_png, [2, 4])
centers =

   240.50  135.50
```

此外,imfindcircles()函数允许追加传入键-值对参数。imfindcircles()函数支持的键-值对参数如表 6-7 所示。

表 6-7　imfindcircles()函数支持的键-值对参数

键　参　数	含　义
ObjectPolarity	bright 代表在深色背景下检测浅色的圆形; dark 代表在浅色背景下检测深色的圆形
Method	PhaseCode 代表 phase code 算法; TwoStage 代表 two stage 算法
Sensitivity	用数值 0~1 代表如何舍弃检测到的圆形: 1 代表完全不舍弃圆形; 0 代表舍弃所有圆形
EdgeThreshold	用数值 0~1 代表图像的边界点的强弱: 1 代表只考虑强度最大的边界点; 0 代表考虑所有边界点

快速检测图像 input_png 中的圆形,将圆形的半径指定为[2,4],在深色背景下检测浅色的圆形,使用 phase code 算法,将 Sensitivity 指定为 0.7,将 EdgeThreshold 指定为 0.8,代码如下:

```
>> centers = imfindcircles(input_png, [2, 4], "ObjectPolarity", "bright", "Method", "PhaseCode",
"Sensitivity", 0.7, "EdgeThreshold", 0.8)
centers =

   240.50  135.50
```

6.5.5　绘制霍夫变换曲线

houghtf()函数用于绘制霍夫变换曲线。houghtf()函数允许传入两个参数,第 1 个参数是二值图像,第 2 个参数是检测方式。检测方式可以是 line(直线检测)或 circle(圆形检测)。返回霍夫变换曲线的结果。

如果调用 houghtf()函数进行直线检测,则需要额外传入霍夫变换的角度。

对图像 input_pgm 绘制霍夫变换曲线,指定霍夫变换的角度为$[-\pi/2:\pi/180:\pi/2]$,代码如下:

```
>> input_pgm_hough = houghtf(input_pgm, "line", [ - pi/2:pi/180:pi/2])
```

霍夫变换曲线如图 6-16 所示。

图 6-16　霍夫变换曲线

如果调用 houghtf( )函数进行圆形检测，则需要额外传入圆形的半径。

对图像 input_pgm 绘制霍夫变换曲线，将圆形的半径指定为 10 和 20，代码如下：

```
>> input_pgm_hough = houghtf(input_pgm, "circle", [10, 20])
```

6.6　凸包检测

6.6.1　凸包轮廓

OpenCV 库可以用于凸包检测，返回凸包轮廓。使用 OpenCV 库返回凸包轮廓的代码如下：

```python
#第 6 章/convex_hull.py
import sys
import cv2
import numpy as np

def convex_hull(points = np.float32([[0, 0], [100, 0], [100, 100], [50, 50], [0, 100]])):
    hull = cv2.convexHull(points)
    print(hull)
    return hull


if __name__ == "__main__":
    convex_hull(eval(sys.argv[1]))
```

将点集指定为 np.float32([[0,0],[100,0],[100,100],[50,50],[0,100]]),返回凸包轮廓的代码如下:

```
>> python("convex_hull.py", "\"np.float32([[0, 0], [100, 0], [100, 100], [50, 50],
[0, 100]])\"")
```

6.6.2 凸包中的凹陷区域

OpenCV 库可以用于检测凸包中的凹陷区域。使用 OpenCV 库检测凸包中的凹陷区域的代码如下:

```
#第6章/convexity_defects.py
import sys
import cv2
import numpy as np

def convexity_defects(contour, hull):
    defects = cv2.convexityDefects(contour, hull)
    print(defects)
    return defects


if __name__ == "__main__":
    convexity_defects(eval(sys.argv[1]), eval(sys.argv[2]))
```

将凸包轮廓指定为 np.int32([[[50,50]],[[150,50]],[[150,150]],[[50,150]]]),将凸包指定为 np.int32([0,1,2,3]),检测凸包中的凹陷区域的代码如下:

```
>> python("convexity_defects.py", "\"np.int32([[[50, 50]], [[150, 50]], [[150, 150]], [[50,
150]]])\"","\"np.int32([0, 1, 2, 3])\"")
ans = None
```

6.6.3 凸包轮廓的交集

OpenCV 库可以用于检测两个凸包轮廓的交集。使用 OpenCV 库检测两个凸包轮廓的交集的代码如下:

```
#第6章/intersect_convex_convex.py
import sys
import cv2
import numpy as np

def intersect_convex_convex(hull1, hull2):
    ret, p12 = cv2.intersectConvexConvex(hull1, hull2)
    print(p12)
    return p12


if __name__ == "__main__":
    intersect_convex_convex(eval(sys.argv[1]), eval(sys.argv[2]))
```

将两个凸包轮廓指定为 np.int32([[[50,50]],[[150,50]],[[150,150]],[[50,150]]]) 和 np.int32([[[60,60]],[[160,60]],[[160,160]],[[60,160]]]),检测两个凸包轮廓的交集的代码如下：

```
>> python("intersect_convex_convex.py", "\"np.int32([[[50, 50]], [[150, 50]], [[150, 150]],
[[50, 150]]])\"", "\"np.int32([[[60, 60]], [[160, 60]], [[160, 160]], [[60, 160]]])\"")
ans = [[[150. 60.]]

[[150. 150.]]

[[ 60. 150.]]

[[ 60. 60.]]]
```

6.7 图像统计

6.7.1 均值

mean2()函数用于计算二维矩阵中的元素的均值，而由于图像在内存中可以被视为二维矩阵，因此 mean2()函数可用于计算图像中的像素的均值。mean2()函数允许传入 1 个参数，这个参数代表的是图像。

计算图像 input_png 中的像素的均值，代码如下：

```
>> mean2(input_png)
ans = 115.37
```

1. 每个通道各自的均值

OpenCV 库可以用于对图像计算均值，返回每个通道各自的均值。使用 OpenCV 库对图像计算均值的代码如下：

```
# 第 6 章/mean.py
import sys
import cv2

def mean(image_path):
    image = cv2.imread(image_path)
    edges = cv2.mean(image)
    print(edges)
    return edges

if __name__ == "__main__":
    mean(sys.argv[1])
```

将输入图像指定为 input.png,对图像计算均值的代码如下:

```
>> python("mean.py", "input.png")
ans = (104.1633950617284, 116.64085648148148, 125.31933641975309, 0.0)
```

2. 所有通道整体的均值

OpenCV 库可以用于对图像计算均值,返回所有通道整体的均值。使用 OpenCV 库对图像计算均值的代码如下:

```
#第 6 章/mean_all.py
import sys
import cv2
import numpy as np


def mean_all(image_path):
    image = cv2.imread(image_path)
    edges = cv2.mean(image)
    ret = np.mean(edges)
    print(ret)
    return ret


if __name__ == "__main__":
    mean_all(sys.argv[1])
```

将输入图像指定为 input.png,对图像计算均值的代码如下:

```
>> python("mean_all.py", "input.png")
ans = 86.53089699074074
```

6.7.2 标准差

std2()函数用于计算二维矩阵中的元素的标准差,而由于图像在内存中可以被视为二维矩阵,因此 std2()函数可用于计算图像中的像素的标准差。std2()函数允许传入 1 个参数,这个参数代表的是图像。

计算图像 input_png 中的像素的标准差,代码如下:

```
>> std2(input_png)
ans = 50.333
```

OpenCV 库可以用于对图像计算均值,返回每个通道各自的均值。使用 OpenCV 库对图像计算均值的代码如下:

```
#第 6 章/stddev.py
import sys
import cv2
import numpy as np


def stddev(image_path):
```

```
    image = cv2.imread(image_path)
    m, stddev = cv2.meanStdDev(image)
    print(stddev)
    return stddev

if __name__ == "__main__":
    stddev(sys.argv[1])
```

将输入图像指定为 input.png，对图像计算均值的代码如下：

```
>> python("stddev.py", "input.png")
ans = [[54.09114393]
[48.39257438]
[45.89363222]]
```

6.7.3　熵

entropy()函数用于计算二维矩阵中的像素的熵，而由于图像在内存中可以被视为二维矩阵，因此 entropy()函数可用于计算图像中的像素的熵。entropy()函数允许传入 1 个参数，即要计算熵的是图像。

计算图像 input_png 中的像素的熵，代码如下：

```
>> entropy(input_png)
ans = 7.5974
```

此外，entropy()函数允许追加传入第 2 个参数，这个参数代表的是直方图的组数。

计算图像 input_png 中的像素的熵，将直方图的组数指定为 10，代码如下：

```
>> entropy(input_png, 10)
ans = 2.8197
```

6.7.4　梯度

1. 计算图像的梯度大小和方向

imgradient()函数用于计算图像的梯度大小和方向。imgradient()函数允许传入 1 个参数，这个参数代表的是图像。

计算图像 input_pgm 的梯度大小和方向，代码如下：

```
>> [v, o] = imgradient(input_pgm);
```

梯度大小如图 6-17 所示。

梯度方向如图 6-18 所示。

此外，imgradient()函数允许追加传入第 2 个参数，这个参数代表的是计算梯度的方式。imgradient()函数支持的计算梯度的方式如表 6-8 所示。

图 6-17　梯度大小

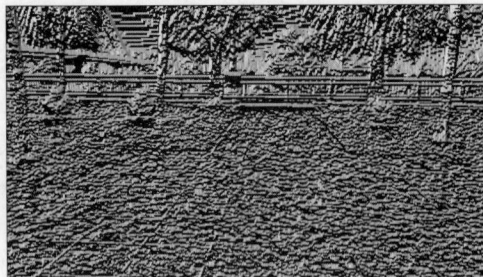

图 6-18　梯度方向

表 6-8　imgradient()函数支持的计算梯度的方式

方　式	含　义
sobel	使用 Sobel 算子
prewitt	使用 Prewitt 算子
central	使用中心滤波算子
centraldifference	使用中心差分法
intermediate	使用中值滤波算子
intermediatedifference	使用中值差分法

计算图像 input_pgm 的梯度大小和方向,使用 Sobel 算子,代码如下:

```
>> imgradient(input_pgm, "sobel")
```

2. 计算梯度平均值

此外,imgradient()函数允许传入两个参数,第 1 个参数是 x 方向上的梯度,第 2 个参数是 y 方向上的梯度,此时相当于直接对两个方向上的梯度取几何平均值。

将 x 方向上的梯度指定为[1,2,3],将 y 方向上的梯度指定为[4,5,6],计算梯度大小和方向,代码如下:

```
>> imgradient([1,2,3], [4,5,6])
ans =

   4.1231   5.3852   6.7082
```

3. 分别计算图像在 x 和 y 方向上的梯度

imgradientxy()函数用于分别计算图像在 x 和 y 方向上的梯度。imgradientxy()函数允许传入 1 个参数,这个参数代表的是图像。

计算图像 input_pgm 在 x 和 y 方向上的梯度,代码如下:

```
>> [x,y] = imgradientxy(input_pgm);
```

x 方向上的梯度如图 6-19 所示。

y 方向上的梯度如图 6-20 所示。

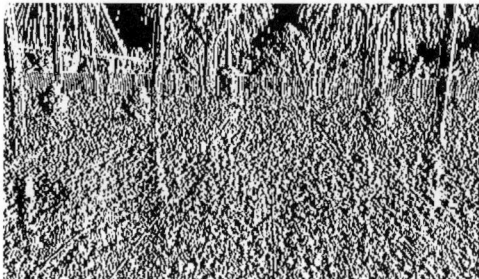

图 6-19　x 方向上的梯度　　　　　　图 6-20　y 方向上的梯度

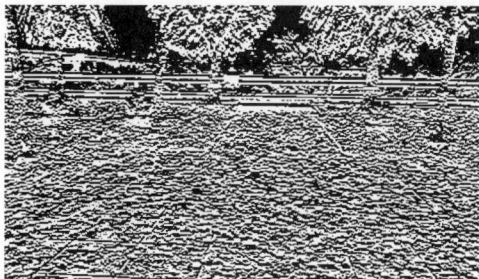

此外,imgradientxy()函数允许追加传入第 2 个参数,这个参数代表的是计算梯度的方式。

计算图像 input_pgm 在 x 和 y 方向上的梯度,使用 Sobel 算子,代码如下:

```
>> imgradientxy(input_pgm, "sobel")
```

6.7.5　局部最大值点

immaximas()函数用于找出图像中的局部最大值点。immaximas()函数允许传入两个参数,第 1 个参数是图像,第 2 个参数是邻域半径。最终的邻域尺寸为 2 倍的邻域半径加 1。

将邻域尺寸指定为 5,找出图像 input_pgm 中的局部最大值点,代码如下:

```
>> immaximas(input_pgm, 5);
```

此外,immaximas()函数允许追加传入第 3 个参数,这个参数代表阈值。只保留高于阈值的极大值。

将邻域尺寸指定为 5,将阈值指定为 10,找出图像 input_pgm 中的局部最大值点,代码如下:

```
>> immaximas(input_pgm, 5, 10);
```

6.7.6　非零点数量

OpenCV 库可以用于计算非零点数量。使用 OpenCV 库计算非零点数量的代码如下:

```python
# 第 6 章/count_zero_points.py
import sys
import cv2
import numpy as np

def count_zero_points(image_path):
    image = cv2.imread(image_path, cv2.IMREAD_COLOR)
```

```
        points = cv2.cvtColor(image, cv2.COLOR_BGR2GRAY)
        ret = cv2.countNonZero(points)
        print(ret)
        return ret


if __name__ == "__main__":
    count_zero_points(sys.argv[1])
```

将输入图像指定为 input. png,计算非零点数量的代码如下:

```
>> python("count_zero_points.py", "input.png")
ans = 129589
```

6.7.7　范数

OpenCV 库可以用于对图像计算范数。OpenCV 库支持的范数类型如表 6-9 所示。

表 6-9　OpenCV 库支持的范数类型

范 数 类 型	含　义
NORM_INF	无穷范数
NORM_L1	L1 范数
NORM_L2	L2 范数
NORM_L2SQR	L2 平方范数
NORM_HAMMING	汉明范数
NORM_HAMMING2	与汉明范数类似,但源图像中的每 2 比特将相加,然后被视为 1 比特
NORM_TYPE_MASK	生成 1 个用于从源图像中分离出范数的比特蒙版
NORM_RELATIVE	相对范数
NORM_MINMAX	最小值最大值范数

使用 OpenCV 库对图像计算范数的代码如下:

```
# 第 6 章/norm.py
import sys
import cv2
import numpy as np


def norm(image_path_1, image_path_2, type = cv2.NORM_L2):
    image_1 = cv2.imread(image_path_1)
    image_2 = cv2.imread(image_path_2)
    if type == cv2.NORM_HAMMING or type == cv2.NORM_HAMMING2:
        image_1 = cv2.imread(image_path_1, cv2.CV_8U)
        image_2 = cv2.imread(image_path_2, cv2.CV_8U)
    ret = cv2.norm(image_1, image_2, type)
    print(ret)
    return ret


if __name__ == "__main__":
    norm(sys.argv[1], sys.argv[2], eval(sys.argv[3]))
```

将输入图像指定为 input.png 和 input2.png,对图像计算无穷范数的代码如下:

```
>> python("norm.py", "input.png", "input2.png", "cv2.NORM_INF")
ans = 240.0
```

将输入图像指定为 input.png 和 input2.png,对图像计算 L1 范数的代码如下:

```
>> python("norm.py", "input.png", "input2.png", "cv2.NORM_L1")
ans = 8334411.0
```

将输入图像指定为 input.png 和 input2.png,对图像计算 L2 范数的代码如下:

```
>> python("norm.py", "input.png", "input2.png", "cv2.NORM_L2")
ans = 20116.045212715147
```

将输入图像指定为 input.png 和 input2.png,对图像计算汉明范数的代码如下:

```
>> python("norm.py", "input.png", "input2.png", "cv2.NORM_HAMMING")
ans = 424228.0
>> python("norm.py", "input.png", "input2.png", "cv2.NORM_HAMMING2")
ans = 308289.0
```

6.8　像素对比

1. 将存在区别的像素替换为某种颜色

GraphicsMagick 可以对比两幅图像,并将存在区别的像素替换为某种颜色。将输入图像指定为 input.png 和 input2.png,将输出图像指定为 output.png,将存在区别的像素替换为红色的代码如下:

```
>> system("gm compare - highlight - style assign - highlight - color red - file output.png
input.png input2.png")
```

像素对比的结果如图 6-21 所示。

图 6-21　将存在区别的像素替换为红色

2. 将存在区别的像素按像素密度替换为黑色或白色

GraphicsMagick 可以对比两幅图像,并将存在区别的像素按像素密度替换为黑色或白色。将输入图像指定为 input.png 和 input2.png,将存在区别的像素按像素密度替换为黑色或白色的代码如下:

```
>> system("gm compare - highlight-style threshold - file output.png input.png input2.png")
```

像素对比的结果如图 6-22 所示。

图 6-22　将存在区别的像素按像素密度替换为黑色或白色

3. 将存在区别的像素替换为淡化的颜色

GraphicsMagick 可以对比两幅图像,并将存在区别的像素替换为淡化的颜色。将输入图像指定为 input.png 和 input2.png,将存在区别的像素替换为淡化的颜色的代码如下:

```
>> system("gm compare - highlight-style tint - file output.png input.png input2.png")
```

像素对比的结果如图 6-23 所示。

图 6-23　将存在区别的像素替换为淡化的颜色

4. 将存在区别的像素替换为像素的异或运算结果

GraphicsMagick 可以对比两幅图像,并将存在区别的像素替换为像素的异或运算结

果。将输入图像指定为 input.png 和 input2.png,将存在区别的像素替换为像素的异或运
算结果的代码如下:

```
>> system("gm compare - highlight - style xor - file output.png input.png input2.png")
```

像素对比的结果如图 6-24 所示。

图 6-24　将存在区别的像素替换为像素的异或运算结果

第 7 章

CHAPTER 7

图 像 增 强

图像增强技术不仅可以用于改善图像的视觉效果,还可以使图像更适合其他的图像分析任务。图像增强的主要目的是提高图像的质量,使图像中的特征更加明显。

7.1 图像平滑

imsmooth()函数用于图像平滑。imsmooth()函数允许传入 1 个参数,这个参数代表的是图像。

对图像 input_png 进行平滑处理,代码如下:

```
>> ret = imsmooth(input_png);
```

图像平滑的结果如图 7-1 所示。

图 7-1　图像平滑

此外,imsmooth()函数允许追加传入第 2 个参数,这个参数代表的是图像平滑算法。imsmooth()函数支持的图像平滑算法如表 7-1 所示。

表 7-1　imsmooth( )函数支持的图像平滑算法

图像平滑算法	含　义
gaussian	高斯滤波平滑
average	均值滤波平滑
disk	圆盘滤波平滑
median	中值滤波平滑
bilateral	双向滤波平滑
perona & malik、perona and malik 或 p&m	Perona 和 Malik 滤波平滑
custom gaussian	自定义高斯滤波平滑

7.1.1　高斯滤波平滑

将图像平滑算法指定为 gaussian,对图像 input_png 进行平滑处理,代码如下:

```
>> imsmooth( input_png, "gaussian")
```

此外,如果图像平滑算法为 gaussian,则 imsmooth( )函数允许追加传入第 3 个参数,这个参数代表的是高斯滤波算子的元素。

将图像平滑算法指定为 gaussian,将高斯滤波算子的元素指定为 0.5,对图像 input_png 进行平滑处理,代码如下:

```
>> imsmooth( input_png, "gaussian", 0.5)
```

7.1.2　均值滤波平滑

将图像平滑算法指定为 average,对图像 input_png 进行平滑处理,代码如下:

```
>> imsmooth( input_png, "average")
```

此外,如果图像平滑算法为 average,则 imsmooth( )函数允许追加传入第 3 个参数,这个参数代表的是均值滤波算子的尺寸。

将图像平滑算法指定为 average,将均值滤波算子的尺寸指定为 3,对图像 input_png 进行平滑处理,代码如下:

```
>> imsmooth( input_png, "average", 3)
```

7.1.3　圆盘滤波平滑

将图像平滑算法指定为 disk,对图像 input_png 进行平滑处理,代码如下:

```
>> imsmooth( input_png, "disk")
```

此外,如果图像平滑算法为 disk,则 imsmooth( )函数允许追加传入第 3 个参数,这个参数代表的是圆盘滤波算子的半径。

将图像平滑算法指定为 disk,将圆盘滤波算子的半径指定为 3,对图像 input_png 平滑处理,代码如下:

```
>> imsmooth(input_png, "disk", 3)
```

7.1.4 中值滤波平滑

将图像平滑算法指定为 median,对图像 input_png 进行平滑处理,代码如下:

```
>> imsmooth(input_png, "median")
```

此外,如果图像平滑算法为 median,则 imsmooth()函数允许追加传入第 3 个参数,这个参数代表的是中值滤波算子的尺寸。

将图像平滑算法指定为 median,将中值滤波算子的尺寸指定为 3,对图像 input_png 进行平滑处理,代码如下:

```
>> imsmooth(input_png, "median", 3)
```

7.1.5 双向滤波平滑

将图像平滑算法指定为 bilateral,对图像 input_png 进行平滑处理,代码如下:

```
>> imsmooth(input_png, "bilateral")
```

此外,如果图像平滑算法为 bilateral,则 imsmooth()函数允许追加传入两个参数,这两个参数分别是 sigma_d 和 sigma_r。

将图像平滑算法指定为 bilateral,将 sigma_d 和 sigma_r 分别指定为 3 和 0.3,对图像 input_png 进行平滑处理,代码如下:

```
>> imsmooth(input_png, "bilateral", 3, 0.3)
```

7.1.6 Perona 和 Malik 平滑

将图像平滑算法指定为 perona & malik、perona and malik 或 p&m,对图像 input_png 进行平滑处理,代码如下:

```
>> imsmooth(input_png, "p&m")
```

此外,如果图像平滑算法为 perona & malik、perona and malik 或 p&m,则 imsmooth()函数允许追加传入 3 个参数,这 3 个参数分别是迭代次数、lambda 和迭代方法。

将图像平滑算法指定为 p&m,将迭代次数、lambda 和迭代方法分别指定为 5、0.5 和 method1,对图像 input_png 进行平滑处理,代码如下:

```
>> imsmooth(input_png, "p&m", 5, 0.5, "method1")
```

7.1.7 自定义高斯滤波平滑

将图像平滑算法指定为 custom gaussian，对图像 input_png 进行平滑处理，代码如下：

```
>> imsmooth(input_png, "custom gaussian")
```

此外，如果图像平滑算法为 custom gaussian，则 imsmooth()函数允许追加传入 3 个参数，这 3 个参数分别是 lambda1、lambda2 和 theta。

将图像平滑算法指定为 custom gaussian，将 lambda1、lambda2 和 theta 分别指定为 5、6 和 0，对图像 input_png 进行平滑处理，代码如下：

```
>> imsmooth(input_png, "custom gaussian", 5, 6, 0)
```

7.2 颜色增强

颜色增强可以从色值层面直接调节颜色，使图像的颜色更有表现力。

PIL 库可以用于颜色增强。使用 PIL 库的颜色增强代码如下：

```
# 第 7 章/adjust_color.py
from PIL import Image, ImageEnhance
import sys

def adjust_color(image_path, output_path, factor):
    with Image.open(image_path) as img:
        enhancer = ImageEnhance.Color(img)
        enhanced_img = enhancer.enhance(factor)
        enhanced_img.save(output_path)

if __name__ == "__main__":
    adjust_color(sys.argv[1], sys.argv[2], float(sys.argv[3]))
```

上面的代码使用的算法如下：

（1）初始化颜色增强器。

（2）调用增强器的 enhance()方法。

（3）将图像保存为图像文件。

将输入图像指定为 input.png，将输出图像指定为 output.png，并将颜色因子指定为 0.5，对图像进行颜色增强的代码如下：

```
>> python adjust_color.py input.png output.png 0.5
```

颜色增强的结果如图 7-2 所示。

图 7-2   颜色增强

7.3   亮度增强

亮度增强可以加深或减淡图像的颜色,使图像鲜艳或暗淡。

PIL 库可以用于亮度增强。使用 PIL 库的亮度增强代码如下:

```python
# 第 7 章/adjust_brightness.py
from PIL import Image, ImageEnhance
import sys

def adjust_brightness(image_path, output_path, factor):
    with Image.open(image_path) as img:
        enhancer = ImageEnhance.Brightness(img)
        enhanced_img = enhancer.enhance(factor)
        enhanced_img.save(output_path)

if __name__ == "__main__":
    adjust_brightness(sys.argv[1], sys.argv[2], float(sys.argv[3]))
```

上面的代码使用的算法如下:

(1) 初始化亮度增强器。

(2) 调用增强器的 enhance()方法。

(3) 将图像保存为图像文件。

将输入图像指定为 input.png,将输出图像指定为 output.png,并将亮度因子指定为 0.5,对图像进行亮度增强的代码如下:

```
>> python adjust_brightness.py input.png output.png 0.5
```

亮度增强的结果如图 7-3 所示。

图 7-3 亮度增强

7.4 锐度增强

锐度增强的原理是先识别图像内部的边缘,然后调节边缘部分的锐度,从而使得到的图像更加锐利或平滑。

PIL 库可以用于锐度增强。使用 PIL 库的锐度增强代码如下:

```
#第7章/adjust_sharpness.py
from PIL import Image, ImageEnhance
import sys

def adjust_sharpness(image_path, output_path, factor):
    with Image.open(image_path) as img:
        enhancer = ImageEnhance.Sharpness(img)
        enhanced_img = enhancer.enhance(factor)
        enhanced_img.save(output_path)

if __name__ == "__main__":
    adjust_sharpness(sys.argv[1], sys.argv[2], float(sys.argv[3]))
```

上面的代码使用的算法如下:

(1)初始化锐度增强器。

(2)调用增强器的 enhance()方法。

(3)将图像保存为图像文件。

将输入图像指定为 input.png,将输出图像指定为 output.png,并将锐度因子指定为 0.5,对图像进行锐度增强的代码如下:

```
>> python adjust_sharpness.py input.png output.png 0.5
```

锐度增强的结果如图 7-4 所示。

图 7-4 锐度增强

7.5 对比度增强

对比度增强的原理是先判断图像的颜色再修改颜色，这样可以带来对比度的变化，这种增强手段可以使图像拥有更强烈的明暗变化。

imadjust()函数用于对比度增强。imadjust()函数允许传入 1 个参数，这个参数代表的是图像。

对图像 input_png 进行对比度增强，代码如下：

```
>> ret = imadjust(input_png);
```

对比度增强的结果如图 7-5 所示。

图 7-5 对比度增强

此外，imadjust()函数允许追加传入第 2 个参数，这个参数是由源图像的像素值下限和像素值上限组成的矩阵。

将源图像的像素值下限和像素值上限指定为[100,200]，对图像 input_png 进行对比度

增强,代码如下:

```
>> imadjust(input_png, [100, 200])
```

此外,imadjust()函数允许追加传入第3个参数,这个参数是由输出图像的像素值下限和像素值上限组成的矩阵。

将源图像的像素值下限和像素值上限指定为[100,200],将输出图像的像素值下限和像素值上限指定为[110,210],对图像 input_png 进行对比度增强,代码如下:

```
>> imadjust(input_png, [100, 200], [110, 210])
```

此外,imadjust()函数允许追加传入伽马参数,用于进一步调节对比度。如果伽马为1,则为线性调节;如果伽马高于1,则将拉高并右移直方图,从而提高对比度;如果伽马低于1,则将拉低并左移直方图,从而降低对比度。

将源图像的像素值下限和像素值上限指定为[100,200],将输出图像的像素值下限和像素值上限指定为[110,210],并将伽马指定为2,对图像 input_png 进行对比度增强,代码如下:

```
>> imadjust(input_png, [100, 200], [110, 210], 2)
```

PIL 库可以用于对比度增强。使用 PIL 库的对比度增强代码如下:

```python
# 第7章/adjust_contrast.py
from PIL import Image, ImageEnhance
import sys

def adjust_contrast(image_path, output_path, factor):
    with Image.open(image_path) as img:
        enhancer = ImageEnhance.Contrast(img)
        enhanced_img = enhancer.enhance(factor)
        enhanced_img.save(output_path)

if __name__ == "__main__":
    adjust_contrast(sys.argv[1], sys.argv[2], float(sys.argv[3]))
```

上面的代码使用的算法如下:
(1) 初始化对比度增强器。
(2) 调用增强器的 enhance()方法。
(3) 将图像保存为图像文件。

将输入图像指定为 input.png,将输出图像指定为 output.png,并将对比度因子指定为0.5,对图像对比度增强的代码如下:

```
>> python adjust_contrast.py input.png output.png 0.5
```

GraphicsMagick 可以用于对比度增强。将输入图像指定为 input.png,将输出图像指定为 output.png,将黑点指定为2%,将伽马指定为0.5,并将白点指定为98%,对比度增强的代码如下:

```
>> system("gm convert - level 2 % ,0.5,98 % input. png output. png")
```

7.6 灰度增强

灰度增强只针对图像的灰度信息进行增强,因此灰度增强需要先得到灰度图像。灰度增强通常指的是提高灰度图像的对比度,使其细节更加清晰。

PIL 库可以用于灰度增强。使用 PIL 库的灰度增强代码如下:

```
# 第 7 章/adjust_gray.py
from PIL import Image, ImageEnhance
import sys

def adjust_gray(image_path, output_path, factor):
    with Image.open(image_path).convert('L') as img:
        enhancer = ImageEnhance.Contrast(img)
        enhanced_img = enhancer.enhance(factor)
        enhanced_img.save(output_path)

if __name__ == "__main__":
    adjust_gray(sys.argv[1], sys.argv[2], float(sys.argv[3]))
```

上面的代码使用的算法如下:

(1) 初始化灰度增强器。

(2) 调用增强器的 enhance()方法。

(3) 将图像保存为图像文件。

将输入图像指定为 input. png,将输出图像指定为 output. png,并将灰度因子指定为 0.5,对图像进行灰度增强的代码如下:

```
>> python adjust_gray.py input.png output.png 0.5
```

灰度增强的结果如图 7-6 所示。

图 7-6 灰度增强

7.7　细节增强

OpenCV 库可以用于细节增强。使用 OpenCV 库对图像进行细节增强的代码如下：

```
# 第 7 章/detail_enhance.py
import sys
import cv2
import numpy as np

def detail_enhance(image_path, output_path):
    image = cv2.imread(image_path)
    ret = cv2.detailEnhance(image)
    cv2.imwrite(output_path, ret)

if __name__ == "__main__":
    detail_enhance(sys.argv[1], sys.argv[2])
```

将输入图像指定为 input.png，将输出图像指定为 output.png，对图像进行细节增强的代码如下：

```
>> python("detail_enhance.py", "input.png", "output.png")
```

细节增强的结果如图 7-7 所示。

图 7-7　细节增强

7.8　素描风格

7.8.1　黑白素描风格

OpenCV 库可以用于将图像处理为黑白素描风格。使用 OpenCV 库将图像处理为黑白素描风格的代码如下：

```
# 第 7 章/pencil_sketch.py
import sys
import cv2
import numpy as np

def pencil_sketch(image_path, output_path, sigma_s = 10,
                  sigma_r = 0.3, shade_factor = 0.05):
    image = cv2.imread(image_path)
    ret1, ret2 = cv2.pencilSketch(image, sigma_s = sigma_s,
                        sigma_r = sigma_r,
                        shade_factor = shade_factor)
    cv2.imwrite(output_path, ret1)

if __name__ == "__main__":
    pencil_sketch(sys.argv[1], sys.argv[2],
                float(sys.argv[3]), float(sys.argv[4]),
                float(sys.argv[5]))
```

将输入图像指定为 input.png,将输出图像指定为 output.png,将 sigma_s 指定为 10,将 sigma_r 指定为 0.3,并将 shade_factor 指定为 0.05,将图像处理为黑白素描风格的代码如下:

```
>> python("pencil_sketch.py", "input.png", "output.png", "10", "0.3", "0.05")
```

黑白素描风格的结果如图 7-8 所示。

图 7-8　黑白素描风格

7.8.2　彩色素描风格

OpenCV 库可以用于将图像处理为彩色素描风格。使用 OpenCV 库将图像处理为彩色素描风格的代码如下:

```
# 第 7 章/pencil_sketch_color.py
import sys
import cv2
import numpy as np
```

```
def pencil_sketch_color(image_path, output_path, sigma_s = 10,
                sigma_r = 0.3, shade_factor = 0.05):
    image = cv2.imread(image_path)
    ret1, ret2 = cv2.pencilSketch(image, sigma_s = sigma_s,
                        sigma_r = sigma_r,
                        shade_factor = shade_factor)
    cv2.imwrite(output_path, ret2)

if __name__ == "__main__":
    pencil_sketch_color(sys.argv[1], sys.argv[2],
                float(sys.argv[3]), float(sys.argv[4]),
                float(sys.argv[5]))
```

将输入图像指定为 input.png,将输出图像指定为 output.png,将 sigma_s 指定为 10,将 sigma_r 指定为 0.3,并将 shade_factor 指定为 0.05,将图像处理为彩色素描风格的代码如下:

```
>> python("pencil_sketch_color.py", "input.png", "output.png", "10", "0.3", "0.05")
```

彩色素描风格的结果如图 7-9 所示。

图 7-9 彩色素描风格

7.9 风格化

OpenCV 库可以用于风格化,处理后的图像将具有更虚幻的效果,可以给观众一种不真实的感受。使用 OpenCV 库对图像进行细节增强的代码如下:

```
# 第 7 章/stylization.py
import sys
import cv2
import numpy as np

def stylization(image_path, output_path, sigma_s = 10, sigma_r = 0.3):
    image = cv2.imread(image_path)
    ret = cv2.stylization(image, sigma_s = sigma_s, sigma_r = sigma_r)
```

```
        cv2.imwrite(output_path, ret)

if __name__ == "__main__":
    stylization(sys.argv[1], sys.argv[2],
                float(sys.argv[3]), float(sys.argv[4]))
```

将输入图像指定为 input.png,将输出图像指定为 output.png,将 sigma_s 指定为 10,并将 sigma_r 指定为 0.3,对图像进行风格化的代码如下:

```
>> python("stylization.py", "input.png", "output.png", "10", "0.3")
```

风格化的结果如图 7-10 所示。

图 7-10　风格化

7.10　炭笔风格

GraphicsMagick 可以将图像转换为炭笔风格。将输入图像指定为 input.png,将输出图像指定为 output.png,将炭笔风格的比例指定为 40%,将图像转换为炭笔风格的代码如下:

```
>> system("gm convert input.png - charcoal 40 % output.png")
```

炭笔风格的结果如图 7-11 所示。

图 7-11　炭笔风格

7.11　漩涡风格

GraphicsMagick 可以将图像转换为漩涡风格。将输入图像指定为 input. png，将输出图像指定为 output. png，将漩涡的旋转角度指定为 180°，将图像转换为漩涡风格的代码如下：

```
>> system("gm convert input.png - swirl 180 output.png")
```

漩涡风格的结果如图 7-12 所示。

图 7-12　漩涡风格

图像叠加

在一幅图像之上可以叠加其他元素，以达到特殊的组合效果。

8.1 叠加颜色

在图像上可以直接叠加某种颜色，得到的图像将加深这种颜色。

对图像叠加颜色的代码如下：

```
＃第 8 章/add_color.m
function added_image = add_color(input_image, RGB, alpha)
    [rows, cols, channels] = size(input_image);
    color_layer = zeros(rows, cols, 3);
    color_layer(:, :, 1) = repmat(RGB(1), [rows, cols]);
    color_layer(:, :, 2) = repmat(RGB(2), [rows, cols]);
    color_layer(:, :, 3) = repmat(RGB(3), [rows, cols]);
    added_image = input_image * (1 - alpha) + color_layer * alpha;
    added_image = max(min(added_image, 255), 0);
    added_image = uint8(added_image);
endfunction
```

上面的代码使用的算法如下：

(1) 按指定颜色生成颜色图层。

(2) 按透明度叠加源图像和图层。

(3) 确保叠加后的像素值在有效值范围内。

(4) 将结果转换为与源图像相同的类型。

将输入图像指定为 input_png，将颜色指定为[100,10,20]，并将透明度指定为 0.5，对图像叠加颜色的代码如下：

```
>> ret = add_color(input_png, [100, 10, 20], 0.5);
```

叠加颜色如图 8-1 所示。

图 8-1 叠加颜色

PIL 库可以用于叠加颜色。使用 PIL 库叠加颜色的代码如下：

```
#第 8 章/add_color.py
import sys
from PIL import Image

def add_color(input_image_path, output_image_path, color, alpha):
    image = Image.open(input_image_path)
    red_layer = Image.new('RGBA', image.size, color)
    red_layer.putalpha(int(alpha * 255))
    result = Image.alpha_composite(image, red_layer)
    result.save(output_image_path)

if __name__ == "__main__":
    add_color(sys.argv[1], sys.argv[2], sys.argv[3], float(sys.argv[4]))
```

上面的代码使用的算法如下：

(1) 创建与输入图像相同大小的红色图层。

(2) 设置图层的透明度。

(3) 将图层叠加到输入图像上。

(4) 将图像保存为图像文件。

将输入图像指定为 input.png，将输出图像指定为 output.png，将色值指定为 #660000，并将透明度指定为 0.5，对图像叠加颜色的代码如下：

```
>> python add_color.py input.png output.png #660000 0.5
```

8.2 叠加几何形状

8.2.1 叠加矩形

叠加矩形的代码如下：

```
# 第 8 章/add_rect.m
function ret = add_rect(input_image, param)
    close all;
    h = image(input_image);
    set(gca, 'visible', 'off');
    hold on;
    drawRect(param);
    ret = getframe().cdata;
    ret = imresize(ret, size(input_image)(1:2), 'bilinear');
    close all;
endfunction
```

将输入图像指定为 input_png,将起点的 x 坐标指定为 10,将起点的 y 坐标指定为 20,将 x 轴方向的边长指定为 30,并将 y 轴方向的边长指定为 40,叠加矩形的代码如下:

```
>> ret = add_rect(input_png, [10, 20, 30, 40]);
```

叠加矩形的结果如图 8-2 所示。

图 8-2　叠加矩形

此外,add_rect()函数也可以指定旋转的矩形。将输入图像指定为 input_png,将起点的 x 坐标指定为 100,将起点的 y 坐标指定为 200,将 x 轴方向的边长指定为 30,将 y 轴方向的边长指定为 40,并将旋转角度指定为 45°,叠加矩形的代码如下:

```
>> ret = add_rect(input_png, [100, 200, 30, 40, 45]);
```

叠加旋转的矩形的结果如图 8-3 所示。

图 8-3　叠加旋转的矩形

PIL 库可以用于叠加矩形。使用 PIL 库叠加矩形的代码如下：

```
#第8章/add_rectangle.py
import sys
from PIL import Image, ImageDraw

def add_rectangle(input_image_path, output_image_path, x, y, width, height, color):
    image = Image.open(input_image_path)
    if image.mode != 'RGB':
        image = image.convert('RGB')
    draw = ImageDraw.Draw(image)
    draw.rectangle([(x, y, x + width, y + height)], fill = color)
    image.save(output_image_path)

if __name__ == "__main__":
    add_rectangle(sys.argv[1], sys.argv[2], int(sys.argv[3]),
int(sys.argv[4]),
                  int(sys.argv[5]), int(sys.argv[6]),
eval(sys.argv[7]))
```

上面的代码使用的算法如下：

（1）通过矩形的起点坐标和边长在图像上绘制矩形。

（2）将图像保存为图像文件。

将输入图像指定为 input.png，将输出图像指定为 output.png，将 x 指定为 100，将 y 指定为 50，将宽指定为 110，将高指定为 60，并将颜色指定为(100,10,20,)，对图像叠加矩形的代码如下：

```
>> python("add_rectangle.py", "input.png", "output.png", "100", "50", "110", "60", "(100,
10, 20,)")
```

OpenCV 库可以用于叠加矩形。使用 OpenCV 库叠加矩形的代码如下：

```
#第8章/rectangle.py
import sys
import cv2
import numpy as np

def rectangle(image_path, output_path, pt1 = (10, 20), pt2 = (30, 40),
              color = (100, 10, 20,), thickness = 1,
              lineType = cv2.LINE_AA, shift = 0):
    image = cv2.imread(image_path)
    cv2.rectangle(image, pt1, pt2, color, thickness, lineType, shift)
    cv2.imwrite(output_path, image)

if __name__ == "__main__":
    rectangle(sys.argv[1], sys.argv[2], eval(sys.argv[3]),
              eval(sys.argv[4]), eval(sys.argv[5]), int(sys.argv[6]),
              eval(sys.argv[7]))
```

将输入图像指定为 input.png，将输出图像指定为 output.png，将第 1 个顶点坐标指定为(10,20),将第2个顶点坐标指定为(30,40),将颜色指定为(100,10,20,),将线宽指定为1,并将线型指定为 cv2.LINE_AA,对图像叠加矩形的代码如下:

```
>> python("rectangle.py", "input.png", "output.png", "(10, 20)", "(30, 40)", "(100, 10,
20,)", 1, "cv2.LINE_AA")
```

GraphicsMagick 可以叠加矩形。将输入图像指定为 input.png,将输出图像指定为 output.png,并将矩形的两个顶点指定为(10,20)和(100,200),叠加矩形的代码如下:

```
>> system("gm convert input.png - draw 'rectangle 10,20 100,200' output.png")
```

GraphicsMagick 可以叠加圆角矩形。将输入图像指定为 input.png,将输出图像指定为 output.png,将矩形的两个顶点指定为(10,20)和(100,200),将宽度方向的圆角半径指定为 40,并将高度方向的圆角半径指定为 30,叠加圆角矩形的代码如下:

```
>> system("gm convert input.png - draw 'roundRectangle 10,20 100,200 40,30' output.png")
```

叠加圆角矩形的结果如图 8-4 所示。

图 8-4　叠加圆角矩形

8.2.2　叠加圆形

叠加圆形的代码如下:

```
# 第 8 章/add_circle.m
function ret = add_circle(input_image, param)
    close all;
    h = image(input_image);
    set(gca, 'visible', 'off');
    hold on;
    drawCircle(param);
    ret = getframe().cdata;
    ret = imresize(ret, size(input_image)(1:2), 'bilinear');
    close all;
endfunction
```

将输入图像指定为 input_png,将原点指定为(100,200),并将半径指定为 30,叠加圆形的代码如下:

```
>> ret = add_circle(input_png, [100, 200, 30]);
```

叠加圆形的结果如图 8-5 所示。

图 8-5　叠加圆形

GraphicsMagick 可以叠加圆形。将输入图像指定为 input.png,将输出图像指定为 output.png,并将圆形的两个点指定为(10,20)和(100,200),叠加圆形的代码如下:

```
>> system("gm convert input.png – draw 'circle 10,20 100,200' output.png")
```

8.2.3　叠加圆弧

叠加圆弧的代码如下:

```
#第8章/add_circle_arc.m
function ret = add_circle_arc(input_image, param)
    close all;
    h = image(input_image);
    set(gca, 'visible', 'off');
    hold on;
    drawCircleArc(param);
    ret = getframe().cdata;
    ret = imresize(ret, size(input_image)(1:2), 'bilinear');
    close all;
endfunction
```

将输入图像指定为 input_png,将原点指定为(100,200),将半径指定为 30,将起始角度指定为 90°,并将绘制角度指定为 180°,叠加圆弧的代码如下:

```
>> ret = add_circle_arc(input_png, [100, 200, 30, 90, 180]);
```

叠加圆弧的结果如图 8-6 所示。

图 8-6 叠加圆弧

8.2.4 叠加椭圆

叠加椭圆的代码如下：

```
#第8章/add_ellipse.m
function ret = add_ellipse(input_image, param)
    close all;
    h = image(input_image);
    set(gca, 'visible', 'off');
    hold on;
    drawEllipse(param);
    ret = getframe().cdata;
    ret = imresize(ret, size(input_image)(1:2), 'bilinear');
    close all;
endfunction
```

将输入图像指定为 input_png，将椭圆中心指定为(100,200)，并将两个半轴长度指定为 30 和 40，叠加椭圆的代码如下：

```
>> ret = add_ellipse(input_png, [100, 200, 30, 40]);
```

叠加椭圆的结果如图 8-7 所示。

图 8-7 叠加椭圆

将输入图像指定为 input_png,将椭圆中心指定为(100,200),将两个半轴长度指定为 30 和 40,并将旋转角度指定为 45°,叠加旋转的椭圆的代码如下:

```
>> ret = add_ellipse(input_png, [100, 200, 30, 40, 45]);
```

叠加旋转的椭圆的结果如图 8-8 所示。

图 8-8　叠加旋转的椭圆

8.2.5　叠加椭圆弧

叠加椭圆弧的代码如下:

```
♯第 8 章/add_ellipse_arc.m
function ret = add_ellipse_arc(input_image, param)
    close all;
    h = image(input_image);
    set(gca, 'visible', 'off');
    hold on;
    drawEllipseArc(param);
    ret = getframe().cdata;
    ret = imresize(ret, size(input_image)(1:2), 'bilinear');
    close all;
endfunction
```

将输入图像指定为 input_png,将椭圆中心指定为(100,200),将两个半轴长度指定为 30 和 40,将第 1 个半轴和 x 轴的夹角指定为 45°,并将绘制角度指定为 180°,叠加椭圆弧的代码如下:

```
>> ret = add_ellipse_arc(input_png, [100, 200, 30, 40, 45, 180]);
```

叠加椭圆弧的结果如图 8-9 所示。

图 8-9　叠加椭圆弧

8.2.6　叠加椭圆或椭圆弧

OpenCV 库可以用于叠加椭圆或椭圆弧。使用 OpenCV 库叠加椭圆或椭圆弧的代码如下：

```python
#第 8 章/ellipse.py
import sys
import cv2
import numpy as np

def ellipse(image_path, output_path, center, axes,
            angle, startAngle, endAngle, color,
            thickness = 1, lineType = cv2.LINE_AA, shift = 0):
    image = cv2.imread(image_path)
    center = tuple(map(int, center))
    axes = tuple(map(int, axes))
    color = tuple(map(int, color))
    image = cv2.ellipse(image, center, axes, angle,
                        startAngle, endAngle, color,
                        thickness, lineType, shift)
    cv2.imwrite(output_path, image)

if __name__ == "__main__":
    ellipse(sys.argv[1], sys.argv[2], eval(sys.argv[3]),
            eval(sys.argv[4]), int(sys.argv[5]), int(sys.argv[6]),
            int(sys.argv[7]), eval(sys.argv[8]), int(sys.argv[9]),
            eval(sys.argv[10]))
```

将输入图像指定为 input.png，将输出图像指定为 output.png，将椭圆的中心坐标指定为 (100,200)，将椭圆长轴和短轴的半径指定为 (50,60)，将椭圆绕其中心的旋转角度指定为 10°，将椭圆弧的起始角度指定为 20°，将椭圆弧的结束角度指定为 30°，将颜色指定为 (100,10,20,)，将线宽指定为 5，并将线型指定为 cv2.LINE_AA，对图像叠加椭圆或椭圆弧的代码如下：

```
>> python("ellipse.py", "input.png", "output.png", "\"(100, 200)\"", "\"(50, 60)\"", "10",
"20", "300", "\"(100, 10, 20,)\"", "5", "cv2.LINE_AA")
```

叠加椭圆或椭圆弧的结果如图 8-10 所示。

图 8-10 叠加椭圆或椭圆弧

8.2.7 叠加直线

叠加直线的代码如下:

```
♯第8章/add_line.m
function ret = add_line(input_image, x, y)
    close all;
    h = image(input_image);
    hold on;
    line(x, y, 'color', [1 1 1], 'linewidth', 5);
    set(gca, 'visible', 'off');
    ret = getframe().cdata;
    ret = imresize(ret, size(input_image)(1:2), 'bilinear');
    close all;
endfunction
```

将输入图像指定为 input_png,将直线起点指定为(100,200),并将直线终点指定为(10,20),叠加直线的代码如下:

```
>> ret = add_line(input_png, [100, 10], [200, 20]);
```

叠加直线的结果如图 8-11 所示。

图 8-11 叠加直线

OpenCV 库可以用于叠加直线。使用 OpenCV 库叠加直线的代码如下:

```
#第8章/line.py
import sys
import cv2
import numpy as np

def line(image_path, output_path, start, end, color,
            thickness = 1, lineType = cv2.LINE_AA, shift = 0):
    image = cv2.imread(image_path)
    center = tuple(map(int, center))
    axes = tuple(map(int, axes))
    color = tuple(map(int, color))
    image = cv2.line(image, start, end, color, thickness, lineType, shift)

    cv2.imwrite(output_path, image)

if __name__ == "__main__":
    line(sys.argv[1], sys.argv[2], eval(sys.argv[3]),
        eval(sys.argv[4]), eval(sys.argv[5]),
            int(sys.argv[6]), eval(sys.argv[7]))
```

将输入图像指定为 input.png,将输出图像指定为 output.png,将起点坐标指定为(100,200),将终点坐标指定为(50,60),将颜色指定为(100,10,20,),将线宽指定为1,并将线型指定为 cv2.LINE_AA,对图像叠加直线的代码如下:

```
>> python("ellipse.py", "input.png", "output.png", "(100, 200)", "(50, 60)", "10", "20",
"30", "(100, 10, 20,)", 1, "cv2.LINE_AA")
```

GraphicsMagick 可以叠加直线。将输入图像指定为 input.png,将输出图像指定为 output.png,并将直线的两个点指定为(10,20)和(100,200),叠加直线的代码如下:

```
>> system("gm convert input.png - draw 'line 10,20 100,200' output.png")
```

8.2.8　叠加多边形

叠加多边形的代码如下:

```
#第8章/add_patch.m
function ret = add_patch(input_image, x, y)
    close all;
    h = image(input_image);
    hold on;
    patch(x, y, [1 0 0]);
    set(gca, 'visible', 'off');
    ret = getframe().cdata;
    ret = imresize(ret, size(input_image)(1:2), 'bilinear');
    close all;
endfunction
```

将输入图像指定为 input_png,将多边形的顶点指定为(100,230)、(130,140)和(200,200),叠加多边形的代码如下:

```
>> ret = add_patch(input_png, [100 130 200], [230 140 200]);
```

叠加多边形的结果如图 8-12 所示。

图 8-12 叠加多边形

OpenCV 库可以用于叠加多边形。使用 OpenCV 库叠加多边形的代码如下:

```
♯第 8 章/polylines.py
import sys
import cv2
import numpy as np


def polylines(image_path, output_path,
              pts = np.array([[10, 20], [20, 200],
                             [100, 40], [110, 220]]),
              isClosed = True, color = (100, 10, 20,),
              thickness = 1, lineType = cv2.LINE_AA, shift = 0):
    image = cv2.imread(image_path)
    pts = pts.reshape((-1, 1, 2))
    image = cv2.polylines(image, pts = [pts], isClosed = isClosed,
                          color = color, thickness = thickness,
                          lineType = lineType, shift = shift)
    cv2.imwrite(output_path, image)


if __name__ == "__main__":
    polylines(sys.argv[1], sys.argv[2], eval(sys.argv[3]),
              eval(sys.argv[4]), eval(sys.argv[5]), int(sys.argv[6]),
              eval(sys.argv[7]))
```

将输入图像指定为 input.png,将输出图像指定为 output.png,将多边形顶点坐标指定为 np.array([[10,20],[20,200],[100,40],[110,220]]),将颜色指定为(100,10,20,),将

线宽指定为1,并将线型指定为cv2.LINE_AA,对图像叠加多边形的代码如下:

```
>> python("polylines.py", "input.png", "output.png", "\"np.array([[10, 20], [20, 200], [100,
40], [110, 220]])\"", "True", "\"(100, 10, 20,)\"", "1", "cv2.LINE_AA")
```

GraphicsMagick 可以叠加多边形。将输入图像指定为 input.png,将输出图像指定为 output.png,并将多边形的顶点指定为(100,230)、(130,140)和(200,200),叠加多边形的代码如下:

```
>> system("gm convert input.png − draw 'polygon 100,230 130,140 200,200' output.png")
```

8.3　叠加其他图像

在图像上可以叠加其他图像,以便于同时显示两幅图像的内容。

8.3.1　图像溶解

一幅图像可以溶解于另一幅图像中,此时新的图像将同时显示两幅图像。
将一幅图像溶解到另一幅图像中的代码如下:

```
♯第8章/dissolve_images.m
function dissolved_image = dissolve_images(image1, image2, alpha)
    [rows1, cols1, channels1] = size(image1);
    [rows2, cols2, channels2] = size(image2);
    if rows1 ∼ = rows2 || cols1 ∼ = cols2
        target_rows = max(rows1, rows2);
        target_cols = max(cols1, cols2);
        if rows1 < rows2 || cols1 < cols2
            image1 = imresize(image1, [target_rows, target_cols], 'bilinear');
        else
            image2 = imresize(image2, [target_rows, target_cols], 'bilinear');
        endif
    endif
    dissolved_image = image1 * alpha + image2 * (1 − alpha);
    dissolved_image = uint8(min(max(dissolved_image, 0), 255));
endfunction
```

上面的代码使用的算法如下:
(1) 判断两幅图像的尺寸,如果二者不同,则将尺寸较小的图像插值为较大的尺寸。
(2) 通过溶解系数将两幅图像的像素叠加。
(3) 确保叠加后的像素值在有效值范围内。
(4) 将结果转换为与源图像相同的类型。
将两幅图像指定为 input_png 和 input_png2,将溶解系数指定为 0.5,将一幅图像溶解到另一幅图像中的代码如下:

```
>> ret = dissolve_images(input_png, input_png2, 0.5);
```

图像溶解的结果如图 8-13 所示。

图 8-13 图像溶解

PIL 库和 OpenCV 库可以用于将一幅图像溶解到另一幅图像中。使用 PIL 库和 OpenCV 库将一幅图像溶解到另一幅图像中如下：

```python
#第 8 章/dissolve_picture.py
import sys
from PIL import Image
import cv2
import numpy as np

def dissolve_picture(image1_path, image2_path, alpha, output_path):
    image1 = Image.open(image1_path).convert('RGB')
    image2 = Image.open(image2_path).convert('RGB')
    image1_np = np.array(image1)
    image2_np = np.array(image2)
    h1, w1, _ = image1_np.shape
    h2, w2, _ = image2_np.shape
    target_height = max(h1, h2)
    target_width = max(w1, w2)
    if h1 != target_height or w1 != target_width:
        image1_np = cv2.resize(image1_np, (target_width, target_height), interpolation=
cv2.INTER_LINEAR)
    if h2 != target_height or w2 != target_width:
        image2_np = cv2.resize(image2_np, (target_width, target_height), interpolation=
cv2.INTER_LINEAR)
    image1 = Image.fromarray(image1_np)
    image2 = Image.fromarray(image2_np)
    blended_image_np = cv2.addWeighted(image1_np, alpha, image2_np, 1 - alpha, 0)
    blended_image = Image.fromarray(blended_image_np.astype('uint8'))
    blended_image.save(output_path)

if __name__ == "__main__":
    dissolve_picture(sys.argv[1], sys.argv[2], int(sys.argv[3]), sys.argv[4])
```

上面的代码使用的算法如下：

（1）判断两幅图像的尺寸，如果二者不同，则将尺寸较小的图像插值为较大的尺寸。

（2）通过溶解系数将两幅图像的像素叠加。

（3）将结果转换为与源图像相同的类型。

将两幅图像指定为 input.png 和 input_jpg.jpg，将溶解系数指定为 0.5，将输出图像指定为 output_png.png，将一幅图像溶解到另一幅图像中的代码如下：

```
>> python("dissolve_picture.py", "input.png", "input_jpg.jpg", 0.5, "output_png.png")
```

GraphicsMagick 可以将一幅图像溶解到另一幅图像中。将输入图像指定为 input.png 和 input2.png，将输出图像指定为 output.png，将溶解系数指定为 90%，将一幅图像溶解到另一幅图像中的代码如下：

```
>> system("gm composite input.png - dissolve 90% input2.png output.png")
```

8.3.2　将图像绘制于另一幅图像上

一幅图像可以绘制于另一幅图像上，此时这幅图像将显示在另一幅图像中的某个区域。将一幅图像绘制于另一幅图像上的代码如下：

```
#第8章/inset_picture.m
function output_image = inset_picture(background_image, overlay_image, rect)
    [bg_rows, bg_cols, bg_channels] = size(background_image);
    [ov_rows, ov_cols, ov_channels] = size(overlay_image);
    rect_x = rect(1);
    rect_y = rect(2);
    rect_width = rect(3);
    rect_height = rect(4);
    scale_x = rect_width / ov_cols;
    scale_y = rect_height / ov_rows;
    resized_overlay = imresize(overlay_image, [rect_height, rect_width]);
    output_image = background_image;
    output_image(rect_y: rect_y + rect_height - 1, rect_x: rect_x + rect_width - 1, :) = resized_overlay;
endfunction
```

上面的代码使用的算法如下：

（1）根据指定的矩形尺寸缩放绘制的图像。

（2）将绘制图像的像素叠加到矩形区域内。

将两幅图像指定为 input_png 和 input_png2，将矩形指定为 [50,100,60,110]，将一幅图像绘制于另一幅图像上的代码如下：

```
>> ret = inset_picture(input_png, input_png2, [50, 100, 60, 110]);
```

将一幅图像绘制于另一幅图像上的结果如图 8-14 所示。

图 8-14 将一幅图像绘制于另一幅图像上

PIL 库可以用于将一幅图像绘制于另一幅图像上。使用 PIL 库和 OpenCV 库将一幅图像绘制于另一幅图像上的代码如下：

```python
#第 8 章/inset_picture.py
import sys
from PIL import Image

def inset_picture(image1_path, image2_path, position, size, output_path):
    background = Image.open(image1_path).convert('RGB')
    overlay = Image.open(image2_path).convert('RGB')
    overlay_width, overlay_height = overlay.size
    scale_x = size[0] / overlay_width
    scale_y = size[1] / overlay_height
    resized_overlay = overlay.resize((int(overlay_width * scale_x), int(overlay_height *
scale_y)), Image.ANTIALIAS)
    embedded_image = background.copy()
    embedded_image.paste(resized_overlay, position, resized_overlay)
    embedded_image.save(output_path)

if __name__ == "__main__":
    inset_picture(sys.argv[1], sys.argv[2], eval(sys.argv[3]), eval(sys.argv[4]), sys.argv
[5])
```

上面的代码使用的算法如下：

（1）根据指定的矩形尺寸缩放绘制的图像。

（2）将绘制图像的像素叠加到矩形区域内。

将两幅图像指定为 input.png 和 input_jpg.jpg，将矩形尺寸指定为(10,20)，将矩形位置指定为(30,40)，将输出图像指定为 output_png.png，将一幅图像绘制于另一幅图像上的代码如下：

```
>> python("inset_picture.py", "input.png", "input_jpg.jpg", "(10, 20)", "(30, 40)", "output_
png.png")
```

GraphicsMagick 可以将一幅图像绘制于另一幅图像上。将输入图像指定为 input.png 和 input2.png,将绘制的矩形区域的两个顶点指定为(50,100)和(60,110),将输出图像指定为 output.png,将一幅图像绘制于另一幅图像上的代码如下:

```
>> system("gm convert input.png - draw 'image Over 50,100 60,110 input2.png' output.png")
```

8.3.3 最大值图像和最小值图像

1. 最大值图像

在最大值图像中,新的图像的每个像素值将等于较大的对应像素值。

计算最大值图像的代码如下:

```
# 第 8 章/image_max.m
function ret = image_max(img1, img2)
    ret = max(img1, img2);
endfunction
```

将两幅图像指定为 input_png 和 input_png2,计算最大值图像的代码如下:

```
>> ret = image_max(input_png, input_png2);
```

最大值图像如图 8-15 所示。

图 8-15 最大值图像

OpenCV 库可以用于计算最大值图像。使用 OpenCV 库计算最大值图像的代码如下:

```
# 第 8 章/max.py
import sys
import cv2

def max(image1_path, image2_path, output_path):
    image1 = cv2.imread(image1_path, cv2.IMREAD_GRAYSCALE)
    image2 = cv2.imread(image2_path, cv2.IMREAD_GRAYSCALE)
    ret = cv2.max(image1, image2)
    cv2.imwrite(output_path, ret)
```

```
if __name__ == "__main__":
    max(sys.argv[1], sys.argv[2], sys.argv[3])
```

将两幅图像指定为 input.png 和 input_jpg.jpg，将输出图像指定为 output_png.png，计算最大值图像的代码如下：

```
>> python("max.py", "input.png", "input_jpg.jpg", "output_png.png")
```

2. 最小值图像

在最小值图像中，新的图像的每个像素值将等于较小的对应像素值。

计算最小值图像的代码如下：

```
#第8章/image_min.m
function ret = image_min(img1, img2)
    ret = min(img1, img2);
endfunction
```

将两幅图像指定为 input_png 和 input_png2，计算最小值图像的代码如下：

```
>> ret = image_min(input_png, input_png2);
```

最小值图像如图 8-16 所示。

图 8-16 最小值图像

OpenCV 库可以用于计算最小值图像。使用 OpenCV 库计算最小值图像的代码如下：

```
#第8章/min.py
import sys
import cv2

def min(image1_path, image2_path, output_path):
    image1 = cv2.imread(image1_path, cv2.IMREAD_GRAYSCALE)
    image2 = cv2.imread(image2_path, cv2.IMREAD_GRAYSCALE)
    ret = cv2.min(image1, image2)
    cv2.imwrite(output_path, ret)
```

```
if __name__ == "__main__":
    min(sys.argv[1], sys.argv[2], sys.argv[3])
```

将两幅图像指定为 input.png 和 input_jpg.jpg,将输出图像指定为 output_png.png,计算最小值图像的代码如下:

```
>> python("min.py", "input.png", "input_jpg.jpg", "output_png.png")
```

8.4 叠加水印

8.4.1 明水印

在图像上可以叠加水印,可用于防伪用途。

将图像叠加水印的代码如下:

```
# 第 8 章/add_text_watermark.m
function watermarked_image = add_text_watermark(image, watermark_text, position, font_size)
    close all;
    [rows, cols, channels] = size(image);
    figure;
    imagesc(image);
    axis off;
    hold on;
    set(gca, 'FontSize', font_size, 'FontName', 'Helvetica');
    text(position(1), position(2), watermark_text, ...
    'Color', [1, 1, 1], 'HorizontalAlignment', 'center', ...
    'VerticalAlignment', 'middle');
    watermarked_image = getframe().cdata;
    watermarked_image = imresize(watermarked_image, size(image)(1:2), 'bilinear');
    close all;
endfunction
```

上面的代码使用的算法如下:

(1) 将图像读取到轴对象中。

(2) 按照字号和水印位置在轴对象中添加水印。

(3) 将轴对象导出为图像。

将输入图像指定为 input_png,将水印指定为 Helloworld,将水印位置指定为[100, 200],并将字号指定为 16,将图像叠加水印的代码如下:

```
>> ret = add_text_watermark(input_png, 'Helloworld', [100, 200], 16);
```

图像叠加水印的结果如图 8-17 所示。

图 8-17 图像叠加水印

PIL 库可以用于叠加水印。使用 PIL 库将图像叠加水印的代码如下：

```
♯第 8 章/add_text_watermark.py
import sys
from PIL import Image, ImageDraw, ImageFont

def add_text_watermark(image_path, text, position, output_path):
    image = Image.open(image_path)
    draw = ImageDraw.Draw(image)
    font = ImageFont.load_default()
    draw.text(position, text, font = font, fill = (0, 0, 0))
    image.save(output_path)

if __name__ == "__main__":
    add_text_watermark(sys.argv[1], sys.argv[2], eval(sys.argv[3]), sys.argv[4])
```

上面的代码使用的算法如下：

（1）初始化一个绘图对象。

（2）按照字号和水印位置在绘图对象中添加水印。

将输入图像指定为 input.png，将水印指定为 Helloworld，将水印位置指定为(10,20)，将输出图像指定为 output_png.png，将图像添加水印的代码如下：

```
>> python("add_text_watermark.py", "input.png", "Helloworld", "(10, 20)", "output_png.png")
```

OpenCV 库可以用于按字体叠加水印。使用 OpenCV 库将图像叠加水印的代码如下：

```
♯第 8 章/add_text_watermark_2.py
import sys
import cv2

def add_text_watermark_2(image_path, watermark_text, position, output_path):
    image = cv2.imread(image_path)
    cv2.addText(image, watermark_text, position, 'Arial')
    cv2.imwrite(output_path, image)

if __name__ == "__main__":
    add_text_watermark_2(sys.argv[1], sys.argv[2], eval(sys.argv[3]), sys.argv[4])
```

将输入图像指定为 input.png,将水印指定为 Helloworld,将水印位置指定为(10,20),将输出图像指定为 output_png.png,将图像添加水印的代码如下:

```
>> python("add_text_watermark2.py", "input.png", "Helloworld", "(10, 20)", "output_png.
png")
```

OpenCV 库可以用于按字体类型叠加水印。OpenCV 库支持的字体类型如表 8-1 所示。

表 8-1 OpenCV 库支持的字体类型

字 体 类 型	含　　义
FONT_HERSHEY_SIMPLEX	正常大小无衬线字体
FONT_HERSHEY_PLAIN	小号无衬线字体
FONT_HERSHEY_DUPLEX	正常大小无衬线字体; 比 FONT_HERSHEY_SIMPLEX 更花体
FONT_HERSHEY_COMPLEX	正常大小衬线字体
FONT_HERSHEY_TRIPLEX	正常大小衬线字体; 比 FONT_HERSHEY_COMPLEX 更花体
FONT_HERSHEY_COMPLEX_SMALL	小号衬线字体
FONT_HERSHEY_SCRIPT_SIMPLEX	手写体
FONT_HERSHEY_SCRIPT_COMPLEX	手写体; 比 FONT_HERSHEY_SCRIPT_SIMPLEX 更花体
FONT_ITALIC	斜体

使用 OpenCV 库将图像按字体类型叠加水印的代码如下:

```
# 第 8 章/put_text_watermark.py
import sys
import cv2

def put_text_watermark(image_path, output_path,
                       watermark_text, org = (10, 20),
                       font_face = cv2.FONT_HERSHEY_COMPLEX,
                       fontScale = 0.5, color = (0, 0, 255)):

    image = cv2.imread(image_path)
    cv2.putText(image, watermark_text, org,
                font_face, fontScale, color)
    cv2.imwrite(output_path, image)

if __name__ == "__main__":
    put_text_watermark(sys.argv[1], sys.argv[2], sys.argv[3],
                       eval(sys.argv[4]), eval(sys.argv[5]),
                       float(sys.argv[6]), eval(sys.argv[7]))
```

将输入图像指定为 input.png,将输出图像指定为 output_png.png,将水印指定为 Helloworld,将水印位置指定为(100,200),将字体类型指定为 cv2.FONT_HERSHEY_

COMPLEX,将字体缩放倍数指定为 0.5,将颜色指定为(0,0,255),将图像按字体类型添加水印的代码如下:

```
>> python("put_text_watermark.py", "input.png", "output_png.png", "Helloworld", "(10, 20)",
"cv2.FONT_HERSHEY_COMPLEX", "0.5", "(0, 0, 255)")
```

GraphicsMagick 可以在图像上叠加水印。将输入图像指定为 input. png,将输出图像指定为 output. png,将水印位置指定为(100,200),将水印指定为 Helloworld,叠加水印的代码如下:

```
>> system("gm convert input.png - draw 'text 100,200 \"Helloworld\"' output.png")
```

8.4.2　暗水印

GraphicsMagick 可以叠加暗水印。暗水印肉眼不可见,并且叠加的暗水印可以被提取出来。将输入图像指定为 input. png,将暗水印图像指定为 input2. png,将暗水印偏移量指定为 10,将输出图像指定为 output. png,叠加暗水印的代码如下:

```
>> system("gm composite input.png - stegano 10 input2.png output.png")
```

GraphicsMagick 可以提取暗水印。将输入图像指定为 output. png,将暗水印偏移量指定为 10,提取暗水印的代码如下:

```
>> system("gm display - size 480x270 + 10 stegano:output.png")
```

8.5　蒙版

在图像上可以叠加蒙版,可用于对指定区域的图像进行图像处理。

8.5.1　创建蒙版

poly2mask()函数用于从多边形顶点创建蒙版,多边形内部的点被设为 1,多边形外部的点被设为 0。poly2mask()函数允许传入 4 个参数,第 1 个参数是多个顶点的 x 坐标组成的矩阵,第 2 个参数是多个顶点的 y 坐标组成的矩阵,第 3 个参数是蒙版的行数,第 4 个参数是蒙版的列数。

将多个顶点的 x 坐标组成的矩阵指定为[1 100 50],将多个顶点的 y 坐标组成的矩阵指定为[4 50 100],将蒙版的行数指定为 200,并将蒙版的列数指定为 300,从多边形顶点创建蒙版,代码如下:

```
>> ret = poly2mask([1 100 50], [4 50 100], 200, 300);
```

创建蒙版的结果如图 8-18 所示。

图 8-18　创建蒙版

8.5.2　叠加蒙版

将图像叠加蒙版的代码如下：

```
＃第8章/apply_mask.m
function masked_image = apply_mask(image, mask)
    [image_rows, image_cols, image_channels] = size(image);
    [mask_rows, mask_cols] = size(mask);
    if image_rows ~ = mask_rows || image_cols ~ = mask_cols
        error('输入图像和蒙版的尺寸必须一致');
    endif
    masked_image = zeros(image_rows, image_cols, image_channels, 'like', image);
    for i = 1:image_rows
        for j = 1:image_cols
            if mask(i, j) == 0
                masked_image(i, j, :) = image(i, j, :);
            endif
        endfor
    endfor
endfunction
```

上面的代码使用的算法如下：

（1）判断图像和蒙版的大小是否一致。

（2）遍历蒙版。如果蒙版中的某个元素为 0，则代表透明（对应的像素不可见），否则代表不透明（对应的像素可见）。

将输入图像指定为 input_png，将蒙版指定为 horzcat(ones(270,240),zeros(270,240))，将图像叠加蒙版的代码如下：

```
>> ret = apply_mask(input_png, horzcat(ones(270, 240), zeros(270, 240)));
```

图像叠加蒙版的结果如图 8-19 所示。

图 8-19　图像叠加蒙版

PIL 库可以用于叠加蒙版。使用 PIL 库将图像叠加蒙版的代码如下：

```python
# 第 8 章/apply_mask.py
import sys
from PIL import Image

def apply_mask(image_path, mask_path, output_path):
    image = Image.open(image_path)
    mask = Image.open(mask_path).convert('L')
    if image.size != mask.size:
        raise ValueError("输入图像和蒙版的尺寸必须一致")
    masked_image = Image.composite(image, Image.new('RGBA', image.size, (0, 0, 0, 0)), mask)
    masked_image.save(output_path)

if __name__ == "__main__":
    apply_mask(sys.argv[1], sys.argv[2], sys.argv[3])
```

上面的代码使用的算法如下：

（1）判断图像和蒙版的大小是否一致。

（2）用蒙版模式组合图像和蒙版。

将输入图像指定为 input.png，将蒙版指定为 input.pbm，将输出图像指定为 output_png.png，将图像叠加蒙版的代码如下：

```
>> python("apply_mask.py", "input.png", "input.pbm", "output_png.png")
```

8.6　叠加噪声

在图像上可以叠加噪声，可用于降低图像的质量或图像防伪，模拟真实世界条件下的图像退化情况。

imnoise()函数用于叠加噪声。imnoise()函数允许传入两个参数,第 1 个参数是图像,第 2 个参数是噪声类型。imnoise()函数支持的噪声类型如表 8-2 所示。

表 8-2　imnoise()函数支持的噪声类型

噪 声 类 型	含　义	噪 声 类 型	含　义
poisson	泊松噪声	salt & pepper 或 salt and pepper	椒盐噪声
gaussian	高斯噪声	speckle	斑点噪声

8.6.1　泊松噪声

对图像 input_png 叠加泊松噪声,代码如下:

```
>> ret = imnoise( input_png, "poisson");
```

叠加泊松噪声的结果如图 8-20 所示。

图 8-20　叠加泊松噪声

GraphicsMagick 可以叠加泊松噪声。将输入图像指定为 input. png,将输出图像指定为 output. png,叠加泊松噪声的代码如下:

```
>> system("gm convert input.png + noise Poisson output.png")
```

8.6.2　高斯噪声

对图像 input_png 叠加高斯噪声,代码如下:

```
>> ret = imnoise( input_png, "gaussian");
```

叠加高斯噪声的结果如图 8-21 所示。

此外,如果将噪声类型指定为 gaussian,则 imnoise()函数允许追加传入两个参数,第 1 个参数是均值,第 2 个参数是方差。

将均值指定为 0.5,将方差指定为 1.5,将噪声类型指定为 gaussian,对图像 input_png 叠加噪声,代码如下:

图 8-21 叠加高斯噪声

```
>> imnoise(input_png, "gaussian", 0.5, 1.5)
```

PIL 库可以用于叠加高斯噪声。使用 PIL 库将图像叠加高斯噪声的代码如下：

```python
♯ 第 8 章/add_gaussian_noise.py
import sys
from PIL import Image
import numpy as np

def add_gaussian_noise(image_path, output_path, mean = 0, sigma = 25):
    image = Image.open(image_path)
    image_array = np.array(image)
    rows, cols, channels = image_array.shape
    gauss = np.random.normal(mean, sigma, (rows, cols, channels))
    noisy_image_array = np.clip(image_array + gauss, 0, 255).astype(np.uint8)
    noisy_image = Image.fromarray(noisy_image_array)
    noisy_image.save(output_path)

if __name__ == "__main__":
    add_gaussian_noise(sys.argv[1], sys.argv[2], int(sys.argv[3]),
                       int(sys.argv[4]))
```

上面的代码使用的算法如下：

（1）将图像转换为 NumPy 格式。

（2）按图像尺寸生成高斯噪声图像。

（3）用 np.clip() 函数组合图像和噪声。

（4）将图像转换回 PIL 格式。

将输入图像指定为 input.png，将输出图像指定为 output_png.png，将均值指定为 0，将标准差指定为 25，将图像叠加噪声的代码如下：

```
>> python("add_gaussian_noise.py", "input.png", "output_png.png", "0", "25")
```

OpenCV 库可以用于叠加高斯噪声。使用 OpenCV 库叠加高斯噪声的代码如下：

```
#第8章/randn.py
import sys
import cv2
import numpy as np

def randn(image_path, output_path, mean = 100, stddev = 1):
    image = cv2.imread(image_path)
    noise = image.copy()
    noise = cv2.randn(noise, mean = mean, stddev = stddev)
    noise = noise.astype(image.dtype)
    blurred_image = cv2.addWeighted(image, 1, noise, 1, 0)
    cv2.imwrite(output_path, blurred_image)

if __name__ == "__main__":
    randn(sys.argv[1], sys.argv[2],
            float(sys.argv[3]), float(sys.argv[4]))
```

上面的代码使用的算法如下：

（1）按图像尺寸生成高斯噪声图层。

（2）在高斯噪声图层上添加高斯噪声。

（3）将高斯噪声图层的格式转换为图像的格式。

（4）合并高斯噪声图层和图像。

将输入图像指定为 input.png，将输出图像指定为 output_png.png，将均值指定为 100，并将标准差指定为 1，叠加高斯噪声的代码如下：

```
>> python("randn.py", "input.png", "output_png.png", "100", "1")
```

GraphicsMagick 可以叠加高斯噪声。将输入图像指定为 input.png，将输出图像指定为 output.png，叠加高斯噪声的代码如下：

```
>> system("gm convert input.png + noise Gaussian output.png")
```

8.6.3 椒盐噪声

对图像 input_png 叠加椒盐噪声，代码如下：

```
>> ret = imnoise(input_png, "salt & pepper");
```

叠加椒盐噪声的结果如图 8-22 所示。

此外，如果将噪声类型指定为 salt & pepper，则 imnoise() 函数允许追加传入 1 个参数，这个参数代表密度。

将密度指定为 0.5，将噪声类型指定为 salt & pepper，对图像 input_png 叠加噪声，代码如下：

```
>> imnoise(input_png, "salt & pepper", 0.5)
```

图 8-22　叠加椒盐噪声

8.6.4　斑点噪声

对图像 input_png 叠加斑点噪声，代码如下：

```
>> ret = imnoise(input_png, "speckle");
```

叠加斑点噪声的结果如图 8-23 所示。

图 8-23　叠加斑点噪声

此外，如果将噪声类型指定为 speckle，则 imnoise()函数允许追加传入 1 个参数，这个参数是方差。

将方差指定为 1.5，将噪声类型指定为 speckle，对图像 input_png 叠加噪声，代码如下：

```
>> imnoise(input_png, "speckle", 1.5)
```

8.6.5　均匀噪声

OpenCV 库可以用于叠加均匀噪声。使用 OpenCV 库叠加均匀噪声的代码如下：

```
♯第8章/randu.py
import sys
import cv2
import numpy as np

def randu(image_path, output_path, low = 1, high = 100):
    image = cv2.imread(image_path)
    noise = image.copy()
    noise = cv2.randu(noise, low = low, high = high)
    noise = noise.astype(image.dtype)
    blurred_image = cv2.addWeighted(image, 1, noise, 1, 0)
    cv2.imwrite(output_path, blurred_image)

if __name__ == "__main__":
    randu(sys.argv[1], sys.argv[2],
        float(sys.argv[3]), float(sys.argv[4]))
```

上面的代码使用的算法如下：

（1）按图像尺寸生成均匀噪声图层。

（2）在均匀噪声图层上添加高斯噪声。

（3）将均匀噪声图层的格式转换为图像的格式。

（4）合并均匀噪声图层和图像。

将输入图像指定为 input.png，将输出图像指定为 output_png.png，将最小值指定为 1，并将最大值指定为 100，叠加均匀噪声的代码如下：

```
>> python("randn.py", "input.png", "output_png.png", "1", "100")
```

叠加均匀噪声的结果如图 8-24 所示。

图 8-24　叠加均匀噪声

GraphicsMagick 可以叠加均匀噪声。将输入图像指定为 input.png，将输出图像指定为 output.png，叠加均匀噪声的代码如下：

```
>> system("gm convert input.png + noise Uniform output.png")
```

8.6.6 乘法噪声

GraphicsMagick 可以叠加乘法噪声。将输入图像指定为 input. png,将输出图像指定为 output. png,叠加乘法噪声的代码如下:

```
>> system("gm convert input.png + noise Multiplicative output.png")
```

叠加乘法噪声的结果如图 8-25 所示。

图 8-25 叠加乘法噪声

8.6.7 脉冲噪声

GraphicsMagick 可以叠加脉冲噪声。将输入图像指定为 input. png,将输出图像指定为 output. png,叠加脉冲噪声的代码如下:

```
>> system("gm convert input.png + noise Impulse output.png")
```

叠加脉冲噪声的结果如图 8-26 所示。

图 8-26 叠加脉冲噪声

8.6.8　拉普拉斯噪声

GraphicsMagick 可以叠加拉普拉斯噪声。将输入图像指定为 input. png，将输出图像指定为 output. png，叠加拉普拉斯噪声的代码如下：

```
>> system("gm convert input.png + noise Laplacian output.png")
```

叠加拉普拉斯噪声的结果如图 8-27 所示。

图 8-27　叠加拉普拉斯噪声

8.6.9　随机噪声

GraphicsMagick 可以叠加随机噪声。将输入图像指定为 input. png，将输出图像指定为 output. png，叠加随机噪声的代码如下：

```
>> system("gm convert input.png + noise Random output.png")
```

叠加随机噪声的结果如图 8-28 所示。

图 8-28　叠加随机噪声

8.7　叠加边框

GraphicsMagick 可以叠加边框。将输入图像指定为 input. png,将输出图像指定为 output. png,将边框颜色指定为红色,将叠加边框后的图像宽度指定为 500,将叠加边框后的图像高度指定为 300,对图像叠加边框的代码如下:

```
>> system("gm convert input. png - background red - gravity center - extent 500x300 output.
png")
```

对图像叠加边框如图 8-29 所示。

图 8-29　对图像叠加边框

8.8　立体图像

GraphicsMagick 可以将两幅图像叠加为立体图像,这种立体图像可以使用红蓝眼镜观看立体效果。将输入图像指定为 input. png 和 input2. png,将输出图像指定为 output. png,叠加为立体图像的代码如下:

```
>> system("gm composite input. png - stereo input2. png output. png")
```

立体图像的结果如图 8-30 所示。

图 8-30　立体图像

第9章

CHAPTER 9

图 像 滤 波

图像滤波用于去除图像中的某些像素,只留下关键的像素。

imfilter()函数用于对图像进行线性滤波。imfilter()函数允许传入两个参数,第1个参数是图像,第2个参数是算子,这个算子不但可以使用 fspecial()函数生成,还可以使用自定义的算子。

指定的算子是[1 0 1;0 2 0;3 0 3],对输入图像 input_png 进行线性滤波,代码如下:

```
>> ret = imfilter(input_png, [1 0 1;0 2 0;3 0 3]);
```

线性滤波的结果如图 9-1 所示。

图 9-1　线性滤波

此外,imfilter()函数允许追加传入多个参数,这些参数是滤波选项。imfilter()函数支持的滤波选项如表 9-1 所示。

表 9-1　imfilter()函数支持的滤波选项

滤 波 选 项	含 义
1 个数字	按这个数字对图像进行补全
symmetric	对称补全
replicate	复制图像边缘的值以补全
circular	按图像中的像素循环补全
same	输出图像的尺寸等于源图像的尺寸

续表

滤 波 选 项	含 义
full	输出图像是完整的滤波结果
corr	使用相关性滤波算法
conv	使用卷积滤波算法

注意：在 imfilter( ) 函数的滤波选项中，same 和 full 互斥，symmetric、replicate 和 circular 互斥，corr 和 conv 互斥。

指定的算子是[1 0 1;0 2 0;3 0 3]，对输入图像 input_png 进行线性滤波，按数字 1 对图像进行补全，代码如下：

```
>> imfilter(input_png, [1 0 1;0 2 0;3 0 3], 1)
```

指定的算子是[1 0 1;0 2 0;3 0 3]，对输入图像 input_png 进行线性滤波，对称补全，代码如下：

```
>> imfilter(input_png, [1 0 1;0 2 0;3 0 3], "symmetric")
```

指定的算子是[1 0 1;0 2 0;3 0 3]，对输入图像 input_png 进行线性滤波，复制图像边缘的值以补全，代码如下：

```
>> imfilter(input_png, [1 0 1;0 2 0;3 0 3], "replicate")
```

指定的算子是[1 0 1;0 2 0;3 0 3]，对输入图像 input_png 进行线性滤波，按图像中的像素循环补全，代码如下：

```
>> imfilter(input_png, [1 0 1;0 2 0;3 0 3], "circular")
```

指定的算子是[1 0 1;0 2 0;3 0 3]，对输入图像 input_png 进行线性滤波，输出图像的尺寸等于源图像的尺寸，代码如下：

```
>> imfilter(input_png, [1 0 1;0 2 0;3 0 3], "same")
```

指定的算子是[1 0 1;0 2 0;3 0 3]，对输入图像 input_png 进行线性滤波，输出图像是完整的滤波结果，代码如下：

```
>> imfilter(input_png, [1 0 1;0 2 0;3 0 3], "full")
```

指定的算子是[1 0 1;0 2 0;3 0 3]，对输入图像 input_png 进行线性滤波，使用相关性滤波算法，代码如下：

```
>> imfilter(input_png, [1 0 1;0 2 0;3 0 3], "corr")
```

指定的算子是[1 0 1;0 2 0;3 0 3]，对输入图像 input_png 进行线性滤波，使用卷积滤波算法，代码如下：

```
>> imfilter(input_png, [1 0 1;0 2 0;3 0 3], "conv")
```

OpenCV 库可以用于对图像应用自定义算子滤波。使用 OpenCV 库对图像应用自定义算子滤波的代码如下：

```
#第9章/filter_2d.py
import sys
import cv2
import numpy as np

def filter_2d(image_path, output_path, kernel = np.array([[-1, -1, -1], [-1,9, -1], [-1,
-1, -1]])):
    image = cv2.imread(image_path, cv2.IMREAD_GRAYSCALE)
    filter_2d = cv2.filter2D(image, ddepth = cv2.CV_64F, kernel = kernel)
    filter_2d = np.uint8(np.absolute(filter_2d) / np.max(np.absolute(filter_2d)) * 255)
    cv2.imwrite(output_path, filter_2d)

if __name__ == "__main__":
    filter_2d(sys.argv[1], sys.argv[2], eval(sys.argv[3]))
```

上面的代码使用的算法如下：

（1）对图像应用自定义算子滤波。

（2）将滤波结果转换为 uint8 格式。

将输入图像指定为 input.png，将输出图像指定为 output_png.png，将算子指定为 np.array([[-1,-1,-1],[-1,9,-1],[-1,-1,-1]])，对图像应用自定义算子滤波的代码如下：

```
>> python("filter_2d.py", "input.png", "output_png.png", "\"np.array([[-1, -1, -1], [-1,
9, -1], [-1, -1, -1]])\"")
```

应用自定义算子滤波的结果如图 9-2 所示。

图 9-2　应用自定义算子滤波

OpenCV 库可以用于对图像应用拉普拉斯算子滤波。使用 OpenCV 库对图像应用拉普拉斯算子滤波的代码如下：

```
#第9章/laplacian.py
import sys
import cv2
import numpy as np

def laplacian(image_path, output_path):
    image = cv2.imread(image_path, cv2.IMREAD_GRAYSCALE)
    laplacian = cv2.Laplacian(image, ddepth = cv2.CV_64F)
    laplacian = np.uint8(np.absolute(laplacian) / np.max(np.absolute(laplacian)) * 255)
    cv2.imwrite(output_path, laplacian)

if __name__ == "__main__":
    laplacian(sys.argv[1], sys.argv[2])
```

上面的代码使用的算法如下：

（1）对图像应用拉普拉斯算子滤波。

（2）将滤波结果转换为 uint8 格式。

将输入图像指定为 input.png，将输出图像指定为 output_png.png，对图像应用拉普拉斯算子滤波的代码如下：

```
>> python("laplacian.py", "input.png", "output_png.png")
```

应用拉普拉斯算子滤波的结果如图 9-3 所示。

图 9-3　应用拉普拉斯算子滤波

GraphicsMagick 可以用于图像滤波。GraphicsMagick 支持的图像滤波类型如表 9-2 所示。

将输入图像指定为 input.png，将输出图像指定为 output.png，点滤波的代码如下：

```
>> system("gm convert input.png - filter Point output.png")
```

表 9-2　GraphicsMagick 支持的图像滤波类型

图像滤波类型	含 义	图像滤波类型	含 义
Point	点滤波	Quadratic	二次函数滤波
Box	盒子滤波	Cubic	三次滤波
Triangle	三角滤波	Catrom	Catrom 滤波
Hermite	Hermite 滤波	Mitchell	Mitchell 滤波
Hanning	汉宁滤波	Lanczos	Lanczos 滤波
Hamming	汉明滤波	Bessel	贝塞尔曲线滤波
Blackman	Blackman 滤波	Sinc	正弦函数滤波
Gaussian	高斯滤波		

将输入图像指定为 input. png，将输出图像指定为 output. png，盒子滤波的代码如下：

```
>> system("gm convert input.png - filter Box output.png")
```

将输入图像指定为 input. png，将输出图像指定为 output. png，三角滤波的代码如下：

```
>> system("gm convert input.png - filter Triangle output.png")
```

将输入图像指定为 input. png，将输出图像指定为 output. png，Hermite 滤波的代码如下：

```
>> system("gm convert input.png - filter Hermite output.png")
```

将输入图像指定为 input. png，将输出图像指定为 output. png，汉宁滤波的代码如下：

```
>> system("gm convert input.png - filter Hanning output.png")
```

将输入图像指定为 input. png，将输出图像指定为 output. png，汉明滤波的代码如下：

```
>> system("gm convert input.png - filter Hamming output.png")
```

将输入图像指定为 input. png，将输出图像指定为 output. png，Blackman 滤波的代码如下：

```
>> system("gm convert input.png - filter Blackman output.png")
```

将输入图像指定为 input. png，将输出图像指定为 output. png，高斯滤波的代码如下：

```
>> system("gm convert input.png - filter Gaussian output.png")
```

将输入图像指定为 input. png，将输出图像指定为 output. png，二次函数滤波的代码如下：

```
>> system("gm convert input.png - filter Quadratic output.png")
```

将输入图像指定为 input. png，将输出图像指定为 output. png，三次滤波的代码如下：

```
>> system("gm convert input.png - filter Cubic output.png")
```

将输入图像指定为 input. png，将输出图像指定为 output. png，Catrom 滤波的代码如下：

```
>> system("gm convert input.png - filter Catrom output.png")
```

将输入图像指定为 input. png,将输出图像指定为 output. png,Mitchell 滤波的代码如下:

```
>> system("gm convert input.png - filter Mitchell output.png")
```

将输入图像指定为 input. png,将输出图像指定为 output. png,Lanczos 滤波的代码如下:

```
>> system("gm convert input.png - filter Lanczos output.png")
```

将输入图像指定为 input. png,将输出图像指定为 output. png,贝塞尔曲线滤波的代码如下:

```
>> system("gm convert input.png - filter Bessel output.png")
```

将输入图像指定为 input. png,将输出图像指定为 output. png,正弦函数滤波的代码如下:

```
>> system("gm convert input.png - filter Sinc output.png")
```

9.1　滤波算子

滤波算子也称为滤波器。fspecial()函数用于生成滤波算子。fspecial()函数允许传入1 个参数,这个参数是算子类型。fspecial()函数支持的算子类型如表 9-3 所示。

表 9-3　fspecial()函数支持的算子类型

算子类型	含　义	算子类型	含　义
average	均值滤波算子	unsharp	钝化算子
disk	圆盘滤波算子	motion	运动模糊算子
gaussian	高斯滤波算子	sobel	Sobel 算子
log	LoG 滤波算子	prewitt	Prewitt 算子
laplacian	拉普拉斯滤波算子	kirsch	Kirsch 算子

1. 均值滤波算子

将算子类型指定为 average,生成滤波算子,代码如下:

```
>> fspecial("average")
ans =

    0.1111   0.1111   0.1111
    0.1111   0.1111   0.1111
    0.1111   0.1111   0.1111
```

此外,如果算子类型为 average,则 fspecial()函数允许传入第 2 个参数,这个参数是算子的长度。

将算子类型指定为 average,将算子的长度指定为 5,生成滤波算子,代码如下:

```
>> fspecial("average", 5)
ans =

   0.040000   0.040000   0.040000   0.040000   0.040000
   0.040000   0.040000   0.040000   0.040000   0.040000
   0.040000   0.040000   0.040000   0.040000   0.040000
   0.040000   0.040000   0.040000   0.040000   0.040000
   0.040000   0.040000   0.040000   0.040000   0.040000
```

2. 圆盘滤波算子

如果算子类型为 disk,则 fspecial() 函数允许传入第 2 个参数,这个参数是圆盘的半径。

将算子类型指定为 disk,将圆盘的半径指定为 5,生成滤波算子,代码如下:

```
>> fspecial("disk", 5)
ans =

Columns 1 through 9:

        0          0          0   0.001250   0.004967   0.006260   0.004967   0.001250          0
        0   0.000032   0.006157   0.012396   0.012732   0.012732   0.012732   0.012396   0.006157
        0   0.006157   0.012732   0.012732   0.012732   0.012732   0.012732   0.012732   0.012732
 0.001250   0.012396   0.012732   0.012732   0.012732   0.012732   0.012732   0.012732   0.012732
 0.004967   0.012732   0.012732   0.012732   0.012732   0.012732   0.012732   0.012732   0.012732
 0.006260   0.012732   0.012732   0.012732   0.012732   0.012732   0.012732   0.012732   0.012732
 0.004967   0.012732   0.012732   0.012732   0.012732   0.012732   0.012732   0.012732   0.012732
 0.001250   0.012396   0.012732   0.012732   0.012732   0.012732   0.012732   0.012732   0.012732
        0   0.006157   0.012732   0.012732   0.012732   0.012732   0.012732   0.012732   0.012732
        0   0.000032   0.006157   0.012396   0.012732   0.012732   0.012732   0.012396   0.006157
        0          0          0   0.001250   0.004967   0.006260   0.004967   0.001250          0

Columns 10 and 11:

        0          0
 0.000032          0
 0.006157          0
 0.012396   0.001250
 0.012732   0.004967
 0.012732   0.006260
 0.012732   0.004967
 0.012396   0.001250
 0.006157          0
 0.000032          0
        0          0
```

3. 高斯滤波算子

如果算子类型为 gaussian,则 fspecial() 函数允许传入第 2 个参数,这个参数是算子的长度。

将算子类型指定为 gaussian,将算子的长度指定为 5,生成滤波算子,代码如下:

```
>> fspecial("gaussian", 5)
ans =

    6.9625e-08   2.8089e-05   2.0755e-04   2.8089e-05   6.9625e-08
    2.8089e-05   1.1332e-02   8.3731e-02   1.1332e-02   2.8089e-05
    2.0755e-04   8.3731e-02   6.1869e-01   8.3731e-02   2.0755e-04
    2.8089e-05   1.1332e-02   8.3731e-02   1.1332e-02   2.8089e-05
    6.9625e-08   2.8089e-05   2.0755e-04   2.8089e-05   6.9625e-08
```

此外,如果算子类型为 gaussian,则 fspecial() 函数允许传入第 3 个参数,这个参数是 σ。

将算子类型指定为 gaussian,将算子的长度指定为 5,将 σ 指定为 1.5,生成滤波算子,代码如下:

```
>> fspecial("gaussian", 5, 1.5)
ans =

    0.014419   0.028084   0.035073   0.028084   0.014419
    0.028084   0.054700   0.068312   0.054700   0.028084
    0.035073   0.068312   0.085312   0.068312   0.035073
    0.028084   0.054700   0.068312   0.054700   0.028084
    0.014419   0.028084   0.035073   0.028084   0.014419
```

4. LoG 滤波算子

如果算子类型为 log,则 fspecial() 函数允许传入第 2 个参数,这个参数是算子的长度。

将算子类型指定为 log,将算子的长度指定为 5,生成滤波算子,代码如下:

```
>> fspecial("log", 5)
ans =

    5.3189e-06   1.2875e-03    7.3993e-03   1.2875e-03   5.3189e-06
    1.2875e-03   1.7314e-01    4.2644e-01   1.7314e-01   1.2875e-03
    7.3993e-03   4.2644e-01   -3.1510e+00   4.2644e-01   7.3993e-03
    1.2875e-03   1.7314e-01    4.2644e-01   1.7314e-01   1.2875e-03
    5.3189e-06   1.2875e-03    7.3993e-03   1.2875e-03   5.3189e-06
```

此外,如果算子类型为 log,则 fspecial() 函数允许传入第 3 个参数,这个参数是标准差。

将算子类型指定为 log,将算子的长度指定为 5,将标准差指定为 1,生成滤波算子,代码如下:

```
>> fspecial("log", 5, 1)
ans =

    0.002835    0.006353    0.006983    0.006353   0.002835
    0.006353           0   -0.015648           0   0.006353
    0.006983   -0.015648   -0.051599   -0.015648   0.006983
    0.006353           0   -0.015648           0   0.006353
    0.002835    0.006353    0.006983    0.006353   0.002835
```

5. 拉普拉斯滤波算子

如果算子类型为 laplacian,则 fspecial() 函数允许传入第 2 个参数,这个参数是 α。

将算子类型指定为 laplacian,将 α 指定为 0.8,生成滤波算子,代码如下:

```
>> fspecial("laplacian", 0.8)
ans =

   0.4444    0.1111   0.4444
   0.1111   -2.2222   0.1111
   0.4444    0.1111   0.4444
```

6. 钝化算子

如果算子类型为 unsharp,则 fspecial()函数允许传入第 2 个参数,这个参数是 α。

将算子类型指定为 unsharp,将 α 指定为 0.8,生成滤波算子,代码如下:

```
>> fspecial("unsharp", 0.8)
ans =

  -0.4444   -0.1111   -0.4444
  -0.1111    3.2222   -0.1111
  -0.4444   -0.1111   -0.4444
```

7. 运动模糊算子

此外,如果算子类型为 motion,则 fspecial()函数允许传入第 2 个参数,这个参数是算子的长度。

将算子类型指定为 motion,将算子的长度指定为 5,生成滤波算子,代码如下:

```
>> fspecial("motion", 5)
ans =

        0        0        0        0        0
        0        0        0        0        0
   0.2000   0.2000   0.2000   0.2000   0.2000
        0        0        0        0        0
        0        0        0        0        0
```

此外,如果算子类型为 motion,则 fspecial()函数允许传入第 3 个参数,这个参数是运动模糊的方向角。

将算子类型指定为 motion,将算子的长度指定为 5,将运动模糊的方向角指定为 30°,生成滤波算子,代码如下:

```
>> fspecial("motion", 5, 30)
ans =

        0        0        0        0        0        0
        0        0        0        0        0        0
        0        0   0.0872   0.2248   0.1880        0
        0   0.1880   0.2248   0.0872        0        0
        0        0        0        0        0        0
        0        0        0        0        0        0
```

8. Sobel 算子

将算子类型指定为 sobel,生成滤波算子,代码如下:

```
>> fspecial("sobel")
ans =

     1     2     1
     0     0     0
    -1    -2    -1
```

9. Prewitt 算子

将算子类型指定为 prewitt,生成滤波算子,代码如下:

```
>> fspecial("prewitt")
ans =

     1     1     1
     0     0     0
    -1    -1    -1
```

10. Kirsch 算子

将算子类型指定为 kirsch,生成滤波算子,代码如下:

```
>> fspecial("kirsch")
ans =

     3     3     3
     3     0     3
    -5    -5    -5
```

9.2 卷积滤波

conv2()函数用于对二维矩阵进行卷积滤波,而由于图像在内存中可以被视为二维矩阵,因此 conv2()函数可用于对单通道的图像进行卷积滤波。conv2()函数允许传入两个参数,第 1 个参数是图像,第 2 个参数是算子。

将算子指定为[1 0 1;2 2 2;3 0 3],对图像 input_pgm 进行卷积滤波,代码如下:

```
>> ret = conv2(input_pgm, [1 0 1;2 2 2;3 0 3]);
```

卷积滤波的结果如图 9-4 所示。

此外,conv2()函数允许传入 3 个参数,第 1 个参数是在行方向上卷积使用的向量,第 2 个参数是在列方向上卷积使用的向量,第 3 个参数是图像。

将在行方向上卷积使用的向量指定为[1,2,3],将在列方向上卷积使用的向量指定为[4,5,6],对图像 input_pgm 进行卷积滤波,代码如下:

图 9-4　卷积滤波

```
>> ret = conv2([1,2,3], [4,5,6], input_pgm);
```

此外,conv2()函数允许追加传入卷积类型。conv2()函数支持的卷积类型如表 9-4 所示。

表 9-4　conv2()函数支持的卷积类型

卷 积 类 型	含　义
full	返回整个卷积结果
same	返回卷积结果的中心部分,其尺寸和输入的图像尺寸相同
valid	返回卷积结果的非零部分,即有效部分

将在行方向上卷积使用的向量指定为[1,2,3],将在列方向上卷积使用的向量指定为 [4,5,6],将卷积类型指定为 same,对图像 input_pgm 进行卷积滤波,代码如下:

```
>> conv2([1,2,3], [4,5,6], input_pgm, "same")
```

convn()函数用于对多维矩阵进行卷积滤波,而由于图像在内存中可以被视为三维矩阵,因此 convn()函数可用于对多通道的图像进行卷积滤波。convn()函数允许传入两个参数,第 1 个参数是图像,第 2 个参数是算子。

将算子指定为[1 0 1;2 2 2;3 0 3],对图像 input_pgm 进行卷积滤波,代码如下:

```
>> ret = convn(input_pgm, [1 0 1;2 2 2;3 0 3]);
```

此外,convn()函数允许追加传入卷积类型。convn()函数支持的卷积类型和 conv2() 函数支持的卷积类型相同。

将卷积类型指定为 same,将算子指定为[1 0 1;2 2 2;3 0 3],对图像 input_pgm 进行卷积滤波,代码如下:

```
>> convn(input_pgm, [1 0 1;2 2 2;3 0 3], "same")
```

SciPy 库可以用于卷积滤波。使用 SciPy 库对图像进行卷积滤波的代码如下:

```
# 第 9 章/conv2.py
import sys
from PIL import Image
import numpy as np
from scipy.signal import convolve2d

def conv2(image_path, output_path, kernel):
    image = Image.open(image_path).convert('L')
    image_np = np.array(image)
    convolved_image = convolve2d(image_np, np.array(kernel), mode = 'same', boundary = 'fill',
fillvalue = 0)
    output_image = Image.fromarray(convolved_image)
    output_image.save(output_path)

if __name__ == "__main__":
    conv2(sys.argv[1], sys.argv[2], eval(sys.argv[3]))
```

上面的代码使用的算法如下：

（1）将图像转换为 NumPy 格式。

（2）调用 convolve2d() 函数对图像进行卷积滤波。

（3）将图像转换回 PIL 格式。

将输入图像指定为 input.png，将输出图像指定为 output_png.png，将算子指定为 [[1,2,1],[2,3,2],[3,4,3]]，对图像进行卷积滤波的代码如下：

```
>> python("conv2.py", "input.png", "output_png.png", "[[1, 2, 1], [2, 3, 2], [3, 4, 3]]")
```

9.3   排序滤波

ordfilt2() 函数用于对二维矩阵进行排序滤波，而由于图像在内存中可以被视为二维矩阵，因此 ordfilt2() 函数可用于对单通道的图像进行排序滤波。ordfilt2() 函数允许传入 3 个参数，第 1 个参数是图像，第 2 个参数是指定第几个元素，第 3 个参数是滤波器。

指定第 2 个元素，将蒙版指定为 true(3)，对图像 input_pgm 进行排序滤波，代码如下：

```
>> ret = ordfilt2(input_pgm, 2, true(3));
```

排序滤波的结果如图 9-5 所示。

此外，ordfilt2() 函数允许追加传入第 4 个参数，这个参数是偏移量矩阵。偏移量矩阵将在排序的过程中与排序的矩阵相加，形成新的排序的矩阵。

指定第 2 个元素，将蒙版指定为 true(3)，将偏移量矩阵指定为 [0 0 1;0 0 1; 0 0 1]，对图像 input_png 进行卷积滤波，代码如下：

```
>> ordfilt2(input_png, 2, true(3), [0 0 1;0 0 1; 0 0 1])
```

图 9-5　排序滤波

此外,ordfilt2()函数允许追加传入填充方式。ordfilt2()函数允许的填充方式如表 9-5 所示。

表 9-5　ordfilt2()函数允许的填充方式

填 充 方 式	含　义
zeros	用 0 填充
circular	用原矩阵的元素循环填充
replicate	用原矩阵的边界的元素填充
symmetric	用原矩阵的元素镜像填充
reflect	用原矩阵的元素镜像填充,但不使用原矩阵的边界的元素

指定第 2 个元素,将蒙版指定为 true(3),将偏移量矩阵指定为[0 0 1;0 0 1;0 0 1],将填充方式指定为 circular,对图像 input_png 进行卷积滤波,代码如下:

```
>> ordfilt2(input_png, 2, true(3), [0 0 1;0 0 1; 0 0 1], "circular")
```

ordfiltn()函数用于对多维矩阵进行排序滤波,而由于图像在内存中可以被视为三维矩阵,因此 ordfiltn()函数可用于对多通道的图像进行排序滤波。ordfiltn()函数的用法和 ordfilt2()函数的用法相同,这里就不再赘述了。

PIL 库可以用于排序滤波。使用 PIL 库对图像进行排序滤波的代码如下:

```
# 第 9 章/ordfilt2.py
import sys
from PIL import Image
import numpy as np

def ordfilt2(image_path, output_path, kernel_size):
    image = Image.open(image_path).convert('L')
    image_np = np.array(image)
    rows, cols = image_np.shape
    filtered_image = np.zeros_like(image_np)
    pad = kernel_size //2
```

```
    for i in range(pad, rows - pad):
        for j in range(pad, cols - pad):
            region = image_np[i - pad:i + pad + 1, j - pad:j + pad + 1]
            sorted_region = np.sort(region.flatten())
            median_value = sorted_region[len(sorted_region) //2]
            filtered_image[i, j] = median_value
    output_image = Image.fromarray(filtered_image)
    output_image.save(output_path)

if __name__ == "__main__":
    ordfilt2(sys.argv[1], sys.argv[2], int(sys.argv[3]))
```

上面的代码使用的算法如下：

（1）将图像转换为 NumPy 格式。

（2）获取每个像素的邻域。

（3）对邻域像素进行排序。

（4）取排序后中间位置的像素值，并将此值赋值给对应的像素位置。

（5）将图像转换回 PIL 格式。

将输入图像指定为 input.png，将输出图像指定为 output_png.png，将核大小指定为 3，对图像进行排序滤波的代码如下：

```
>> python("ordfilt2.py", "input.png", "output_png.png", "3")
```

9.4 熵滤波

entropyfilt()函数用于对图像进行熵滤波。entropyfilt()函数允许传入 1 个参数，这个参数是图像。

对图像 input_pgm 进行熵滤波，代码如下：

```
>> ret = entropyfilt(input_pgm);
```

熵滤波的结果如图 9-6 所示。

图 9-6　熵滤波

此外，entropyfilt()函数允许追加传入第 2 个参数，这个参数是蒙版。

将蒙版指定为 true(3)，对图像 input_pgm 进行熵滤波，代码如下：

```
>> entropyfilt(input_pgm, true(3))
```

此外，entropyfilt()函数允许追加传入第 3 个参数，这个参数是填充方式。

将蒙版指定为 true(3)，将填充方式指定为 circular，对图像 input_pgm 进行熵滤波，代码如下：

```
>> entropyfilt(input_pgm, true(3), "circular")
```

SciPy 库可以用于熵滤波。使用 SciPy 库对图像进行熵滤波的代码如下：

```
#第 9 章/entropyfilt.py
import sys
from PIL import Image
import cv2
import numpy as np
from scipy.stats import entropy

def entropyfilt(image_path, output_path, kernel_size = 3):
    image = Image.open(image_path)
    image_np = np.array(image)
    rows, cols, channels = image_np.shape
    filtered_image = np.zeros_like(image_np)
    pad = kernel_size
    for c in range(channels):
        for i in range(pad, rows - pad):
            for j in range(pad, cols - pad):
                region = image_np[i - pad:i + pad + 1, j - pad:j + pad + 1, c]
                h = entropy(region.flatten())
                filtered_image[i, j, c] = h
    output_image = Image.fromarray(filtered_image)
    output_image.save(output_path)


if __name__ == "__main__":
    entropyfilt(sys.argv[1], sys.argv[2], int(sys.argv[3]))
```

上面的代码使用的算法如下：

（1）将图像转换为 NumPy 格式。

（2）获取每个像素的邻域。

（3）计算邻域的熵。

（4）将熵值作为像素的新值。

（5）将图像转换回 PIL 格式。

将输入图像指定为 input.png，将输出图像指定为 output_png.png，将核大小指定为 3，对图像进行熵滤波的代码如下：

```
>> python("entropyfilt.py", "input.png", "output_png.png", "3")
```

9.5 范围滤波

rangefilt()函数用于对图像进行范围滤波。rangefilt()函数允许传入 1 个参数,这个参数是图像。

对图像 input_pgm 进行范围滤波,代码如下:

```
>> ret = rangefilt(input_pgm);
```

范围滤波的结果如图 9-7 所示。

图 9-7 范围滤波

此外,rangefilt()函数允许追加传入第 2 个参数,这个参数是蒙版。

将蒙版指定为 true(3),对图像 input_pgm 进行范围滤波,代码如下:

```
>> rangefilt(input_pgm, true(3))
```

此外,rangefilt()函数允许追加传入第 3 个参数,这个参数是填充方式。

将蒙版指定为 true(3),将填充方式指定为 circular,对图像 input_pgm 进行范围滤波,代码如下:

```
>> rangefilt(input_pgm, true(3), "circular")
```

PIL 库可以用于范围滤波。使用 PIL 库对图像进行范围滤波的代码如下:

```python
# 第 9 章/rangefilt.py
import sys
from PIL import Image
import numpy as np

def rangefilt(image_path, output_path, lower_bound, upper_bound, replacement_value = 0):
    image = Image.open(image_path).convert('L')
```

```
    image_np = np.array(image)
    filtered_image = image_np.copy()
    filtered_image = np.where((image_np >= lower_bound) & (image_np <= upper_bound), image_
np, replacement_value)    output_image = Image.fromarray(filtered_image)
    output_image.save(output_path)


if __name__ == "__main__":
    rangefilt(sys.argv[1], sys.argv[2], int(sys.argv[3]), int(sys.argv[4]))
```

上面的代码使用的算法如下：
（1）将图像转换为 NumPy 格式。
（2）将不在指定范围内的像素值替换为一个值。
（3）将图像转换回 PIL 格式。

将输入图像指定为 input.png，将输出图像指定为 output_png.png，将范围下限指定为100，并将范围上限指定为 200，对图像进行范围滤波的代码如下：

```
>> python("rangefilt.py", "input.png", "output_png.png", "100", "200")
```

9.6　标准差滤波

stdfilt()函数用于对图像进行标准差滤波。stdfilt()函数允许传入 1 个参数，这个参数是图像。

对图像 input_pgm 进行标准差滤波，代码如下：

```
>> ret = stdfilt(input_pgm);
```

标准差滤波的结果如图 9-8 所示。

图 9-8　标准差滤波

此外,stdfilt()函数允许追加传入第 2 个参数,这个参数是蒙版。

将蒙版指定为 true(3),对图像 input_pgm 进行标准差滤波,代码如下:

```
>> stdfilt(input_pgm, true(3))
```

此外,stdfilt()函数允许追加传入第 3 个参数,这个参数是填充方式。

将蒙版指定为 true(3),将填充方式指定为 circular,对图像 input_pgm 进行标准差滤波,代码如下:

```
>> stdfilt(input_pgm, true(3), "circular")
```

PIL 库可以用于标准差滤波。使用 PIL 库对图像进行标准差滤波的代码如下:

```python
# 第 9 章/stdfilt.py
import sys
from PIL import Image
import cv2
import numpy as np

def stdfilt(image_path, output_path, kernel_size = 3):
    image = Image.open(image_path).convert('L')
    image_np = np.array(image)
    rows, cols = image_np.shape
    filtered_image = np.zeros_like(image_np)
    pad = kernel_size //2
    mean_image = cv2.blur(image_np, (kernel_size, kernel_size))
    squared_diff = (image_np - mean_image) ** 2
    stddev_image = cv2.blur(squared_diff, (kernel_size, kernel_size)) ** 0.5
    for i in range(pad, rows - pad):
        for j in range(pad, cols - pad):
            stddev = stddev_image[i, j]
            filtered_image[i, j] = stddev
    output_image = Image.fromarray(filtered_image)
    output_image.save(output_path)

if __name__ == "__main__":
    stdfilt(sys.argv[1], sys.argv[2], int(sys.argv[3]))
```

上面的代码使用的算法如下:

(1) 将图像转换为 NumPy 格式。

(2) 计算每个邻域内的局部均值。

(3) 计算局部均值的局部标准差,作为像素的新值。

(4) 将图像转换回 PIL 格式。

将输入图像指定为 input.png,将输出图像指定为 output_png.png,将核尺寸指定为 3,对图像进行标准差滤波的代码如下:

```
>> python("stdfilt.py", "input.png", "output_png.png", "3")
```

9.7　维纳滤波

wiener2()函数用于对二维矩阵进行维纳滤波,而由于图像在内存中可以被视为二维矩阵,因此 wiener2()函数可用于对图像进行维纳滤波。wiener2()函数允许传入 1 个参数,这个参数是图像。

对图像 input_pgm 进行维纳滤波,代码如下:

```
>> ret = wiener2(input_pgm);
```

维纳滤波的结果如图 9-9 所示。

图 9-9　维纳滤波

此外,wiener2()函数允许追加传入第 2 个参数,这个参数是邻域大小。

将邻域大小指定为 3×5,对图像 input_pgm 进行维纳滤波,代码如下:

```
>> wiener2(input_pgm, [3, 5])
```

此外,wiener2()函数允许追加传入第 2 个参数,这个参数是噪声比例。

将噪声比例指定为 0.5,对图像 input_pgm 进行维纳滤波,代码如下:

```
>> wiener2(input_pgm, 0.5)
```

此外,wiener2()函数允许追加传入第 2 个参数和第 3 个参数,第 2 个参数是邻域大小,第 3 个参数是噪声比例。

将邻域大小指定为 3×5,将噪声比例指定为 0.5,对图像 input_pgm 进行维纳滤波,代码如下:

```
>> wiener2(input_pgm, [3, 5], 0.5)
```

OpenCV 库可以用于维纳滤波。使用 OpenCV 库对图像进行维纳滤波的代码如下:

```
# 第 9 章/wiener2.py
import sys
from PIL import Image
import cv2
import numpy as np

def wiener2(image_path, output_path, ksize, noise_var):
    image = Image.open(image_path).convert('L')
    image_np = np.array(image)
    filtered_image = cv2.fastNlMeansDenoisingColored(image_np, None, h=noise_var,
hForColorComponents=noise_var,

templateWindowSize=ksize, searchWindowSize=21)
    output_image = Image.fromarray(filtered_image)
    output_image.save(output_path)

if __name__ == "__main__":
    wiener2(sys.argv[1], sys.argv[2], int(sys.argv[3]), int(sys.argv[4]))
```

上面的代码使用的算法如下：

(1) 将图像转换为 NumPy 格式。

(2) 调用 fastNlMeansDenoisingColored()函数进行维纳滤波。

(3) 将图像转换回 PIL 格式。

将输入图像指定为 input.png，将输出图像指定为 output_png.png，将 k 尺寸指定为 5，将噪声指定为 0，对图像进行维纳滤波的代码如下：

```
>> python("wiener2.py", "input.png", "output_png.png", "5", "0")
```

9.8　中值滤波

medfilt2()函数用于对二维矩阵进行中值滤波，而由于图像在内存中可以被视为二维矩阵，因此 medfilt2()函数可用于对图像进行中值滤波。medfilt2()函数允许传入 1 个参数，这个参数是图像。

对图像 input_pgm 进行中值滤波，代码如下：

```
>> ret = medfilt2(input_pgm);
```

中值滤波的结果如图 9-10 所示。

此外，medfilt2()函数允许追加传入第 2 个参数，这个参数是邻域大小。

将邻域大小指定为 3×5，对图像 input_pgm 进行中值滤波，代码如下：

```
>> medfilt2(input_pgm, [3, 5])
```

此外，medfilt2()函数允许追加传入第 2 个参数，这个参数是噪声比例。

图 9-10 中值滤波

将噪声比例指定为 0.5，对图像 input_pgm 进行中值滤波，代码如下：

```
>> medfilt2(input_pgm, 0.5)
```

此外，medfilt2()函数允许追加传入填充方式。

将噪声比例指定为 0.5，将填充方式指定为 circular，对图像 input_pgm 进行中值滤波，代码如下：

```
>> medfilt2(input_pgm, 0.5, "circular")
```

OpenCV 库可以用于中值滤波。使用 OpenCV 库对图像进行中值滤波的代码如下：

```
# 第 9 章/medfilt2.py
import sys
from PIL import Image
import cv2
import numpy as np

def medfilt2(image_path, output_path, ksize = 3):
    image = Image.open(image_path).convert('L')
    image_np = np.array(image)
    filtered_image = cv2.medianBlur(image_np, ksize)
    output_image = Image.fromarray(filtered_image)
    output_image.save(output_path)

if __name__ == "__main__":
    medfilt2(sys.argv[1], sys.argv[2], int(sys.argv[3]))
```

上面的代码使用的算法如下：

（1）将图像转换为 NumPy 格式。

（2）调用 medianBlur()函数进行中值滤波。

（3）将图像转换回 PIL 格式。

将输入图像指定为 input.png，将输出图像指定为 output_png.png，将 k 尺寸指定为 5，对图像进行中值滤波的代码如下：

```
>> python("medfilt2.py", "input.png", "output_png.png", "5")
```

9.9 盒子滤波

OpenCV 库可以用于盒子滤波。使用 OpenCV 库对图像进行盒子滤波的代码如下：

```
#第9章/box_filter.py
import sys
import cv2

def box_filter(image_path, output_path, ddepth = 3, ksize = (5, 5)):
    image = cv2.imread(image_path, cv2.IMREAD_GRAYSCALE)
    ret = cv2.boxFilter(image, ddepth, ksize)
    cv2.imwrite(output_path, ret)

if __name__ == "__main__":
    box_filter(sys.argv[1], sys.argv[2])
```

将输入图像指定为 input.png，将输出图像指定为 output_png.png，对图像进行盒子滤波的代码如下：

```
>> python("box_filter.py", "input.png", "output_png.png")
```

盒子滤波的结果如图 9-11 所示。

图 9-11 盒子滤波

OpenCV 库可以用于平方盒子滤波。使用 OpenCV 库对图像进行平方盒子滤波的代码如下：

```
#第9章/sqr_box_filter.py
import sys
import cv2
```

```
def sqr_box_filter(image_path, output_path, ddepth = 3, ksize = (5, 5)):
    image = cv2.imread(image_path, cv2.IMREAD_GRAYSCALE)
    ret = cv2.sqrBoxFilter(image, ddepth, ksize)
    cv2.imwrite(output_path, ret)

if __name__ == "__main__":
    sqr_box_filter(sys.argv[1], sys.argv[2])
```

将输入图像指定为 input. png，将输出图像指定为 output_png. png，对图像进行平方盒子滤波的代码如下：

```
>> python("sqr_box_filter.py", "input.png", "output_png.png")
```

平方盒子滤波的结果如图 9-12 所示。

图 9-12 平方盒子滤波

9.10 积分图像

integralImage()函数用于计算二维图像的积分图像。integralImage()函数只允许传入 1 个参数，这个参数是图像。

计算图像 input_png 的积分图像，代码如下：

```
>> ret = integralImage(input_png);
```

此外，integralImage()函数允许追加传入第 2 个参数，这个参数是积分方向。integralImage()函数支持的积分方向如表 9-6 所示。

表 9-6 integralImage()函数支持的积分方向

积 分 方 向	含　　义
upright	方向是直的
rotated	方向是旋转的

计算图像 input_png 的积分图像,积分方向为 upright,代码如下:

```
>> integralImage(input_png, "upright")
```

integralImage3()函数用于计算三维图像的积分图像。integralImage3()函数只允许传入 1 个参数,这个参数是图像。

计算图像 input_png 的积分图像,代码如下:

```
>> integralImage3(input_png)
```

PIL 库可以用于计算积分图像。使用 PIL 库计算积分图像的代码如下:

```python
# 第9章/integral_image.py
import sys
from PIL import Image
import numpy as np

def integral_image(image_path, output_path):
    image = Image.open(image_path).convert('L')
    image_np = np.array(image)
    rows, cols = image_np.shape
    integral = np.zeros((rows + 1, cols + 1), dtype = np.int32)
    integral[0, :] = np.cumsum(image_np[0, :])
    integral[:, 0] = np.cumsum(image_np[:, 0])
    for i in range(1, rows + 1):
        for j in range(1, cols + 1):
            integral[i, j] = image_np[i - 1, j - 1] + integral[i - 1, j] + integral[i,
j - 1] - integral[i - 1, j - 1]
    output_image = Image.fromarray(integral)
    output_image.save(output_path)

if __name__ == "__main__":
    integral_image(sys.argv[1], sys.argv[2])
```

上面的代码使用的算法如下:

(1) 将图像转换为 NumPy 格式。

(2) 对每行和每列图像进行积分。

(3) 将图像转换回 PIL 格式。

将输入图像指定为 input.png,将输出图像指定为 output_png.png,计算积分图像的代码如下:

```
>> python("integral_image.py", "input.png", "output_png.png")
```

OpenCV 库可以用于计算积分图像。使用 OpenCV 库计算积分图像的代码如下:

```python
# 第9章/integral.py
import sys
import cv2

def integral(image_path, output_path):
```

```
    image = cv2.imread(image_path, cv2.IMREAD_GRAYSCALE)
    ret = cv2.integral(image)
    cv2.imwrite(output_path, ret)

if __name__ == "__main__":
    integral(sys.argv[1], sys.argv[2])
```

将输入图像指定为 input.png,将输出图像指定为 output_png.png,计算积分图像的代码如下:

```
>> python("integral.py", "input.png", "output_png.png")
```

9.11　非极大值抑制

nonmax_suppress()函数用于计算非极大值抑制。nonmax_suppress()函数允许传入两个参数,第 1 个参数是边缘强度,第 2 个参数是边缘方向。

将边缘强度指定为[1 2 3;4 5 6;7 8 9],将边缘方向指定为[9 8 7;6 5 4;3 2 1],计算非极大值抑制,代码如下:

```
>> nonmax_suppress([1 2 3;4 5 6;7 8 9], [9 8 7;6 5 4;3 2 1])
ans =

    0   0   0
    0   0   0
    0   0   0
```

9.12　金字塔均值漂移滤波

OpenCV 库可以用于金字塔均值漂移滤波。使用 OpenCV 库对图像进行金字塔均值漂移滤波的代码如下:

```
# 第 9 章/pyr_means_shift_filtering.py
import sys
import cv2
import numpy as np

def pyr_means_shift_filtering(image_path, output_path, sp = 10, sr = 20):
    image = cv2.imread(image_path)
    image = image.astype(np.uint8)
    ret = cv2.pyrMeanShiftFiltering(image, sp, sr)
    cv2.imwrite(output_path, ret)

if __name__ == "__main__":
    pyr_means_shift_filtering(sys.argv[1], sys.argv[2],
                              float(sys.argv[3]), float(sys.argv[4]))
```

将输入图像指定为 input.png,将输出图像指定为 output_png.png,将空间窗口半径大小指定为 10,将颜色窗口半径大小指定为 20,对图像进行金字塔均值漂移滤波的代码如下:

```
>> python("pyr_means_shift_filtering.py", "input.png", "output_png.png", "10", "20")
```

金字塔均值漂移滤波的结果如图 9-13 所示。

图 9-13　金字塔均值漂移滤波

9.13　图像去噪

9.13.1　快速非局部均值去噪

OpenCV 库可以用于对灰度图像进行快速非局部均值去噪。使用 OpenCV 库对灰度图像进行快速非局部均值去噪的代码如下:

```
#第9章/fast_nl_means_denoising.py
import sys
import cv2

def fast_nl_means_denoising(image_path, output_path):
    image = cv2.imread(image_path, cv2.IMREAD_GRAYSCALE)
    ret = cv2.fastNlMeansDenoising(image)
    cv2.imwrite(output_path, ret)

if __name__ == "__main__":
    fast_nl_means_denoising(sys.argv[1], sys.argv[2])
```

将输入图像指定为 input.png,将输出图像指定为 output_png.png,对灰度图像进行快速非局部均值去噪的代码如下:

```
>> python("fast_nl_means_denoising.py", "input.png", "output_png.png")
```

快速非局部均值去噪的结果如图 9-14 所示。

图 9-14　快速非局部均值去噪

　　OpenCV 库可以用于对彩色图像进行快速非局部均值去噪。使用 OpenCV 库对彩色图像进行快速非局部均值去噪的代码如下：

```
#第 9 章/fast_nl_means_denoising_colored.py
import sys
import cv2

def fast_nl_means_denoising_colored(image_path, output_path):
    image = cv2.imread(image_path)
    ret = cv2.fastNlMeansDenoisingColored(image)
    cv2.imwrite(output_path, ret)

if __name__ == "__main__":
    fast_nl_means_denoising_colored(sys.argv[1], sys.argv[2])
```

　　将输入图像指定为 input.png，将输出图像指定为 output_png.png，对彩色图像进行快速非局部均值去噪的代码如下：

```
>> python("fast_nl_means_denoising_colored.py", "input.png", "output_png.png")
```

　　对彩色图像进行快速非局部均值去噪的结果如图 9-15 所示。

图 9-15　对彩色图像进行快速非局部均值去噪

9.13.2　去噪

GraphicsMagick 可以去噪。将输入图像指定为 input. png，将输出图像指定为 output. png，将去噪强度指定为 5，去噪的代码如下：

```
>> system("gm convert input.png - noise 5 output.png")
```

去噪的结果如图 9-16 所示。

图 9-16　去噪

9.13.3　去噪点

GraphicsMagick 可以去噪点。将输入图像指定为 input. png，将输出图像指定为 output. png，去噪点的代码如下：

```
>> system("gm convert input.png - despeckle output.png")
```

去噪点的结果如图 9-17 所示。

图 9-17　去噪点

9.13.4　增强模式去噪

GraphicsMagick 可以增强模式去噪。将输入图像指定为 input. png,将输出图像指定为 output. png,增强模式去噪的代码如下:

```
>> system("gm convert input.png – enhance output.png")
```

增强模式去噪的结果如图 9-18 所示。

图 9-18　增强模式去噪

第 10 章

CHAPTER 10

图 像 模 糊

10.1　高斯模糊

高斯模糊是一种高效的图像模糊技术。对图像进行高斯模糊的代码如下：

```
♯第10章/gaussian_blur.m
function blurred_image = gaussian_blur(image, length, sigma)
    [rows, cols, channels] = size(image);
    blurred_image = zeros(rows, cols, channels, 'like', image);
    for c = 1:channels
        channel = uint8(squeeze(image(:, :, c)));
        psf = fspecial("gaussian", length, sigma);
        blurred_channel = imfilter(channel, psf, "conv");
        blurred_image(:, :, c) = uint8(blurred_channel);
    endfor
    blurred_image = cast(blurred_image, 'like', image);
endfunction
```

上面的代码使用的算法如下：

（1）生成高斯模糊算子。

（2）对每个图像通道进行高斯模糊。

（3）将结果转换为与源图像相同的类型。

将输入图像指定为 input_png,将高斯模糊算子大小指定为 5,将 σ 指定为 1.5,对图像进行高斯模糊的代码如下：

```
>> ret = gaussian_blur(input_png, 5, 1.5);
```

高斯模糊的结果如图 10-1 所示。

OpenCV 库可以用于对图像高斯模糊。使用 OpenCV 库对图像进行高斯模糊的代码如下：

```
♯第10章/gaussian_blur.py
import sys
import cv2
```

```
import numpy as np

def gaussian_blur(image_path, output_path, kernel_size = (5, 5), sigmaX = 0):
    image = cv2.imread(image_path)
    blurred_image = cv2.GaussianBlur(image, (kernel_size[1], kernel_size[0]), sigmaX)
    cv2.imwrite(output_path, blurred_image)

if __name__ == "__main__":
    gaussian_blur(sys.argv[1], sys.argv[2], kernel_size = eval(sys.argv[3]), sigmaX = int
(sys.argv[4]))
```

图 10-1 高斯模糊

将输入图像指定为 input. png,将输出图像指定为 output_png. png,将核尺寸指定为 $(5,5)$,将 σ 指定为 1.5,对图像进行高斯模糊的代码如下:

```
>> python("gaussian_blur.py", "input.png", "output_png.png", "(5, 5)", "1.5")
```

GraphicsMagick 可以实现高斯模糊。将输入图像指定为 input. png,将输出图像指定为 output. png,将高斯模糊的程度指定为 10,高斯模糊的代码如下:

```
>> system("gm convert input.png - gaussian 10 output.png")
```

10.2 双向模糊

双向模糊综合考虑空间邻近度和像素值相似度,能够在保持边缘不变的同时去除噪声或模糊图像。

对图像进行双向模糊的代码如下:

```
#第 10 章/bilateral_blur.m
function blurred_image = bilateral_blur(image, d, sigma_color, sigma_space)
    [rows, cols, channels] = size(image);
    blurred_image = zeros(rows, cols, channels, 'like', image);
```

```
        for c = 1:channels
            for i = 1:rows
                for j = 1:cols
                    sum_weight = 0;
                    sum_weighted_value = 0;
                    for di = - floor(d/2):floor(d/2)
                        for dj = - floor(d/2):floor(d/2)
                            ni = i + di;
                            nj = j + dj;
                            if ni > 0 && ni < = rows && nj > 0 && nj < = cols
                                pixel_value = double(image(ni, nj, c));
                                space_weight = exp( - ((di^2 + dj^2) / (2 * sigma_space^2)));
                                color_weight = exp( - ((pixel_value - double(image(i, j, c)))^2 /
(2 * sigma_color^2)));
                                weight = space_weight * color_weight;
                                sum_weight = sum_weight + weight;
                                sum_weighted_value = sum_weighted_value + weight * pixel_value;
                            endif
                        endfor
                    endfor
                    if sum_weight > 0
                        blurred_image(i, j, c) = sum_weighted_value / sum_weight;
                    else
                        blurred_image(i, j, c) = image(i, j, c);
                    endif
                endfor
            endfor
        endfor
    blurred_image = cast(blurred_image, 'like', image);
endfunction
```

上面的代码使用的算法如下：

（1）计算像素的加权和。

（2）遍历像素的邻域。

（3）如果邻域像素在图像范围内，则计算像素值相似度权重和空间邻近度权重，并更新总权重。

（4）计算模糊后的像素值。如果总权重为0，则保持像素不变，否则模糊像素。

（5）对每个图像通道进行双向模糊。

（6）将结果转换为与源图像相同的类型。

将输入图像指定为input_png，将滤波器的直径指定为5，将像素值相似度的标准差指定为1.2，将空间邻近度的标准差指定为0.8，对图像进行双向模糊的代码如下：

```
>> ret = bilateral_blur(input_png, 5, 1.2, 0.8);
```

双向模糊的结果如图10-2所示。

图 10-2 双向模糊

OpenCV 库可以用于对图像进行双向模糊。使用 OpenCV 库对图像进行双向模糊的代码如下：

```python
# 第 10 章/bilateral_blur.py
import sys
import cv2
import numpy as np

def bilateral_blur(image_path, output_path, d = 9, sigmaColor = 75, sigmaSpace = 75):
    image = cv2.imread(image_path)
    blurred_image = cv2.bilateralFilter(image, d, sigmaColor, sigmaSpace)
    cv2.imwrite(output_path, blurred_image)

if __name__ == "__main__":
    bilateral_blur(sys.argv[1], sys.argv[2], int(sys.argv[3]), int(sys.argv[4]), int(sys.argv[5]))
```

将输入图像指定为 input.png，将输出图像指定为 output_png.png，将邻域尺寸指定为 5，将色彩空间的标准差指定为 6，并将坐标空间的标准差指定为 7，对图像进行双向模糊的代码如下：

```
>> python("bilateral_blur.py", "input.png", "output_png.png", "5", "6", "7")
```

10.3 运动模糊

运动模糊也称为动态模糊，通常用于模拟相机或物体移动时产生的模糊效果，可以通过运动模糊算子实现。

对图像进行运动模糊的代码如下：

```
# 第 10 章/motion_blur.m
function blurred_image = motion_blur(image, length, angle)
```

```
    [rows, cols, channels] = size(image);
    blurred_image = zeros(rows, cols, channels, 'like', image);
    for c = 1:channels
        channel = uint8(squeeze(image(:, :, c)));
        psf = fspecial("motion", length, angle);
        blurred_channel = imfilter(channel, psf, "conv");
        blurred_image(:, :, c) = uint8(blurred_channel);
    endfor
    blurred_image = cast(blurred_image, 'like', image);
endfunction
```

上面的代码使用的算法如下：

（1）生成运动模糊算子。

（2）对每个图像通道进行运动模糊。

（3）将结果转换为与源图像相同的类型。

将输入图像指定为 input_png，将运动模糊算子的直径指定为 30，将运动模糊算子的角度指定为 60°，对图像进行运动模糊的代码如下：

```
>> ret = motion_blur(input_png, 30, 60);
```

运动模糊的结果如图 10-3 所示。

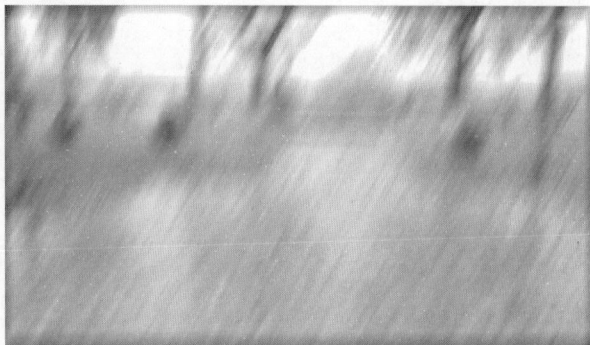

图 10-3　运动模糊

GraphicsMagick 可以实现运动模糊。将输入图像指定为 input.png，将运动模糊算子的直径指定为 30，将运动模糊算子的标准差指定为 1.5，将运动模糊算子的角度指定为 60°，将输出图像指定为 output.png，运动模糊的代码如下：

```
>> system("gm convert input.png - motion - blur 30x1.5 + 60 output.png")
```

10.4　边缘模糊

边缘模糊需要先检测图像的边缘，再对这些边缘周围的像素进行模糊处理。这种方法可以确保图像的画面总体模糊而边缘保持清晰。

对图像进行边缘模糊的代码如下：

```
♯第10章/edge_blur.m
function blurred_image = edge_blur(image, length)
    [rows, cols, channels] = size(image);
    blurred_image = zeros(rows, cols, channels, 'like', image);
    for c = 1:channels
        channel = uint8(squeeze(image(:, :, c)));
        edge_channel = edge(channel, "LoG");
        for i = 1:rows
            blurred_channel = conv2(double(channel), ones(1, length) / length, 'same');
        endfor
        size(blurred_channel)
        size(edge_channel)
        blurred_channel = imadd(double(blurred_channel), double(edge_channel));
        blurred_image(:, :, c) = uint8(blurred_channel);
    endfor
    blurred_image = cast(blurred_image, 'like', image);
endfunction
```

上面的代码使用的算法如下：

（1）生成 LoG 算子。

（2）对每个图像通道提取边缘。

（3）对每个图像通道进行二维卷积。

（4）将边缘与卷积结果叠加。

（5）将结果转换为与源图像相同的类型。

将输入图像指定为 input_png，将 LoG 算子的直径指定为 5，对图像进行边缘模糊的代码如下：

```
>> ret = edge_blur(input_png, 5);
```

边缘模糊的结果如图 10-4 所示。

图 10-4　边缘模糊

　　OpenCV 库可以用于对图像进行边缘模糊。使用 OpenCV 库对图像进行边缘模糊的代码如下：

```
# 第10章/edge_blur.py
import sys
import cv2
import numpy as np


def edge_blur(image_path, output_path, blur_radius = 50, transition_width = 10):
    image = cv2.imread(image_path)
    height, width = image.shape[:2]
    kernel_size = 2 * blur_radius + 1
    blur_kernel = cv2.getGaussianKernel(kernel_size, 0)
    blur_kernel = np.outer(blur_kernel, blur_kernel.T)
    mask = np.ones_like(image[:, :, 0], dtype = np.float32)
    cv2.circle(mask, (width //2, height //2), blur_radius - transition_width, 0, thickness = cv2.FILLED)
    cv2.circle(mask, (width //2, height //2), blur_radius, 1, thickness = cv2.FILLED)
    blurred_image = cv2.filter2D(image, -1, blur_kernel)
    blurred_image *= mask[:, :, np.newaxis]
    result = image * (1 - mask[:, :, np.newaxis]) + blurred_image
    result = np.clip(result, 0, 255).astype(np.uint8)
    cv2.imwrite(output_path, result)

if __name__ == "__main__":
    edge_blur(sys.argv[1], sys.argv[2], int(sys.argv[3]), int(sys.argv[4]))
```

上面的代码使用的算法如下：
（1）创建模糊核。
（2）对整幅图像进行二维卷积。
（3）将原始图像与卷积结果叠加。
（4）将结果转换为与源图像相同的类型。

　　将输入图像指定为 input.png，将输出图像指定为 output_png.png，将模糊区域的尺寸指定为 10，将从清晰到模糊的过渡区域的尺寸指定为 6，对图像进行边缘模糊的代码如下：

```
>> python("edge_blur.py", "input.png", "output_png.png", "10", "6")
```

10.5　自适应阈值模糊

　　OpenCV 库可以用于对图像进行自适应阈值模糊。使用 OpenCV 库对图像进行自适应阈值模糊的代码如下：

```
# 第10章/adaptive_threshold.py
import sys
import cv2
```

```
import numpy as np

def adaptive_threshold(image_path, output_path):
    image = cv2.imread(image_path, cv2.IMREAD_GRAYSCALE)
    image = image.astype(np.uint8)
    blurred_image = cv2.adaptiveThreshold(image, 200,
                                          cv2.ADAPTIVE_THRESH_GAUSSIAN_C,
                                          cv2.THRESH_BINARY, blockSize = 5,
                                          C = 6)
    cv2.imwrite(output_path, blurred_image)

if __name__ == "__main__":
    adaptive_threshold(sys.argv[1], sys.argv[2])
```

将输入图像指定为 input.png，将输出图像指定为 output_png.png，对图像进行自适应阈值模糊的代码如下：

```
>> python("adaptive_threshold.py", "input.png", "output_png.png")
```

自适应阈值模糊的结果如图 10-5 所示。

图 10-5　自适应阈值模糊

10.6　stackBlur 模糊

OpenCV 库可以用于对图像进行 stackBlur 模糊。使用 OpenCV 库对图像进行 stackBlur 模糊的代码如下：

```
# 第 10 章/stackBlur.py
import sys
import cv2
import numpy as np

def stackBlur(image_path, output_path, ksize = 7):
```

```
    image = cv2.imread(image_path)
    blurred_image = cv2.stackBlur(image, ksize = (ksize, ksize))
    cv2.imwrite(output_path, blurred_image)

if __name__ == "__main__":
    stackBlur(sys.argv[1], sys.argv[2], int(sys.argv[3]))
```

将输入图像指定为 input.png,将输出图像指定为 output_png.png,将邻域尺寸指定为7,对图像进行 stackBlur 的代码如下:

```
>> python("stackBlur.py", "input.png", "output_png.png", "7")
```

stackBlur 模糊的结果如图 10-6 所示。

图 10-6　stackBlur 模糊

10.7　像素化

像素化将图像划分为固定大小的块,并用每个块中像素的平均值来替换块中的所有像素值。这种方法会使图像看起来像是用更大的像素绘制的。

对图像进行像素化的代码如下:

```
#第10章/pixelate.m
function pixelated_image = pixelate(image, block_size)
    [rows, cols, channels] = size(image);
    pixelated_image = zeros(rows, cols, channels, 'like', image);
    for c = 1:channels
        channel = double(squeeze(image(:, :, c)));
        pixelated_result = blockproc(channel, block_size, "mean2");
        pixelated_channel = repelem(pixelated_result, block_size(2), block_size(1));
        pixelated_image(:, :, c) = uint8(pixelated_channel);
    endfor
endfunction
```

上面的代码使用的算法如下：

(1) 对每个图像通道进行分块。

(2) 对每个分块求二维均值，得到新的图像。

(3) 将新的图像按分块尺寸复制像素，直到接近源图像的尺寸。

(4) 将结果转换为 uint8 整型。最终结果不一定和源图像尺寸完全相同。

将输入图像指定为 input_png，将分块尺寸指定为[5,5]，对图像进行像素化的代码如下：

```
>> ret = pixelate(input_png, [5, 5]);
```

像素化的结果如图 10-7 所示。

图 10-7　像素化

PIL 库可以用于图像像素化。使用 PIL 库对图像进行像素化的代码如下：

```
＃第 10 章/pixelate.py
import sys
from PIL import Image

def pixelate(image_path, output_path, pixel_size):
    image = Image.open(image_path)
    width, height = image.size
    new_width = width //pixel_size
    new_height = height //pixel_size
    pixelated_image = Image.new('RGB', (new_width, new_height))
    for x in range(new_width):
        for y in range(new_height):
            left = x * pixel_size
            top = y * pixel_size
            right = min((x + 1) * pixel_size, width)
            bottom = min((y + 1) * pixel_size, height)
            pixel_block = image.crop((left, top, right, bottom))
```

```
            average_color = pixel_block.resize((1, 1)).getpixel((0, 0))
            pixelated_image.paste(average_color, (x, y))
    pixelated_image.save(output_path)

if __name__ == "__main__":
    pixelate(sys.argv[1], sys.argv[2], int(sys.argv[3]))
```

上面的代码使用的算法如下：

（1）将图像分块处理。

（2）裁剪每个像素块，计算每个像素块的均值。

（3）将均值填充到新图像的对应像素块中。

将输入图像指定为 input.png，将输出图像指定为 output_png.png，将像素块尺寸指定为 5，对图像进行像素化的代码如下：

```
>> python("integral_image.py", "input.png", "output_png.png", "5")
```

10.8 马赛克

马赛克可以使用像素化的原理，只对源图像的某个区域进行像素化，或者只将源图像的某个区域替换为像素化之后的对应区域，剩余的区域保持不变。这种方法可以用于涂抹掉图像中的一些敏感信息，起到保密的作用。

对图像进行马赛克的代码如下：

```
#第10章/mosaic.m
function composited_image = mosaic(image, block_size, rect)
    x1 = rect(1);
    y1 = rect(2);
    x2 = rect(3);
    y2 = rect(4);
    image2 = pixelate(image, block_size);
    composited_image = image;
    composited_image(y1:y2, x1:x2, :) = image2(y1:y2, x1:x2, :);
endfunction
```

上面的代码使用的算法如下：

（1）将整幅图像像素化。

（2）将像素化后的图像按照指定的区域坐标替换源图像中的对应区域。

将输入图像指定为 input_png，将分块尺寸指定为[5,5]，将区域坐标指定为[100 110 200 210]，实现马赛克效果的代码如下：

```
>> ret = mosaic(input_png, [5, 5], [100 110 200 210]);
```

实现的马赛克效果如图 10-8 所示。

图 10-8 马赛克效果

PIL 库可以用于实现马赛克效果。使用 PIL 库使图像实现马赛克效果的代码如下：

```python
# 第 10 章/mosaic.py
import sys
from PIL import Image

def mosaic(image_path, output_path, x, y, width, height, pixel_size):
    image = Image.open(image_path)
    pixelated_image = image.copy()
    for px in range(x, x + width, pixel_size):
        for py in range(y, y + height, pixel_size):
            left = max(px, x)
            top = max(py, y)
            right = min(px + pixel_size, x + width)
            bottom = min(py + pixel_size, y + height)
            pixel_block = pixelated_image.crop((left, top, right, bottom))
            if pixel_block.size != (pixel_size, pixel_size):
                continue
            average_color = pixel_block.resize((1, 1)).getpixel((0, 0))
            pixelated_image.paste(average_color, (left, top, right, bottom))
    pixelated_image.save(output_path)

if __name__ == "__main__":
    mosaic(sys.argv[1], sys.argv[2], int(sys.argv[3]),
        int(sys.argv[4]), int(sys.argv[5]),
            int(sys.argv[6]), int(sys.argv[7]))
```

上面的代码使用的算法如下：

（1）只将矩形区域内的图像分块处理。

（2）裁剪每个像素块，计算每个像素块的均值。

（3）将均值填充到新图像的对应像素块中。

将输入图像指定为 input.png，将输出图像指定为 output_png.png，将矩形区域的 x 坐标指定为 50，将 y 坐标指定为 60，将宽度指定为 70，将高度指定为 80，将像素块尺寸指定为 5，使图像实现马赛克效果的代码如下：

```
>> python("integral_image.py", "input.png", "output_png.png", "50", "60", "70", "80", "5")
```

10.9　抖动

GraphicsMagick 可以用于实现图像 Floyd/Steinberg 抖动。将输入图像指定为 input. png,将输出图像指定为 output. png,实现图像抖动效果的代码如下:

```
>> system("gm convert input.png – dither output.png")
```

抖动的结果如图 10-9 所示。

图 10-9　抖动

10.10　排序抖动

GraphicsMagick 可以用于实现图像排序抖动。将输入图像指定为 input. png,将输出图像指定为 output. png,将抖动通道指定为 G 通道,将邻域尺寸指定为 5×5,实现图像排序抖动效果的代码如下:

```
>> system("gm convert input.png – ordered – dither Green 5x5 output.png")
```

排序抖动的结果如图 10-10 所示。

图 10-10　排序抖动

第 11 章

CHAPTER 11

图 像 重 建

图像重建用于将低质量的图像或原始测量数据重建为高质量的图像。

11.1 图像插值

11.1.1 二维矩阵插值

interp2()函数用于对二维矩阵进行插值,而由于图像在内存中可以被视为二维矩阵,因此 interp2()函数可用于图像的插值。

对于单通道的图像而言,由于图像本身就是二维矩阵,因此可以直接调用 interp2()函数。interp2()函数在图像插值时至少需要传入 1 个参数,这个参数是图像。对图像 input_pgm 进行插值,代码如下:

```
>> ret = interp2(input_pgm);
```

此外,interp2()函数允许追加传入第 2 个参数,这个参数是插值的次数。如果要得到放大 2 倍的图像,则第 2 个参数为 1;如果要得到放大 4 倍的图像,则第 2 个参数为 2;如果要得到放大 8 倍的图像,则第 2 个参数为 3,以此类推。将缩放次数指定为 3,对图像 input_pgm 进行插值,代码如下:

```
>> interp2(input_pgm, 3);
```

此外,interp2()函数允许追加传入插值方式。interp2()函数支持的插值方式如表 11-1 所示。

表 11-1   interp2()函数支持的插值方式

插 值 方 式	含　　义	插 值 方 式	含　　义
nearest	最近邻插值	cubic	使用卷积核函数的 3 次插值
linear	线性插值	spline	3 次样条插值
pchip	分段 3 次 Hermite 插值		

将插值方式指定为 nearest,将缩放次数指定为 3,对图像 input_pgm 进行插值,代码如下:

```
>> interp2(input_pgm, 3, 'nearest');
```

对于含有多个通道的图像而言,可以对每个通道进行插值,再合成新的 RGB 图像,这样也可以达到插值的效果。以图像 input_png 为例,对每个通道进行插值的代码如下:

```
>> m1 = interp2(input_png(:,:,1));
>> m2 = interp2(input_png(:,:,2));
>> m3 = interp2(input_png(:,:,3));
>> m = cat(3,m1,m2,m3);
```

对每个通道进行插值的结果如图 11-1 所示。

图 11-1　对每个通道进行插值

11.1.2　三维矩阵插值

interp3()函数用于对三维矩阵进行插值,而由于多通道的图像在内存中可以被视为三维矩阵,因此 interp3()函数可用于图像的插值。interp3()函数在图像插值时至少需要传入 1 个参数,这个参数是图像。

使用 interp3()函数插值的代码如下:

```
>> b = interp3(input);
```

在使用 interp3()函数插值后,图像的第 3 个维度也会改变尺寸,因此要进行额外处理,缩小第 3 个维度的尺寸。以 PNG 图像为例,查看第 3 个维度的代码如下:

```
>> size(b)
ans =

   539   959   5
```

在使用 interp3()函数插值后,第 3 个维度的尺寸为 5,而原来的第 3 个维度的尺寸为 3,相当于多了两个通道。imshow()函数规定,多于 3 个通道的 RGB 图像是非法图像,因此无法被显示。如果想显示插值后的图像,就要取新图像的第 1 个、第 3 个和第 5 个通道,作

为新的 RGB 图像,代码如下:

```
>> c = b(:,:,[1, 3, 5]);
```

显示新的 RGB 图像,代码如下:

```
>> imshow(uint8(c))
```

此外,interp3()函数允许追加传入插值方式。interp3()函数支持的插值方式如表 11-2 所示。

表 11-2　interp3()函数支持的插值方式

插 值 方 式	含　义
nearest	最近邻插值
linear	线性插值
cubic	使用卷积核函数的 3 次插值; 此插值方式暂未实现
spline	3 次样条插值

11.1.3　任意维度矩阵插值

interpn()函数用于对任意维度的矩阵进行插值,可用于图像的插值。interpn()函数在图像插值时至少需要传入 1 个参数,这个参数是图像。

使用 interpn()函数对单通道图像进行插值时,用法类似于 interp2()函数,不再赘述,代码如下:

```
>> interpn(double(input_pbm), 3, 'nearest');
```

使用 interpn()函数对多通道图像进行插值时,用法类似于 interp3()函数,不再赘述,代码如下:

```
>> b = interpn(input);
>> c = cat(3,b(:,:,1),b(:,:,3),b(:,:,5));
>> imshow(uint8(c))
```

11.1.4　傅里叶插值

interpft()函数用于傅里叶插值,可用于图像的插值。interpft()函数在图像插值时至少需要传入两个参数,第 1 个参数是图像,第 2 个参数是采样点的数量。指定采样点的数量是图像高度的两倍,对图像 input_png 进行傅里叶插值,代码如下:

```
>> ret = interpft(input_png, size(input_png)(1) * 2);
```

傅里叶插值的(矩阵实部)结果如图 11-2 所示。

此外,interpft()函数允许追加第 3 个参数,这个参数是插值的维度。对于图像矩阵而言,如果对第 1 个维度进行傅里叶插值,则图像高度会发生变化;如果对第 2 个维度进行傅里叶插值,则图像宽度会发生变化。调用 interpft() 函数进行傅里叶插值,对第 2 个维度进行傅里叶插值,并指定采样点的数量是图像宽度的两倍,代码如下:

```
>> b = interpft(input, size(input)(2) * 2, 2);
>> imshow(uint8(real(b)))
```

此时将得到宽度是原图 2 倍的图像。

PIL 库可以用于图像插值。PIL 库支持的插值方式如表 11-3 所示。

图 11-2 傅里叶插值

表 11-3 PIL 库支持的插值方式

插 值 方 式	含 义
BICUBIC	双三次插值
BILINEAR	双线性插值
BOX	盒子插值
HAMMING	汉明插值
LANCZOS	Lanczos 插值
NEAREST	最近邻插值

11.1.5 双三次插值

将插值方式指定为 BICUBIC,使用 PIL 库对图像进行插值的代码如下:

```
#第 11 章/interp2_bicubic.py
import sys
from PIL import Image

def interp2_bicubic(image_path, output_path, output_size):
    with Image.open(image_path) as image:
        resized_image = image.resize(output_size, Image.Resampling.BICUBIC)
    resized_image.save(output_path)

if __name__ == "__main__":
    interp2_bicubic(sys.argv[1], sys.argv[2], eval(sys.argv[3]))
```

将输入图像指定为 input.png,将输出图像指定为 output_png.png,将输出图像的尺寸指定为(300,400),对图像进行双三次插值的代码如下:

```
>> python("interp2_bicubic.py", "input.png", "output_png.png", "\"(300, 400)\"")
```

双三次插值的结果如图 11-3 所示。

图 11-3　双三次插值

11.1.6　双线性插值

将插值方式指定为 BILINEAR,使用 PIL 库对图像进行插值的代码如下:

```
# 第 11 章/interp2_bilinear.py
import sys
from PIL import Image

def interp2_bilinear(image_path, output_path, output_size):
    with Image.open(image_path) as image:
        resized_image = image.resize(output_size, Image.Resampling.BILINEAR)
    resized_image.save(output_path)

if __name__ == "__main__":
    interp2_bilinear(sys.argv[1], sys.argv[2], eval(sys.argv[3]))
```

将输入图像指定为 input.png,将输出图像指定为 output_png.png,将输出图像的尺寸指定为(300,400),对图像进行双线性插值的代码如下:

```
>> python("interp2_bilinear.py", "input.png", "output_png.png", "\"(300, 400)\"")
```

双线性插值的结果如图 11-4 所示。

图 11-4　双线性插值

11.1.7　盒子插值

将插值方式指定为 BOX,使用 PIL 库对图像进行插值的代码如下:

```
#第11章/interp2_box.py
import sys
from PIL import Image

def interp2_box(image_path, output_path, output_size):
    with Image.open(image_path) as image:
        resized_image = image.resize(output_size, Image.Resampling.BOX)
    resized_image.save(output_path)

if __name__ == "__main__":
    interp2_box(sys.argv[1], sys.argv[2], eval(sys.argv[3]))
```

将输入图像指定为 input.png,将输出图像指定为 output_png.png,将输出图像的尺寸指定为(300,400),对图像进行盒子插值的代码如下:

```
>> python("interp2_box.py", "input.png", "output_png.png", "\"(300, 400)\"")
```

盒子插值的结果如图 11-5 所示。

图 11-5　盒子插值

11.1.8　汉明插值

将插值方式指定为 Hamming,使用 PIL 库对图像进行插值的代码如下:

```
#第11章/interp2_hamming.py
import sys
from PIL import Image
```

```
def interp2_hamming(image_path, output_path, output_size):
    with Image.open(image_path) as image:
        resized_image = image.resize(output_size, Image.Resampling.HAMMING)
    resized_image.save(output_path)


if __name__ == "__main__":
    interp2_hamming(sys.argv[1], sys.argv[2], eval(sys.argv[3]))
```

将输入图像指定为 input.png,将输出图像指定为 output_png.png,将输出图像的尺寸指定为(300,400),对图像进行汉明插值的代码如下:

```
>> python("interp2_hamming.py", "input.png", "output_png.png", "\"(300, 400)\"")
```

汉明插值的结果如图 11-6 所示。

图 11-6 汉明插值

11.1.9 Lanczos 插值

将插值方式指定为 Lanczos,使用 PIL 库对图像进行插值的代码如下:

```
#第 11 章/interp2_lanczos.py
import sys
from PIL import Image

def interp2_lanczos(image_path, output_path, output_size):
    with Image.open(image_path) as image:
        resized_image = image.resize(output_size, Image.Resampling.LANCZOS)
    resized_image.save(output_path)


if __name__ == "__main__":
    interp2_lanczos(sys.argv[1], sys.argv[2], eval(sys.argv[3]))
```

将输入图像指定为 input.png，将输出图像指定为 output_png.png，将输出图像的尺寸指定为(300,400)，对图像进行 Lanczos 插值的代码如下：

```
>> python("interp2_lanczos.py", "input.png", "output_png.png", "\"(300, 400)\"")
```

Lanczos 插值的结果如图 11-7 所示。

图 11-7　Lanczos 插值

11.1.10　最近邻插值

将插值方式指定为 Nearest，使用 PIL 库对图像进行插值的代码如下：

```
#第11章/interp2_nearest.py
import sys
from PIL import Image

def interp2_nearest(image_path, output_path, output_size):
    with Image.open(image_path) as image:
        resized_image = image.resize(output_size, Image.Resampling.NEAREST)
    resized_image.save(output_path)

if __name__ == "__main__":
    interp2_nearest(sys.argv[1], sys.argv[2], eval(sys.argv[3]))
```

将输入图像指定为 input.png，将输出图像指定为 output_png.png，将输出图像的尺寸指定为(300,400)，对图像进行最近邻插值的代码如下：

```
>> python("interp2_nearest.py", "input.png", "output_png.png", "\"(300, 400)\"")
```

最近邻插值的结果如图 11-8 所示。

图 11-8　最近邻插值

11.2　图像超分辨率重建

图像超分辨率重建可以通过插值方式实现，将低分辨率的图像重建为高分辨率的图像。对图像进行超分辨率重建的代码如下：

```
# 第 11 章/hyper_pixel_reconstruct.m
function resized_image = hyper_pixel_reconstruct(image, scale_factor)
    [rows, cols, channels] = size(image);
    new_rows = round(rows * scale_factor);
    new_cols = round(cols * scale_factor);
    resized_image = zeros(new_rows, new_cols, channels, 'like', image);
    for c = 1:channels
        channel_data = double(squeeze(image(:, :, c)));
        [Xq, Yq] = meshgrid(1:new_cols, 1:new_rows);
        Xq_orig = (Xq - 0.5) / scale_factor + 0.5;
        Yq_orig = (Yq - 0.5) / scale_factor + 0.5;
        resized_channel = interp2(1:cols, 1:rows, channel_data, Xq_orig, Yq_orig, 'nearest');
        resized_image(:, :, c) = uint8(resized_channel);
    end
end
```

上面的代码使用的算法如下：
（1）按放大倍数生成新的图像矩阵。
（2）对每个图像通道进行最近邻插值。
（3）将结果转换为与源图像相同的类型。
将输入图像指定为 input_png，将放大倍数指定为 2，对图像进行超分辨率重建的代码如下：

```
>> ret = hyper_pixel_reconstruct(input_png, 2);
```

图像超分辨率重建的结果如图 11-9 所示。

图 11-9　图像超分辨率重建

11.3　傅里叶变换重建

11.3.1　快速傅里叶变换

fft2()函数用于二维快速傅里叶变换,而由于图像在内存中可以被视为二维矩阵,因此fft2()函数可用于对图像进行二维快速傅里叶变换。fft2()函数至少需要传入 1 个参数,这个参数是图像。

对图像 input_png 进行二维快速傅里叶变换,代码如下:

```
>> fft2(input_png)
```

二维快速傅里叶变换的结果如图 11-10 所示。

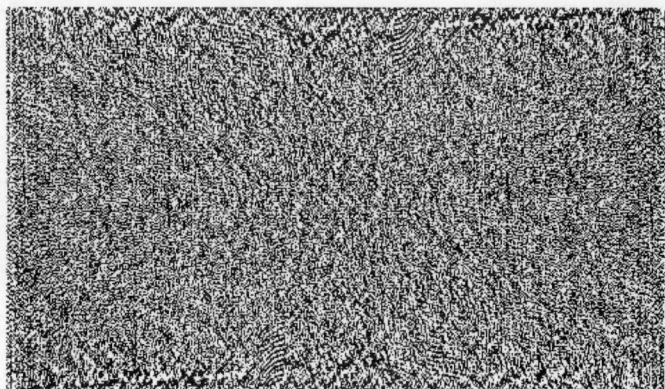

图 11-10　二维快速傅里叶变换

此外,fft2()函数允许追加传入两个参数,这两个参数是图像在傅里叶变换时使用的行数和列数。

将行数指定为2,将列数指定为3,对图像input_png进行二维快速傅里叶变换,代码如下:

```
>> fft2(input_png, 2, 3)
```

OpenCV库可以用于图像快速傅里叶变换。使用OpenCV库对图像进行快速傅里叶变换的代码如下:

```
♯第11章/fft2.py
import sys
import cv2
import numpy as np

def fft2(image_path):
    image = cv2.imread(image_path, cv2.IMREAD_GRAYSCALE)
    rows, cols = image.shape
    nrows = cv2.getOptimalDFTSize(rows)
    ncols = cv2.getOptimalDFTSize(cols)
    nimg = np.zeros((nrows, ncols))
    nimg[:rows, :cols] = image
    fshift = np.fft.fft2(nimg)
    fshift = np.fft.fftshift(fshift)

if __name__ == "__main__":
    fft2(sys.argv[1])
```

上面的代码使用的算法如下:

(1) 将图像扩展到最佳尺寸,尺寸为2的幂次方。

(2) 对扩展图像进行快速傅里叶变换。

将输入图像指定为input.png,对图像进行快速傅里叶变换的代码如下:

```
>> python("fft2.py", "input.png")
```

此外,快速傅里叶变换还涉及幅值谱。使用PIL库对图像进行快速傅里叶变换并输出幅值谱的代码如下:

```
♯第11章/fft2_magnitude.py
import sys
import cv2
import numpy as np
import matplotlib.pyplot as plt

def fft2_magnitude(image_path, output_path):
    image = cv2.imread(image_path, cv2.IMREAD_GRAYSCALE)
    rows, cols = image.shape
    nrows = cv2.getOptimalDFTSize(rows)
```

```
    ncols = cv2.getOptimalDFTSize(cols)
    nimg = np.zeros((nrows, ncols))
    nimg[:rows, :cols] = image
    fshift = np.fft.fft2(nimg)
    fshift = np.fft.fftshift(fshift)
    magnitude_spectrum = 20 * np.log(np.abs(fshift))
    plt.figure()
    plt.imshow(magnitude_spectrum, cmap = 'gray')
    plt.xticks([])
    plt.yticks([])
    plt.savefig(output_path, bbox_inches = 'tight', pad_inches = 0)

if __name__ == "__main__":
    fft2_magnitude(sys.argv[1], sys.argv[2])
```

上面的代码使用的算法如下：

（1）将图像扩展到最佳尺寸，尺寸为 2 的幂次方。

（2）对扩展图像进行快速傅里叶变换。

（3）对扩展图像进行快速傅里叶变换频移。

（4）计算幅值谱。

将输入图像指定为 input.png，将输出幅值谱指定为 output.png，对图像进行快速傅里叶变换并输出幅值谱的代码如下：

```
>> python("fft2_magnitude.py", "input.png", "output.png")
```

幅值谱如图 11-11 所示。

图 11-11 幅值谱

fftn()函数用于多维快速傅里叶变换，而由于图像在内存中可以被视为三维矩阵，因此 fftn()函数可用于对图像进行多维快速傅里叶变换。fftn()函数至少需要传入 1 个参数，这个参数是图像。

对图像 input_png 进行多维快速傅里叶变换，代码如下：

```
>> fftn(input_png)
```

此外,fftn()函数允许追加传入 1 个参数,这个参数是傅里叶变换在每个维度上使用的尺寸。

将傅里叶变换在每个维度上使用的尺寸指定为 3,对图像 input_png 进行多维快速傅里叶变换,代码如下:

```
>> fftn( input_png, 3)
```

11.3.2　离散傅里叶变换

OpenCV 库可以用于图像离散傅里叶变换。使用 OpenCV 库对图像进行离散傅里叶变换的代码如下:

```
♯第 11 章/dft.py
import sys
import cv2
import numpy as np

def dft( image_path, output_path):
    image = cv2.imread(image_path, cv2.IMREAD_GRAYSCALE)
    image = image.astype(np.float32)
    ret = cv2.dft(image)
    cv2.imwrite(output_path, ret)

if __name__ == "__main__":
    dft(sys.argv[1], sys.argv[2])
```

将输入图像指定为 input.png,将输出图像指定为 output.png,对图像进行离散傅里叶变换的代码如下:

```
>> python("dft.py", "input.png", "output.png")
```

离散傅里叶变换的结果如图 11-12 所示。

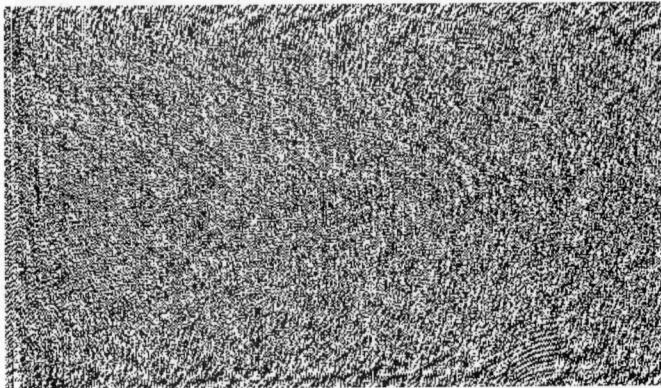

图 11-12　离散傅里叶变换

11.3.3　逆快速傅里叶变换

ifft2()函数用于二维逆快速傅里叶变换,而由于图像在内存中可以被视为二维矩阵,因此 ifft2()函数可用于对图像进行二维逆快速傅里叶变换。ifft2()函数至少需要传入 1 个参数,这个参数是图像。

对图像 input_png 进行二维逆快速傅里叶变换,代码如下:

```
>> ifft2(input_png)
```

此外,ifft2()函数允许追加传入两个参数,这两个参数是图像在逆傅里叶变换时使用的行数和列数。

将图像在逆傅里叶变换时使用的行数指定为 2,将图像在逆傅里叶变换时使用的列数指定为 3,对图像 input_png 进行二维逆快速傅里叶变换,代码如下:

```
>> ifft2(input_png, 2, 3)
```

NumPy 库可以用于图像逆傅里叶变换。使用 NumPy 库对图像进行逆傅里叶变换的代码如下:

```
# 第 11 章/ifft2.py
import sys
import numpy as np

def ifft2(fshift):
    if not np.issubdtype(fshift.dtype, np.complexfloating):
        fshift = fshift.astype(np.complexfloating)
    f_ishift = np.fft.ifftshift(fshift)
    img_back = np.fft.ifft2(f_ishift)
    img_back = np.abs(img_back)
    img_back -= np.min(img_back)
    img_back /= np.max(img_back)
    img_back *= 255
    img_back = np.uint8(img_back)

if __name__ == "__main__":
    ifft2(eval(sys.argv[1]))
```

上面的代码使用的算法如下:

(1) 对扩展图像进行逆傅里叶变换频移。

(2) 对扩展图像进行逆傅里叶变换。

(3) 取绝对值得到图像。

(4) 归一化处理。

(5) 将结果转换为 uint8 类型图像。

将傅里叶变换的结果指定为 input,对图像进行逆傅里叶变换的代码如下:

```
>> python("ifft2.py", "input")
```

ifftn()函数用于多维逆快速傅里叶变换,而由于图像在内存中可以被视为三维矩阵,因此 ifftn()函数可用于对图像进行多维逆快速傅里叶变换。fftn()函数至少需要传入 1 个参数,这个参数是图像。

对图像 input_png 进行多维逆快速傅里叶变换,代码如下:

```
>> ifftn(input_png)
```

此外,ifftn()函数允许追加传入 1 个参数,这个参数是图像在逆傅里叶变换时在每个维度上使用的尺寸。

将图像在逆傅里叶变换时在每个维度上使用的尺寸指定为 3,对图像 input_png 进行多维逆快速傅里叶变换,代码如下:

```
>> ifftn(input_png, 3)
```

11.3.4　逆离散傅里叶变换

OpenCV 库可以用于图像逆离散傅里叶变换。使用 OpenCV 库对图像进行逆离散傅里叶变换的代码如下:

```python
# 第 11 章/idft.py
import sys
import cv2
import numpy as np

def idft(image_path, output_path):
    image = cv2.imread(image_path)
    ret = cv2.idft(image)
    cv2.imwrite(output_path, ret)

if __name__ == "__main__":
    idft(sys.argv[1], sys.argv[2])
```

将输入图像指定为 input.png,将输出图像指定为 output.png,对图像进行逆离散傅里叶变换的代码如下:

```
>> python("idft.py", "input.png", "output.png")
```

11.3.5　将零频分量移到变换矩阵的中心

fftshift()函数用于将零频分量移到变换矩阵的中心,而由于图像在内存中可以被视为矩阵,因此 fftshift()函数可用于将零频分量移到变换图像的中心。fftshift()函数至少需要传入 1 个参数,这个参数是图像。

将图像 input_png 的零频分量移到变换矩阵的中心,代码如下:

```
>> fftshift(input_png)
```

此外,fftshift()函数允许追加传入第 2 个参数,这个参数是最大维数。

将最大维数指定为 3，将图像 input_png 的零频分量移到变换矩阵的中心，代码如下：

```
>> fftshift(input_png, 3)
```

11.3.6　将零频分量从变换矩阵的中心移回原位

ifftshift()函数用于将零频分量从变换矩阵的中心移回原位，而由于图像在内存中可以被视为矩阵，因此 ifftshift()函数可用于将零频分量从图像的中心移回原位。ifftshift()函数至少需要传入 1 个参数，这个参数是图像。

将图像 input_png 的零频分量从图像的中心移回原位，代码如下：

```
>> ifftshift(input_png)
```

此外，ifftshift()函数允许追加传入第 2 个参数，这个参数是最大维数。

将最大维数指定为 3，将图像 input_png 的零频分量从图像的中心移回原位，代码如下：

```
>> ifftshift(input_png, 3)
```

11.3.7　傅里叶卷积

fftconv2()函数用于二维傅里叶卷积，而由于图像在内存中可以被视为二维矩阵，因此 fftconv2()函数可用于对图像进行二维傅里叶卷积。fftconv2()函数至少需要传入两个参数，第 1 个参数是图像，第 2 个参数是卷积核。

将卷积核指定为[1 2 1;2 4 2;1 2 1]，对图像 input_png 进行二维傅里叶卷积，代码如下：

```
>> fftconv2(input_png, [1 2 1;2 4 2;1 2 1])
```

二维傅里叶卷积的(矩阵实部)结果如图 11-13 所示。

图 11-13　二维傅里叶卷积

此外，fftconv2()函数允许传入 3 个参数，此时前两个参数是卷积向量，第 3 个参数是图像。

将卷积向量指定为[1,2,3,4]和[4,3,2,1]，对图像 input_png 使用快速傅里叶变换进

行卷积,代码如下:

```
>> fftconv2([1,2,3,4], [4,3,2,1], input_png)
```

此外,fftconv2()函数允许追加传入卷积类型。fftconv2()函数支持的卷积类型如表 11-4 所示。

表 11-4　fftconv2()函数支持的卷积类型

卷 积 类 型	含　　义
full	最终的图像尺寸是傅里叶变换的完整尺寸
same	最终的图像尺寸和较大的图像尺寸相同
valid	最终的图像尺寸是第 1 幅图像的尺寸减去第 3 幅图像的尺寸加一

将卷积向量指定为[1,2,3,4]和[4,3,2,1],将卷积类型指定为 full,将图像 input_png 使用快速傅里叶变换进行卷积,代码如下:

```
>> fftconv2([1,2,3,4], [4,3,2,1], input_png, "full")
```

PIL 库可以用于图像傅里叶卷积。使用 PIL 库对图像进行傅里叶卷积的代码如下:

```python
# 第 11 章/fftconv.py
import sys
from PIL import Image
import numpy as np
import cv2

def fftconv(image_path, output_path, kernel):
    image = Image.open(image_path).convert('L')
    image_np = np.array(image)
    rows, cols = image_np.shape
    kernel_rows, kernel_cols = kernel.shape
    padded_rows = cv2.getOptimalDFTSize(rows + kernel_rows - 1)
    padded_cols = cv2.getOptimalDFTSize(cols + kernel_cols - 1)
    padded_image = np.pad(image_np, ((kernel_rows //2, kernel_rows - kernel_rows //2),
(kernel_cols //2, kernel_cols - kernel_cols //2)), mode = 'constant')
    padded_kernel = np.pad(kernel, ((padded_rows - kernel_rows) //2, (padded_cols - kernel
_cols) //2), mode = 'constant')
    padded_image_fft = np.fft.fft2(padded_image.astype(np.float32), s = (padded_rows,
padded_cols))
    padded_kernel_fft = np.fft.fft2(padded_kernel.astype(np.float32), s = (padded_rows,
padded_cols))
    convolved_fft = padded_image_fft * padded_kernel_fft
    convolved = np.fft.ifft2(convolved_fft).real.astype(np.uint8)
    output_image = Image.fromarray(convolved[:rows, :cols])
    output_image.save(output_path)

if __name__ == "__main__":
    fftconv(sys.argv[1], sys.argv[2], eval(sys.argv[3]))
```

上面的代码使用的算法如下：

（1）将图像和卷积核扩展到相同的大小，大小是 2 的幂次方。

（2）对扩展图像进行傅里叶变换。

（3）进行卷积运算。

（4）对卷积运算结果进行逆傅里叶变换。

（5）将结果裁剪到原始图像大小。

将输入图像指定为 input. png，将输出图像指定为 output_png. png，将卷积核指定为 np. array([[1,2,1],[2,4,2],[1,2,1]])/16.0，对图像进行傅里叶卷积的代码如下：

```
>> python("fftconv.py", "input.png", "output_png.png", "\"np.array([[1, 2, 1], [2, 4, 2], [1, 2, 1]]) / 16.0\"")
```

fftconvn()函数用于进行多维傅里叶卷积，而由于图像在内存中可以被视为三维矩阵，因此 fftconvn()函数可用于使用快速傅里叶变换进行三维图像的卷积。fftconvn()函数至少需要传入两个参数，第 1 个参数是图像，第 2 个参数是卷积核。

将卷积核指定为[1 2 1;2 4 2;1 2 1]，对图像 input_png 进行多维傅里叶卷积，代码如下：

```
>> ret = fftconvn(input_png, [1 2 1;2 4 2;1 2 1]);
```

此外，fftconvn()函数允许追加传入卷积类型。fftconvn()函数支持的卷积类型和 fftconvn()函数支持的卷积类型相同。

将卷积类型指定为 full，将图像 input_png 和 input_png2 使用快速傅里叶变换进行卷积，代码如下：

```
>> fftconvn(input_png, input_png2, "full")
```

11.4 离散余弦变换重建

11.4.1 离散余弦变换

OpenCV 库可以对图像进行离散余弦变换。使用 OpenCV 库对图像进行离散余弦变换的代码如下：

```
# 第 11 章/dct2.py
import sys
import numpy as np
import cv2


def dct2(image_path, output_path):
    image = cv2.imread(image_path)
```

```
    if len(image.shape) > 2:
        gray_image = cv2.cvtColor(image, cv2.COLOR_BGR2GRAY)
    else:
        gray_image = image
    image = cv2.dct(np.float32(gray_image))
    ret = cv2.dct(image)
    cv2.imwrite(output_path, ret)

if __name__ == "__main__":
    dct2(sys.argv[1], sys.argv[2])
```

将输入图像指定为 input.png,将输出图像指定为 output_png.png,对图像进行离散余弦变换的代码如下:

```
>> python("dct2.py", "input.png", "output_png.png")
```

图像离散余弦变换的结果如图 11-14 所示。

图 11-14　图像离散余弦变换

11.4.2　逆离散余弦变换

OpenCV 库可以对图像进行逆离散余弦变换。使用 OpenCV 库对图像进行逆离散余弦变换的代码如下:

```
#第 11 章/idct2.py
import sys
import numpy as np
import cv2

def idct2(image_path, output_path):
    image = cv2.imread(image_path)
    if len(image.shape) > 2:
        gray_image = cv2.cvtColor(image, cv2.COLOR_BGR2GRAY)
    else:
```

```
        gray_image = image
    image = cv2.dct(np.float32(gray_image))
    ret = cv2.dct(image)
    idct_image = cv2.idct(ret)
    idct_image = np.uint8(idct_image)
    cv2.imwrite(output_path, idct_image)

if __name__ == "__main__":
    idct2(sys.argv[1], sys.argv[2])
```

将输入图像指定为 input.png,将输出图像指定为 output_png.png,对图像进行逆离散余弦变换的代码如下:

```
>> python("idct2.py", "input.png", "output_png.png")
```

图像逆离散余弦变换的结果如图 11-15 所示。

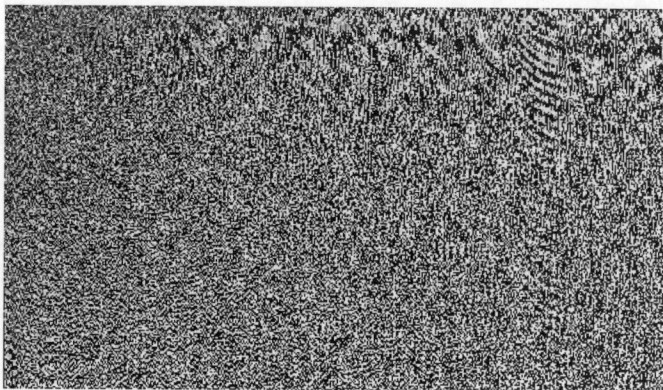

图 11-15 图像逆离散余弦变换

用 OpenCV 库可以对图像在离散余弦变换和逆离散余弦变换的过程中进行调节。使用 OpenCV 库进行图像离散余弦变换重建的代码如下:

```
#第11章/dct2_idct2.py
import sys
import numpy as np
import cv2

def dct2_idct2(image_path, output_path):
    image = cv2.imread(image_path)
    if len(image.shape) > 2:
        gray_image = cv2.cvtColor(image, cv2.COLOR_BGR2GRAY)
    else:
        gray_image = image
    image = cv2.dct(np.float32(gray_image))
    ret = cv2.dct(image)
    threshold = 100
    ret[ret < threshold] += 20
```

```
    ret[ret > threshold] -= 20
    idct_image = cv2.idct(ret)
    idct_image = np.uint8(idct_image)
    cv2.imwrite(output_path, idct_image)

if __name__ == "__main__":
    dct2_idct2(sys.argv[1], sys.argv[2])
```

将输入图像指定为 input.png,将输出图像指定为 output_png.png,对图像进行离散余弦变换重建的代码如下:

```
>> python("dct2_idct2.py", "input.png", "output_png.png")
```

图像离散余弦变换重建的结果如图 11-16 所示。

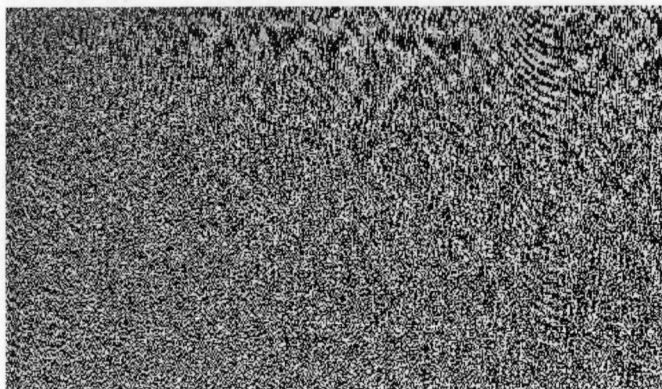

图 11-16 图像离散余弦变换重建

11.5 Radon 变换重建

11.5.1 Radon 变换

Radon 变换用于生成投影,常用于代数重建。radon()函数用于 Radon 变换。radon() 函数允许传入 1 个参数,这个参数是图像。

对图像 input_pgm 进行 Radon 变换,代码如下:

```
>> radon(input_pgm)
```

Radon 变换的结果如图 11-17 所示。

此外,radon()函数允许追加传入第 2 个参数,这个参数是 θ。

将 θ 指定为 $0°\sim179°$,对图像 input_pgm 进行 Radon 变换,代码如下:

```
>> radon(input_pgm, 0:179)
```

图 11-17 Radon 变换

11.5.2 逆 Radon 变换

逆 Radon 变换用于从投影重建图像,常用于代数重建。iradon()函数用于逆 Radon 变换。iradon()函数允许传入 1 个参数,这个参数是图像。

对图像 input_pgm 进行逆 Radon 变换,代码如下:

```
>> iradon( input_pgm)
```

此外,iradon()函数允许追加传入第 2 个参数,这个参数是 θ。

将 θ 指定为 $0°\sim179°$,对图像 input_pgm 进行逆 Radon 变换,代码如下:

```
>> iradon( input_pgm, 0:179)
```

此外,iradon()函数允许追加传入第 3 个参数,这个参数是插值方式。iradon()函数支持的插值方式如表 11-5 所示。

表 11-5 iradon()函数支持的插值方式

卷 积 类 型	含　　义	卷 积 类 型	含　　义
nearest	最近邻插值	pchip	pchip 插值
linear	线性插值	cubic	3 次插值
spline	样条插值		

将 θ 指定为 $0°\sim179°$,对图像 input_pgm 进行逆 Radon 变换,代码如下:

```
>> iradon( input_pgm, 0:179)
```

此外,iradon()函数允许追加传入第 4 个参数,这个参数是平行光投影的过滤方式。

将 θ 指定为 $0°\sim179°$,将平行光投影的过滤方式指定为 hamming,对图像 input_pgm 进行逆 Radon 变换,代码如下:

```
>> iradon( input_pgm, 0:179, 'hamming')
```

此外,iradon()函数允许追加传入第 5 个参数,这个参数是滤波器应通过的低于奈奎斯特频率的频率比例。

将 θ 指定为 0°～179°,将平行光投影的过滤方式指定为 hamming,将滤波器应通过的低于奈奎斯特频率的频率比例指定为 0.5,对图像 input_pgm 进行逆 Radon 变换,代码如下:

```
>> iradon(input_pgm, 0:179, 'hamming', 0.5)
```

此外,iradon()函数允许追加传入第 6 个参数,这个参数是重建尺寸,此时 iradon()函数将每个 θ 重建为这个尺寸的正方形邻域。

将 θ 指定为 0°～179°,将平行光投影的过滤方式指定为 hamming,将滤波器应通过的低于奈奎斯特频率的频率比例指定为 0.5,将重建尺寸指定为 5,对图像 input_pgm 进行逆 Radon 变换,代码如下:

```
>> iradon(input_pgm, 0:179, 'hamming', 0.5, 5)
```

11.5.3　过滤平行光投影

rho_filter()函数用于过滤平行光投影。iradon()函数允许传入 1 个参数,这个参数是图像。

对图像 input_pgm 进行过滤平行光投影,代码如下:

```
>> rho_filter(input_pgm)
```

过滤平行光投影的结果如图 11-18 所示。

图 11-18　过滤平行光投影

此外,rho_filter()函数允许追加传入第 2 个参数,这个参数是平行光投影的过滤方式。rho_filter()函数支持的过滤方式如表 11-6 所示。

表 11-6　rho_filter()函数支持的过滤方式

过 滤 方 式	含　　义
none	不过滤
ram-lak	使用 Ram-Lak 方式过滤

续表

过 滤 方 式	含 义
hamming	使用汉明窗过滤
hann	使用韩窗过滤
cosine	使用余弦窗过滤
shepp-logan	使用 Shepp-Logan 方式过滤

将过滤方式指定为 hamming,对图像 input_png 进行过滤平行光投影,代码如下:

```
>> rho_filter(input_png, 'hamming')
```

此外,rho_filter()函数允许追加传入第 3 个参数,这个参数是滤波器应通过的低于奈奎斯特频率的频率比例。

将过滤方式指定为 hamming,将滤波器应通过的低于奈奎斯特频率的频率比例指定为 0.5,对图像 input_png 进行过滤平行光投影,代码如下:

```
>> rho_filter(input_png, 'hamming', 0.5)
```

11.6 fanbeam 变换重建

11.6.1 fanbeam 变换

NumPy 库可以对图像进行 fanbeam 变换。使用 NumPy 库进行 fanbeam 变换的代码如下:

```python
# 第 11 章/fanbeam_projection.py
import sys
import numpy as np
import cv2

def fanbeam_projection(image_path, angle, detector_spacing):
    image = cv2.imread(image_path)
    image_centered = np.fft.ifftshift(image)
    rows, cols, channel = image_centered.shape
    projection = np.zeros(int(np.ceil(cols / np.tan(np.radians(angle)))))
    for i, x in enumerate(range(projection.size)):
        detector_position = x * detector_spacing
        ray_direction = np.array([np.cos(np.radians(angle)), np.sin(np.radians(angle))])
        ray_direction /= np.linalg.norm(ray_direction)
        intersections = []
        t = 0
        while t < rows:
            y = int(t)
            x = int((detector_position - y * ray_direction[1]) / ray_direction[0])
            if 0 <= x < cols and 0 <= y < rows:
                intersections.append((x, y))
            t += 1
```

```
        projection[i] = np.sum([image_centered[y, x] for x, y in intersections])
    print(projection)
    return projection

if __name__ == "__main__":
    fanbeam_projection(sys.argv[1], int(sys.argv[2]), int(sys.argv[3]))
```

将输入图像指定为 input. png,将角度指定为 30°,将检测间隔指定为 5,对图像进行
fanbeam 变换的代码如下:

```
>> python("fanbeam_projection.py", "input.png", "30", "5")
```

11.6.2 逆 fanbeam 变换

NumPy 库可以对图像进行逆 fanbeam 变换。使用 NumPy 库进行逆 fanbeam 变换的
代码如下:

```
♯第 11 章/fanbeam_reconstruction.py
import sys
import numpy as np
import cv2

def fanbeam_reconstruction(output_path, projections,
                           angles, detector_spacing, image_size):
    width, height = image_size
    reconstructed_image = np.zeros((height, width))
    for angle_idx, angle in enumerate(angles):
        projection = projections[angle_idx]
        for detector_idx, value in enumerate(projection):
            detector_position = detector_idx * detector_spacing
            ray_direction = np.array([np.cos(np.radians(angle)),
                                      np.sin(np.radians(angle))])
            ray_direction /= np.linalg.norm(ray_direction)
            t = 0
            while t < height:
                y = int(t)
                x = int(np.sum((detector_position -
                            y * ray_direction[0, 0]) /
                            ray_direction[1, 1]))
                if 0 <= x < width and 0 <= y < height:
                    reconstructed_image[y, x] += value
                t += 1
    reconstructed_image /= np.max(reconstructed_image)
    reconstructed_image = np.uint8(reconstructed_image)
    cv2.imwrite(output_path, reconstructed_image)

if __name__ == "__main__":
    fanbeam_reconstruction(sys.argv[1], eval(sys.argv[2]),
                           eval(sys.argv[3]), int(sys.argv[4]),
                           eval(sys.argv[5]))
```

将输出图像指定为 output.png，将投影指定为[[1,10],[2,20],[3,30]]，将角度指定为[[0,30],[1,40],[2,50]]，将检测间隔指定为5，将图像尺寸指定为(300,400)，对图像进行逆 fanbeam 变换的代码如下：

```
>> python("fanbeam_reconstruction.py", "output.png", "\"[[1, 10], [2, 20], [3, 30]]\"", "\"[[0, 30], [1, 40], [2, 50]]\"", "5", "\"(300, 400)\"")
```

11.7　维纳去卷积

deconvwnr()函数用于维纳去卷积。deconvwnr()函数允许传入两个参数，第 1 个参数是图像，第 2 个参数是 PSF。

将 PSF 指定为[1 0 1; 2 2 2; 3 0 3]，对图像 input_png 进行维纳去卷积，代码如下：

```
>> deconvwnr( input_png, [1 0 1; 2 2 2; 3 0 3])
```

维纳去卷积的结果如图 11-19 所示。

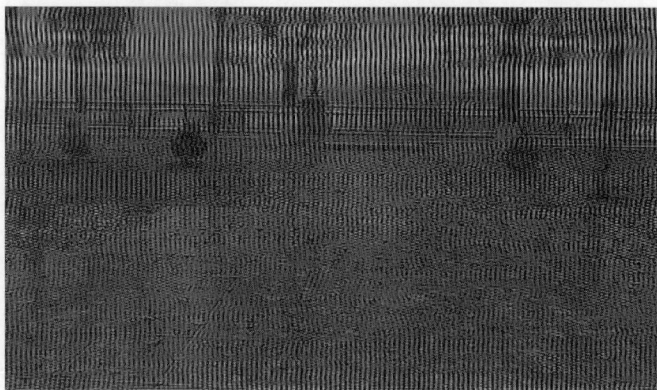

图 11-19　维纳去卷积

此外，deconvwnr()函数允许传入第 3 个参数，这个参数被认为是 NSR。

将 PSF 指定为[1 0 0; 0 1 0; 0 0 1]，将 NSR 指定为 0.01，对图像 input_png 进行维纳去卷积，代码如下：

```
>> deconvwnr( input_png, [1 0 0; 0 1 0; 0 0 1], 0.01)
```

11.8　去马赛克

OpenCV 库可以用于去马赛克。
OpenCV 库支持的去马赛克方式如表 11-7 所示。

表 11-7　OpenCV 库支持的去马赛克方式

去马赛克方式	含　义
COLOR_BayerBG2BGR、COLOR_BayerGB2BGR、COLOR_ BayerRG2BGR、COLOR _ BayerGR2BGR、COLOR _ BayerBG2GRAY、COLOR_ BayerGB2GRAY、COLOR_ BayerRG2GRAY 或 COLOR_BayerGR2GRAY	将使用双线性插值去马赛克
COLOR_BayerBG2BGR_VNG、COLOR_BayerGB2BGR_VNG、COLOR_BayerRG2BGR_VNG 或 COLOR_BayerGR2BGR_VNG	将使用可变式斜率数内插去马赛克
COLOR_BayerBG2BGR_EA、COLOR_BayerGB2BGR_EA、COLOR_BayerRG2BGR_EA 或 COLOR_BayerGR2BGR_EA	将使用边缘感知去马赛克
COLOR _ BayerBG2BGRA、COLOR _ BayerGB2BGRA、COLOR_BayerRG2BGRA 或 COLOR_BayerGR2BGRA	将使用透明度通道去马赛克

使用 OpenCV 库对图像去马赛克的代码如下：

```python
＃第 11 章/demosaicing.py
import sys
import cv2
import numpy as np

def demosaicing(image_path, output_path, format = cv2.COLOR_BayerBG2BGR):
    image = cv2.imread(image_path)
    ret = cv2.demosaicing(image, format)
    cv2.imwrite(output_path, ret)

if __name__ == "__main__":
    demosaicing(sys.argv[1], sys.argv[2], eval(sys.argv[3]))
```

将输入图像指定为 input.png，将输出图像指定为 output.png，将去马赛克方式指定为 cv2.COLOR_BayerBG2BGR，对图像去马赛克的代码如下：

```
>> python("demosaicing.py", "input.png", "output.png", "cv2.COLOR_BayerGB2BGR")
```

去马赛克的结果如图 11-20 所示。

图 11-20　去马赛克

第 12 章

CHAPTER 12

图像形态学

形态学是一种起源于数学的学科。对图像进行形态学运算可以起到独特的变换效果。

12.1 基本形态学运算

bwmorph()函数用于执行基本的二值形态学操作,例如腐蚀、膨胀、开运算、闭运算等。bwmorph()函数允许传入两个参数,第 1 个参数是二值图像,第 2 个参数是二值形态学操作。bwmorph()函数支持的二值形态学操作如表 12-1 所示。

表 12-1 bwmorph()函数支持的二值形态学操作

二值形态学操作	含 义
bothat	底帽运算
bridge	桥接未连通的像素
clean	删除孤立像素
close	闭运算
diag	对角填充
dilate	膨胀运算
endpoints	找到骨架的终点
erode	腐蚀运算
fill	填充孤立的内部像素
hbreak	删除 H 连通的像素
majority	将 3×3 邻域中的像素按较多的元素取为全 1 或全 0
open	开运算
remove	删除内部像素
shrink	收缩运算
skel 或 skel-pratt	用 Pratt 算法进行骨架运算
skel-lantuejoul	用 Lantuejoul 算法进行骨架运算
spur	删除杂散像素
thicken	加厚运算
thin-pratt	用 Pratt 算法进行薄运算
thin	薄运算
tophat	顶帽运算

将二值形态学操作指定为 bothat,对图像 input_png 执行基本的二值形态学操作,代码如下:

```
>> deconvwnr(input_png, "bothat")
```

此外,bwmorph()函数允许追加传入第 3 个参数,这个参数是运算次数。特别地,运算次数可以是 Inf,此时将一直运算直到图像不再变化。

将二值形态学操作指定为 bothat,将运算次数指定为 5,对图像 input_png 执行基本的二值形态学操作,代码如下:

```
>> deconvwnr(input_png, "bothat", 5)
```

OpenCV 库可以用于图像形态学计算。如果要使用 OpenCV 库进行图像形态学计算,就需要调用 morphologyEx()函数,配合具体的二值形态学操作参数完成计算。morphologyEx()函数支持的二值形态学操作如表 12-2 所示。

表 12-2　morphologyEx()函数支持的二值形态学操作

二值形态学操作	含　　义
MORPH_ERODE	腐蚀运算
MORPH_DILATE	膨胀运算
MORPH_OPEN	开运算
MORPH_CLOSE	闭运算
MORPH_GRADIENT	梯度运算
MORPH_TOPHAT	顶帽运算
MORPH_BLACKHAT	黑帽运算
MORPH_HITMISS	击中击不中变换

12.1.1　结构元素

strel()函数用于创建任意的形态学结构元素。strel()函数至少需要传入两个参数,第 1 个参数是形状,剩余参数是其他参数。strel()函数支持的形状和其他参数如表 12-3 所示。

表 12-3　strel()函数支持的形状和其他参数

形　　状	含　　义	其　他　参　数
arbitrary	任意形状	如果传入 1 个其他参数,则这个参数是邻域矩阵; 如果传入两个其他参数,则第 1 个参数是邻域矩阵,第 2 个参数是高度
ball	球体	第 1 个参数是半径,第 2 个参数是高度
cube	正方体	这个参数是边长
diamond	钻石体	这个参数是半径
disk	圆盘	如果传入 1 个其他参数,则这个参数是半径; 如果传入两个其他参数,则第 1 个参数是半径,第 2 个参数是形状数量,可选 0、4、6 或 8

续表

形 状	含 义	其 他 参 数
hypercube	超立方体	第1个参数是维数,第2个参数是边长
hyperrectangle	超矩形	这个参数是维数
line	直线	第1个参数是长度,第2个参数是角度; 如果角度是一个一元矩阵,则代表二维直线的方向角; 如果角度是一个二元矩阵,则代表三维直线的方向角 α 和 φ
octagon	八边形	这个参数是边心距; 必须是3的倍数
pair	一对形状;其中一个形状在原点,另一个形状在距离某个偏移量的位置	这个参数是偏移量
periodicline	周期线	第1个参数是P,第2个参数是V
rectangle	矩形	这个参数是维数
square	正方形	这个参数是边长

1. 任意形状的结构元素

将形状指定为 arbitrary,将邻域矩阵指定为[0 0 0 1;0 1 0 0;1 1 1 0;1 1 1 1],创建形态学结构元素,代码如下:

```
>> strel("arbitrary", [0 0 0 1;0 1 0 0;1 1 1 0;1 1 1 1])
ans =
    Flat STREL object with 9 neighbors

    Neighborhood:
    0  0  0  1
    0  1  0  0
    1  1  1  0
    1  1  1  1
```

将形状指定为 arbitrary,将邻域矩阵指定为[0 0 0 1;0 1 0 0;1 1 1 0;1 1 1 1],将高度指定为[1 2 3 4;5 6 7 8;8 7 6 5;4 3 2 1],创建形态学结构元素,代码如下:

```
>> strel("arbitrary", [0 0 0 1;0 1 0 0;1 1 1 0;1 1 1 1], [1 2 3 4;5 6 7 8;8 7 6 5;4 3 2 1])
ans =
    Nonflat STREL object with 9 neighbors

    Neighborhood:
    0  0  0  1
    0  1  0  0
    1  1  1  0
    1  1  1  1
    Height:
    1  2  3  4
    5  6  7  8
    8  7  6  5
    4  3  2  1
```

注意：如果将形状指定为 arbitrary,则高度必须是一个矩阵,并且尺寸必须和邻域矩阵
的尺寸相等。

2. 球体结构元素

将形状指定为 ball,将半径指定为 5,将高度指定为 6,创建形态学结构元素,代码如下：

```
>> strel("ball", 5, 6)
ans =
    Nonflat STREL object with 81 neighbors

    Neighborhood:
    0 0 0 0 0 1 0 0 0 0 0
    0 0 1 1 1 1 1 1 1 0 0
    0 1 1 1 1 1 1 1 1 1 0
    0 1 1 1 1 1 1 1 1 1 0
    0 1 1 1 1 1 1 1 1 1 0
    1 1 1 1 1 1 1 1 1 1 1
    0 1 1 1 1 1 1 1 1 1 0
    0 1 1 1 1 1 1 1 1 1 0
    0 1 1 1 1 1 1 1 1 1 0
    0 0 1 1 1 1 1 1 1 0 0
    0 0 0 0 0 1 0 0 0 0 0
```
```
    Height:
    0      0        0        0        0        0        0        0        0      0      0
    0      0        0      2.6833   3.3941   3.6000   3.3941   2.6833      0      0      0
    0      0      3.1749   4.1569   4.6476   4.8000   4.6476   4.1569   3.1749    0      0
    0    2.6833   4.1569   4.9477   5.3666   5.4991   5.3666   4.9477   4.1569  2.6833   0
    0    3.3941   4.6476   5.3666   5.7550   5.8788   5.7550   5.3666   4.6476  3.3941   0
    0    3.6000   4.8000   5.4991   5.8788   6.0000   5.8788   5.4991   4.8000  3.6000   0
    0    3.3941   4.6476   5.3666   5.7550   5.8788   5.7550   5.3666   4.6476  3.3941   0
    0    2.6833   4.1569   4.9477   5.3666   5.4991   5.3666   4.9477   4.1569  2.6833   0
    0      0      3.1749   4.1569   4.6476   4.8000   4.6476   4.1569   3.1749    0      0
    0      0        0      2.6833   3.3941   3.6000   3.3941   2.6833      0      0      0
    0      0        0        0        0        0        0        0        0      0      0
```

3. 正方体结构元素

将形状指定为 cube,将边长指定为 5,创建形态学结构元素,代码如下：

```
>> strel("cube", 5)
ans =
    Flat STREL object with 125 neighbors

    Neighborhood:
ans(:,:,1) =

    1 1 1 1 1
    1 1 1 1 1
    1 1 1 1 1
```

```
    1  1  1  1  1
    1  1  1  1  1

ans(:,:,2) =

    1  1  1  1  1
    1  1  1  1  1
    1  1  1  1  1
    1  1  1  1  1
    1  1  1  1  1

ans(:,:,3) =

    1  1  1  1  1
    1  1  1  1  1
    1  1  1  1  1
    1  1  1  1  1
    1  1  1  1  1

ans(:,:,4) =

    1  1  1  1  1
    1  1  1  1  1
    1  1  1  1  1
    1  1  1  1  1
    1  1  1  1  1

ans(:,:,5) =

    1  1  1  1  1
    1  1  1  1  1
    1  1  1  1  1
    1  1  1  1  1
    1  1  1  1  1
```

4. 钻石体结构元素

将形状指定为 diamond，将半径指定为 5，创建形态学结构元素，代码如下：

```
>> strel("diamond", 5)
ans =
    Flat STREL object with 61 neighbors

    Neighborhood:
    0  0  0  0  0  1  0  0  0  0  0
    0  0  0  0  1  1  1  0  0  0  0
    0  0  0  1  1  1  1  1  0  0  0
    0  0  1  1  1  1  1  1  1  0  0
    0  1  1  1  1  1  1  1  1  1  0
    1  1  1  1  1  1  1  1  1  1  1
```

```
0 1 1 1 1 1 1 1 1 1 0
0 0 1 1 1 1 1 1 1 0 0
0 0 0 1 1 1 1 1 0 0 0
0 0 0 0 1 1 1 0 0 0 0
0 0 0 0 0 1 0 0 0 0 0
```

5. 圆盘结构元素

将形状指定为 disk，将半径指定为 5，创建形态学结构元素，代码如下：

```
>> strel("disk", 5)
error: strel: N for disk shape not yet implemented, use N of 0
error: called from
    strel at line 257 column 9
```

将形状指定为 disk，将半径指定为 5，将形状数量指定为 4，创建形态学结构元素，代码如下：

```
>> strel("disk", 5, 4)
error: strel: N for disk shape not yet implemented, use N of 0
error: called from
    strel at line 257 column 9
```

注意：无法创建形状为 disk 的形态学结构元素。

6. 超立方体结构元素

将形状指定为 hypercube，将维数指定为 3，将边长指定为 4，创建形态学结构元素，代码如下：

```
>> strel("hypercube", 3, 4)
ans =
    Flat STREL object with 64 neighbors

    Neighborhood:
ans(:,:,1) =

    1  1  1  1
    1  1  1  1
    1  1  1  1
    1  1  1  1

ans(:,:,2) =

    1  1  1  1
    1  1  1  1
    1  1  1  1
    1  1  1  1
```

```
ans(:,:,3) =

    1  1  1  1
    1  1  1  1
    1  1  1  1
    1  1  1  1


ans(:,:,4) =

    1  1  1  1
    1  1  1  1
    1  1  1  1
    1  1  1  1
```

7. 超矩形结构元素

将形状指定为 hyperrectangle,将维数指定为 5,创建形态学结构元素,代码如下:

```
>> strel("hyperrectangle", 5)
ans =
    Flat STREL object with 25 neighbors


    Neighborhood:
    1  1  1  1  1
    1  1  1  1  1
    1  1  1  1  1
    1  1  1  1  1
    1  1  1  1  1
```

8. 直线结构元素

将形状指定为 line,将长度指定为 5,将角度指定为 6°,创建形态学结构元素,代码如下:

```
>> strel("line", 5, [6])
ans =
    Flat STREL object with 5 neighbors


    Neighborhood:
    1  1  1  1  1
```

将形状指定为 line,将长度指定为 5,将角度指定为 6°和 7°,创建形态学结构元素,代码
如下:

```
>> strel("line", 5, [6, 7])
ans =
    Flat STREL object with 5 neighbors


    Neighborhood:
ans(:,:,1) = 1
ans(:,:,2) = 1
ans(:,:,3) = 1
ans(:,:,4) = 1
ans(:,:,5) = 1
```

9. 八边形结构元素

将形状指定为 octagon,将边心距指定为 6,创建形态学结构元素,代码如下:

```
>> strel("octagon", 6)
ans =
    Flat STREL object with 129 neighbors


    Neighborhood:
    0 0 0 0 1 1 1 1 1 0 0 0 0
    0 0 0 1 1 1 1 1 1 1 0 0 0
    0 0 1 1 1 1 1 1 1 1 1 0 0
    0 1 1 1 1 1 1 1 1 1 1 1 0
    1 1 1 1 1 1 1 1 1 1 1 1 1
    1 1 1 1 1 1 1 1 1 1 1 1 1
    1 1 1 1 1 1 1 1 1 1 1 1 1
    1 1 1 1 1 1 1 1 1 1 1 1 1
    1 1 1 1 1 1 1 1 1 1 1 1 1
    0 1 1 1 1 1 1 1 1 1 1 1 0
    0 0 1 1 1 1 1 1 1 1 1 0 0
    0 0 0 1 1 1 1 1 1 1 0 0 0
    0 0 0 0 1 1 1 1 1 0 0 0 0
```

10. 一对形状结构元素

将形状指定为 pair,将偏移量指定为[2,3],创建形态学结构元素,代码如下:

```
>> strel("pair", [2, 3])
ans =
    Flat STREL object with 2 neighbors


    Neighborhood:
    0 0 0 0 0 0 0
    0 0 0 0 0 0 0
    0 0 0 1 0 0 0
    0 0 0 0 0 0 0
    0 0 0 0 0 0 1
```

11. 周期线结构元素

将形状指定为 periodicline,将 P 指定为 2,将 V 指定为[3,4],创建形态学结构元素,代码如下:

```
>> strel("periodicline", 2, [3, 4])
ans =
    Flat STREL object with 5 neighbors


    Neighborhood:
    1 0 0 0 0 0 0 0 0 0 0 0 0 0 0 0 0
    0 0 0 0 0 0 0 0 0 0 0 0 0 0 0 0 0
    0 0 0 0 0 0 0 0 0 0 0 0 0 0 0 0 0
    0 0 0 0 0 0 0 0 0 0 0 0 0 0 0 0 0
    0 0 0 0 0 0 0 0 0 0 0 0 0 0 0 0 0
```

```
0 0 0 0 0 0 0 0 0 0 0 0 0 0 0 0 0
0 0 0 0 0 0 0 0 1 0 0 0 0 0 0 0 0
0 0 0 0 0 0 0 0 0 0 0 0 0 0 0 0 0
0 0 0 0 0 0 0 0 0 0 0 0 0 0 0 0 0
0 0 0 0 0 0 0 0 0 0 0 0 1 0 0 0 0
0 0 0 0 0 0 0 0 0 0 0 0 0 0 0 0 0
0 0 0 0 0 0 0 0 0 0 0 0 0 0 0 0 0
0 0 0 0 0 0 0 0 0 0 0 0 0 0 0 0 1
```

12. 矩形结构元素

将形状指定为 rectangle,将维数指定为[3,4],创建形态学结构元素,代码如下:

```
>> strel("rectangle", [3, 4])
ans =
    Flat STREL object with 12 neighbors


    Neighborhood:
    1  1  1  1
    1  1  1  1
    1  1  1  1
```

13. 正方形结构元素

将形状指定为 square,将边长指定为 5,创建形态学结构元素,代码如下:

```
>> strel("square", 5)
ans =
    Flat STREL object with 25 neighbors


    Neighborhood:
    1  1  1  1  1
    1  1  1  1  1
    1  1  1  1  1
    1  1  1  1  1
    1  1  1  1  1
```

14. 获取结构元素的高度

@strel/getheight()函数用于获取结构元素的高度。@strel/getheight()函数允许传入 1 个参数,这个参数是结构元素。

获取结构元素 strel("square",5)的高度,代码如下:

```
>> getheight(strel("square", 5))
ans =

    0  0  0  0  0
    0  0  0  0  0
    0  0  0  0  0
    0  0  0  0  0
    0  0  0  0  0
```

15. 获取结构元素的所有邻域

@strel/getneighbors()函数用于获取结构元素的所有邻域。@strel/getneighbors()函数允许传入 1 个参数,这个参数是结构元素。

获取结构元素 strel("square",5)的所有邻域的偏移量,代码如下:

```
>> getneighbors(strel("square", 5))
ans =

  - 2   - 2
  - 1   - 2
    0   - 2
    1   - 2
    2   - 2
  - 2   - 1
  - 1   - 1
    0   - 1
    1   - 1
    2   - 1
  - 2     0
  - 1     0
    0     0
    1     0
    2     0
  - 2     1
  - 1     1
    0     1
    1     1
    2     1
  - 2     2
  - 1     2
    0     2
    1     2
    2     2
```

16. 获取结构元素的偏移量和高度

获取结构元素 strel("square",5)的所有邻域的偏移量和高度,代码如下:

```
>> [offsets, heights] = getneighbors(strel("square", 5))
offsets =

  - 2   - 2
  - 1   - 2
    0   - 2
    1   - 2
    2   - 2
  - 2   - 1
  - 1   - 1
    0   - 1
    1   - 1
```

```
          2   -1
         -2    0
         -1    0
          0    0
          1    0
          2    0        .
         -2    1
         -1    1
          0    1
          1    1
          2    1
         -2    2
         -1    2
          0    2
          1    2
          2    2

heights =

          0
          0
          0
          0
          0
          0
          0
          0
          0
          0
          0
          0
          0
          0
          0
          0
          0
          0
          0
          0
          0
          0
          0
          0
```

17. 获取结构元素的邻域矩阵

@strel/getnhood()函数用于获取结构元素的邻域矩阵。@strel/getnhood()函数允许传入 1 个参数,这个参数是结构元素。

获取结构元素 strel("square",5)的邻域矩阵,代码如下:

```
>> getnhood(strel("square", 5))
ans =

   1  1  1  1  1
   1  1  1  1  1
   1  1  1  1  1
   1  1  1  1  1
   1  1  1  1  1
```

18. 获取结构元素的序列

@strel/getsequence()函数用于获取结构元素的序列。@strel/getsequence()函数允许传入 1 个参数,这个参数是结构元素。

获取结构元素 strel("square",5)的序列,代码如下:

```
>> getsequence(strel("square", 5))
ans =
    Flat STREL object with 25 neighbors

    Neighborhood:
    1  1  1  1  1
    1  1  1  1  1
    1  1  1  1  1
    1  1  1  1  1
    1  1  1  1  1
```

19. 判断结构元素是否为扁平型

@strel/isflat()函数用于判断结构元素是否为扁平型。@strel/isflat()函数允许传入 1 个参数,这个参数是结构元素。

判断结构元素 strel("square",5)是否为扁平型,代码如下:

```
>> isflat(strel("square", 5))
ans = 1
```

20. 反射结构元素

@strel/reflect()函数用于反射结构元素。@strel/isflat()函数允许传入 1 个参数,这个参数是结构元素。

反射结构元素 strel("square",5),代码如下:

```
>> reflect(strel("square", 5))
ans =
    Flat STREL object with 25 neighbors

    Neighborhood:
    1  1  1  1  1
    1  1  1  1  1
    1  1  1  1  1
    1  1  1  1  1
    1  1  1  1  1
```

12.1.2　形态学重建

1. 强加最小值形态学重建

imimposemin（）函数用于通过在图像中强加最小值的方式来进行形态学重建。imimposemin（）函数允许传入两个参数，第 1 个参数是图像，第 2 个参数是蒙版。

在图像 input_pgm 中通过在图像中强加最小值的方式来进行形态学重建，将二值图像指定为 input_pbm，代码如下：

```
>> ret = imimposemin(input_pgm, input_pbm);
```

通过在图像中强加最小值的方式来进行形态学重建的结果如图 12-1 所示。

图 12-1　通过在图像中强加最小值的方式来进行形态学重建

2. 蒙版形态学重建

imreconstruct（）函数用于通过蒙版方式来进行形态学重建。imreconstruct（）函数允许传入两个参数，第 1 个参数是图像，第 2 个参数是蒙版。

对图像 input_pgm 通过蒙版方式进行形态学重建，将蒙版指定为 input_pbm，代码如下：

```
>> ret = imreconstruct(logical(input_pgm), input_pbm);
```

通过蒙版方式进行形态学重建的结果如图 12-2 所示。

图 12-2　通过蒙版方式进行形态学重建

12.1.3 形态学扩展

1. 扩展极大值

imextendedmax()函数用于计算扩展极大值。imextendedmax()函数允许传入两个参数,第1个参数是图像,第2个参数是高度。

将高度指定为2,计算图像 input_png 的扩展极大值,代码如下:

```
>> imextendedmax(input_png, 2)
```

扩展极大值的结果如图 12-3 所示。

图 12-3　扩展极大值

此外,imextendedmax()函数允许追加传入第3个参数,这个参数是连通矩阵。

将高度指定为2,将连通矩阵指定为[0 1 0; 1 1 1; 0 1 0],计算图像 input_png 的扩展极大值,代码如下:

```
>> imextendedmax(input_png, 2, [0 1 0; 1 1 1; 0 1 0])
```

2. 扩展极小值

imextendedmin()函数用于计算扩展极小值。imextendedmin()函数允许传入两个参数,第1个参数是图像,第2个参数是高度。

将高度指定为2,计算图像 input_png 的扩展极小值,代码如下:

```
>> imextendedmin(input_png, 2)
```

扩展极小值的结果如图 12-4 所示。

此外,imextendedmin()函数允许追加传入第3个参数,这个参数是连通矩阵。

将高度指定为2,将连通矩阵指定为[0 1 0; 1 1 1; 0 1 0],计算图像 input_png 的扩展极小值,代码如下:

```
>> imextendedmin(input_png, 2, [0 1 0; 1 1 1; 0 1 0])
```

图 12-4 扩展极小值

12.1.4 膨胀运算与腐蚀运算

1. 膨胀运算

imdilate()函数用于膨胀运算。imdilate()函数允许传入两个参数,第 1 个参数是图像,第 2 个参数是结构元素。

将结构元素指定为[0 1 0;1 0 1;0 1 0],计算图像 input_png 的膨胀运算结果,代码如下:

```
>> imdilate(input_png, [0 1 0;1 0 1;0 1 0])
```

膨胀运算的结果如图 12-5 所示。

图 12-5 膨胀运算

此外,imdilate()函数允许传入第 3 个参数,这个参数是膨胀运算类型。imdilate()函数支持的膨胀运算类型如表 12-4 所示。

表 12-4 imdilate()函数支持的膨胀运算类型

膨胀运算类型	含　义
same	返回的图像尺寸和源图像尺寸相同
full	返回完整的膨胀运算结果,并且填充边缘的像素
valid	返回完整的膨胀运算结果,但不填充边缘的像素

将结构元素指定为[0 1 0；1 0 1；0 1 0]，将膨胀运算类型指定为 same，计算图像 input_png 的膨胀运算结果，代码如下：

```
>> imdilate(input_png, [0 1 0; 1 0 1; 0 1 0], "same")
```

OpenCV 库可以用于对图像膨胀运算。使用 OpenCV 库对图像进行膨胀运算的代码如下：

```
# 第 12 章/morph_dilate.py
import sys
import cv2
import numpy as np

def morph_dilate(image_path, output_path, kernel_size):
    image = cv2.imread(image_path, cv2.IMREAD_GRAYSCALE)
    kernel = np.ones((kernel_size, kernel_size), np.uint8)
    processed_image = cv2.morphologyEx(image, cv2.MORPH_DILATE, kernel)
    cv2.imwrite(output_path, processed_image)

if __name__ == "__main__":
    morph_dilate(sys.argv[1], sys.argv[2], int(sys.argv[3]))
```

将输入图像指定为 input.png，将输出图像指定为 output_png.png，将核尺寸指定为 3，对图像进行膨胀运算的代码如下：

```
>> python("morph_dilate.py", "input.png", "output_png.png", "3")
```

OpenCV 库可以用于对图像进行基于结构元素的膨胀运算。使用 OpenCV 库对图像进行基于结构元素的膨胀运算的代码如下：

```
# 第 12 章/morph_dilate_kernel.py
import sys
import cv2
import numpy as np

def morph_dilate_kernel(image_path, output_path, kernel_size):
    image = cv2.imread(image_path, cv2.IMREAD_GRAYSCALE)
    kernel = cv2.getStructuringElement(cv2.MORPH_RECT, (kernel_size, kernel_size))
    processed_image = cv2.dilate(image, kernel)
    cv2.imwrite(output_path, processed_image)

if __name__ == "__main__":
    morph_dilate_kernel(sys.argv[1], sys.argv[2], int(sys.argv[3]))
```

将输入图像指定为 input.png，将输出图像指定为 output_png.png，将核尺寸指定为 3，对图像进行基于结构元素的膨胀运算的代码如下：

```
>> python("morph_dilate_kernel.py", "input.png", "output_png.png", "3")
```

基于结构元素的膨胀运算的结果如图 12-6 所示。

图 12-6 基于结构元素的膨胀运算

2. 腐蚀运算

imerode()函数用于腐蚀运算。imerode()函数允许传入两个参数,第 1 个参数是图像,第 2 个参数是结构元素。

将结构元素指定为[0 1 0;1 0 1;0 1 0],计算图像 input_png 的腐蚀运算结果,代码如下:

```
>> imerode( input_png, [0 1 0;1 0 1;0 1 0])
```

腐蚀运算的结果如图 12-7 所示。

图 12-7 腐蚀运算

此外,imerode()函数允许传入第 3 个参数,这个参数是腐蚀运算类型。imerode()函数支持的腐蚀运算类型如表 12-5 所示。

表 12-5 imerode()函数支持的腐蚀运算类型

腐蚀运算类型	含　义
same	返回的图像尺寸和源图像尺寸相同
full	返回完整的腐蚀运算结果,并且填充边缘的像素
valid	返回完整的腐蚀运算结果,但不填充边缘的像素

将结构元素指定为[0 1 0;1 0 1;0 1 0],将腐蚀运算类型指定为 same,计算图像 input_png 的膨胀运算结果,代码如下:

```
>> imerode( input_png, [0 1 0; 1 0 1; 0 1 0], "same")
```

OpenCV 库可以用于对图像进行腐蚀运算。使用 OpenCV 库对图像进行腐蚀运算的代码如下:

```
# 第 12 章/morph_erode.py
import sys
import cv2
import numpy as np

def morph_erode( image_path, output_path, kernel_size):
    image = cv2.imread(image_path, cv2.IMREAD_GRAYSCALE)
    kernel = np.ones((kernel_size, kernel_size), np.uint8)
    processed_image = cv2.morphologyEx(image, cv2.MORPH_ERODE, kernel)
    cv2.imwrite(output_path, processed_image)

if __name__ == "__main__":
    morph_erode(sys.argv[1], sys.argv[2], int(sys.argv[3]))
```

将输入图像指定为 input.png,将输出图像指定为 output_png.png,将核尺寸指定为 3,对图像进行腐蚀运算的代码如下:

```
>> python("morph_erode.py", "input.png", "output_png.png", "3")
```

OpenCV 库可以用于对图像进行基于结构元素的腐蚀运算。使用 OpenCV 库对图像进行基于结构元素的腐蚀运算的代码如下:

```
# 第 12 章/morph_erode_kernel.py
import sys
import cv2
import numpy as np

def morph_erode_kernel( image_path, output_path, kernel_size):
    image = cv2.imread(image_path, cv2.IMREAD_GRAYSCALE)
    kernel = cv2.getStructuringElement(cv2.MORPH_RECT, (kernel_size, kernel_size))
    processed_image = cv2.erode(image, kernel)
    cv2.imwrite(output_path, processed_image)

if __name__ == "__main__":
    morph_erode_kernel(sys.argv[1], sys.argv[2], int(sys.argv[3]))
```

将输入图像指定为 input.png,将输出图像指定为 output_png.png,将核尺寸指定为 3,对图像进行基于结构元素的腐蚀运算的代码如下:

```
>> python("morph_erode_kernel.py", "input.png", "output_png.png", "3")
```

基于结构元素的腐蚀运算的结果如图 12-8 所示。

图 12-8 基于结构元素的腐蚀运算

12.1.5 形态学梯度

mmgradm()函数用于计算形态学梯度,等效于膨胀运算结果与腐蚀运算结果相减。mmgradm()函数允许传入 1 个参数,这个参数是图像。

计算图像 input_png 的形态学梯度,代码如下:

```
>> mmgradm( input_png)
```

形态学梯度的结果如图 12-9 所示。

图 12-9 形态学梯度

此外,mmgradm()函数允许追加传入第 2 个参数,这个参数是用于膨胀运算的结构元素。

将用于膨胀运算的结构元素指定为[0 1 0;1 0 1;0 1 0],计算图像 input_png 的形态学梯度,代码如下:

```
>> mmgradm( input_png, [ 0 1 0; 1 0 1; 0 1 0])
```

此外,mmgradm()函数允许追加传入第 3 个参数,这个参数是用于腐蚀运算的结构元素。

将用于膨胀运算的结构元素指定为[0 1 0;1 0 1;0 1 0],将用于腐蚀运算的结构元素指定为[0 1 1;1 1 1;1 1 0],计算图像 input_png 的形态学梯度,代码如下:

```
>> mmgradm(input_png, [0 1 0; 1 0 1; 0 1 0], [0 1 1; 1 1 1; 1 1 0])
```

OpenCV 库可以用于对图像进行梯度运算。使用 OpenCV 库对图像进行梯度运算的代码如下：

```
# 第 12 章/morph_gradient.py
import sys
import cv2
import numpy as np

def morph_gradient(image_path, output_path, kernel_size):
    image = cv2.imread(image_path, cv2.IMREAD_GRAYSCALE)
    kernel = np.ones((kernel_size, kernel_size), np.uint8)
    processed_image = cv2.morphologyEx(image, cv2.MORPH_GRADIENT, kernel)
    cv2.imwrite(output_path, processed_image)

if __name__ == "__main__":
    morph_gradient(sys.argv[1], sys.argv[2], int(sys.argv[3]))
```

将输入图像指定为 input.png，将输出图像指定为 output_png.png，将核尺寸指定为 3，对图像进行梯度运算的代码如下：

```
>> python("morph_gradient.py", "input.png", "output_png.png", "3")
```

12.1.6 开运算和闭运算

1. 开运算

imopen()函数用于进行开运算，等效于先进行腐蚀运算再进行膨胀运算。imopen()函数允许传入两个参数，第 1 个参数是图像，第 2 个参数是结构元素、由@strel/getsequence()函数返回的结构元素矩阵、由 0 或 1 组成的矩阵。

将结构元素指定为[0 1 0; 1 0 1; 0 1 0]，计算图像 input_png 的开运算，代码如下：

```
>> imopen(input_png, [0 1 0; 1 0 1; 0 1 0])
```

开运算的结果如图 12-10 所示。

图 12-10　开运算

OpenCV 库可以用于对图像进行开运算。使用 OpenCV 库对图像进行开运算的代码如下：

```
#第12章/morph_open.py
import sys
import cv2
import numpy as np

def morph_open(image_path, output_path, kernel_size):
    image = cv2.imread(image_path, cv2.IMREAD_GRAYSCALE)
    kernel = np.ones((kernel_size, kernel_size), np.uint8)
    processed_image = cv2.morphologyEx(image, cv2.MORPH_OPEN, kernel)
    cv2.imwrite(output_path, processed_image)

if __name__ == "__main__":
    morph_open(sys.argv[1], sys.argv[2], int(sys.argv[3]))
```

将输入图像指定为 input.png，将输出图像指定为 output_png.png，将核尺寸指定为 3，对图像进行开运算的代码如下：

```
>> python("morph_open.py", "input.png", "output_png.png", "3")
```

2. 闭运算

imclose() 函数用于进行闭运算，等效于先进行膨胀运算再进行腐蚀运算。imclose() 函数允许传入两个参数，第 1 个参数是图像，第 2 个参数是结构元素、由 @strel/getsequence() 函数返回的结构元素矩阵、由 0 或 1 组成的矩阵。

将结构元素指定为 [0 1 0；1 0 1；0 1 0]，计算图像 input_png 的闭运算，代码如下：

```
>> imclose(input_png, [0 1 0；1 0 1；0 1 0])
```

闭运算的结果如图 12-11 所示。

图 12-11 闭运算

OpenCV 库可以用于对图像进行闭运算。使用 OpenCV 库对图像进行闭运算的代码如下：

```
#第 12 章/morph_close.py
import sys
import cv2
import numpy as np

def morph_close(image_path, output_path, kernel_size):
    image = cv2.imread(image_path, cv2.IMREAD_GRAYSCALE)
    kernel = np.ones((kernel_size, kernel_size), np.uint8)
    processed_image = cv2.morphologyEx(image, cv2.MORPH_CLOSE, kernel)
    cv2.imwrite(output_path, processed_image)

if __name__ == "__main__":
    morph_close(sys.argv[1], sys.argv[2], int(sys.argv[3]))
```

将输入图像指定为 input.png，将输出图像指定为 output_png.png，将核尺寸指定为 3，对图像进行闭运算的代码如下：

```
>> python("morph_close.py", "input.png", "output_png.png", "3")
```

12.1.7 顶帽运算和底帽运算

1. 顶帽运算

imtophat()函数用于进行顶帽运算，等效于原图像减去开运算的结果。imtophat()函数允许传入两个参数，第 1 个参数是图像，第 2 个参数是结构元素、由@strel/getsequence()函数返回的结构元素矩阵、由 0 或 1 组成的矩阵。

将结构元素指定为[0 1 0；1 0 1；0 1 0]，计算图像 input_png 的顶帽运算，代码如下：

```
>> imtophat(input_png, [0 1 0; 1 0 1; 0 1 0])
```

顶帽运算的结果如图 12-12 所示。

图 12-12 顶帽运算

OpenCV 库可以用于对图像进行顶帽运算。使用 OpenCV 库对图像进行顶帽运算的代码如下：

```
# 第12章/morph_tophat.py
import sys
import cv2
import numpy as np

def morph_tophat(image_path, output_path, kernel_size):
    image = cv2.imread(image_path, cv2.IMREAD_GRAYSCALE)
    kernel = np.ones((kernel_size, kernel_size), np.uint8)
    processed_image = cv2.morphologyEx(image, cv2.MORPH_TOPHAT, kernel)
    cv2.imwrite(output_path, processed_image)

if __name__ == "__main__":
    morph_tophat(sys.argv[1], sys.argv[2], int(sys.argv[3]))
```

将输入图像指定为 input. png,将输出图像指定为 output_png. png,将核尺寸指定为 3,对图像进行顶帽运算的代码如下:

```
>> python("morph_tophat.py", "input.png", "output_png.png", "3")
```

2. 底帽运算

imbothat()函数用于进行底帽运算,等效于闭运算的结果减去原图像。imbothat()函数允许传入两个参数,第 1 个参数是图像,第 2 个参数是结构元素、由@strel/getsequence()函数返回的结构元素矩阵、由 0 或 1 组成的矩阵。

将结构元素指定为[0 1 0;1 0 1;0 1 0],计算图像 input_png 的底帽运算,代码如下:

```
>> imbothat(input_png, [0 1 0; 1 0 1; 0 1 0])
```

底帽运算的结果如图 12-13 所示。

图 12-13 底帽运算

12.1.8 黑帽运算

OpenCV 库可以用于对图像进行黑帽运算。使用 OpenCV 库对图像进行黑帽运算的代码如下:

```
# 第 12 章/morph_blackhat.py
import sys
import cv2
import numpy as np

def morph_blackhat(image_path, output_path, kernel_size):
    image = cv2.imread(image_path, cv2.IMREAD_GRAYSCALE)
    kernel = np.ones((kernel_size, kernel_size), np.uint8)
    processed_image = cv2.morphologyEx(image, cv2.MORPH_BLACKHAT, kernel)
    cv2.imwrite(output_path, processed_image)

if __name__ == "__main__":
    morph_blackhat(sys.argv[1], sys.argv[2], int(sys.argv[3]))
```

将输入图像指定为 input.png,将输出图像指定为 output_png.png,将核尺寸指定为 3,对图像进行黑帽运算的代码如下:

```
>> python("morph_blackhat.py", "input.png", "output_png.png", "3")
```

黑帽运算的结果如图 12-14 所示。

图 12-14 黑帽运算

12.2 连通性

12.2.1 连通性矩阵

conndef()函数用于创建连通性矩阵。conndef()函数允许传入 1 个参数,这个参数是与中心元素相邻的元素数量,可选 4、8、6、18 或 26。

将与中心元素相邻的元素数量指定为 26,创建连通性矩阵,代码如下:

```
>> conndef(26)
ans =
```

```
ans(:,:,1) =

   1   1   1
   1   1   1
   1   1   1


ans(:,:,2) =

   1   1   1
   1   1   1
   1   1   1


ans(:,:,3) =

   1   1   1
   1   1   1
   1   1   1
```

此外,conndef()函数允许传入 1 个参数,这个参数是连通性矩阵,此时将验证连通性矩阵的有效性,如果有效,则返回连通性矩阵本身。

判断连通性矩阵[1 0;0 1]是否有效,代码如下:

```
>> conndef([1 0;0 1])
error: conndef: CONN is not 1x1, 3x1, 3x3, or 3x3x...x3
```

此外,conndef()函数允许传入两个参数,第 1 个参数是维数,第 2 个参数是连通类型。conndef()函数支持的连通类型如表 12-6 所示。

表 12-6   conndef()函数支持的连通类型

连 通 类 型	含 义
minimal	最小连通; 只有和中心元素直接相邻的元素才为 1
maximal	最大连通; 和中心元素直接相邻或间接相邻的元素均为 1

将维数指定为 3,将连通类型指定为 minimal,创建连通性矩阵,代码如下:

```
>> conndef(3, "minimal")
ans =

ans(:,:,1) =

   0   0   0
   0   1   0
   0   0   0


ans(:,:,2) =
```

```
        0   1   0
        1   1   1
        0   1   0

ans(:,:,3) =

        0   0   0
        0   1   0
        0   0   0
```

12.2.2　区域极大值和极小值

1. 区域极大值

imregionalmax()函数用于计算区域极大值。imregionalmax()函数只允许传入 1 个参数，这个参数是图像。

对图像 input_png 进行计算区域极大值，代码如下：

```
>> imregionalmax(input_png)
```

区域极大值的结果如图 12-15 所示。

图 12-15　区域极大值

此外，imregionalmax()函数允许追加传入第 2 个参数，这个参数是连通矩阵。

将连通矩阵指定为 conndef(ndims(input_png),"maximal")，对图像 input_png 进行计算区域极大值，代码如下：

```
>> imregionalmax(input_png, conndef(ndims(input_png), "maximal"))
```

2. 区域极小值

imregionalmin()函数用于计算区域极小值。imregionalmin()函数允许传入 1 个参数，这个参数是图像。

对图像 input_png 进行计算区域极小值，代码如下：

```
>> imregionalmin(input_png)
```

区域极小值的结果如图 12-16 所示。

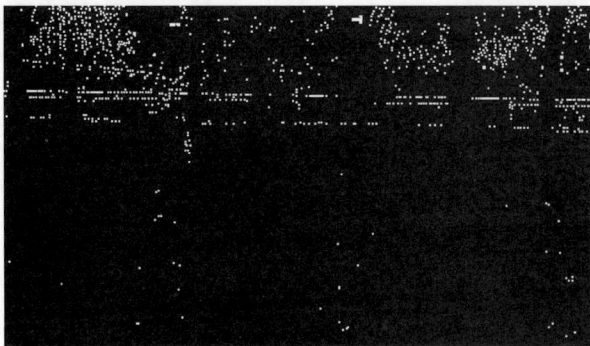

图 12-16　区域极小值

此外,imregionalmax()函数允许追加传入第 2 个参数,这个参数是连通矩阵。

将连通矩阵指定为 conndef(ndims(input_png),"maximal"),对图像 input_png 进行计算区域极小值,代码如下:

```
>> imregionalmin(input_png, conndef(ndims(input_png), "maximal"))
```

12.2.3　H 极大值和极小值变换

1. H 极大值变换

imhmax()函数用于计算 H 极大值变换。imhmax()函数允许传入两个参数,第 1 个参数是图像,第 2 个参数是阈值级别。

将阈值级别指定为 2,计算图像 input_png 的 H 极大值变换,代码如下:

```
>> imhmax(input_png, 2)
```

H 极大值变换的结果如图 12-17 所示。

图 12-17　H 极大值变换

此外,imhmax()函数允许追加传入第 3 个参数,这个参数是连通矩阵。

将阈值级别指定为 2,将连通矩阵指定为[0 1 0;1 1 1;0 1 0],计算图像 input_png 的 H 极大值变换,代码如下:

```
>> imhmax(input_png, 2, [0 1 0;1 1 1;0 1 0])
```

2. H 极小值变换

imhmin()函数用于计算 H 极小值变换。imhmin()函数允许传入两个参数,第 1 个参数是图像,第 2 个参数是阈值级别。

将阈值级别指定为 2,计算图像 input_png 的 H 极小值变换,代码如下:

```
>> imhmin(input_png, 2)
```

H 极小值变换的结果如图 12-18 所示。

图 12-18　H 极小值变换

此外,imhmin()函数允许追加传入第 3 个参数,这个参数是连通矩阵。

将阈值级别指定为 2,将连通矩阵指定为[0 1 0;1 1 1;0 1 0],计算图像 input_png 的 H 极小值变换,代码如下:

```
>> imhmin(input_png, 2, [0 1 0;1 1 1;0 1 0])
```

12.2.4　图像空洞

imfill()函数用于对二值图像或灰度图像中的空洞、连通域或指定区域进行填充。

对于灰度图像,imfill()函数允许传入 1 个参数,这个参数是图像,此时将自动计算图像的连通矩阵并填充图像的连通域。

填充图像 input_pgm 的连通域,代码如下:

```
>> imfill(input_pgm)
```

填充连通域的结果如图 12-19 所示。

图 12-19 填充连通域

此外,对于灰度图像,imfill()函数允许追加传入连通矩阵,此时将按照连通矩阵填充图像的连通域。

将连通矩阵指定为[0 1 0;1 1 1;0 1 0],填充图像 input_pgm 的连通域,代码如下:

```
>> imfill(input_pgm, [0 1 0; 1 1 1; 0 1 0])
```

此外,对于灰度图像,imfill()函数允许追加传入 holes 参数,此时将一并填充图像的空洞。

填充图像 input_pgm 的空洞,代码如下:

```
>> imfill(input_pgm, "holes")
```

填充空洞的结果如图 12-20 所示。

图 12-20 填充空洞

将连通矩阵指定为[0 1 0;1 1 1;0 1 0],填充图像 input_pgm 的空洞,代码如下:

```
>> imfill(input_pgm, [0 1 0; 1 1 1; 0 1 0], "holes")
```

对于二值图像,imfill()函数允许传入两个参数,第 1 个参数是图像,第 2 个参数是 holes 参数,此时将填充图像的空洞。

填充图像 input_pbm 的空洞,代码如下:

```
>> imfill(input_pbm, "holes")
```

此外,对于二值图像,imfill()函数允许追加传入连通矩阵,此时将按照连通矩阵填充图像的空洞。

将连通矩阵指定为[0 1 0;1 1 1;0 1 0],填充图像 input_pgm 的空洞,代码如下:

```
>> imfill(input_pbm, [0 1 0; 1 1 1; 0 1 0], "holes")
```

此外,对于二值图像,imfill()函数允许追加传入填充坐标,此时将按填充坐标填充图像,无论填充坐标是不是空洞。填充坐标既可以是二元矩阵,也可以是三元矩阵,这取决于二值图像自身的维数。

将填充坐标指定为[3 3],填充图像 input_pbm,代码如下:

```
>> imfill(input_pbm, [3 3])
```

按填充坐标填充图像的结果如图 12-21 所示。

图 12-21　按填充坐标填充图像

将填充坐标指定为[3 3],将连通矩阵指定为[0 1 0;1 1 1;0 1 0],填充图像 input_pbm,代码如下:

```
>> imfill(input_pbm, [3 3], [0 1 0; 1 1 1; 0 1 0])
```

12.2.5　分水岭算法

watershed()函数用于应用分水岭算法对图像进行分割。watershed()函数允许传入 1 个参数,这个参数是图像。

对图像 input_png 应用分水岭算法,代码如下:

```
>> watershed(input_png)
```

分水岭算法的结果如图 12-22 所示。

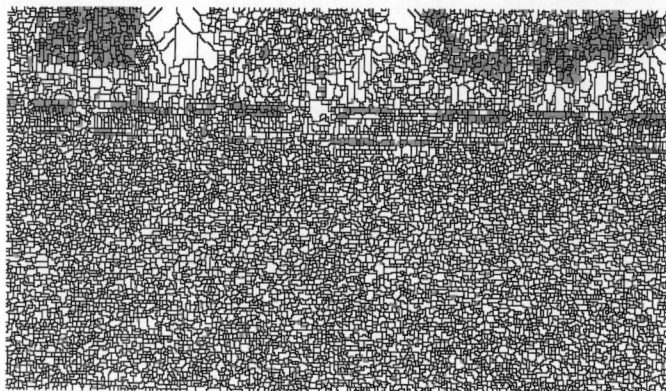

图 12-22 分水岭算法

此外，watershed()函数允许追加传入第 2 个参数，这个参数是连通矩阵。

将连通矩阵指定为[0 1 0；1 1 1；0 1 0]，对图像 input_png 应用分水岭算法，代码如下：

```
>> watershed(input_png, [0 1 0; 1 1 1; 0 1 0])
```

OpenCV 库可以用于对图像进行分水岭运算。使用 OpenCV 库对图像进行分水岭运算的代码如下：

```python
# 第 12 章/watershed.py
import sys
import cv2
import numpy as np

def watershed(image_path, output_path):
    image = cv2.imread(image_path)
    gray = cv2.cvtColor(image, cv2.COLOR_BGR2GRAY)
    ret, binary = cv2.threshold(gray, 0, 255, cv2.THRESH_BINARY_INV + cv2.THRESH_OTSU)
    kernel = np.ones((3, 3), np.uint8)
    opening = cv2.morphologyEx(binary, cv2.MORPH_OPEN, kernel, iterations=2)
    sure_bg = cv2.dilate(opening, kernel, iterations=3)
    dist_transform = cv2.distanceTransform(opening, cv2.DIST_L2, 5)
    ret, sure_fg = cv2.threshold(dist_transform, 0.7 * dist_transform.max(), 255, 0)
    sure_fg = np.uint8(sure_fg)
    unknown = cv2.subtract(sure_bg, sure_fg)
    ret, markers = cv2.connectedComponents(sure_fg)
    markers = markers + 1
    markers[unknown == 255] = 0
    markers = cv2.watershed(image, markers)
    image[markers == -1] = [0, 0, 255]
    processed_image = cv2.cvtColor(markers, cv2.COLOR_GRAY2BGR)
    cv2.imwrite(output_path, processed_image)

if __name__ == "__main__":
    watershed(sys.argv[1], sys.argv[2])
```

上面的代码使用的算法如下：

(1) 图像去噪声。

(2) 确定背景区域。

(3) 寻找前景区域。

(4) 寻找未知区域。

(5) 标记图像。

(6) 应用分水岭算法。

将输入图像指定为 input.png，将输出图像指定为 output_png.png，对图像进行分水岭运算的代码如下：

```
>> python("morph_tophat.py", "input.png", "output_png.png")
```

12.2.6　连通域

1. 连通域的面积

bwarea()函数用于计算图像的连通域的面积。bwarea()函数允许传入 1 个参数，这个参数是图像。

计算图像 input_pgm 的连通域的面积，代码如下：

```
>> bwarea(input_pgm)
```

2. 根据面积筛选图像的连通域

bwareafilt()函数用于根据面积筛选图像的连通域。bwareafilt()函数允许传入两个参数，第 1 个参数是二值图像，第 2 个参数是由范围下限和范围上限组成的二元矩阵。

将范围指定为[3 5]，根据面积筛选图像 input_pbm 中的连通域，代码如下：

```
>> bwareafilt(input_pbm, [3 5])
```

根据面积筛选图像中的连通域的结果如图 12-23 所示。

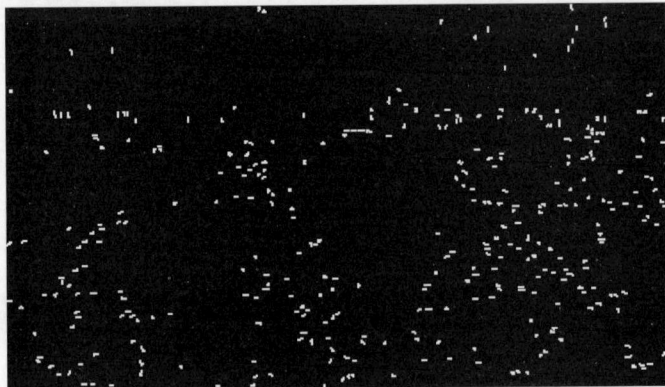

图 12-23　根据面积筛选图像中的连通域

此外,bwareafilt()函数允许传入两个参数,第 1 个参数是二值图像,第 2 个参数是取前几个较大值。

取前 3 个较大值,根据面积筛选图像 input_pbm 中的连通域,代码如下:

```
>> bwareafilt(input_pbm, 3)
```

此外,bwareafilt()函数允许追加传入取值类型。bwareafilt()函数支持的取值类型如表 12-7 所示。

bwareafilt()函数在指定取值类型时,既可以取最大值,也可以取最小值。

表 12-7　bwareafilt()函数支持的取值类型

取 值 类 型	含　　义
largest	取前几个较大值
smallest	取前几个较小值

取前 3 个较小值,根据面积筛选图像 input_pbm 中的连通域,代码如下:

```
>> bwareafilt(input_pbm, 3, "smallest")
```

此外,bwareafilt()函数允许追加传入连通矩阵。

取前 3 个较大值,将连通矩阵指定为[0 1 0；1 1 1；0 1 0],根据面积筛选图像 input_pbm 中的连通域,代码如下:

```
>> bwareafilt(input_pbm, 3, [0 1 0；1 1 1；0 1 0])
```

取前 3 个较小值,将连通矩阵指定为[0 1 0；1 1 1；0 1 0],根据面积筛选图像 input_pbm 中的连通域,代码如下:

```
>> bwareafilt(input_pbm, 3, "smallest", [0 1 0；1 1 1；0 1 0])
```

3. 移除小于指定像素数目的连通域

bwareaopen()函数用于移除小于指定像素数目的连通域。bwareaopen()函数允许传入两个参数,第 1 个参数是二值图像,第 2 个参数是像素数目。

将像素数目指定为 5,对图像 input_pbm 移除小于指定像素数目的连通域,代码如下:

```
>> bwareaopen(input_pbm, 5)
```

移除小于指定像素数目的连通域的结果如图 12-24 所示。

图 12-24　移除小于指定像素数目的连通域

此外,bwareaopen()函数允许追加传入第 3 个参数,这个参数是判断区域的大小。

将像素数目指定为5,将判断区域的大小指定为20,对图像 input_pbm 移除小于指定像素数目的连通域,代码如下:

```
>> bwareaopen(input_pbm, 5, 20)
```

4. 检测图像的连通域的边界

bwboundaries()函数用于检测图像的连通域的边界。bwboundaries()函数允许传入 1 个参数,这个参数是二值图像。

检测图像 input_pbm 的连通域的边界,代码如下:

```
>> bwboundaries(input_pbm)
```

此外,bwboundaries()函数允许追加传入第 2 个参数,这个参数是连通数,4 代表 4 连通,8 代表 8 连通。

将连通数指定为 4,检测图像 input_pbm 的连通域的边界,代码如下:

```
>> bwboundaries(input_pbm, 4)
```

此外,bwboundaries()函数允许追加传入第 3 个参数,这个参数是检测方式。bwboundaries()函数支持的检测方式如表 12-8 所示。

表 12-8　bwboundaries()函数支持的检测方式

检 测 方 式	含　义
holes	既检测外部边界,又检测空洞
noholes	仅检测外部边界

将连通数指定为 4,将检测方式指定为 holes,检测图像 input_pbm 的连通域的边界,代码如下:

```
>> bwboundaries(input_pbm, 4, "holes")
```

此外,bwboundaries()函数不但允许返回边界,还允许返回标记过的图像和连通域数量。

将连通数指定为 4,将检测方式指定为 holes,检测图像 input_png 的连通域的边界,返回边界和标记过的图像,代码如下:

```
>> [boundaries, l] = bwboundaries(input_png, 4, "holes")
```

将连通数指定为 4,将检测方式指定为 holes,检测图像 input_png 的连通域的边界,返回边界、标记过的图像和连通域数量,代码如下:

```
>> [boundaries, l, num] = bwboundaries(input_png, 4, "holes")
```

5. 连通域数量

OpenCV 库可以检测图像的连通域的边界,返回连通域数量。使用 OpenCV 库返回连通域数量的代码如下：

```
# 第 12 章/num_labels.py
import sys
import cv2
import numpy as np

def num_labels(image_path):
    image = cv2.imread(image_path, cv2.IMREAD_GRAYSCALE)
    _, binary_image = cv2.threshold(image, 127, 255, cv2.THRESH_BINARY)
    num_labels, labels = cv2.connectedComponents(binary_image)
    print(num_labels)
    return num_labels

if __name__ == "__main__":
    num_labels(sys.argv[1])
```

将输入图像指定为 input.png，将输出图像指定为 output_png.png，返回连通域数量的代码如下：

```
>> python("num_labels.py", "input.png")
ans = 1728
```

6. 可视化连通域

OpenCV 库可以检测图像的连通域的边界，可视化连通域。使用 OpenCV 库可视化连通域的代码如下：

```
# 第 12 章/visualize_labels.py
import sys
import cv2
import numpy as np

def visualize_labels(image_path, output_path):
    image = cv2.imread(image_path, cv2.IMREAD_GRAYSCALE)
    _, binary_image = cv2.threshold(
        image, 127, 255, cv2.THRESH_BINARY)
    num_labels, labels = cv2.connectedComponents(binary_image)
    color_image = np.zeros(
        (labels.shape[0], labels.shape[1]), dtype=np.uint8)
    labels = cv2.applyColorMap(
        np.uint8(labels), cv2.COLORMAP_JET)
    cv2.imwrite(output_path, labels)

if __name__ == "__main__":
    visualize_labels(sys.argv[1], sys.argv[2])
```

将输入图像指定为 input.png，将输出图像指定为 output_png.png，可视化连通域的代码如下：

```
>> python("visualize_labels.py", "input.png", "output_png.png")
```

可视化连通域的结果如图 12-25 所示。

图 12-25　可视化连通域

7. 计算图像的连通域元素

bwconncomp()函数用于计算图像的连通域元素。bwconncomp()函数允许传入 1 个参数,这个参数是二值图像。

计算图像 input_pbm 的连通域元素,代码如下:

```
>> bwcc = bwconncomp(input_pbm)
```

此外,bwconncomp()函数允许追加传入第 2 个参数,这个参数是连通矩阵。

将连通矩阵指定为[0 1 0; 1 1 1; 0 1 0],计算图像 input_pbm 的连通域元素,代码如下:

```
>> bwcc = bwconncomp(input_pbm, [0 1 0; 1 1 1; 0 1 0])
```

8. 距离变换

bwdist()函数用于计算二值图像的距离变换。bwdist()函数允许传入 1 个参数,这个参数是二值图像。

计算图像 input_pbm 的距离变换,代码如下:

```
>> bwdist(input_pbm)
```

此外,bwdist()函数允许追加传入第 2 个参数,这个参数是距离变换方式。bwdist()函数支持的距离变换方式如表 12-9 所示。

表 12-9　bwdist()函数支持的距离变换方式

距离变换方式	含　义	距离变换方式	含　义
euclidean	欧氏距离	cityblock	曼哈顿距离
chessboard	棋盘格距离	quasi-euclidean	准欧氏距离

将距离变换方式指定为 euclidean,计算图像 input_pbm 的距离变换,代码如下:

```
>> bwdist(input_pbm, "euclidean")
```

欧氏距离变换的结果如图 12-26 所示。

图 12-26 欧氏距离变换

将距离变换方式指定为 chessboard,计算图像 input_pbm 的距离变换,代码如下:

```
>> bwdist(input_pbm, "chessboard")
```

棋盘格距离变换的结果如图 12-27 所示。

图 12-27 棋盘格距离变换

将距离变换方式指定为 cityblock,计算图像 input_pbm 的距离变换,代码如下:

```
>> bwdist(input_pbm, "cityblock")
```

曼哈顿距离变换的结果如图 12-28 所示。

将距离变换方式指定为 quasi-euclidean,计算图像 input_pbm 的距离变换,代码如下:

```
>> bwdist(input_pbm, "quasi-euclidean")
```

准欧氏距离变换的结果如图 12-29 所示。

OpenCV 库可以用于对图像进行距离变换。OpenCV 库支持的距离变换方式如表 12-10 所示。

图 12-28　曼哈顿距离变换

图 12-29　准欧氏距离变换

表 12-10　OpenCV 库支持的距离变换方式

距离变换方式	含　义	距离变换方式	含　义
DIST_USER	用户距离	DIST_L12	L12 距离
DIST_L1	L1 距离	DIST_FAIR	Fair 距离
DIST_L2	L2 距离	DIST_WELSCH	Welsch 距离
DIST_C	C 距离	DIST_HUBER	Huber 距离

使用 OpenCV 库对图像进行距离变换的代码如下：

```
# 第 12 章/distance_transform.py
import sys
import cv2
import numpy as np

def distance_transform(image_path, output_path, code = cv2.DIST_L2):
    image = cv2.imread(image_path, cv2.IMREAD_GRAYSCALE)
    processed_image = cv2.distanceTransform(image, code, 3)
    cv2.imwrite(output_path, processed_image)
```

```
if __name__ == "__main__":
    distance_transform(sys.argv[1], sys.argv[2], eval(sys.argv[3]))
```

将输入图像指定为 input.png,将输出图像指定为 output_png.png,将距离变换方式指定为 cv2.DIST_C,对图像进行距离变换的代码如下:

```
>> python("distance_transform.py", "input.png", "output_png.png", "cv2.DIST_C")
```

C 距离变换的结果如图 12-30 所示。

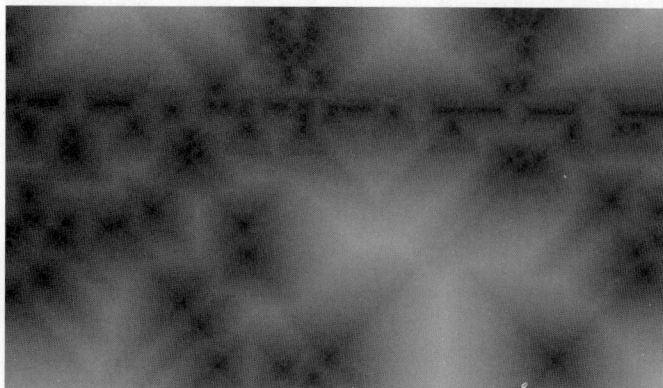

图 12-30　C 距离变换

将输入图像指定为 input.png,将输出图像指定为 output_png.png,将距离变换方式指定为 cv2.DIST_L1,对图像进行距离变换的代码如下:

```
>> python("distance_transform.py", "input.png", "output_png.png", "cv2.DIST_L1")
```

L1 距离变换的结果如图 12-31 所示。

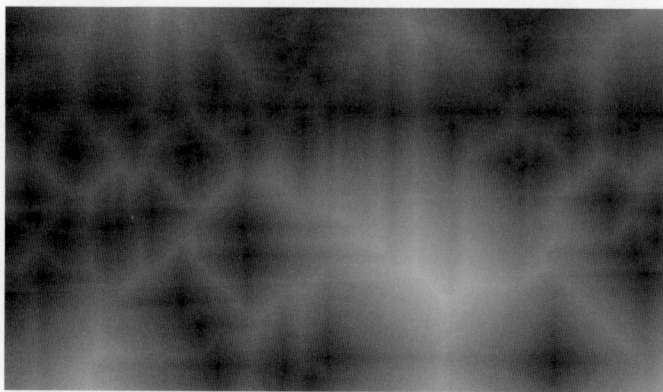

图 12-31　L1 距离变换

将输入图像指定为 input.png,将输出图像指定为 output_png.png,将距离变换方式指定为 cv2.DIST_L2,对图像进行距离变换的代码如下:

```
>> python("distance_transform.py", "input.png", "output_png.png", "cv2.DIST_L2")
```

L2 距离变换的结果如图 12-32 所示。

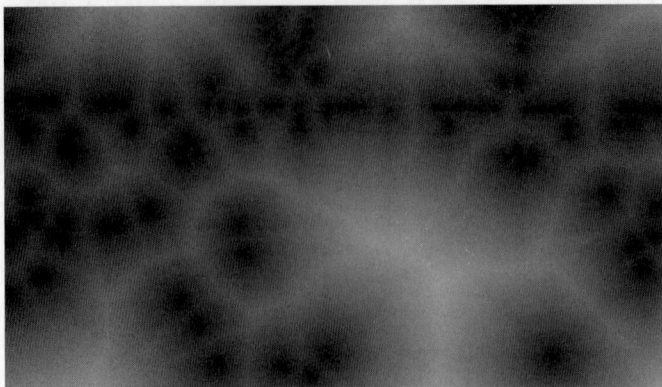

图 12-32　L2 距离变换

9. 计算二值图像的欧拉数

bweuler()函数用于计算二值图像的欧拉数,即连通域数减空洞数。bweuler()函数允许传入 1 个参数,这个参数是二值图像。

计算图像 input_pbm 的欧拉数,代码如下:

```
>> bweuler(input_pbm)
ans = 644
```

此外,bweuler()函数允许追加传入第 2 个参数,这个参数是连通数,4 代表 4 连通,8 代表 8 连通。

将连通数指定为 4,计算图像 input_pbm 的欧拉数,代码如下:

```
>> bweuler(input_pbm, 4)
ans = 1650
```

10. 填充二值图像的空洞或外部区域

bwfill()函数用于填充二值图像的空洞或外部区域。bwfill()函数允许传入 3 个参数,第 1 个参数是二值图像,第 2 个参数是 holes,第 3 个参数是连通数,4 代表 4 连通,8 代表 8 连通。此时将填充图像的空洞。

将连通数指定为 8,填充图像 input_pbm 的空洞,代码如下:

```
>> bwfill(input_pbm, "holes", 8)
```

填充二值图像的空洞的结果如图 12-33 所示。

此外,bwfill()函数允许传入 4 个参数,第 1 个参数是二值图像,第 2 个参数是由横坐标组成的矩阵,第 3 个参数是由纵坐标组成的矩阵,第 4 个参数是连通数,4 代表 4 连通,8 代表 8 连通。此时将填充二值图像的外部区域。

图 12-33 填充二值图像的空洞

将由横坐标组成的矩阵指定为[1,2],将由纵坐标组成的矩阵指定为[3,4],将连通数指定为8,填充图像 input_pbm 的外部区域,代码如下:

```
>> bwfill(input_pbm, [1, 2], [3, 4], 8)
```

填充二值图像的外部区域的结果如图 12-34 所示。

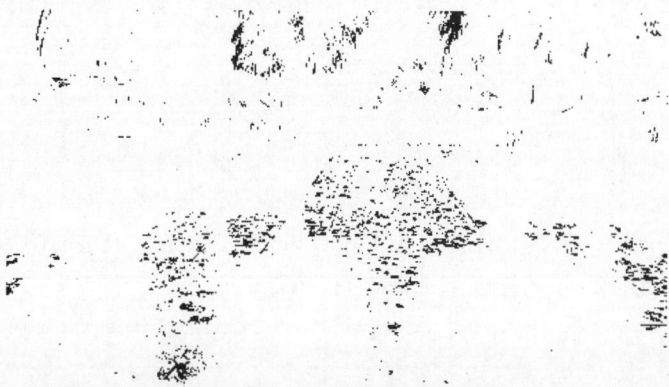

图 12-34 填充二值图像的外部区域

11. 使用连通域标记二值图像

bwlabel()函数用于使用连通域标记二值图像。bwlabel()函数允许传入 1 个参数,这个参数是二值图像。返回标记过的图像和连通域数量。

使用连通域标记图像 input_pbm,代码如下:

```
>> [boundaries, l] = bwlabel(input_pbm)
```

此外,bwlabel()函数允许追加传入第 2 个参数,这个参数是连通数,4 代表 4 连通,8 代表 8 连通。

将连通数指定为8,使用连通域标记图像 input_pbm,代码如下:

```
>> [boundaries, l] = bwlabel(input_pbm, 8)
```

12. 使用连通域标记多维二值图像

bwlabeln()函数用于使用连通域标记多维二值图像。bwlabeln()函数允许传入 1 个参数,这个参数是二值图像。返回标记过的图像和连通域数量。

使用连通域标记图像 input_pbm,代码如下:

```
>> [boundaries, l] = bwlabeln(input_pbm)
```

此外,bwlabeln()函数允许追加传入第 2 个参数,这个参数是连通数,4 代表 4 连通,8 代表 8 连通。

将连通数指定为 8,使用连通域标记图像 input_pbm,代码如下:

```
>> [boundaries, l] = bwlabeln(input_pbm, 8)
```

13. 计算图像的连通域的属性

regionprops()函数用于计算图像的连通域的属性。regionprops()函数允许传入 1 个参数,这个参数是二值图像。

计算图像 input_png 的连通域的属性,代码如下:

```
>> regionprops(input_png)
ans =

    255x1 struct array containing the fields:

        Area
        BoundingBox
        Centroid
```

此外,regionprops()函数允许传入 1 个参数,这个参数是标记过的图像。

计算标记过的图像 ret 的连通域的属性,代码如下:

```
>> regionprops(ret)
ans =

    14x1 struct array containing the fields:

        Area
        BoundingBox
        Centroid
```

此外,regionprops()函数允许传入 1 个参数,这个参数是 bwconncomp 结构体,包括字段 Connectivity、ImageSize、NumObjects 和 PixelIdxList。

计算 bwconncomp 结构体 bwcc 的连通域的属性,代码如下:

```
>> regionprops(bwcc)
ans =

    2317x1 struct array containing the fields:
```

```
Area
BoundingBox
Centroid
```

此外,regionprops()函数允许追加传入属性,此时将只计算指定的连通域的属性。regionprops()函数支持的连通域的属性如表 12-11 所示。

表 12-11 regionprops()函数支持的连通域的属性

属 性	含 义
Area	区域内的像素数
BoundingBox	边界盒
Centroid	形心
ConvexArea	凸包像素数
ConvexHull	凸包坐标
ConvexImage	凸包图像
Eccentricity	离心率
EquivDiameter	将区域视为一个等效的圆,返回这个圆的直径
EulerNumber	欧拉数
Extent	区域的像素数除以边界盒中的像素数
Extrema	极点; 返回一个 8×2 的矩阵,位置为 top-left、top-right、right-top、right-bottom、bottom-right、bottom-left、left-bottom 和 left-top
FilledArea	包含空洞的区域
FilledImage	填充空洞后的边界盒范围内的图像
Image	图像
MajorAxisLength	主轴长度
MaxIntensity	最大强度
MeanIntensity	中值强度
MinIntensity	最小长度
MinorAxisLength	副轴长度
Orientation	图像方向
Perimeter	周长
PixelIdxList	由每个区域的 ID 组成的矩阵
PixelList	由每个区域组成的矩阵
PixelValues	由每个区域内的像素组成的矩阵
Solidity	Area 除以 ConvexArea
SubarrayIdx	边界盒的下标 ID
WeightedCentroid	加权形心
basic	Area、Centroid 和 BoundingBox
all	可用的全部属性

计算图像 input_png 的连通域的 BoundingBox 属性,代码如下:

```
>> ret = regionprops(input_png, "BoundingBox")
ret =

    255x1 struct array containing the fields:

        BoundingBox
```

OpenCV 库可以用于计算图像的连通域属性,包含连通域数量、连通域标记图像、连通域统计信息和连通域的几何中心。使用 OpenCV 库计算图像的连通域属性的代码如下:

```
# 第 12 章/calculate_connected_components.py
import sys
import cv2
import numpy as np

def calculate_connected_components(image_path):
    image = cv2.imread(image_path, cv2.IMREAD_GRAYSCALE)
    num_labels, labels, stats, centroids = cv2.connectedComponentsWithStats(image)
    connected_components = {
        'num_components': num_labels - 1,
        'labels': labels,
        'stats': stats,
        'centroids': centroids
    }
    print(connected_components)
    return connected_components

if __name__ == "__main__":
    calculate_connected_components(sys.argv[1])
```

将输入图像指定为 input.png,计算图像的连通域属性的代码如下:

```
>> python("calculate_connected_components.py", "input.png")
ans = {'num_components': 1, 'labels': array([[1, 1, 1, ..., 1, 1, 1],
       [1, 1, 1, ..., 1, 1, 1],
       [1, 1, 1, ..., 1, 1, 1],
       ...,
       [1, 1, 1, ..., 1, 1, 1],
       [1, 1, 1, ..., 1, 1, 1],
       [1, 1, 1, ..., 1, 1, 1]], dtype = int32), 'stats': array([[    0,      0,    477,
261,    356],
       [    0,      0,     480,     270, 129244]], dtype = int32), 'centroids': array([[243.
11516854,   76.91011236],
       [239.49004209, 134.65863019]])}
```

14. 根据属性过滤图像的连通域

bwpropfilt()函数用于根据属性过滤图像的连通域。bwpropfilt()函数允许传入 3 个参数,第 1 个参数是二值图像,第 2 个参数是连通域的属性,第 3 个参数是连通域的属性范围。如果图像是灰度图像,则可以指定额外的属性,例如 MaxIntensity 和 WeightedCentroid。

将灰度图像指定为 input_pgm,将连通域的属性指定为 Area,将连通域的属性的范围指定为[10 2000],根据属性过滤图像 input_pbm,代码如下:

```
>> bwpropfilt(input_pbm, "Area", [10 2000])
```

根据属性过滤图像的结果如图 12-35 所示。

图 12-35 根据属性过滤图像

此外,bwpropfilt()函数允许指定数字,这个数字是只返回前几个较大的过滤的结果。

将灰度图像指定为 input_pgm,将连通域的属性指定为 Area,只返回前 10 个最大的过滤的结果,根据属性过滤图像 input_pbm,代码如下:

```
>> bwpropfilt(input_pbm, "Area", 10)
```

根据属性过滤图像的结果如图 12-36 所示。

图 12-36 只返回前 10 个最大的过滤的结果

此外,bwpropfilt()函数允许追加传入取值类型。bwpropfilt()函数支持的取值类型如表 12-12 所示。

表 12-12 bwpropfilt()函数支持的取值类型

取 值 类 型	含 义
largest	取前几个较大值
smallest	取前几个较小值

bwpropfilt()函数在指定取值类型时,既可以取较大值,也可以取较小值。

将灰度图像指定为 input_pgm,将连通域的属性指定为 Area,取前 1720 个较小值,根据属性过滤图像 input_pbm,代码如下:

```
>> bwpropfilt(input_pbm, "Area", 1720, "smallest")
```

取前 1720 个较小值的结果如图 12-37 所示。

图 12-37　取前 1720 个较小值

此外,bwpropfilt()函数允许追加传入连通矩阵。

将灰度图像指定为 input_pgm,将连通域的属性指定为 Area,取前 1720 个较小值,将连通矩阵指定为[0 1 0; 1 1 1; 0 1 0],根据属性过滤图像 input_pbm,代码如下:

```
>> bwpropfilt(input_pbm, "Area", 1720, "smallest", [0 1 0; 1 1 1; 0 1 0])
```

15. 选择二值图像中包含某些坐标的连通域

bwselect()函数用于选择二值图像中包含某些坐标的连通域。bwselect()函数允许传入 3 个参数,第 1 个参数是二值图像,第 2 个参数是由行坐标组成的矩阵,第 3 个参数是由列坐标组成的矩阵。返回包含一个或多个指定坐标的连通域。

将由行坐标组成的矩阵指定为[1,2,3],将由列坐标组成的矩阵指定为[4,5,6],选择图像 input_pbm 中包含这些坐标的连通域,代码如下:

```
>> bwselect(input_pbm, [1, 2, 3], [4, 5, 6])
```

此外,bwselect()函数允许追加传入第 4 个参数,这个参数是连通数,4 代表 4 连通,8 代表 8 连通。

将由行坐标组成的矩阵指定为[1,2,3],将由列坐标组成的矩阵指定为[4,5,6],将连通数指定为 8,选择图像 input_pbm 中包含这些坐标的连通域,代码如下:

```
>> bwselect(input_pbm, [1, 2, 3], [4, 5, 6], 8)
```

12.3　击中或击不中变换

　　bwhitmiss()函数用于对二值图像进行击中或击不中变换。bwhitmiss()函数允许传入3个参数，第1个参数是二值图像，第2个参数和第3个参数是两个结构元素。

　　将两个结构元素指定为[1;0;1]和[1 0 1]，对图像 input_pbm 进行击中或击不中变换，代码如下：

```
>> ret = bwhitmiss(input_pbm, [1;0;1], [1 0 1]);
```

　　击中或击不中变换的结果如图 12-38 所示。

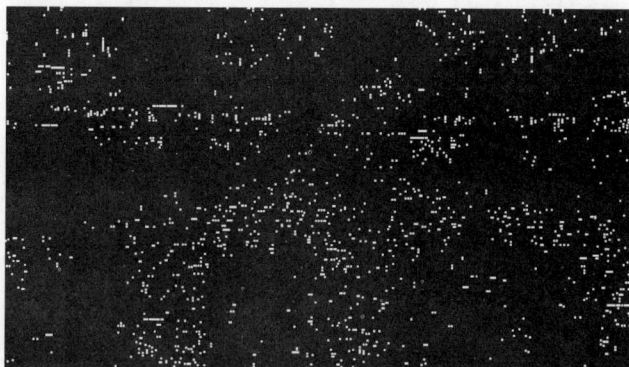

图 12-38　击中或击不中变换

　　此外，bwhitmiss()函数允许传入两个参数，第1个参数是二值图像，第2个参数是间隔元素，这个参数是由1、0和−1组成的一维矩阵。

　　将间隔元素指定为[1 0 1 −1]，对图像 input_pbm 进行击中或击不中变换，代码如下：

```
>> bwhitmiss(input_pbm, [1 0 1 −1])
```

　　击中或击不中变换的结果如图 12-39 所示。

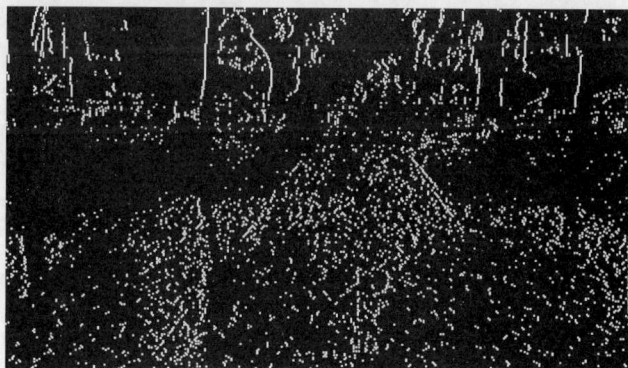

图 12-39　间隔元素指定为[1 0 1 −1]

OpenCV 库可以用于对图像进行击中或击不中变换。使用 OpenCV 库对图像进行击中或击不中变换的代码如下：

```
# 第 12 章/morph_hitmiss.py
import sys
import cv2
import numpy as np

def morph_hitmiss(image_path, output_path, kernel_size):
    image = cv2.imread(image_path, cv2.IMREAD_GRAYSCALE)
    kernel = np.ones((kernel_size, kernel_size), np.uint8)
    processed_image = cv2.morphologyEx(image, cv2.MORPH_HITMISS, kernel)
    cv2.imwrite(output_path, processed_image)

if __name__ == "__main__":
    morph_hitmiss(sys.argv[1], sys.argv[2], int(sys.argv[3]))
```

将输入图像指定为 input.png，将输出图像指定为 output_png.png，将核尺寸指定为 3，对图像进行击中或击不中变换的代码如下：

```
>> python("morph_hitmiss.py", "input.png", "output_png.png", "3")
```

12.4　边界划分

1. 提取二值图像的边界

bwperim()函数用于提取二值图像的边界。bwperim()函数允许传入 1 个参数，这个参数是二值图像。

提取图像 input_pbm 的边界，代码如下：

```
>> bwperim(input_pbm)
```

提取边界的结果如图 12-40 所示。

图 12-40　提取边界

此外,bwperim()函数允许追加传入第 2 个参数,这个参数是连通矩阵。

提取图像 input_pbm 的边界,将连通矩阵指定为[0 1 0;1 1 1;0 1 0],代码如下:

```
>> bwperim(input_pbm, [0 1 0;1 1 1;0 1 0])
```

2. 提取图像边界在空间变换后的结果

findbounds()函数用于提取图像边界在空间变换后的结果。findbounds()函数允许传入两个参数,第 1 个参数是调用 maketform()函数返回的空间变换对象,第 2 个参数是图像边界。

将边界指定为 boundaries,将空间变换对象指定为 t,代码如下:

```
>> findbounds(t, boundaries)
```

3. 清除二值图像边界上的对象

imclearborder()函数用于清除二值图像边界上的对象。imclearborder()函数允许传入 1 个参数,这个参数是图像。

清除图像 input_pbm 边界上的对象,代码如下:

```
>> imclearborder(input_pbm)
```

清除边界上的对象的结果如图 12-41 所示。

图 12-41　清除边界上的对象

此外,imclearborder()函数允许追加传入第 2 个参数,这个参数是连通矩阵。

将连通矩阵指定为[0 1 0;1 1 1;0 1 0],清除图像 input_pbm 边界上的对象,代码如下:

```
>> imclearborder(input_pbm, [0 1 0;1 1 1;0 1 0])
```

AI 与机器学习图像处理

机器学习曾经是图像处理的研究热点。如今,AI 技术是图像处理的前沿方向,并且 AI 图像处理也是 AI 技术中的一个重要分支。通过 AI 或机器学习进行图像处理可以实现文生图和图生图等技术,而仅凭非 AI 或机器学习的图像处理技术难以实现这些技术。

13.1 文心大模型

13.1.1 AI 作画(高级版)

AI 作画(高级版)可以通过输入图像和提示词的方式来进行图像处理。AI 作画(高级版)的 API 分为两部分:提交请求和查询结果。

提交请求 API 的请求参数如表 13-1 所示。

表 13-1 提交请求 API 的请求参数

参　　数	是否必选	类　　型	描　　述
prompt	是	string	提示词
width	是	integer	图像宽度
height	是	integer	图像高度
image_num	否	number	生成图像数量
image	否,和 url/pdf_file 三选一	string	输入 base64 编码的图像
url	否,和 image/pdf_file 三选一	string	图像网址
pdf_file	否,和 image/url 三选一	string	参考图 PDF 文件; 当 image 字段存在时,url、pdf_file 字段失效
pdf_file_num	否	string	需要识别的 PDF 文件的对应页码
change_degree	否,当 image、url 或 pdf_file 字段存在时,为必需项	integer	参考图影响因子; 数值越大参考图影响越大
text_content	否	string	水印内容
task_time_out	否	integer	自定义超时时间

提交请求 API 的返回参数如表 13-2 所示。

表 13-2　提交请求 API 的返回参数

参　数	类　型	描　述
log_id	long	请求唯一标识码
data	object	返回数据
primary_task_id	long	生成图像任务 long 类型 ID
task_id	string	生成图像任务 string 类型 ID
error_msg	string	错误提示信息； 失败才返回，成功不返回
error_detail	object[]	提示词和参考图审核不通过原因明细； 审核失败才返回，审核成功不返回
├─msg	string	不合规项描述信息
├─words	object[]	送检文本命中词库的关键词
error_code	number	错误提示码； 失败才返回，成功不返回

查询结果 API 的请求参数如表 13-3 所示。

表 13-3　查询结果 API 的请求参数

参　数	是 否 必 选	类　型	描　述
task_id	是	long 或 string	任务 ID

查询结果 API 的返回参数如表 13-4 所示。

表 13-4　查询结果 API 的返回参数

参　数	是 否 必 选	类　型	描　述
log_id	是	long	请求唯一标识码
data	是	object	返回数据
├─task_id	是	long	任务 ID
├─task_status	是	string	计算总状态； INIT 代表初始化； WAIT 代表排队中； RUNNING 代表生成中； FAILED 代表失败； SUCCESS 代表成功
├─task_progress_detail	是	number	图像生成总进度； 0 代表未处理完； 0～1 的小数代表生成进度； 1 代表处理完成
├─task_progress	是	number	图像生成总进度； 0 代表未处理完； 1 代表处理完成

参　　数	是否必选	类　　型	描　　述
├─sub_task_result_list	是	object[]	子任务生成结果列表
├─sub_task_status	是	string	单风格图像状态； INIT 代表初始化； WAIT 代表排队中； RUNNING 代表生成中； FAILED 代表失败； SUCCESS 代表成功
├─sub_task_progress_detail	是	number	单任务图像生成进度；0 代表未处理完； 0～1 的小数代表生成进度； 1 代表处理完成
├─sub_task_progress	是	number	单任务图像生成进度； 0 代表未处理完； 1 代表处理完成
├─sub_task_error_code	是	string	单风格任务错误码； 0 代表正常； 501 代表文本黄反拦截； 201 代表模型生图失败
├─final_image_list	是	object []	单风格任务产出的最终图列表
├─img_url	是	string	图像网址
├─height	是	integer	高度
├─width	是	integer	宽度
├─img_approve_conclusion	是	string	图像机审结果； block 代表输出图像违规； review 代表输出图像疑似违规； pass 代表输出图像未发现问题

使用 AI 作画(高级版)进行图像处理的代码如下：

```
#第 13 章/wx_aizhgjb.py
import sys
import base64
import urllib
import requests
import json
import time

API_KEY = "替换为百度 AI 开放平台应用的 API Key"
SECRET_KEY = "替换为百度 AI 开放平台应用的 Secret Key"

def main(input_image, output_path, prompt):
    input_image_base64 = get_file_content_as_base64(input_image, False)
    url = "https://aip.baidubce.com/rpc/2.0/ernievilg/v1/txt2imgv2?access_token = " + get_
access_token()
```

```
    payload = json.dumps({
        "prompt": prompt,
        "width": 512,
        "height": 512,
        "image_num": 1,
        "image": input_image_base64,
        "change_degree": 10
    }, ensure_ascii = False)
    headers = {
        'Content - Type': 'application/json',
        'Accept': 'application/json'
    }
    response = requests.request("POST", url, headers = headers, data = payload.encode("utf - 8"))
    print(response.text)
    task_status = "INIT"
    img_url = ""
    while task_status != "SUCCESS":
        time.sleep(15)
        task_result = get_result(response.json()["data"]["task_id"])
        task_status = task_result["data"]["task_status"]
        print(task_status)
        img_url = task_result["data"]["sub_task_result_list"][0]["final_image_list"][0]
["img_url"]
        print(img_url)
    if task_status == "SUCCESS":
        save_png(img_url, output_path)


def get_result(task_id):
    url = "https://aip.baidubce.com/rpc/2.0/ernievilg/v1/getImgv2?access_token = " + get_
access_token()
    payload = json.dumps({
        "task_id": task_id
    }, ensure_ascii = False)
    headers = {
        'Content - Type': 'application/json',
        'Accept': 'application/json'
    }
    response = requests.request("POST", url, headers = headers, data = payload.encode("utf - 8"))
    print(response.text)
    return response.json()


def save_png(img_url, output_path):
    response = requests.get(img_url)
    if response.status_code == 200:
        # 将图像数据写入文件
        with open(output_path, 'wb') as file:
            file.write(response.content)
        print(f"图像已保存到 {output_path}")
    else:
        print(f"无法下载图像,状态码: {response.status_code}")
```

```
def get_file_content_as_base64(path, urlencoded = False):
    with open(path, "rb") as f:
        content = base64.b64encode(f.read()).decode("utf8")
        if urlencoded:
            content = urllib.parse.quote_plus(content)
    return content

def get_access_token():
    url = "https://aip.baidubce.com/oauth/2.0/token"
    params = {"grant_type": "client_credentials", "client_id": API_KEY, "client_secret":
SECRET_KEY}
    return str(requests.post(url, params = params).json().get("access_token"))

if __name__ == '__main__':
    main(sys.argv[1], sys.argv[2], sys.argv[3])
```

上面的代码使用的算法如下:

(1) 将输入图像转换为 Base64 格式。

(2) 根据输入图像和提示词调用提交请求 API。

(3) 循环调用查询结果 API, 直到图像生成结果为 SUCCESS。

(4) 根据生成图像的网址下载图像并保存。

将输入图像指定为 input.png, 将输出图像指定为 output_png.png, 将提示词指定为 "根据给出的图像, 调节图像的背景使其更有层次感", 使用 AI 作画(高级版)进行图像处理的代码如下:

```
>> python("wx_aizhgjb.py", "input.png", "output_png.png", "根据给出的图像,调节图像的背景
使其更有层次感")
```

使用 AI 作画(高级版)进行图像处理的结果如图 13-1 所示。

图 13-1 使用 AI 作画(高级版)进行图像处理的结果

13.1.2 AI 作画（基础版）

AI 作画（基础版）可以通过输入提示词的方式来进行图像处理。AI 作画（基础版）的 API 分为两部分：提交请求和查询结果。

提交请求 API 的请求参数如表 13-5 所示。

表 13-5　提交请求 API 的请求参数

参　　数	是否必选	类　　型	描　　述
text	是	string	提示词
resolution	是	string	图像分辨率
style	否	string	目前支持风格有二次元、写实风格、古风、赛博朋克、水彩画、油画、卡通画
num	否	int	图像生成数量
text_content	否	string	水印内容

提交请求 API 的返回参数如表 13-6 所示。

表 13-6　提交请求 API 的返回参数

参　　数	类　　型	描　　述
log_id	uint64	请求唯一标识码
data	object	结果对象
taskId	long	任务 ID
primaryTaskId	string	生成图像任务 string 类型 ID

查询结果 API 的请求参数如表 13-7 所示。

表 13-7　查询结果 API 的请求参数

参　　数	类　　型	描　　述
log_id	long	请求唯一标识码
taskId	long	任务 ID
error_msg	string	错误提示信息； 失败才返回，成功不返回
error_detail	object[]	提示词和参考图审核不通过原因明细； 审核失败才返回，审核成功不返回
┠─msg	string	不合规项描述信息
┠─words	object[]	送检文本命中词库的关键词
error_code	number	错误提示码； 失败才返回，成功不返回

查询结果 API 的返回参数如表 13-8 所示。

表 13-8　查询结果 API 的返回参数

参　　数	类　　型	描　　述
data	object	请求的任务状态和生成结果
＋style	string	图像风格
＋taskId	long	任务 ID
＋imgUrls	array	生成结果数组
＋＋image	string	图像网址
＋text	string	请求内容中的文本
＋status	int	1 代表已生成完成； 0 代表任务排队中或正在处理
＋createTime	string	任务创建时间
＋img	string	生成结果地址
＋waiting	string	预计等待时间
log_id	long	请求唯一标识码

使用 AI 作画(基础版)进行图像处理的代码如下:

```python
# 第 13 章/wx_aizhjcb.py
import sys
import base64
import urllib
import requests
import json
import time

API_KEY = "替换为百度 AI 开放平台应用的 API Key"
SECRET_KEY = "替换为百度 AI 开放平台应用的 Secret Key"

def main(style, output_path, prompt):
    url = "https://aip.baidubce.com/rpc/2.0/wenxin/v1/basic/textToImage?access_token = "
+ get_access_token()
    payload = json.dumps({
        "text": prompt,
        "resolution": "512 * 512",
        "style": style,
        "num": 1
    }, ensure_ascii = False)
    headers = {
        'Content - Type': 'application/json',
        'Accept': 'application/json'
    }
    response = requests.request("POST", url, headers = headers, data = payload.encode("utf - 8"))
    print(response.text)
    task_status = 0
```

```
        task_result = {}
        img_url = ""
        while task_status != 1:
            time.sleep(15)
            task_result = get_result(response.json()["data"]["taskId"])
            task_status = task_result["data"]["status"]
        if task_status == 1:
            img_url = task_result["data"]["imgUrls"][0]["image"]
            print(img_url)
            save_png(img_url, output_path)


def get_result(task_id):
    url = "https://aip.baidubce.com/rpc/2.0/wenxin/v1/basic/getImg?access_token=" + get_
access_token()
    payload = json.dumps({
        "taskId": task_id
    }, ensure_ascii=False)
    headers = {
        'Content-Type': 'application/json',
        'Accept': 'application/json'
    }
    response = requests.request("POST", url, headers=headers, data=payload.encode("utf-8"))
    print(response.text)
    return response.json()


def save_png(img_url, output_path):
    response = requests.get(img_url)
    if response.status_code == 200:
        #将图像数据写入文件
        with open(output_path, 'wb') as file:
            file.write(response.content)
        print(f"图像已保存到 {output_path}")
    else:
        print(f"无法下载图像,状态码: {response.status_code}")


def get_file_content_as_base64(path, urlencoded=False):
    with open(path, "rb") as f:
        content = base64.b64encode(f.read()).decode("utf8")
        if urlencoded:
            content = urllib.parse.quote_plus(content)
    return content


def get_access_token():
    url = "https://aip.baidubce.com/oauth/2.0/token"
    params = {"grant_type": "client_credentials", "client_id": API_KEY, "client_secret":
SECRET_KEY}
    return str(requests.post(url, params=params).json().get("access_token"))


if __name__ == '__main__':
    main(sys.argv[1], sys.argv[2], sys.argv[3])
```

上面的代码使用的算法如下:

(1)根据风格和提示词调用提交请求 API。

(2)循环调用查询结果 API,直到图像生成结果为 SUCCESS。

(3)根据生成图像的网址下载图像并保存。

将风格指定为写实风格,将输出图像指定为 output_png.png,将提示词指定为"绘制一幅江边风景画,有树和落叶",使用 AI 作画(基础版)进行图像处理的代码如下:

```
>> python("wx_aizhjcb.py", "写实风格", "output_png.png", "绘制一幅江边风景画,有树和落叶")
```

使用 AI 作画(基础版)进行图像处理的结果如图 13-2 所示。

图 13-2 使用 AI 作画(基础版)进行图像处理的结果

13.1.3 AI 作画(极速版)

AI 作画(极速版)可以通过输入图像和提示词的方式来进行图像处理。AI 作画(极速版)的 API 分为两部分:提交请求和查询结果。

提交请求 API 的请求参数如表 13-9 所示。

表 13-9 提交请求 API 的请求参数

参　　数	是 否 必 选	类　　型	描　　述
prompt	是	string	提示词
width	是	integer	图像宽度
height	是	integer	图像高度
image_num	否	number	生成图像数量
image	否,和 url/pdf_file 三选一	string	输入 base64 编码的图像
url	否,和 image/pdf_file 三选一	string	图像网址

续表

参　数	是否必选	类　型	描　述
pdf_file	否，和 image/url 三选一	string	参考图 PDF 文件； 当 image 字段存在时，url、pdf_file 字段失效
pdf_file_num	否	string	需要识别的 PDF 文件的对应页码
change_degree	否，当 image、url 或 pdf_file 字段存在时，为必需项	integer	参考图影响因子； 数值越大参考图影响越大
text_content	否	string	水印内容
task_time_out	否	integer	自定义超时时间

提交请求 API 的返回参数如表 13-10 所示。

表 13-10　提交请求 API 的返回参数

参　数	类　型	描　述
log_id	uint64	请求唯一标识码
data	object	返回数据
primary_task_id	long	生成图像任务 long 类型 ID
task_id	string	生成图像任务 string 类型 ID
error_msg	string	错误提示信息； 失败才返回，成功不返回
error_detail	object[]	提示词和参考图审核不通过原因明细； 审核失败才返回，审核成功不返回

查询结果 API 的请求参数如表 13-11 所示。

表 13-11　查询结果 API 的请求参数

参　数	是否必选	类　型	描　述
task_id	是	long 或 string	任务 ID

查询结果 API 的返回参数如表 13-12 所示。

表 13-12　查询结果 API 的返回参数

参　数	是否必选	类　型	描　述
log_id	是	long	请求唯一标识码
data	是	object	返回数据
├─task_id	是	long	任务 ID
├─task_status	是	string	计算总状态； INIT 代表初始化； WAIT 代表排队中； RUNNING 代表生成中； FAILED 代表失败； SUCCESS 代表成功

续表

参　　数	是否必选	类　　型	描　　述
├──task_progress	是	number	图像生成总进度； 0 代表未处理完； 0～1 的小数代表生成进度； 1 代表处理完成
├──sub_task_result_list	是	object[]	子任务生成结果列表
├──sub_task_status	是	string	单风格图像状态； INIT 代表初始化； WAIT 代表排队中； RUNNING 代表生成中； FAILED 代表失败； SUCCESS 代表成功
├──sub_task_progress	否	number	单任务图像生成进度；0 代表未处理完； 0～1 的小数代表生成进度； 1 代表处理完成
├──sub_task_error_code	是	string	单风格任务错误码； 0 代表正常； 501 代表文本黄反拦截； 201 代表模型生图失败
├──final_image_list	是	object []	单风格任务产出的最终图列表
├──img_url	是	string	图像网址
├──height	是	integer	高度
├──width	是	integer	宽度
├──img_approve_conclusion	是	string	图像机审结果； block 代表输出图像违规； review 代表输出图像疑似违规； pass 代表输出图像未发现问题

使用 AI 作画(极速版)进行图像处理的代码如下：

```python
#第 13 章/wx_aizhjsb.py
import sys
import base64
import urllib
import requests
import json
import time

API_KEY = "替换为百度 AI 开放平台应用的 API Key"
SECRET_KEY = "替换为百度 AI 开放平台应用的 Secret Key"

def main(input_image, output_path, prompt):
    input_image_base64 = get_file_content_as_base64(input_image, False)
```

```
    url = "https://aip.baidubce.com/rpc/2.0/wenxin/v1/extreme/textToImage?access_token = " +
get_access_token()
    payload = json.dumps({
        "prompt": prompt,
        "width": 512,
        "height": 512,
        "image_num": 1,
        "image": input_image_base64,
        "change_degree": 10
    }, ensure_ascii = False)
    headers = {
        'Content - Type': 'application/json',
        'Accept': 'application/json'
    }
    response = requests.request("POST", url, headers = headers, data = payload.encode("utf - 8"))
    print(response.text)
    task_status = "INIT"
    task_result = {}
    img_url = ""
    while task_status != "SUCCESS":
        time.sleep(15)
        task_result = get_result(response.json()["data"]["task_id"])
        task_status = task_result["data"]["task_status"]
        print(task_status)
    if task_status == "SUCCESS":
        img_url = task_result["data"]["sub_task_result_list"][0]["final_image_list"][0]
["img_url"]
        print(img_url)
        save_png(img_url, output_path)

def get_result(task_id):
    url = "https://aip.baidubce.com/rpc/2.0/wenxin/v1/extreme/getImg?access_token = " +
get_access_token()
    payload = json.dumps({
        "task_id": task_id
    }, ensure_ascii = False)
    headers = {
        'Content - Type': 'application/json',
        'Accept': 'application/json'
    }
    response = requests.request("POST", url, headers = headers, data = payload.encode("utf - 8"))
    print(response.text)
    return response.json()

def save_png(img_url, output_path):
    response = requests.get(img_url)
    if response.status_code == 200:
        # 将图像数据写入文件
        with open(output_path, 'wb') as file:
            file.write(response.content)
        print(f"图像已保存到 {output_path}")
    else:
        print(f"无法下载图像,状态码: {response.status_code}")
```

```python
def get_file_content_as_base64(path, urlencoded = False):
    with open(path, "rb") as f:
        content = base64.b64encode(f.read()).decode("utf8")
        if urlencoded:
            content = urllib.parse.quote_plus(content)
    return content

def get_access_token():
    url = "https://aip.baidubce.com/oauth/2.0/token"
    params = {"grant_type": "client_credentials", "client_id": API_KEY, "client_secret":
SECRET_KEY}
    return str(requests.post(url, params = params).json().get("access_token"))

if __name__ == '__main__':
    main(sys.argv[1], sys.argv[2], sys.argv[3])
```

上面的代码使用的算法如下：

（1）将输入图像转换为 Base64 格式。

（2）根据输入图像和提示词调用提交请求 API。

（3）循环调用查询结果 API，直到图像生成结果为 SUCCESS。

（4）根据生成图像的网址下载图像并保存。

将输入图像指定为 input.png，将输出图像指定为 output_png.png，将提示词指定为"根据给出的图像，调节图像的背景使其有更柔和的色调"，使用 AI 作画（极速版）进行图像处理的代码如下：

```
>> python("wx_aizhjsb.py", "input.png", "output_png.png", "根据给出的图像,调节图像的背景
使其有更柔和的色调")
```

使用 AI 作画（极速版）进行图像处理的结果如图 13-3 所示。

图 13-3 使用 AI 作画（极速版）进行图像处理的结果

13.1.4 AI作画（画面扩展）

AI作画（画面扩展）可以通过输入图像和提示词的方式来进行图像处理。AI作画（画面扩展）的API分为两部分：提交请求和查询结果。

提交请求API的请求参数如表13-13所示。

表13-13 提交请求API的请求参数

参 数	是否必选	类 型	描 述
url	是	string	图像网址
image_num	否	integer	生成图像数量
width	是	integer	图像宽度
height	是	Integer	图像高度
prompt	否	string	提示词
text_content	否	string	水印内容
left	是	Integer	左； 以扩展图左上角为中心点，矩形左边缘的 x 坐标的绝对值，即原图左侧距离画布左侧边距离
top	是	Integer	上； 以扩展图左上角为中心点，矩形上边缘的 y 坐标的绝对值，即原图上端距离画布上端边距离
right	是	Integer	右； 以扩展图左上角为中心点，矩形右边缘的 x 坐标的绝对值，即原图右侧距离画布左侧边距离
bottom	是	Integer	下； 以扩展图左上角为中心点，矩形下边缘的 y 坐标的绝对值，即原图下端距离画布上端边距离

提交请求API的返回参数如表13-14所示。

表13-14 提交请求API的返回参数

参 数	类 型	描 述
log_id	long	请求唯一标识码
data	object	返回数据
primary_task_id	long	生成图像任务 long 类型 ID
task_id	string	生成图像任务 string 类型 ID
error_msg	string	错误提示信息； 失败才返回，成功不返回
error_detail	object[]	提示词和参考图审核不通过原因明细； 审核失败才返回，审核成功不返回
├─msg	string	不合规项描述信息
├─words	object[]	送检文本命中词库的关键词
error_code	number	错误提示码； 失败才返回，成功不返回

查询结果 API 的请求参数如表 13-15 所示。

表 13-15　查询结果 API 的请求参数

参　　数	是 否 必 选	类　　型	描　　述
task_id	是	long 或 string	任务 ID

查询结果 API 的返回参数如表 13-16 所示。

表 13-16　查询结果 API 的返回参数

参　　数	是 否 必 选	类　　型	描　　述
log_id	是	long	请求唯一标识码
data	是	object	返回数据
├─task_id	是	long	任务 ID
├─task_status	是	string	计算总状态； INIT 代表初始化； WAIT 代表排队中； RUNNING 代表生成中； FAILED 代表失败； SUCCESS 代表成功
├─task_progress_detail	是	number	图像生成总进度； 0 代表未处理完； 0~1 的小数代表生成进度； 1 代表处理完成
├─task_progress	是	number	图像生成总进度； 0 代表未处理完； 1 代表处理完成
├─sub_task_result_list	是	object[]	子任务生成结果列表
├─sub_task_status	是	string	单风格图像状态； INIT 代表初始化； WAIT 代表排队中； RUNNING 代表生成中； FAILED 代表失败； SUCCESS 代表成功
├─sub_task_progress_detail	是	number	单任务图像生成进度；0 代表未处理完； 0~1 的小数代表生成进度； 1 代表处理完成
├─sub_task_progress	是	number	单任务图像生成进度； 0 代表未处理完； 1 代表处理完成
├─sub_task_error_code	是	string	单风格任务错误码； 0 代表正常； 501 代表文本黄反拦截； 201 代表模型生图失败

续表

参　　　数	是否必选	类　　型	描　　　述
├─final_image_list	是	object []	单风格任务产出的最终图列表
├─img_url	是	string	图像网址
├─height	是	integer	高度
├─width	是	integer	宽度
├─img_approve_conclusion	是	string	图像机审结果； block 代表输出图像违规； review 代表输出图像疑似违规； pass 代表输出图像未发现问题

使用 AI 作画（画面扩展）进行图像处理的代码如下：

```python
# 第 13 章/wx_aizhhmkz.py
import sys
import base64
import urllib
import requests
import json
import time

API_KEY = "替换为百度 AI 开放平台应用的 API Key"
SECRET_KEY = "替换为百度 AI 开放平台应用的 Secret Key"

def main(image_url, output_path, prompt, left, top, right, bottom):
    url = "https://aip.baidubce.com/rpc/2.0/brain/v1/wenxin/image/expand/gen?access_token = " + get_access_token()
    payload = json.dumps({
        "prompt": prompt,
        "width": 1024,
        "height": 1024,
        "image_num": 1,
        "url": image_url,
        "left": left,
        "top": top,
        "right": right,
        "bottom": bottom,
    }, ensure_ascii = False)
    headers = {
        'Content - Type': 'application/json',
        'Accept': 'application/json'
    }
    response = requests.request("POST", url, headers = headers, data = payload.encode("utf - 8"))
    print(response.text)
    task_status = "INIT"
    task_result = {}
    img_url = ""
    while task_status != "SUCCESS":
```

```
        time.sleep(15)
        task_result = get_result(response.json()["data"]["task_id"])
        task_status = task_result["data"]["task_status"]
        print(task_status)
    if task_status == "SUCCESS":
        img_url = task_result["data"]["sub_task_result_list"][0]["final_image_list"][0]
["img_url"]
        print(img_url)
        save_png(img_url, output_path)


def get_result(task_id):
    url = "https://aip.baidubce.com/rpc/2.0/brain/v1/wenxin/image/expand/query?access_
token=" + get_access_token()
    payload = json.dumps({
        "task_id": task_id
    }, ensure_ascii=False)
    headers = {
        'Content-Type': 'application/json',
        'Accept': 'application/json'
    }
    response = requests.request("POST", url, headers=headers, data=payload.encode("utf-8"))
    print(response.text)
    return response.json()


def save_png(img_url, output_path):
    response = requests.get(img_url)
    if response.status_code == 200:
        #将图像数据写入文件
        with open(output_path, 'wb') as file:
            file.write(response.content)
        print(f"图像已保存到 {output_path}")
    else:
        print(f"无法下载图像,状态码: {response.status_code}")


def get_file_content_as_base64(path, urlencoded=False):
    with open(path, "rb") as f:
        content = base64.b64encode(f.read()).decode("utf8")
        if urlencoded:
            content = urllib.parse.quote_plus(content)
    return content


def get_access_token():
    url = "https://aip.baidubce.com/oauth/2.0/token"
    params = {"grant_type": "client_credentials", "client_id": API_KEY, "client_secret":
SECRET_KEY}
    return str(requests.post(url, params=params).json().get("access_token"))


if __name__ == '__main__':
```

```
main(sys.argv[1], sys.argv[2], sys.argv[3],
     int(sys.argv[4]), int(sys.argv[5]),
     int(sys.argv[6]), int(sys.argv[7]))
```

上面的代码使用的算法如下：

（1）将输入图像转换为 Base64 格式。

（2）根据输入图像、提示词、left 参数、top 参数、right 参数和 bottom 参数调用提交请求 API。

（3）循环调用查询结果 API，直到图像生成结果为 SUCCESS。

（4）根据生成图像的网址下载图像并保存。

将图像网址指定为 http://cnoctave.cn/input.png，将输出图像指定为 output_png.png，将提示词指定为"根据给出的图像，用华丽的风格扩展图像"，将 left 参数指定为 512，将 top 参数指定为 624，将 right 参数指定为 1024，将 bottom 参数指定为 912，使用 AI 作画（画面扩展）进行图像处理的代码如下：

```
>> python("wx_aizhhmkz.py", "http://cnoctave.cn/input.png", "output_png.png", "根据给出的图像，用华丽的风格扩展图像", "512", "624", "1024", "912")
```

使用 AI 作画（画面扩展）进行图像处理的结果如图 13-4 所示。

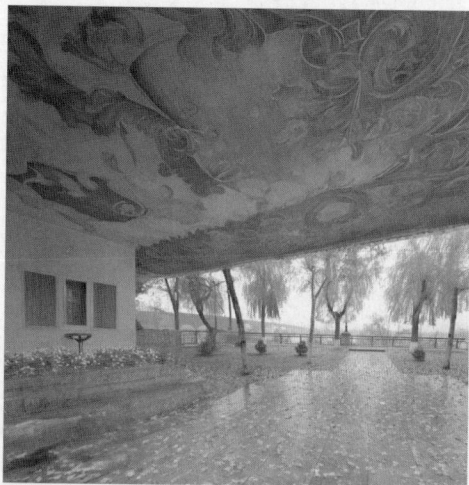

图 13-4 使用 AI 作画（画面扩展）进行图像处理的结果

13.2 智谱清言大模型

13.2.1 cogview-3-plus

cogview-3-plus 可以通过输入提示词的方式来进行图像处理。

cogview-3-plus 的 API 的请求参数如表 13-17 所示。

表 13-17   cogview-3-plus 的 API 的请求参数

参　数　名	类　　型	必　填	描　　述
model	String	是	模型编码
prompt	String	是	所需图像的文本描述
size	String	否	图像尺寸
user_id	String	否	用户终端的唯一 ID

cogview-3-plus 的 API 的返回参数如表 13-18 所示。

表 13-18   cogview-3-plus 的 API 的返回参数

参　数　名　称	类　　型	参　数　说　明
created	String	请求创建时间,是以秒为单位的 UNIX 时间戳
data	List	图像数据
url	String	图像网址
content_filter	List	返回内容安全的相关信息
role	String	安全生效环节
level	Integer	严重程度 level 0~3; 0 代表最严重; 3 代表轻微

使用 cogview-3-plus 进行图像处理的代码如下:

```python
#第 13 章/zp_cogview3plus.py
import sys
import requests
from zhipuai import ZhipuAI

def main(output_path, prompt):
    client = ZhipuAI(api_key="替换为智谱清言的 API Key")
    response = client.images.generations(
        model="cogview-3-plus",
        prompt=prompt,
    )
    print(response.data[0].url)
    save_png(response.data[0].url, output_path)

def save_png(img_url, output_path):
    response = requests.get(img_url)
    if response.status_code == 200:
        #将图像数据写入文件
        with open(output_path, 'wb') as file:
            file.write(response.content)
        print(f"图像已保存到 {output_path}")
    else:
        print(f"无法下载图像,状态码: {response.status_code}")
```

```
if __name__ == '__main__':
    main(sys.argv[1], sys.argv[2])
```

上面的代码使用的算法如下：

（1）根据提示词调用提交请求 API。

（2）根据生成图像的网址下载图像并保存。

将输出图像指定为 output_png.png，将提示词指定为"根据给出的图像，绘制一幅含有树和落叶的风景图像"，使用 cogview-3-plus 进行图像处理的代码如下：

```
>> python("zp_cogview3plus.py", "output_png.png", "根据给出的图像,绘制一幅含有树和落叶的风景图像")
```

使用 cogview-3-plus 进行图像处理的结果如图 13-5 所示。

图 13-5　使用 **cogview-3-plus** 进行图像处理的结果

13.2.2　cogview-3-flash

cogview-3-flash 可以通过输入提示词的方式来进行图像处理。

cogview-3-flash 的 API 的请求参数如表 13-19 所示。

表 13-19　cogview-3-flash 的 API 的请求参数

参　数　名	类　型	必　填	描　述
model	String	是	模型编码
prompt	String	是	所需图像的文本描述
size	String	否	图像尺寸
user_id	String	否	用户终端的唯一 ID

cogview-3-flash 的 API 的返回参数如表 13-20 所示。

表 13-20　cogview-3-flash 的 API 的返回参数

参 数 名 称	类　　型	参 数 说 明
created	String	请求创建时间,是以秒为单位的 UNIX 时间戳
data	List	图像数据
url	String	图像网址
content_filter	List	返回内容安全的相关信息
role	String	安全生效环节
level	Integer	严重程度 level 0~3; 0 代表最严重; 3 代表轻微

使用 cogview-3-flash 进行图像处理的代码如下:

```
#第 13 章/zp_cogview3flash.py
import sys
import requests
from zhipuai import ZhipuAI

def main(output_path, prompt):
    client = ZhipuAI(api_key = "替换为智谱清言的 API Key")
    response = client.images.generations(
        model = "cogview - 3 - flash",
        prompt = prompt,
    )
    print(response.data[0].url)
    save_png(response.data[0].url, output_path)

def save_png(img_url, output_path):
    response = requests.get(img_url)
    if response.status_code == 200:
        #将图像数据写入文件
        with open(output_path, 'wb') as file:
            file.write(response.content)
        print(f"图像已保存到 {output_path}")
    else:
        print(f"无法下载图像,状态码: {response.status_code}")

if __name__ == '__main__':
    main(sys.argv[1], sys.argv[2])
```

上面的代码使用的算法如下:

(1) 根据提示词调用提交请求 API。

(2) 根据生成图像的网址下载图像并保存。

将输出图像指定为 output_png. png,将提示词指定为"根据给出的图像,绘制一幅含有树及河流的风景图像",使用 cogview-3-flash 图像处理的代码如下:

> \>\> python("zp_cogview3flash.py", "output_png.png", "根据给出的图像,绘制一幅含有树和河流的风景图像")

使用 cogview-3-flash 进行图像处理的结果如图 13-6 所示。

图 13-6　使用 **cogview-3-flash** 进行图像处理的结果

13.3　豆包大模型

13.3.1　通用 2.1(文生图)

通用 2.1(文生图)可以通过输入提示词的方式来进行图像处理。

通用 2.1(文生图)的 API 的请求参数如表 13-21 所示。

表 13-21　通用 2.1(文生图)的 API 的请求参数

参　　数	可选/必选	类　　型	说　　明	备　　注
req_key	必选	String	算法名称; 取固定值为 high_aes_general_v21_L	—
prompt	必选	String	提示词	—
model_version	可选	String	模型版本名称; 取固定值为 general_v2.1_L	—
req_schedule_conf	可选	String	默认值: general_v20_9B_pe; 标准版: general_v20_9B_rephraser; 美感版: general_v20_9B_pe	标准版: 图文匹配度更好,结构表现更好; 美感版(默认): 美感更好,出图多样性更多
seed	可选	int	随机种子	—

续表

参　　数	可选/必选	类　　型	说　　明	备　　注
scale	可选	float	影响文本描述的程度； 默认值：3.5； 取值范围：[1,10]	—
ddim_steps	可选	int	生成图像的步数，建议使用 默认值，值过大会造成延迟 增加而服务超时； 默认值：25； 取值范围：[1,200]； 推荐取值范围：[1,50]	—
width	可选	int	生成图像的宽； 默认值：512； 取值范围：[256,768]	如果宽、高与 512 差距 过大，则会导致出图效 果不佳、延迟过长概率 显著增加
height	可选	int	生成图像的高； 默认值：512； 取值范围：[256,768]	
use_pre_llm	可选	bool	是否开启提示词扩写	—
use_sr	可选	bool	true 代表文生图 ＋ AIGC 超分； false 代表文生图； 默认值：True	内置的超分功能； 开启后可将上述宽和高 均乘以 2 返回，此参数 打开后延迟会有增加； 如上述宽和高均为 512 和 512，如果将此参数关 闭，则出图 512×512，如 果将此参数打开，则出 图 1024×1024
return_url	可选	bool	是否返回图像网址	
logo_info	可选	LogoInfo	水印信息	

通用 2.1(文生图)的 API 的返回参数如表 13-22 所示。

表 13-22　通用 2.1(文生图)的 API 的返回参数

字　　段	类　　型	说　　明
binary_data_base64	array of string	base64 编码的图像
image_urls	array of string	图像网址

使用通用 2.1(文生图)进行图像处理的代码如下：

```
# 第 13 章/db_ty2.1wst.py
from __future__ import print_function
import sys
```

```python
import requests
from volcengine.visual.VisualService import VisualService

def main(output_path, prompt):
    visual_service = VisualService()
    visual_service.set_ak("替换为豆包大模型的 AK")
    visual_service.set_sk("替换为豆包大模型的 SK")
    form = {
        "req_key": "high_aes_general_v21_L",
        "prompt": prompt,
        "model_version": "general_v2.1_L",
        "req_schedule_conf": "general_v20_9B_pe",
        "llm_seed": -1,
        "seed": -1,
        "scale": 3.5,
        "ddim_steps": 25,
        "width": 512,
        "height": 512,
        "use_pre_llm": True,
        "use_sr": True,
        "sr_seed": -1,
        "sr_strength": 0.4,
        "sr_scale": 3.5,
        "sr_steps": 20,
        "is_only_sr": False,
        "return_url": True
    }

    resp = visual_service.cv_process(form)
    img_url = resp["data"]["image_urls"][0]
    print(img_url)
    save_png(img_url, output_path)

def save_png(img_url, output_path):
    response = requests.get(img_url)
    if response.status_code == 200:
        # 将图像数据写入文件
        with open(output_path, 'wb') as file:
            file.write(response.content)
        print(f"图像已保存到 {output_path}")
    else:
        print(f"无法下载图像,状态码: {response.status_code}")

if __name__ == '__main__':
    main(sys.argv[1], sys.argv[2])
```

上面的代码使用的算法如下：

（1）根据提示词调用提交请求 API。

（2）根据生成图像的网址下载图像并保存。

将输出图像指定为 output_png.png，将提示词指定为"绘制一幅雨天草地风景画"，使用通用 2.1（文生图）进行图像处理的代码如下：

```
>> python("db_ty2.1wst.py", "output_png.png", "绘制一幅雨天草地风景画")
```

使用通用 2.1（文生图）进行图像处理的结果如图 13-7 所示。

图 13-7　使用通用 2.1（文生图）进行图像处理的结果

13.3.2　通用 2.0Pro（指令编辑）

通用 2.0Pro（指令编辑）可以通过输入图像和提示词的方式来进行图像处理。

通用 2.0Pro（指令编辑）的 API 的请求参数如表 13-23 所示。

表 13-23　通用 2.0Pro（指令编辑）的 API 的请求参数

参　　数	可选/必选	类　　型	说　　明
req_key	必选	String	算法名称；取固定值为 byteedit_v2.0
binary_data_base64	必选（二选一）	array of string	输入 base64 编码的图像
image_urls	必选（二选一）	array of string	图像网址
prompt	必选	String	提示词
seed	可选	int	随机种子
scale	可选	float	影响文本描述的程度；取值范围：[0,1]
return_url	可选	bool	是否返回图像网址
logo_info	可选	LogoInfo	水印信息

通用 2.0Pro(指令编辑)的 API 的返回参数如表 13-24 所示。

表 13-24 通用 2.0Pro(指令编辑)的 API 的返回参数

字　　段	类　　型	说　　明
binary_data_base64	array of string	base64 编码的图像
image_urls	array of string	图像网址

使用通用 2.0Pro(指令编辑)进行图像处理的代码如下:

```python
#第13章/db_ty2.0zlbj.py
from __future__ import print_function
import sys
import requests
from volcengine.visual.VisualService import VisualService


def main(image_url, output_path, prompt):
    visual_service = VisualService()
    visual_service.set_ak("替换为豆包大模型的 AK")
    visual_service.set_sk("替换为豆包大模型的 SK")
    form = {
        "req_key": "byteedit_v2.0",
        "image_urls": [
            image_url
        ],
        "prompt": prompt,
        "negative_prompt": "",
        "seed": -1,
        "scale": 0.5,
        "return_url": True
    }

    resp = visual_service.cv_process(form)
    img_url = resp["data"]["image_urls"][0]
    print(img_url)
    save_png(img_url, output_path)


def save_png(img_url, output_path):
    response = requests.get(img_url)
    if response.status_code == 200:
        #将图像数据写入文件
        with open(output_path, 'wb') as file:
            file.write(response.content)
        print(f"图像已保存到 {output_path}")
    else:
        print(f"无法下载图像,状态码: {response.status_code}")


if __name__ == '__main__':
    main(sys.argv[1], sys.argv[2], sys.argv[3])
```

上面的代码使用的算法如下：

（1）根据输入图像提示词调用提交请求 API。

（2）根据生成图像的网址下载图像并保存。

将图像网址指定为 http://cnoctave.cn/input.png，将输出图像指定为 output_png.png，将提示词指定为"根据给出的图像，增加草地面积"，使用通用 2.0Pro(指令编辑)进行图像处理的代码如下：

```
>> python("db_ty2.0zlbj.py", "http://cnoctave.cn/input.png", "output_png.png", "根据给出的图像,增加草地面积")
```

使用通用 2.0Pro(指令编辑)进行图像处理的结果如图 13-8 所示。

图 13-8　使用通用 2.0Pro(指令编辑)进行图像处理的结果

13.3.3　通用 2.0Pro(文生图)

通用 2.0Pro(文生图)可以通过输入提示词的方式来进行图像处理。

通用 2.0Pro(文生图)的 API 的请求参数如表 13-25 所示。

表 13-25　通用 2.0Pro(文生图)的 API 的请求参数

参　数	可选/必选	类　型	说　明	备　注
req_key	必选	String	算法名称；取固定值为 high_aes_general_v20_L	—
prompt	必选	String	提示词	—
model_version	可选	String	模型版本名称；取固定值为 general_v2.0_L	—
req_schedule_conf	可选	String	标准版：general_v20_9B_rephraser；美感版：general_v20_9B_pe；默认值：general_v20_9B_pe	标准版：图文匹配度更好，结构表现更好；美感版：美感更好，出图多样性更多

续表

参　数	可选/必选	类　型	说　明	备　注
seed	可选	int	随机种子	—
scale	可选	float	影响文本描述的程度；取值范围：[1,10]	—
ddim_steps	可选	int	生成图像的步数；默认值：16；取值范围：[1,100]	建议使用默认值，值过高容易导致超时
width	可选	int	生成图像的宽；取值范围：[256,768]；默认值：512	如果宽、高与512差距过大，则会导致出图效果不佳、延迟过长概率显著增加
height	可选	int	生成图像的高；取值范围：[256,768]；默认值：512	
use_sr	可选	bool	True代表文生图＋AIGC超分；false代表文生图；默认值：True	内置的超分功能；开启后可将上述宽和高均乘以2返回，此参数打开后延迟会有所增加；如上述宽和高均为512和512，如果此参数关闭，则出图512×512，如果此参数打开，则出图1024×1024
use_pre_llm	可选	bool	是否开启提示词扩写	—
return_url	可选	bool	是否返回图像网址	—
logo_info	可选	LogoInfo	水印信息	

通用2.0Pro(文生图)的API的返回参数如表13-26所示。

表13-26　通用2.0Pro(文生图)的API的返回参数

字　段	类　型	说　明
binary_data_base64	array of string	base64编码的图像
image_urls	array of string	图像网址

使用通用2.0Pro(文生图)进行图像处理的代码如下：

```python
# 第13章/db_ty2.0prowst.py
from __future__ import print_function
import sys
import requests
from volcengine.visual.VisualService import VisualService
```

```python
def main(output_path, prompt):
    visual_service = VisualService()
    visual_service.set_ak("替换为豆包大模型的 AK")
    visual_service.set_sk("替换为豆包大模型的 SK")
    form = {
        "req_key": "high_aes_general_v20_L",
        "prompt": prompt,
        "model_version": "general_v2.0_L",
        "req_schedule_conf": "general_v20_9B_rephraser",
        "seed": -1,
        "scale": 3.5,
        "ddim_steps": 16,
        "width": 512,
        "height": 512,
        "use_sr": True,
        "return_url": True
    }

    resp = visual_service.cv_process(form)
    img_url = resp["data"]["image_urls"][0]
    print(img_url)
    save_png(img_url, output_path)


def save_png(img_url, output_path):
    response = requests.get(img_url)
    if response.status_code == 200:
        # 将图像数据写入文件
        with open(output_path, 'wb') as file:
            file.write(response.content)
        print(f"图像已保存到 {output_path}")
    else:
        print(f"无法下载图像,状态码:{response.status_code}")


if __name__ == '__main__':
    main(sys.argv[1], sys.argv[2])
```

上面的代码使用的算法如下:

(1) 根据提示词调用提交请求 API。

(2) 根据生成图像的网址下载图像并保存。

将输出图像指定为 output_png.png,将提示词指定为"绘制一幅大风吹落叶的风景画",使用通用 2.0Pro(文生图)进行图像处理的代码如下:

```
>> python("db_ty2.0prowst.py", "output_png.png", "绘制一幅大风吹落叶的风景画")
```

使用通用 2.0Pro(文生图)进行图像处理的结果如图 13-9 所示。

图 13-9　使用通用 2.0Pro(文生图)进行图像处理的结果

13.3.4　通用 2.0(角色特征保持)

通用 2.0(角色特征保持)可以通过输入图像和提示词的方式来进行图像处理。

通用 2.0(角色特征保持)的 API 的请求参数如表 13-27 所示。

表 13-27　通用 2.0(角色特征保持)的 API 的请求参数

参　　数	可选/必选	类　　型	说　　明	备　　注
req_key	必选	String	算法名称; 取固定值为 high_aes_ip_v20	—
binary_data_base64	必选(二选一, 优先生效)	array of string	输入 base64 编码的图像	—
image_urls	必选(二选一)	array of string	图像网址	—
prompt	必选	String	提示词	—
desc_pushback	可选	bool	针对输入图内容进行反推, 可使生成图像的效果更稳定	
seed	可选	int	随机种子	—
scale	可选	float	影响文本描述的程度	
ddim_steps	可选	int	生成图像的步数	—
width	可选	int	生成图像的宽(超分前大小); 默认值:512; 取值范围:[256,768]	如果宽、高与 512 差 距过大,则会导致出 图效果不佳、延迟过 长概率显著增加
height	可选	int	生成图像的高(超分前大小); 默认值:512; 取值范围:[256,768]	

续表

参　　数	可选/必选	类　　型	说　　明	备　　注
cfg_rescale	可选	float	默认值：0.7	—
ref_ip_weight	可选	float	参考图主体外观的权重； 权重越大生成结果和参考图 中主体的相似度越高； 默认值：0.7； 取值范围：[0,1]	—
ref_id_weight	可选	float	参考图人脸特征的权重； 权重越大生成结果和参考图 中人脸的相似度越高； 默认值：0.36； 取值范围：[0,1]； 推荐取值范围：[0.2,0.4]	—
use_sr	可选	bool	True 代表文生图＋AIGC 超分； false 代表文生图； 默认值：True	—
return_url	可选	bool	是否返回图像网址	—
logo_info	可选	LogoInfo	水印信息	—

通用 2.0(角色特征保持)的 API 的返回参数如表 13-28 所示。

表 13-28　通用 2.0(角色特征保持)的 API 的返回参数

字　　段	类　　型	说　　明
binary_data_base64	array of string	base64 编码的图像
image_urls	array of string	图像网址

使用通用 2.0(角色特征保持)进行图像处理的代码如下：

```python
# 第 13 章/db_ty2.0jstzbc.py
from __future__ import print_function
import sys
import requests
from volcengine.visual.VisualService import VisualService


def main(image_url, output_path, prompt):
    visual_service = VisualService()
    visual_service.set_ak("替换为豆包大模型的 AK")
    visual_service.set_sk("替换为豆包大模型的 SK")
    form = {
        "req_key": "high_aes_ip_v20",
        "image_urls": [image_url],
```

```
            "prompt": prompt,
            "desc_pushback": True,
            "seed": - 1,
            "scale": 3.5,
            "ddim_steps": 9,
            "width": 512,
            "height": 512,
            "cfg_rescale": 0.7,
            "ref_ip_weight": 0.7,
            "ref_id_weight": 0.36,
            "use_sr": True,
            "return_url": True
        }

    resp = visual_service.cv_process(form)
    img_url = resp["data"]["image_urls"][0]
    print(img_url)
    save_png(img_url, output_path)


def save_png(img_url, output_path):
    response = requests.get(img_url)
    if response.status_code == 200:
        #将图像数据写入文件
        with open(output_path, 'wb') as file:
            file.write(response.content)
        print(f"图像已保存到 {output_path}")
    else:
        print(f"无法下载图像,状态码: {response.status_code}")


if __name__ == '__main__':
    main(sys.argv[1], sys.argv[2], sys.argv[3])
```

上面的代码使用的算法如下:

(1) 根据图像和提示词调用提交请求 API。

(2) 根据生成图像的网址下载图像并保存。

将图像网址指定为 http://cnoctave.cn/input.png,将输出图像指定为 output_png.png,将提示词指定为"根据图像保持草地的特征,将图像转换为华丽的风景画",使用通用 2.0(角色特征保持)进行图像处理的代码如下:

```
>> python("db_ty2.0jstzbc.py", "http://cnoctave.cn/input.png", "output_png.png", "根据图像保持草地的特征,将图像转换为华丽的风景画")
```

使用通用 2.0(角色特征保持)进行图像处理的结果如图 13-10 所示。

图 13-10　使用通用 2.0(角色特征保持)进行图像处理的结果

13.3.5　通用 2.0(文生图)

通用 2.0(文生图)可以通过输入提示词的方式来进行图像处理。

通用 2.0(文生图)的 API 的请求参数如表 13-29 所示。

表 13-29　通用 2.0(文生图)的 API 的请求参数

参　　数	可选/必选	类　　型	说　　明	备　　注
req_key	必选	String	算法名称; 取固定值为 high _ aes _ general_v20	
prompt	必选	String	提示词	
model_version	必选	String	模型版本名称; 取固定值为 general_v2.0	
seed	可选	int	随机种子	
scale	可选	float	影响文本描述的程度; 默认值:3.5; 取值范围:[1,30]	
ddim_steps	可选	int	生成图像的步数; 默认值:16; 取值范围:[1,50]	
use_rephraser	可选	String	是否开启提示词扩写	输入的提示词简短并且简单,用于辅助生成图像的场景则传 True; 输入的提示词冗长而且复杂,用于设计工具的场景里则传 False

续表

参　　数	可选/必选	类　　型	说　　明	备　　注
width	可选	int	生成图像的宽； 取值范围：$[256,680]$； 默认值：512	如果宽、高与512差距过大，则会导致出图效果不佳、延迟过长概率显著增加
height	可选	int	生成图像的高； 取值范围：$[256,680]$； 默认值：512	
use_sr	可选	Bool	True代表文生图＋AIGC超分； false代表文生图； 默认值：True	
return_url	可选	bool	是否返回图像网址	
logo_info	可选	LogoInfo	水印信息	

通用2.0(文生图)的API的返回参数如表13-30所示。

表13-30　通用2.0(文生图)的API的返回参数

字　　段	类　　型	说　　明
binary_data_base64	array of string	base64编码的图像
image_urls	array of string	图像网址

使用通用2.0(文生图)进行图像处理的代码如下：

```python
＃第13章/db_ty2.0wst.py
from __future__ import print_function
import sys
import requests
from volcengine.visual.VisualService import VisualService


def main(output_path, prompt):
    visual_service = VisualService()
    visual_service.set_ak("替换为豆包大模型的AK")
    visual_service.set_sk("替换为豆包大模型的SK")
    form = {
        "req_key": "high_aes_general_v20",
        "prompt": prompt,
        "model_version": "general_v2.0",
        "seed": -1,
        "scale": 3.5,
        "ddim_steps": 16,
        "width": 512,
        "height": 512,
        "use_sr": True,
        "return_url": True
```

```
        }

        resp = visual_service.cv_process(form)
        img_url = resp["data"]["image_urls"][0]
        print(img_url)
        save_png(img_url, output_path)


def save_png(img_url, output_path):
    response = requests.get(img_url)
    if response.status_code == 200:
        #将图像数据写入文件
        with open(output_path, 'wb') as file:
            file.write(response.content)
        print(f"图像已保存到 {output_path}")
    else:
        print(f"无法下载图像,状态码: {response.status_code}")


if __name__ == '__main__':
    main(sys.argv[1], sys.argv[2])
```

上面的代码使用的算法如下:

(1)根据提示词调用提交请求 API。

(2)根据生成图像的网址下载图像并保存。

将输出图像指定为 output_png.png,将提示词指定为"绘制一幅公园草地风景画",使用通用 2.0(文生图)进行图像处理的代码如下:

```
>> python("db_ty2.0wst.py", "output_png.png", "绘制一幅公园草地风景画")
```

使用通用 2.0(文生图)进行图像处理的结果如图 13-11 所示。

图 13-11 使用通用 2.0(文生图)进行图像处理的结果

13.3.6　通用 1.4（角色特征保持）

通用 1.4（角色特征保持）可以通过输入图像和提示词的方式来进行图像处理。

通用 1.4（角色特征保持）的 API 的请求参数如表 13-31 所示。

表 13-31　通用 1.4（角色特征保持）的 API 的请求参数

参　　　数	可选/必选	类　　型	说　　明
req_key	必选	String	算法名称； 取固定值为 high_aes_general_v14_ip_keep
binary_data_base64	必选（二选一，优先生效）	array of string	输入 base64 编码的图像
image_urls	必选（二选一）	array of string	图像网址
prompt	必选	String	提示词
model_version	必选	String	模型版本名称； 取固定值为 general_v1.4_ip
ref_ip_weight	可选	float	参考图主体外观的权重； 权重越大生成结果和参考图中主体的相似度越高； 默认值：0.7； 取值范围：[0,1]
ref_id_weight	可选	float	参考图人脸特征的权重； 权重越大生成结果和参考图中人脸的相似度越高； 默认值：0.9； 取值范围：[0,1]
seed	可选	int	随机种子
scale	可选	float	影响文本描述的程度； 默认值：3.0； 取值范围：(1,30)
ddim_steps	可选	int	生成图像的步数； 默认值：16； 取值范围：[1,50]
width	可选	int	生成图像的宽（超分前大小）； 总像素≤768×768； 默认值：512； 取值范围：[128,768]
height	可选	int	生成图像的高（超分前大小）； 总像素≤768×768； 默认值：512； 取值范围：[128,768]
use_rephraser	可选	bool	是否开启提示词扩写
use_predict_tags	可选	bool	是否开启 predict_tags

续表

参 数	可选/必选	类 型	说 明
use_sr	可选	bool	True 代表文生图＋AIGC 超分； False 代表文生图； 默认值：True
return_url	可选	bool	是否返回图像网址
logo_info	可选	LogoInfo	水印信息

通用 1.4（角色特征保持）的 API 的返回参数如表 13-32 所示。

表 13-32　通用 1.4（角色特征保持）的 API 的返回参数

字 段	类 型	说 明
binary_data_base64	array of string	base64 编码的图像
image_urls	array of string	图像网址

使用通用 1.4（角色特征保持）进行图像处理的代码如下：

```python
# 第 13 章/db_ty1.4jstzbc.py
from __future__ import print_function
import sys
import requests
from volcengine.visual.VisualService import VisualService


def main(image_url, output_path, prompt):
    visual_service = VisualService()
    visual_service.set_ak("替换为豆包大模型的 AK")
    visual_service.set_sk("替换为豆包大模型的 SK")
    form = {
        "req_key": "high_aes_general_v14_ip_keep",
        "image_urls": [image_url],
        "prompt": prompt,
        "model_version": "general_v1.4_ip",
        "subject_prompt": "",
        "ref_ip_weight": 0.7,
        "ref_id_weight": 0.9,
        "negative_prompt": "",
        "seed": -1,
        "scale": 3.0,
        "ddim_steps": 16,
        "width": 512,
        "height": 512,
        "use_rephraser": False,
        "use_predict_tags": True,
        "use_sr": True,
        "sr_seed": -1,
        "sr_strength": 0.4,
        "sr_scale": 3.5,
        "sr_steps": 10,
        "return_url": True
    }
```

```
        resp = visual_service.cv_process(form)
        img_url = resp["data"]["image_urls"][0]
        print(img_url)
        save_png(img_url, output_path)


def save_png(img_url, output_path):
    response = requests.get(img_url)
    if response.status_code == 200:
        #将图像数据写入文件
        with open(output_path, 'wb') as file:
            file.write(response.content)
        print(f"图像已保存到 {output_path}")
    else:
        print(f"无法下载图像,状态码: {response.status_code}")


if __name__ == '__main__':
    main(sys.argv[1], sys.argv[2], sys.argv[3])
```

上面的代码使用的算法如下:

(1)根据提示词调用提交请求 API。

(2)根据生成图像的网址下载图像并保存。

将图像网址指定为 http://cnoctave.cn/input.png,将输出图像指定为 output_png.png,将提示词指定为"根据给出的图像,绘制一幅含有石头和草地的风景图像",使用通用 1.4(角色特征保持)进行图像处理的代码如下:

```
>> python("db_ty1.4jstzbc.py", "http://cnoctave.cn/input.png", "output_png.png", "根据给出的图像,绘制一幅含有石头和草地的风景图像")
```

使用通用 1.4(角色特征保持)进行图像处理的结果如图 13-12 所示。

图 13-12 使用通用 1.4(角色特征保持)进行图像处理的结果

13.3.7　通用 1.4(文生图)

通用 1.4(文生图)可以通过输入提示词的方式来进行图像处理。

通用 1.4(文生图)的 API 的请求参数如表 13-33 所示。

表 13-33　通用 1.4(文生图)的 API 的请求参数

参　　数	可选/必选	类　　型	说　　明	备　　注
req_key	必选	String	算法名称; 取固定值为 high _ aes _ general_v14	
prompt	必选	String	提示词	
model_version	必选	String	模型版本名称; 取固定值为 general_v1.4	
seed	可选	int	随机种子	
scale	可选	float	影响文本描述的程度; 默认值:3.0; 取值范围:[1,30]	
ddim_steps	可选	int	生成图像的步数; 默认值:25; 取值范围:[1,50]	
width	可选	int	生成图像的宽; 默认值:512; 取值范围:[128,768]	如果宽、高与 512 差距过大,则会导致出图效果不佳、延迟过长概率显著增加
height	可选	int	生成图像的高; 默认值:512; 取值范围:[128,768]	
use_rephraser	可选	bool	是否开启提示词扩写	
return_url	可选	bool	是否返回图像网址	
use_predict_tags	可选	bool	是否开启 predict_tags	
logo_info	可选	LogoInfo	水印信息	

通用 1.4(文生图)的 API 的返回参数如表 13-34 所示。

表 13-34　通用 1.4(文生图)的 API 的返回参数

字　　段	类　　型	说　　明
binary_data_base64	array of string	base64 编码的图像
image_urls	array of string	图像网址

使用通用 1.4(文生图)进行图像处理的代码如下:

```
#第13章/db_ty1.4wst.py
from __future__ import print_function
import sys
```

```
import requests
from volcengine.visual.VisualService import VisualService


def main(output_path, prompt):
    visual_service = VisualService()
    visual_service.set_ak("替换为豆包大模型的 AK")
    visual_service.set_sk("替换为豆包大模型的 SK")
    form = {
        "req_key": "high_aes_general_v14",
        "prompt": prompt,
        "model_version": "general_v1.4",
        "seed": -1,
        "scale": 3.0,
        "ddim_steps": 25,
        "width": 512,
        "height": 512,
        "use_rephraser": True,
        "return_url": True,
        "use_predict_tags": True
    }

    resp = visual_service.cv_process(form)
    img_url = resp["data"]["image_urls"][0]
    print(img_url)
    save_png(img_url, output_path)


def save_png(img_url, output_path):
    response = requests.get(img_url)
    if response.status_code == 200:
        #将图像数据写入文件
        with open(output_path, 'wb') as file:
            file.write(response.content)
        print(f"图像已保存到 {output_path}")
    else:
        print(f"无法下载图像,状态码: {response.status_code}")


if __name__ == '__main__':
    main(sys.argv[1], sys.argv[2])
```

上面的代码使用的算法如下:

(1) 根据提示词调用提交请求 API。

(2) 根据生成图像的网址下载图像并保存。

将输出图像指定为 output_png.png,将提示词指定为"绘制一幅雨天石头、草地风景画",使用通用 1.4(文生图)进行图像处理的代码如下:

```
>> python("db_ty1.4wst.py", "output_png.png", "绘制一幅雨天石头、草地风景画")
```

使用通用 1.4(文生图)进行图像处理的结果如图 13-13 所示。

图 13-13　使用通用 1.4(文生图)进行图像处理的结果

13.3.8　动漫 1.3.X(文生图/图生图)

动漫 1.3.X(文生图/图生图)可以通过输入图像和提示词的方式来进行图像处理。

动漫 1.3.X(文生图/图生图)的 API 的请求参数如表 13-35 所示。

表 13-35　动漫 1.3.X(文生图/图生图)的 API 的请求参数

参　　数	可选/必选	类　　型	说　　明
req_key	必选	String	算法名称； 取固定值为 high_aes
prompt	必选	String	提示词
model_version	必选	String	模型版本名称； 1.3 版本：取固定值为 anime_v1.3； 1.3.1 版本：取固定值为 anime_v1.3.1
binary_data_base64	可选	Array of string	输入 base64 编码的图像
image_urls	可选	Array of string	图像网址
strength	可选	float	文本控制强度
seed	可选	int	随机种子
scale	可选	float	影响文本描述的程度
ddim_steps	可选	int	生成图像的精细程度； 精细程度越大则效果可能更好,但是延迟会增加
logo_info	可选	LogoInfo	水印信息

续表

参　　数	可选/必选	类　　型	说　　明
width	可选	int	生成图像的宽； 默认值：1024； 取值范围为[576,1728]； 总像素数≤1088×1088
height	可选	int	生成图像的高； 默认值：1024； 取值范围为[576,1728]； 总像素数≤1088×1088
return_url	可选	bool	是否返回图像网址

动漫 1.3.X(文生图/图生图)的 API 的返回参数如表 13-36 所示。

表 13-36　动漫 1.3.X(文生图/图生图)的 API 的返回参数

字　　段	类　　型	说　　明
binary_data_base64	array of string	base64 编码的图像
image_urls	array of string	图像网址

使用动漫 1.3.X(文生图/图生图)进行图像处理的代码如下：

```python
＃第 13 章/db_dm1.3xwsttst.py
from __future__ import print_function
import sys
import requests
from volcengine.visual.VisualService import VisualService


def main(image_url, output_path, prompt):
    visual_service = VisualService()
    visual_service.set_ak("替换为豆包大模型的 AK")
    visual_service.set_sk("替换为豆包大模型的 SK")
    form = {
        "req_key": "high_aes",
        "prompt": prompt,
        "model_version": "anime_v1.3",
        "image_urls": [image_url],
        "strength": 0.7,
        "seed": -1,
        "scale": 7,
        "ddim_steps": 20,
        "width": 1024,
        "height": 1024,
        "return_url": True
    }

    resp = visual_service.cv_process(form)
```

```
        img_url = resp["data"]["image_urls"][0]
        print(img_url)
        save_png(img_url, output_path)


def save_png(img_url, output_path):
        response = requests.get(img_url)
        if response.status_code == 200:
            #将图像数据写入文件
            with open(output_path, 'wb') as file:
                file.write(response.content)
            print(f"图像已保存到 {output_path}")
        else:
            print(f"无法下载图像,状态码: {response.status_code}")


if __name__ == '__main__':
    main(sys.argv[1], sys.argv[2], sys.argv[3])
```

上面的代码使用的算法如下:

(1) 根据提示词调用提交请求 API。

(2) 根据生成图像的网址下载图像并保存。

将输出图像指定为 output_png.png,将提示词指定为"根据给出的图像,绘制一幅含有树和江水的风景图像",使用动漫 1.3.X(文生图/图生图)进行图像处理的代码如下:

```
>> python("db_dm1.3xwsttst.py", "output_png.png", "根据给出的图像,绘制一幅含有树和江水的风景图像")
```

使用动漫 1.3.X(文生图/图生图)进行图像处理的结果如图 13-14 所示。

图 13-14　使用动漫 1.3.X(文生图/图生图)进行图像处理的结果

13.3.9　通用 XL pro(图生图)

通用 XL pro(图生图)可以通过输入图像和提示词的方式来进行图像处理。

通用 XL pro(图生图)的 API 的请求参数如表 13-37 所示。

表 13-37　通用 **XL pro**(图生图)的 **API** 的请求参数

参　　数	可选/必选	类　　型	说　　明
req_key	必选	String	算法名称； 取固定值为 i2i_xl_sft
binary_data_base64	可选	Array of string	输入 base64 编码的图像
image_urls	可选	Array of string	图像网址
prompt	可选	string	提示词
seed	可选	int	随机种子
ddim_steps	可选	int	生成图像的步数； 默认值：20； 取值范围：[1,50]
scale	可选	float	影响文本描述的程度； 默认值：7.0； 取值范围：[1,30]
controlnet_args	可选	list[ControlnetArgs]	ControlNet 配置
style_reference_args	可选	StyleReferenceArgs	风格配置； 可参考输入图的风格进行出图
return_url	可选	bool	是否返回图像网址
logo_info	可选	LogoInfo	水印信息

通用 XL pro(图生图)的 API 的返回参数如表 13-38 所示。

表 13-38　通用 **XL pro**(图生图)的 **API** 的返回参数

字　　段	类　　型	说　　明	备　　注
binary_data_base64	array of string	base64 编码的图像	如果指定了构图参数，则返回的 第 1 幅图为结果输出图，第 2 幅 图为构图
image_urls	array of string	图像网址	

使用通用 XL pro(图生图)进行图像处理的代码如下：

```python
# 第13章/db_tyxlprotst.py
from __future__ import print_function
import sys
import requests
from volcengine.visual.VisualService import VisualService


def main(image_url, output_path, prompt,
         controlnet_type, controlnet_strength,
         controlnet_binary_data_index):
    visual_service = VisualService()
    visual_service.set_ak("替换为豆包大模型的 AK")
    visual_service.set_sk("替换为豆包大模型的 SK")
```

```
        form = {
            "req_key": "i2i_xl_sft",
            "image_urls": [
                image_url
            ],
            "prompt": prompt,
            "seed": -1,
            "ddim_steps": 20,
            "scale": 7.0,
            "controlnet_args": [
                {
                    "type": controlnet_type,
                    "strength": controlnet_strength,
                    "binary_data_index": controlnet_binary_data_index
                }
            ],
            "style_reference_args": {
                "id_weight": 0.2,
                "style_weight": 0.0,
                "binary_data_index": 0
            },
            "return_url": True
        }

        resp = visual_service.cv_process(form)
        img_url = resp["data"]["image_urls"][0]
        print(img_url)
        save_png(img_url, output_path)


def save_png(img_url, output_path):
    response = requests.get(img_url)
    if response.status_code == 200:
        #将图像数据写入文件
        with open(output_path, 'wb') as file:
            file.write(response.content)
        print(f"图像已保存到 {output_path}")
    else:
        print(f"无法下载图像,状态码: {response.status_code}")


if __name__ == '__main__':
    main(sys.argv[1], sys.argv[2], sys.argv[3],
        sys.argv[4], float(sys.argv[5]), int(sys.argv[6]))
```

上面的代码使用的算法如下:

(1)根据提示词调用提交请求 API。

(2)根据生成图像的网址下载图像并保存。

将图像网址指定为 http://cnoctave.cn/input.png，将输出图像指定为 output_png.png，将提示词指定为"根据图像，绘制一幅雨天草地风景画"，将 ControlNet 的类型指定为 canny，将 ControlNet 的强度指定为 0.8，将 ControlNet 的 binary_data_index 指定为 0，使用通用 XL pro(图生图)进行图像处理的代码如下：

```
>> python("db_tyxlprotst.py", "output_png.png", "根据图像，绘制一幅雨天草地风景画",
   "canny", "0.8", "0")
```

使用通用 XL pro(图生图)进行图像处理的结果如图 13-15 所示。

图 13-15　使用通用 XL pro(图生图)进行图像处理的结果

13.3.10　通用 XL pro(文生图)

通用 XL pro(文生图)可以通过输入提示词的方式来进行图像处理。

通用 XL pro(文生图)的 API 的请求参数如表 13-39 所示。

表 13-39　通用 XL pro(文生图)的 API 的请求参数

参　　数	可选/必选	类　　型	说　　明	备　　注
req_key	必选	String	算法名称； 取固定值为 t2i_xl_sft	
prompt	可选	String	提示词	
width	可选	int	生成图像的宽； 默认值：1024	如果宽、高与 512 差距过大，则会导致出图效果不佳、延迟过长概率显著增加
height	可选	int	生成图像的高； 默认值：1024	
seed	可选	int	随机种子	
ddim_steps	可选	int	生成图像的步数； 默认值：20； 取值范围：[1,50]	

续表

参　数	可选/必选	类　型	说　明	备　注
scale	可选	float	影响文本描述的程度； 默认值：7.0； 取值范围：[1,30]	
return_url	可选	bool	是否返回图像网址	
logo_info	可选	LogoInfo	水印信息	

通用 XL pro(文生图)的 API 的返回参数如表 13-40 所示。

表 13-40　通用 XL pro(文生图)的 API 的返回参数

字　段	类　型	说　明
binary_data_base64	array of string	base64 编码的图像
image_urls	array of string	图像网址

使用通用 XL pro(文生图)进行图像处理的代码如下：

```python
# 第13章/db_tyxlprowst.py
from __future__ import print_function
import sys
import requests
from volcengine.visual.VisualService import VisualService


def main(output_path, prompt):
    visual_service = VisualService()
    visual_service.set_ak("替换为豆包大模型的AK")
    visual_service.set_sk("替换为豆包大模型的SK")
    form = {
        "req_key": "t2i_xl_sft",
        "prompt": prompt,
        "seed": -1,
        "width": 1080,
        "height": 1080,
        "scale": 7,
        "ddim_steps": 20,
        "return_url": True
    }

    resp = visual_service.cv_process(form)
    img_url = resp["data"]["image_urls"][0]
    print(img_url)
    save_png(img_url, output_path)


def save_png(img_url, output_path):
```

```
    response = requests.get(img_url)
    if response.status_code == 200:
        #将图像数据写入文件
        with open(output_path, 'wb') as file:
            file.write(response.content)
        print(f"图像已保存到 {output_path}")
    else:
        print(f"无法下载图像,状态码: {response.status_code}")


if __name__ == '__main__':
    main(sys.argv[1], sys.argv[2])
```

上面的代码使用的算法如下：

（1）根据提示词调用提交请求 API。

（2）根据生成图像的网址下载图像并保存。

将输出图像指定为 output_png.png，将提示词指定为"绘制一幅清新草地风景画"，使用通用 XL pro（文生图）进行图像处理的代码如下：

```
>> python("db_tyxlprowst.py", "output_png.png", "绘制一幅清新草地风景画")
```

使用通用 XL pro（文生图）进行图像处理的结果如图 13-16 所示。

图 13-16　使用通用 XL pro（文生图）进行图像处理的结果

13.3.11　单图写真

单图写真可以通过输入图像的方式来进行图像处理。

单图写真的 API 的请求参数如表 13-41 所示。

表 13-41 单图写真的 API 的请求参数

参　　数	可选/必选	类型	说　　明	备　　注
req_key	必选	String	取值： img2img_photoverse_american_comics：美漫风格； img2img_photoverse_executive_ID_photo：商务证件照； img2img_photoverse_3d_weird：3d 人偶； img2img _ photoverse _ cyberpunk：赛博朋克； img2img_xiezhen_gubao：古堡； img2img_xiezhen_babi_niuzai：芭比牛仔； img2img_xiezhen_bathrobe：浴袍风格； img2img _ xiezhen _ butterfly _ machine：蝴蝶机械； img2img _ xiezhen _ zhichangzhengjianzhao：职场证件照； img2img_xiezhen_christmas：圣诞； img2img_xiezhen_dessert：美式甜点师； img2img_xiezhen_old_money：old money img2img_xiezhen_school：最美校园	
binary _ data _ base64	必选（二选一，优先生效）	Array of string	输入 base64 编码的图像	
image_urls	必选（二选一）	Array of string	图像网址	
beautify_info	可选	BeatiyInfo	美颜相关参数； 仅支持商务证件照-img2img_photoverse_executive_ID_photo	如果不传美颜参数，则使用默认的美颜参数； 默认美颜参数：美白 1.0，磨皮 1.0
return_url	可选	bool	是否返回图像网址	
logo_info	可选	LogoInfo	水印信息	

单图写真的 API 的返回参数如表 13-42 所示。

表 13-42 单图写真的 API 的返回参数

字　　段	类　　型	说　　明
binary_data_base64	Array of string	base64 编码的图像
image_urls	Array of string	图像网址

使用单图写真进行图像处理的代码如下：

```python
# 第 13 章/db_dtxzpvb.py
from __future__ import print_function
import sys
import requests
from volcengine.visual.VisualService import VisualService

def main(image_url, output_path, whitening, dermabrasion):
    visual_service = VisualService()
    visual_service.set_ak("替换为豆包大模型的 AK")
    visual_service.set_sk("替换为豆包大模型的 SK")
    form = {
        "req_key": "img2img_photoverse_3d_weird",
        "image_urls": [image_url],
        "beautify_info":{
            "whitening":whitening,
            "dermabrasion":dermabrasion
        },
        "return_url": True,
    }

    resp = visual_service.cv_process(form)
    img_url = resp["data"]["image_urls"][0]
    print(img_url)
    save_png(img_url, output_path)

def save_png(img_url, output_path):
    response = requests.get(img_url)
    if response.status_code == 200:
        # 将图像数据写入文件
        with open(output_path, 'wb') as file:
            file.write(response.content)
        print(f"图像已保存到 {output_path}")
    else:
        print(f"无法下载图像,状态码: {response.status_code}")

if __name__ == '__main__':
    main(sys.argv[1], sys.argv[2],
        float(sys.argv[3]), float(sys.argv[4]))
```

上面的代码使用的算法如下：

（1）根据图像调用提交请求 API。

（2）根据生成图像的网址下载图像并保存。

将图像网址指定为 http://cnoctave.cn/yhb20.png,将输出图像指定为 output_png.png,
将美白参数指定为 0.5,并将磨皮参数指定为 1.5,使用单图写真进行图像处理的代码如下：

```
>> python("db_dtxzpvb.py", "http://cnoctave.cn/yhb20.png", "output_png.png", "0.5", "1.5")
```

使用单图写真进行图像处理的结果如图 13-17 所示。

图 13-17　使用单图写真进行图像处理的结果

13.3.12　AIGC 图像风格化

AIGC 图像风格化可以通过输入图像的方式来进行图像处理。

AIGC 图像风格化的 API 的请求参数如表 13-43 所示。

表 13-43　AIGC 图像风格化的 API 的请求参数

参　　数	可选/必选	类　　型	说　　明
req_key	必选	String	3D 风：img2img_disney_3d_style； 写实风：img2img_real_mix_style； 天使风：img2img_pastel_boys_style； 动漫风：img2img_cartoon_style； 日漫风：img2img_makoto_style； 公主风：img2img_rev_animated_style； 梦幻风：img2img_blueline_style； 水墨风：img2img_water_ink_style； 新莫奈花园：i2i_ai_create_monet； 水彩风：img2img_water_paint_style； 莫奈花园：img2img_comic_style； 精致美漫：img2img_comic_style； 赛博机械：img2img_comic_style； 精致韩漫：img2img_exquisite_style； 国风-水墨：img2img_pretty_style； 浪漫光影：img2img_pretty_style； 陶瓷娃娃：img2img_ceramics_style； 中国红：img2img_chinese_style； 丑萌黏土：img2img_clay_style； 可爱玩偶：img2img_clay_style； 三维-游戏_Z 时代：img2img_3d_style； 动画电影：img2img_3d_style； 玩偶：img2img_3d_style

续表

参　　数	可选/必选	类　　型	说　　明
sub_req_key	必选	String	三维风：不需要传参； 写实风：不需要传参； 天使风：不需要传参； 动漫风：不需要传参； 日漫风：不需要传参； 公主风：不需要传参； 梦幻风：不需要传参； 水墨风：不需要传参； 新莫奈花园：不需要传参； 水彩风：不需要传参； 莫奈花园：img2img_comic_style_monet； 精致美漫：img2img_comic_style_marvel； 赛博机械：img2img_comic_style_future； 精致韩漫：不需要传参； 国风-水墨：img2img_pretty_style_ink； 浪漫光影：img2img_pretty_style_light； 陶瓷娃娃：不需要传参； 中国红：不需要传参； 丑萌黏土：img2img_clay_style_3d； 可爱玩偶：img2img_clay_style_bubble； 三维游戏_Z时代：img2img_3d_style_era； 动画电影：img2img_3d_style_movie； 玩偶：img2img_3d_style_doll
binary_data_base64	必选 （与image_urls二选一）	array of string	输入base64编码的图像
image_urls	必选 （与binary_data_base64二选一）	array of string	图像网址
return_url	可选	bool	是否返回图像网址
logo_info	可选	LogoInfo	水印信息

AIGC图像风格化的API的返回参数如表13-44所示。

表13-44　AIGC图像风格化的API的返回参数

字　　段	类　　型	说　　明
binary_data_base64	Array of string	base64编码的图像
image_urls	Array of string	图像网址

使用 AIGC 图像风格化进行图像处理的代码如下：

```python
# 第13章/db_aigctxfgh.py
from __future__ import print_function
import sys
import requests
from volcengine.visual.VisualService import VisualService


def main(image_url, output_path):
    visual_service = VisualService()
    visual_service.set_ak("替换为豆包大模型的 AK")
    visual_service.set_sk("替换为豆包大模型的 SK")
    form = {
        "req_key": "img2img_blueline_style",
        "image_urls": [
            image_url
        ],
        "return_url": True
    }

    resp = visual_service.cv_process(form)
    img_url = resp["data"]["image_urls"][0]
    print(img_url)
    save_png(img_url, output_path)


def save_png(img_url, output_path):
    response = requests.get(img_url)
    if response.status_code == 200:
        # 将图像数据写入文件
        with open(output_path, 'wb') as file:
            file.write(response.content)
        print(f"图像已保存到 {output_path}")
    else:
        print(f"无法下载图像,状态码: {response.status_code}")


if __name__ == '__main__':
    main(sys.argv[1], sys.argv[2])
```

上面的代码使用的算法如下：

（1）根据图像调用提交请求 API。

（2）根据生成图像的网址下载图像并保存。

将图像网址指定为 http://cnoctave.cn/yhb20.png，将输出图像指定为 output_png.png，使用 AIGC 图像风格化进行图像处理的代码如下：

```
>> python("db_aigctxfgh.py", "http://cnoctave.cn/yhb20.png", "output_png.png"
```

使用 AIGC 图像风格化进行图像处理的结果如图 13-18 所示。

图 13-18 使用 AIGC 图像风格化进行图像处理的结果

13.3.13 人像漫画风

人像漫画风可以通过输入图像的方式来进行图像处理。

人像漫画风的 API 的请求参数如表 13-45 所示。

表 13-45 人像漫画风的 API 的请求参数

参　　数	可选/必选	类　　型	说　　明
image_base64	必选(二选一,优先生效)	String	输入 base64 编码的图像
image_url	必选(二选一)	String	图像网址
cartoon_type	必选	String	漫画类型； jpcartoon：日漫全图漫画风； hkcartoon：国潮漫画风； classic_cartoon：复古漫画全图漫画风； tccartoon：萌漫

人像漫画风的 API 的返回参数如表 13-46 所示。

表 13-46 人像漫画风的 API 的返回参数

字　　段	类　　型	说　　明
image	string	返回图像的 base64 编码

使用人像漫画风进行图像处理的代码如下：

```
#第13章/db_rxmhf.py
from __future__ import print_function
import sys
import requests
import base64
```

```
from volcengine.visual.VisualService import VisualService

def main(image_url, output_path, cartoon_type):
    visual_service = VisualService()
    visual_service.set_ak("替换为豆包大模型的 AK")
    visual_service.set_sk("替换为豆包大模型的 SK")
    form = {
        "image_url": image_url,
        "cartoon_type": cartoon_type,
    }

    resp = visual_service.jpcartoon(form)
    b64_png = resp["data"]["image"]
    save_b64_png(b64_png, output_path)

def save_b64_png(b64_png, output_path):
    with open(output_path, 'wb') as file:
        content = base64.b64decode(b64_png)
        file.write(content)
        print(f"图像已保存到 {output_path}")

if __name__ == '__main__':
    main(sys.argv[1], sys.argv[2], sys.argv[3])
```

上面的代码使用的算法如下：

（1）根据图像调用提交请求 API。

（2）根据生成图像的网址下载图像并保存。

将图像网址指定为 http://cnoctave.cn/yhb20.png，将输出图像指定为 output_png.png，将漫画风格指定为 jpcartoon，使用人像漫画风进行图像处理的代码如下：

```
>> python("db_rxmhf.py", "http://cnoctave.cn/yhb20.png", "output_png.png", "jpcartoon")
```

使用人像漫画风进行图像处理的结果如图 13-19 所示。

图 13-19 使用人像漫画风进行图像处理的结果

13.3.14 闭眼转睁眼

闭眼转睁眼可以通过输入图像的方式来进行图像处理。

闭眼转睁眼的 API 的请求参数如表 13-47 所示。

表 13-47 闭眼转睁眼的 API 的请求参数

参 数	可选/必选	类 型	说 明
image_base64	必选(二选一,优先生效)	String	输入 base64 编码的图像
image_url	必选(二选一)	String	图像网址

闭眼转睁眼的 API 的返回参数如表 13-48 所示。

表 13-48 闭眼转睁眼的 API 的返回参数

字 段	类 型	说 明
image	String	返回图像的 base64 编码

使用闭眼转睁眼进行图像处理的代码如下:

```python
#第13章/db_byzzy.py
from __future__ import print_function
import sys
import requests
import base64
from volcengine.visual.VisualService import VisualService

def main(image_url, output_path):
    visual_service = VisualService()
    visual_service.set_ak("替换为豆包大模型的 AK")
    visual_service.set_sk("替换为豆包大模型的 SK")
    form = {
        "image_url": image_url,
    }

    resp = visual_service.eye_close2open(form)
    b64_png = resp["data"]["image"]
    save_b64_png(b64_png, output_path)

def save_b64_png(b64_png, output_path):
    with open(output_path, 'wb') as file:
        content = base64.b64decode(b64_png)
        file.write(content)
        print(f"图像已保存到 {output_path}")

if __name__ == '__main__':
    main(sys.argv[1], sys.argv[2])
```

上面的代码使用的算法如下:

(1) 根据图像调用提交请求 API。

（2）根据生成图像的网址下载图像并保存。

将图像网址指定为 http://cnoctave.cn/yhb20.png，将输出图像指定为 output_png.png，使用闭眼转睁眼进行图像处理的代码如下：

```
>> python("db_byzzy.py", "http://cnoctave.cn/yhb20.png", "output_png.png")
```

使用闭眼转睁眼进行图像处理的结果如图 13-20 所示。

图 13-20　使用闭眼转睁眼进行图像处理的结果

13.3.15　表情编辑

表情编辑可以通过输入图像的方式来进行图像处理。

表情编辑的 API 的请求参数如表 13-49 所示。

表 13-49　表情编辑的 API 的请求参数

参　　数	可选/必选	类　　型	说　　明
req_key	必选	String	算法名称； 取固定值为 emotion_portrait
binary_data_base64	必选（二选一，优先生效）	Array of string	输入 base64 编码的图像
image_urls	必选（二选一）	Array of string	图像网址
target_emotion	必选	String	表情类型； jiuwo：酒窝笑； liwo：梨窝笑； big_smile_white_teeth：露牙大笑； classic_white_teeth：露牙标准笑； cool：耍酷； sad：悲伤； tight_smile：勉强笑
return_url	可选	bool	是否返回图像网址
logo_info	可选	LogoInfo	水印信息

表情编辑的 API 的返回参数如表 13-50 所示。

表 13-50　表情编辑的 API 的返回参数

字　　段	类　　型	说　　明
binary_data_base64	Array of string	返回图像的 base64 编码

使用表情编辑进行图像处理的代码如下：

```python
♯第 13 章/db_bqbj.py
from __future__ import print_function
import sys
import requests
from volcengine.visual.VisualService import VisualService


def main(image_url, output_path, target_emotion):
    visual_service = VisualService()
    visual_service.set_ak("替换为豆包大模型的 AK")
    visual_service.set_sk("替换为豆包大模型的 SK")
    form = {
        "req_key": "emotion_portrait",
        "image_urls": [image_url],
        "target_emotion": target_emotion,
        "return_url": True
    }

    resp = visual_service.emotion_portrait(form)
    img_url = resp["data"]["image_urls"][0]
    print(img_url)
    save_png(img_url, output_path)


def save_png(img_url, output_path):
    response = requests.get(img_url)
    if response.status_code == 200:
        ♯将图像数据写入文件
        with open(output_path, 'wb') as file:
            file.write(response.content)
        print(f"图像已保存到 {output_path}")
    else:
        print(f"无法下载图像,状态码: {response.status_code}")


if __name__ == '__main__':
    main(sys.argv[1], sys.argv[2], sys.argv[3])
```

上面的代码使用的算法如下：

（1）根据图像调用提交请求 API。

（2）根据生成图像的网址下载图像并保存。

将图像网址指定为 http://cnoctave.cn/yhb20.png，将输出图像指定为 output_png.png，将表情类型指定为 jiuwo，使用表情编辑进行图像处理的代码如下：

```
>> python("db_bqbj.py", "http://cnoctave.cn/yhb20.png", "output_png.png", "jiuwo")
```

使用表情编辑进行图像处理的结果如图 13-21 所示。

图 13-21　使用表情编辑进行图像处理的结果

13.3.16　智能变美

智能变美可以通过输入图像的方式来进行图像处理。

智能变美的 API 的请求参数如表 13-51 所示。

表 13-51　智能变美的 API 的请求参数

参　　数	可选/必选	类　　型	说　　明
image_base64	必选（二选一，优先生效）	String	输入 base64 编码的图像
image_url	必选（二选一）	String	图像网址
do_risk	可选	Boolean	是否需要审核
multi_face	可选	String	多人脸美颜策略； 1 代表对所有人脸进行美颜,建议图像人脸数小于18,过多可能不稳定； 传入其他值或者不传只处理最大人脸
beauty_level	可选	Float	美颜程度； 取值范围：[0.0,1.0]； 值越大美颜程度越高； 默认值：1.0

智能变美的 API 的返回参数如表 13-52 所示。

表 13-52　智能变美的 API 的返回参数

字　　段	类　　型	说　　明
image	String	返回图像的 base64 编码

使用智能变美进行图像处理的代码如下：

```python
♯第13章/db_znbm.py
from __future__ import print_function
import sys
import requests
import base64
from volcengine.visual.VisualService import VisualService

def main(image_url, output_path, beauty_level):
    visual_service = VisualService()
    visual_service.set_ak("替换为豆包大模型的 AK")
    visual_service.set_sk("替换为豆包大模型的 SK")
    form = {
        "multi_face": "1",
        "image_url": image_url,
        "do_risk": False,
        "beauty_level": beauty_level
    }
    resp = visual_service.face_pretty(form)
    b64_png = resp["data"]["image"]
    save_b64_png(b64_png, output_path)

def save_b64_png(b64_png, output_path):
    with open(output_path, 'wb') as file:
        content = base64.b64decode(b64_png)
        file.write(content)
        print(f"图像已保存到 {output_path}")

if __name__ == '__main__':
    main(sys.argv[1], sys.argv[2], float(sys.argv[3]))
```

上面的代码使用的算法如下：

（1）根据图像调用提交请求 API。

（2）根据生成图像的网址下载图像并保存。

将图像网址指定为 http://cnoctave.cn/yhb20.png，将输出图像指定为 output_png.png，将美颜程度指定为 1.0，使用智能变美进行图像处理的代码如下：

```
>> python("db_znbm.py", "http://cnoctave.cn/yhb20.png", "output_png.png", "1.0")
```

使用智能变美进行图像处理的结果如图 13-22 所示。

图 13-22 使用智能变美进行图像处理的结果

13.3.17 人像特效

人像特效可以通过输入图像的方式来进行图像处理。

人像特效的 API 的请求参数如表 13-53 所示。

表 13-53 人像特效的 API 的请求参数

参　　数	可选/必选	类　　型	说　　明
image_url	必选（image _ url/image _ base64 二选一）	String	图像网址
image_base64	必选（image _ url/image _ base64 二选一）	String	输入 base64 编码的图像
type	必选	String	漫画类型； pixar：皮克斯； 3d_cartoon：三维卡通风； angel：天使； demon：恶魔； ukiyoe_cartoon：浮世绘； bopu_cartoon：波普风； amcartoon：美漫风； pixar_plus：皮克斯升级版； angel_plus：天使风升级版； western：欧美风； avatar：阿凡达
return_type	可选	int	数据返回类型； 0 代表图像； 1 代表图像 url； 2 代表图像和图像 url

人像特效的 API 的返回参数如表 13-54 所示。

表 13-54 人像特效的 API 的返回参数

字　　段	类　　型	说　　明
image	String	base64 编码的图像
image_url	String	图像网址

使用人像特效进行图像处理的代码如下：

```
♯第13章/db_rxtx.py
from __future__ import print_function
import sys
import requests
import base64
from volcengine.visual.VisualService import VisualService


def main(image_url, output_path, portrait_type):
    visual_service = VisualService()
    visual_service.set_ak("替换为豆包大模型的 AK")
    visual_service.set_sk("替换为豆包大模型的 SK")
    form = {
        "image_url": image_url,
        "type": portrait_type,
        "return_type": 1
    }
    resp = visual_service.potrait_effect(form)
    print(resp)
    img_url = resp["data"]["image_url"]
    print(img_url)
    save_png(img_url, output_path)


def save_png(img_url, output_path):
    response = requests.get(img_url)
    if response.status_code == 200:
        ♯将图像数据写入文件
        with open(output_path, 'wb') as file:
            file.write(response.content)
        print(f"图像已保存到 {output_path}")
    else:
        print(f"无法下载图像,状态码: {response.status_code}")


if __name__ == '__main__':
    main(sys.argv[1], sys.argv[2], sys.argv[3])
```

上面的代码使用的算法如下：

（1）根据图像调用提交请求 API。

（2）根据生成图像的网址下载图像并保存。

将图像网址指定为 http://cnoctave.cn/yhb20.png,将输出图像指定为 output_png.png,将漫画类型指定为天使,使用人像特效进行图像处理的代码如下:

```
>> python("db_rxtx.py", "http://cnoctave.cn/yhb20.png", "output_png.png", "angel")
```

使用人像特效进行图像处理的结果如图 13-23 所示。

图 13-23　使用人像特效进行图像处理的结果

13.3.18　三维游戏特效

三维游戏特效可以通过输入图像的方式来进行图像处理。

三维游戏特效的 API 的请求参数如表 13-55 所示。

表 13-55　三维游戏特效的 API 的请求参数

参　　　数	可选/必选	类　　型	说　　明
image_url	必选（image_url/image_base64 二选一）	String	图像网址
image_base64	必选（image_url/image_base64 二选一）	String	输入 base64 编码的图像

三维游戏特效的 API 的返回参数如表 13-56 所示。

表 13-56　三维游戏特效的 API 的返回参数

字　　段	类　　型	说　　明
image	String	base64 编码的图像

使用三维游戏特效进行图像处理的代码如下:

```
＃第 13 章/db_3dyxxg.py
from __future__ import print_function
import sys
import requests
import base64
```

```
from volcengine.visual.VisualService import VisualService

def main(image_url, output_path):
    visual_service = VisualService()
    visual_service.set_ak("替换为豆包大模型的 AK")
    visual_service.set_sk("替换为豆包大模型的 SK")
    form = {
        "image_url": image_url,
    }

    resp = visual_service.three_d_game_cartoon(form)
    b64_png = resp["data"]["image"]
    save_b64_png(b64_png, output_path)

def save_b64_png(b64_png, output_path):
    with open(output_path, 'wb') as file:
        content = base64.b64decode(b64_png)
        file.write(content)
        print(f"图像已保存到 {output_path}")

if __name__ == '__main__':
    main(sys.argv[1], sys.argv[2])
```

上面的代码使用的算法如下：

（1）根据图像调用提交请求 API。

（2）根据生成图像的网址下载图像并保存。

将图像网址指定为 http://cnoctave.cn/yhb20.png，将输出图像指定为 output_png.png，使用三维游戏特效进行图像处理的代码如下：

```
>> python("db_3dyxxg.py", "http://cnoctave.cn/yhb20.png", "output_png.png")
```

使用三维游戏特效进行图像处理的结果如图 13-24 所示。

图 13-24　使用三维游戏特效进行图像处理的结果

13.3.19 人像年龄变换

人像年龄变换可以通过输入图像的方式来进行图像处理。

人像年龄变换的 API 的请求参数如表 13-57 所示。

表 13-57　人像年龄变换的 API 的请求参数

参　　数	可选/必选	类　　型	说　　明
req_key	必选	string	算法名称； 取固定值为 all_age_generation
binary_data_base64	必选(二选一,优先生效)	array of string	输入 base64 编码的图像
image_urls	必选(二选一)	array of string	图像网址
target_age	必选	int	变换目标年龄； 当前只支持 5 岁和 70 岁
do_risk	可选	Boolean	是否需要审核
return_url	可选	bool	是否返回图像网址
logo_info	可选	LogoInfo	水印信息

人像年龄变换的 API 的返回参数如表 13-58 所示。

表 13-58　人像年龄变换的 API 的返回参数

字　　段	类　　型	说　　明
binary_data_base64	array of string	base64 编码的图像
image_urls	array of string	图像网址

使用人像年龄变换进行图像处理的代码如下：

```
# 第 13 章/db_rxnlbh.py
from __future__ import print_function
import sys
import requests
import base64
from volcengine.visual.VisualService import VisualService

def main(image_url, output_path, target_age):
    visual_service = VisualService()
    visual_service.set_ak("替换为豆包大模型的 AK")
    visual_service.set_sk("替换为豆包大模型的 SK")
    form = {
        "req_key": "all_age_generation",
        "image_urls": [image_url],
        "target_age": target_age,
        "return_url": True
    }

    resp = visual_service.all_age_generation(form)
```

```
        img_url = resp["data"]["image_urls"][0]
        print(img_url)
        save_png(img_url, output_path)


def save_png(img_url, output_path):
    response = requests.get(img_url)
    if response.status_code == 200:
        #将图像数据写入文件
        with open(output_path, 'wb') as file:
            file.write(response.content)
        print(f"图像已保存到 {output_path}")
    else:
        print(f"无法下载图像,状态码:{response.status_code}")

if __name__ == '__main__':
    main(sys.argv[1], sys.argv[2], int(sys.argv[3]))
```

上面的代码使用的算法如下：

（1）根据图像调用提交请求 API。

（2）根据生成图像的网址下载图像并保存。

将图像网址指定为 http://cnoctave.cn/yhb20.png，将输出图像指定为 output_png.png，将年龄指定为 70，使用人像年龄变换进行图像处理的代码如下：

```
>> python("db_rxnlbh.py", "http://cnoctave.cn/yhb20.png", "output_png.png", "70")
```

使用人像年龄变换进行图像处理的结果如图 13-25 所示。

图 13-25　使用人像年龄变换进行图像处理的结果

13.3.20　人像畸变矫正

人像畸变矫正可以通过输入图像的方式来进行图像处理。

人像畸变矫正的 API 的请求参数如表 13-59 所示。

表 13-59 人像畸变矫正的 API 的请求参数

参　数	可选/必选	类　型	说　明
image_base64	必选(二选一,优先生效)	String	输入 base64 编码的图像
image_url	必选(二选一)	String	图像网址

人像畸变矫正的 API 的返回参数如表 13-60 所示。

表 13-60 人像畸变矫正的 API 的返回参数

字　段	类　型	说　明
image	String	base64 编码的图像

使用人像畸变矫正进行图像处理的代码如下:

```python
♯第 13 章/db_rxjbjz.py
from __future__ import print_function
import sys
import requests
import base64
from volcengine.visual.VisualService import VisualService

def main(image_url, output_path):
    visual_service = VisualService()
    visual_service.set_ak("替换为豆包大模型的 AK")
    visual_service.set_sk("替换为豆包大模型的 SK")
    form = {
        "image_url": image_url,
    }

    resp = visual_service.distortion_free(form)
    b64_png = resp["data"]["image"]
    save_b64_png(b64_png, output_path)

def save_b64_png(b64_png, output_path):
    with open(output_path, 'wb') as file:
        content = base64.b64decode(b64_png)
        file.write(content)
        print(f"图像已保存到 {output_path}")

if __name__ == '__main__':
    main(sys.argv[1], sys.argv[2])
```

上面的代码使用的算法如下:

(1) 根据图像调用提交请求 API。

(2) 根据生成图像的网址下载图像并保存。

将图像网址指定为 http://cnoctave.cn/yhb20.png,将输出图像指定为 output_png.png,使用人像畸变矫正进行图像处理的代码如下:

```
>> python("db_rxjbjz.py", "http://cnoctave.cn/yhb20.png", "output_png.png")
```

使用人像畸变矫正进行图像处理的结果如图 13-26 所示。

图 13-26 使用人像畸变矫正进行图像处理的结果

13.3.21 智能绘图漫画版

智能绘图漫画版可以通过输入图像的方式来进行图像处理。

智能绘图漫画版的 API 的请求参数如表 13-61 所示。

表 13-61 智能绘图漫画版的 API 的请求参数

参　数	可选/必选	类　型	说　明
req_key	必选	String	三维风：img2img_disney_3d_style； 写实风：img2img_real_mix_style； 天使风：img2img_pastel_boys_style； 动漫风：img2img_cartoon_style； 日漫风：img2img_makoto_style； 公主风：img2img_rev_animated_style； 梦幻风：img2img_blueline_style； 水墨风：img2img_water_ink_style； 新莫奈花园：i2i_ai_create_monet； 水彩风：img2img_water_paint_style； 莫奈花园：img2img_comic_style； 精致美漫：img2img_comic_style； 赛博机械：img2img_comic_style； 精致韩漫：img2img_exquisite_style； 国风-水墨：img2img_pretty_style； 浪漫光影：img2img_pretty_style； 陶瓷娃娃：img2img_ceramics_style； 中国红：img2img_chinese_style； 丑萌黏土：img2img_clay_style； 可爱玩偶：img2img_clay_style； 三维游戏_Z时代：img2img_3d_style； 动画电影：img2img_3d_style； 玩偶：img2img_3d_style

续表

参 数	可选/必选	类 型	说 明
sub_req_key	必选	String	三维风：不需要传参； 写实风：不需要传参； 天使风：不需要传参； 动漫风：不需要传参； 日漫风：不需要传参； 公主风：不需要传参； 梦幻风：不需要传参； 水墨风：不需要传参； 新莫奈花园：不需要传参； 水彩风：不需要传参； 莫奈花园：img2img_comic_style_monet； 精致美漫：img2img_comic_style_marvel； 赛博机械：img2img_comic_style_future； 精致韩漫：不需要传参； 国风-水墨：img2img_pretty_style_ink； 浪漫光影：img2img_pretty_style_light； 陶瓷娃娃：不需要传参； 中国红：不需要传参； 丑萌黏土：img2img_clay_style_3d； 可爱玩偶：img2img_clay_style_bubble； 三维游戏_Z时代：img2img_3d_style_era； 动画电影：img2img_3d_style_movie； 玩偶：img2img_3d_style_doll
binary _ data _ base64	必选 （与 image_urls 二选一）	array of string	输入 base64 编码的图像
image_urls	必选 （与 binary_data_base64 二选一）	array of string	图像网址
return_url	可选	bool	是否返回图像网址
logo_info	可选	LogoInfo	水印信息

智能绘图漫画版的 API 的返回参数如表 13-62 所示。

表 13-62　智能绘图漫画版的 API 的返回参数

字 段	类 型	说 明
binary_data_base64	Array of string	base64 编码的图像
image_urls	Array of string	图像网址

使用智能绘图漫画版进行图像处理的代码如下：

```python
# 第13章/db_znhtmhb.py
from __future__ import print_function
import sys
import requests
import base64
from volcengine.visual.VisualService import VisualService


def main(image_url, output_path):
    visual_service = VisualService()
    visual_service.set_ak("替换为豆包大模型的 AK")
    visual_service.set_sk("替换为豆包大模型的 SK")
    form = {
        "req_key": "img2img_disney_3d_style_usage",
        "image_urls": [
            image_url
        ],
        "return_url": True
    }

    resp = visual_service.cv_process(form)
    img_url = resp["data"]["image_urls"][0]
    print(img_url)
    save_png(img_url, output_path)


def save_png(img_url, output_path):
    response = requests.get(img_url)
    if response.status_code == 200:
        # 将图像数据写入文件
        with open(output_path, 'wb') as file:
            file.write(response.content)
        print(f"图像已保存到 {output_path}")
    else:
        print(f"无法下载图像,状态码: {response.status_code}")


if __name__ == '__main__':
    main(sys.argv[1], sys.argv[2])
```

上面的代码使用的算法如下：

（1）根据图像调用提交请求 API。

（2）根据生成图像的网址下载图像并保存。

将图像网址指定为 http://cnoctave.cn/input.png，将输出图像指定为 output_png.png，使用智能绘图漫画版进行图像处理的代码如下：

```
>> python("db_znhtmhb.py", "http://cnoctave.cn/input.png", "output_png.png")
```

使用智能绘图漫画版进行图像处理的结果如图 13-27 所示。

图 13-27 使用智能绘图漫画版进行图像处理的结果

13.3.22 图像超分辨率

图像超分辨率可以通过输入图像的方式来进行图像处理。

图像超分辨率的 API 的请求参数如表 13-63 所示。

表 13-63 图像超分辨率的 API 的请求参数

参　　数	可选/必选	类　　型	说　　明
req_key	必选	String	算法名称； 取固定值为 lens_nnsr2_pic_common
binary_data_base64	必选（二选一，优先生效）	array of string	输入 base64 编码的图像
image_urls	必选 （与 binary_data_base64 二选一）	array of string	图像网址
model_quality	必选	String	选取哪种模型进行超分； LQ 代表选取低质量图像模型进行超分； MQ 代表选取中质量图像模型进行超分； HQ 代表选取高质量图像模型进行超分
result_format		int	输出图像的文件格式； 0 代表结果图像为 png 格式； 1 代表结果图像为 jpeg 格式
jpg_quality	可选	int	生成 jpg 图像的质量； 默认值：95
return_url	可选	bool	是否返回图像网址
logo_info	可选	LogoInfo	水印信息

图像超分辨率的 API 的返回参数如表 13-64 所示。

表 13-64 图像超分辨率的 API 的返回参数

字　　段	类　　型	说　　明
binary_data_base64	array of string	base64 编码的图像
image_urls	array of string	图像网址

使用图像超分辨率进行图像处理的代码如下：

```
#第 13 章/db_tpcfbl.py
from __future__ import print_function
```

```
import sys
import requests
import base64
from volcengine.visual.VisualService import VisualService


def main(image_url, output_path):
    visual_service = VisualService()
    visual_service.set_ak("替换为豆包大模型的 AK")
    visual_service.set_sk("替换为豆包大模型的 SK")
    form = {
        "req_key": "lens_nnsr2_pic_common",
        "image_urls": [image_url],
        "model_quality": "MQ",
        "result_format": 0,
        "return_url": True
    }

    resp = visual_service.cv_process(form)
    img_url = resp["data"]["image_urls"][0]
    print(img_url)
    save_png(img_url, output_path)


def save_png(img_url, output_path):
    response = requests.get(img_url)
    if response.status_code == 200:
        #将图像数据写入文件
        with open(output_path, 'wb') as file:
            file.write(response.content)
        print(f"图像已保存到 {output_path}")
    else:
        print(f"无法下载图像,状态码:{response.status_code}")


if __name__ == '__main__':
    main(sys.argv[1], sys.argv[2])
```

上面的代码使用的算法如下:

(1) 根据图像调用提交请求 API。

(2) 根据生成图像的网址下载图像并保存。

将图像网址指定为 http://cnoctave.cn/input.png,将输出图像指定为 output_png.png,使用图像超分辨率进行图像处理的代码如下:

```
>> python("db_tpcfbl.py", "http://cnoctave.cn/input.png", "output_png.png")
```

13.3.23　AI 图像增强

AI 图像增强可以通过输入图像的方式来进行图像处理。

AI 图像增强的 API 的请求参数如表 13-65 所示。

表 13-65 AI 图像增强的 API 的请求参数

参　数	可选/必选	类　型	取　值　范　围	默　认　值	说　明
req key	必选	string		"lens_lqir"	算法名称；取固定值为 lens_lqir
binary_data_base64	必选（二选一，优先生效）	array of string		[""]	输入 base64 编码的图像
image_urls	必选（二选一）	array of string		[""]	图像网址
resolution_boundary	可选	string	"144p"：[192,144] "240p"：[320,240] "360p"：[480,360] "480p"：[640,480] "540p"：[960,540] "720p"：[1280,720] "1080p"：[1920,1080] "2k"：[2048,1152]	"720p"	如果图像分辨率小于 resolution_boundary，则内部算法执行超分流程,结果图分辨率 x2；如果图像分辨率大于或等于 resolution_boundary,则内部算法执行去模糊流程,结果图分辨率不变
enable_hdr	可选	boolean		FALSE	是否开启 HDR 能力
enable_wb	可选	boolean		FALSE	是否开启白平衡能力
result_format	可选	int	0,1	0	0 代表结果图像为 png 格式；1 代表结果图像为 jpeg 格式
jpg_quality	可选	int	[0,100]	95	生成 jpg 图像的质量
hdr_strength	可选	float	(0,1.0)	1	HDR 强度
return_url	可选	bool	是否返回图像网址（链接有效期为 24h）		水印信息
logo_info	可选	LogoInfo	水印信息		

AI 图像增强的 API 的返回参数如表 13-66 所示。

表 13-66　AI 图像增强的 API 的返回参数

字　　段	类　　型	说　　明
binary_data_base64	array of string	base64 编码的图像
image_urls	Array of string	图像网址

使用 AI 图像增强进行图像处理的代码如下：

```python
# 第13章/db_aitxzq.py
from __future__ import print_function
import sys
import requests
import base64
from volcengine.visual.VisualService import VisualService


def main(image_url, output_path, enable_hdr, enable_wb):
    visual_service = VisualService()
    visual_service.set_ak("替换为豆包大模型的 AK")
    visual_service.set_sk("替换为豆包大模型的 SK")
    form = {
        "req_key": "lens_lqir",
        "image_urls": [
            image_url
        ],
        "resolution_boundary": "2k",
        "enable_hdr": enable_hdr,
        "enable_wb": enable_wb,
        "result_format": 0,
        "hdr_strength": 1.0,
        "return_url": True
    }

    resp = visual_service.cv_process(form)
    img_url = resp["data"]["image_urls"][0]
    print(img_url)
    save_png(img_url, output_path)


def save_png(img_url, output_path):
    response = requests.get(img_url)
    if response.status_code == 200:
        # 将图像数据写入文件
        with open(output_path, 'wb') as file:
            file.write(response.content)
        print(f"图像已保存到 {output_path}")
    else:
        print(f"无法下载图像,状态码: {response.status_code}")
```

```
if __name__ == '__main__':
    main(sys.argv[1], sys.argv[2],
         eval(sys.argv[3]), eval(sys.argv[4]))
```

上面的代码使用的算法如下：

(1) 根据图像调用提交请求 API。

(2) 根据生成图像的网址下载图像并保存。

将图像网址指定为 http://cnoctave.cn/input.png，将输出图像指定为 output_png. pn，将是否开启 HDR 调节指定为 True，将是否开启白平衡调节指定为 True，使用 AI 图像增强进行图像处理的代码如下：

```
>> python("db_aitxzq.py", "http://cnoctave.cn/input.png", "output_png.png", "True", "True")
```

使用 AI 图像增强进行图像处理的结果如图 13-28 所示。

图 13-28　使用 AI 图像增强进行图像处理的结果

13.3.24　老照片修复

老照片修复可以通过输入图像的方式来进行图像处理。

老照片修复的 API 的请求参数如表 13-67 所示。

表 13-67　老照片修复的 API 的请求参数

参　　数	可选/必选	类　　型	说　　明
req_key	必选	String	算法名称； 取固定值为"lens_opr"
binary_data_base64	必选(二选一，优先生效)	array of string	输入 base64 编码的图像
image_urls	必选(二选一)	array of string	图像网址

续表

参　　　数	可选/必选	类　　型	说　　　　明
if_color	可选	int	0代表不上色； 1代表强制上色； 2代表自动色彩判断，二值图像上色，彩色图像色彩增强
return_url	可选	bool	是否返回图像网址
logo_info	可选	LogoInfo	水印信息

老照片修复的 API 的返回参数如表 13-68 所示。

表 13-68　老照片修复的 API 的返回参数

字　　　段	类　　　型	说　　　　明
binary_data_base64	array of string	base64 编码的图像
image_urls	array of string	图像网址

使用老照片修复进行图像处理的代码如下：

```python
# 第13章/db_lzpxf.py
from __future__ import print_function
import sys
import requests
import base64
from volcengine.visual.VisualService import VisualService


def main(image_url, output_path):
    visual_service = VisualService()
    visual_service.set_ak("替换为豆包大模型的 AK")
    visual_service.set_sk("替换为豆包大模型的 SK")
    form = {
        "req_key": "lens_opr",
        "image_urls": [
            image_url
        ],
        "if_color": 2,
        "return_url": True
    }

    resp = visual_service.convert_photo_v2(form)
    img_url = resp["data"]["image_urls"][0]
    print(img_url)
    save_png(img_url, output_path)


def save_png(img_url, output_path):
    response = requests.get(img_url)
    if response.status_code == 200:
```

```
          #将图像数据写入文件
          with open(output_path, 'wb') as file:
              file.write(response.content)
          print(f"图像已保存到 {output_path}")
      else:
          print(f"无法下载图像,状态码: {response.status_code}")


if __name__ == '__main__':
    main(sys.argv[1], sys.argv[2])
```

上面的代码使用的算法如下：

（1）根据图像调用提交请求 API。

（2）根据生成图像的网址下载图像并保存。

将图像网址指定为 http://cnoctave.cn/input.png，将输出图像指定为 output_png.png，使用老照片修复进行图像处理的代码如下：

```
>> python("db_lzpxf.py", "http://cnoctave.cn/input.png", "output_png.png")
```

使用老照片修复进行图像处理的结果如图 13-29 所示。

图 13-29　使用老照片修复进行图像处理的结果

13.3.25　AI 图像裁剪

AI 图像裁剪可以通过输入图像的方式来进行图像处理。

AI 图像裁剪的 API 的请求参数如表 13-69 所示。

表 13-69　AI 图像裁剪的 API 的请求参数

参　　数	可选/必选	类　　型	说　　明
image_base64	必选(二选一,优先生效)	String	输入 base64 编码的图像
image_url	必选(二选一)	String	图像网址
width	必选	Int	宽度

续表

参 数	可选/必选	类 型	说 明
height	必选	Int	高度
cut_method	必选	String	图像裁剪方法

AI 图像裁剪的 API 的返回参数如表 13-70 所示。

表 13-70 AI 图像裁剪的 API 的返回参数

字 段	类 型	说 明
image	Image	base64 编码的图像
boundingbox	BoundingBox	边界盒

使用 AI 图像裁剪进行图像处理的代码如下：

```python
# 第 13 章/db_tpcj.py
from __future__ import print_function
import sys
import requests
import base64
from volcengine.visual.VisualService import VisualService


def main(image_url, output_path, width, height):
    visual_service = VisualService()
    visual_service.set_ak("替换为豆包大模型的 AK")
    visual_service.set_sk("替换为豆包大模型的 SK")
    form = {
        "image_url": image_url,
        "width": width,
        "height": height,
        "cut_method": "gauss_padding_reserve_score"
    }

    resp = visual_service.image_cut(form)
    b64_png = resp["data"]["image"]["data"]
    save_b64_png(b64_png, output_path)

def save_b64_png(b64_png, output_path):
    with open(output_path, 'wb') as file:
        content = base64.b64decode(b64_png)
        file.write(content)
        print(f"图像已保存到 {output_path}")

if __name__ == '__main__':
    main(sys.argv[1], sys.argv[2], int(sys.argv[3]), int(sys.argv[4]))
```

上面的代码使用的算法如下：

（1）根据图像调用提交请求 API。

（2）根据生成图像的网址下载图像并保存。

将图像网址指定为 http://cnoctave.cn/input.png，将输出图像指定为 output_png.png，将输出图像的宽度指定为 200px，将输出图像的高度指定为 201px，使用 AI 图像裁剪进行图像处理的代码如下：

```
>> python("db_tpcj.py", "http://cnoctave.cn/input.png", "output_png.png", "200", "201")
```

使用 AI 图像裁剪进行图像处理的结果如图 13-30 所示。

图 13-30　使用 AI 图像裁剪进行图像处理的结果

13.3.26　图像拉伸修复

图像拉伸修复可以通过输入图像的方式来进行图像处理。

图像拉伸修复的 API 的请求参数如表 13-71 所示。

表 13-71　图像拉伸修复的 API 的请求参数

参　　数	可选/必选	类　　型	说　　明
image_base64	必选（二选一，优先生效）	String	输入 base64 编码的图像
image_url	必选（二选一）	String	图像网址

图像拉伸修复的 API 的返回参数如表 13-72 所示。

表 13-72　图像拉伸修复的 API 的返回参数

字　　段	类　　型	说　　明
image	string	base64 编码的图像

使用图像拉伸修复进行图像处理的代码如下：

```
#第13章/db_tplsxf.py
from __future__ import print_function
import sys
import requests
```

```
import base64
from volcengine.visual.VisualService import VisualService


def main(image_url, output_path):
    visual_service = VisualService()
    visual_service.set_ak("替换为豆包大模型的 AK")
    visual_service.set_sk("替换为豆包大模型的 SK")
    form = {
        "image_url": image_url
    }

    resp = visual_service.stretch_recovery(form)
    b64_png = resp["data"]["image"]
    save_b64_png(b64_png, output_path)

def save_b64_png(b64_png, output_path):
    with open(output_path, 'wb') as file:
        content = base64.b64decode(b64_png)
        file.write(content)
        print(f"图像已保存到 {output_path}")


if __name__ == '__main__':
    main(sys.argv[1], sys.argv[2])
```

上面的代码使用的算法如下：

（1）根据图像调用提交请求 API。

（2）根据生成图像的网址下载图像并保存。

将图像网址指定为 http://cnoctave.cn/input.png，将输出图像指定为 output_png.png，使用图像拉伸修复进行图像处理的代码如下：

```
>> python("db_tplsxf.py", "http://cnoctave.cn/input.png", "output_png.png")
```

使用图像拉伸修复进行图像处理的结果如图 13-31 所示。

图 13-31 使用图像拉伸修复进行图像处理的结果

13.3.27 图像风格转换

图像风格转换可以通过输入图像的方式来进行图像处理。

图像风格转换的 API 的请求参数如表 13-73 所示。

表 13-73 图像风格转换的 API 的请求参数

参 数	可选/必选	类 型	说 明
image_base64	必选(二选一,优先生效)	String	输入 base64 编码的图像
image_url	必选(二选一)	String	图像网址
type	必选	String	漫画类型; jzcartoon:剪纸风; watercolor_cartoon:水彩风

图像风格转换的 API 的返回参数如表 13-74 所示。

表 13-74 图像风格转换的 API 的返回参数

字 段	类 型	说 明
image	String	base64 编码的图像

使用图像风格转换进行图像处理的代码如下:

```python
# 第 13 章/db_txfgzh.py
from __future__ import print_function
import sys
import requests
import base64
from volcengine.visual.VisualService import VisualService


def main(image_url, output_path):
    visual_service = VisualService()
    visual_service.set_ak("替换为豆包大模型的 AK")
    visual_service.set_sk("替换为豆包大模型的 SK")
    form = {
            "type": "jzcartoon",
            "image_url": image_url
        }
    resp = visual_service.image_style_conversion(form)
    b64_png = resp["data"]["image"]
    save_b64_png(b64_png, output_path)


def save_b64_png(b64_png, output_path):
```

```
    with open(output_path, 'wb') as file:
        content = base64.b64decode(b64_png)
        file.write(content)
        print(f"图像已保存到 {output_path}")

if __name__ == '__main__':
    main(sys.argv[1], sys.argv[2])
```

上面的代码使用的算法如下：

（1）根据图像调用提交请求 API。

（2）根据生成图像的网址下载图像并保存。

将图像网址指定为 http://cnoctave. cn/yhb20. png，将输出图像指定为 output_png. png，使用图像风格转换进行图像处理的代码如下：

```
>> python("db_txfgzh.py", "http://cnoctave.cn/yhb20.png", "output_png.png")
```

使用图像风格转换进行图像处理的结果如图 13-32 所示。

图 13-32　使用图像风格转换进行图像处理的结果

13.3.28　商品识别

商品识别可以通过输入图像的方式来进行图像处理。

商品识别的 API 的请求参数如表 13-75 所示。

表 13-75　商品识别的 API 的请求参数

参　　数	可选/必选	类　　型	说　　明
image_base64	必选(二选一,优先生效)	String	输入 base64 编码的图像
image_url	必选(二选一)	String	图像网址

商品识别的 API 的返回参数如表 13-76 所示。

表 13-76 商品识别的 API 的返回参数

字　段	类　型	说　明	备　注
boundingbox	BoundingBox	检测框信息	Prob 代表置信度 Xmin、Xmax、Ymin 和 Ymax 代表检测框坐标
category	int	商品类别	Person＝0； Cloth＝1； Shoe＝2； Bag＝3； Hat＝4； Scarf＝5； Sock＝6； 3c＝7； Makeup＝8； FoodDrink＝9； Furniture＝10； Jewelry＝11； Toy＝12； DailyUse＝13； Book＝14； KitchenWare＝15； OfficeSupplies＝16； Others＝255

使用商品识别进行图像处理的代码如下：

```python
# 第 13 章/db_spsb.py
from __future__ import print_function
import sys
import requests
import base64
from volcengine.visual.VisualService import VisualService
import cv2
import numpy as np
import json
import urllib


def main(image_url, output_path, input_image):
    visual_service = VisualService()
    visual_service.set_ak("替换为豆包大模型的 AK")
    visual_service.set_sk("替换为豆包大模型的 SK")
    form = {
        "image_url": image_url
    }
    resp = visual_service.goods_detect(form)
    print(resp)
    bounding_boxes = resp["data"]["frame"]["objects"]
```

```python
    image = cv2.imread(input_image)
    if len(bounding_boxes) == 0:
        image = cv2.putText(image, "No goods", (10, 50), cv2.FONT_HERSHEY_SIMPLEX, 1, (255, 0, 0), 2)
    else:
        for box in bounding_boxes:
            xmin = int(box['boundingbox']['x_min'])
            ymin = int(box['boundingbox']['y_min'])
            xmax = int(box['boundingbox']['x_max'])
            ymax = int(box['boundingbox']['y_max'])
            color = (0, 255, 0)
            image = cv2.rectangle(image, (xmin, ymin), (xmax, ymax), color, 2)
    cv2.imwrite(output_path, image)
    print(f"图像已保存到 {output_path}")


def get_file_content_as_base64(path, urlencoded = False):
    with open(path, "rb") as f:
        content = base64.b64encode(f.read()).decode("utf8")
        if urlencoded:
            content = urllib.parse.quote_plus(content)
    return content


if __name__ == '__main__':
    main(sys.argv[1], sys.argv[2], sys.argv[3])
```

上面的代码使用的算法如下：

（1）根据图像调用提交请求 API。

（2）根据生成图像的网址下载图像并保存。

将图像网址指定为 http://cnoctave.cn/input.png 和 input.png，将输出图像指定为 output_png.png，使用商品识别进行图像处理的代码如下：

```
>> python("zp_cogview3flash.py", "http://cnoctave.cn/input.png", "output_png.png", "input.png")
```

使用商品识别进行图像处理的结果如图 13-33 所示。

图 13-33　使用商品识别进行图像处理的结果

13.3.29　通用实体识别

通用实体识别可以通过输入图像的方式来进行图像处理。

通用实体识别的 API 的请求参数如表 13-77 所示。

表 13-77　通用实体识别的 API 的请求参数

参　　数	可选/必选	类　　型	说　　明
image_base64	必选(二选一,优先生效)	String	输入 base64 编码的图像
image_url	必选(二选一)	String	图像网址

通用实体识别的 API 的返回参数如表 13-78 所示。

表 13-78　通用实体识别的 API 的返回参数

字　　段	类　　型	说　　明
entities	String	识别结果

使用通用实体识别进行图像处理的代码如下:

```python
#第 13 章/db_tystsb.py
from __future__ import print_function
import sys
import requests
import base64
from volcengine.visual.VisualService import VisualService


def main(image_url):
    visual_service = VisualService()
    visual_service.set_ak("替换为豆包大模型的 AK")
    visual_service.set_sk("替换为豆包大模型的 SK")
    form = {
        "image_url": image_url,
    }

    resp = visual_service.entity_detect(form)
    img_url = resp["data"]["entities"]
    print(img_url)


if __name__ == '__main__':
    main(sys.argv[1])
```

将图像网址指定为 http://cnoctave.cn/yhb20.png,使用通用实体识别图像处理的代码如下:

```
>> python("db_tystsb.py", "http://cnoctave.cn/yhb20.png")
ans = ['人']
```

13.3.30　车辆检测

车辆检测可以通过输入图像的方式来进行图像处理。

车辆检测的 API 的请求参数如表 13-79 所示。

表 13-79　车辆检测的 API 的请求参数

参　　数	可选/必选	类　　型	说　　明
image_base64	必选（二选一，优先生效）	String	输入 base64 编码的图像
image_url	必选（二选一）	String	图像网址

车辆检测的 API 的返回参数如表 13-80 所示。

表 13-80　车辆检测的 API 的返回参数

字　　段	类　　型	说　　明
min_x	Int	左上角 x 坐标
min_y	Int	左上角 y 坐标
max_x	Int	右下角 x 坐标
max_y	Int	右下角 y 坐标
score	Float	结果准确度； 取值范围：$[0,1]$

使用车辆检测进行图像处理的代码如下：

```python
# 第 13 章/db_cljc.py
from __future__ import print_function
import sys
import requests
import base64
from volcengine.visual.VisualService import VisualService
import cv2
import numpy as np
import json
import urllib


def main(image_url, output_path, input_image):
    visual_service = VisualService()
    visual_service.set_ak("替换为豆包大模型的AK")
    visual_service.set_sk("替换为豆包大模型的SK")
    form = {
        "image_url": image_url
    }
    resp = visual_service.car_detection(form)
    print(resp)
    image = cv2.imread(input_image)
    if resp["data"] == None:
```

```python
        image = cv2.putText(image, "No cars", (10, 50),
                            cv2.FONT_HERSHEY_SIMPLEX, 1, (255, 0, 0), 2)
    else:
        bounding_boxes = resp["data"]["car_box"]
        for box in bounding_boxes:
            xmin = int(box['min_x'])
            ymin = int(box['min_y'])
            xmax = int(box['max_x'])
            ymax = int(box['max_y'])
            color = (0, 255, 0)
            image = cv2.rectangle(image, (xmin, ymin), (xmax, ymax), color, 2)
    cv2.imwrite(output_path, image)
    print(f"图像已保存到 {output_path}")


def get_file_content_as_base64(path, urlencoded = False):
    with open(path, "rb") as f:
        content = base64.b64encode(f.read()).decode("utf8")
        if urlencoded:
            content = urllib.parse.quote_plus(content)
    return content

if __name__ == '__main__':
    main(sys.argv[1], sys.argv[2], sys.argv[3])
```

上面的代码使用的算法如下：

（1）根据图像调用提交请求 API。

（2）根据生成图像的网址下载图像并保存。

将图像网址指定为 http://cnoctave.cn/input.png 和 input.png，将输出图像指定为
output_png.png，使用车辆检测进行图像处理的代码如下：

```
>> python("db_cljc.py", "http://cnoctave.cn/input.png", "output_png.png", "input.png")
```

使用车辆检测进行图像处理的结果如图 13-34 所示。

图 13-34　使用车辆检测进行图像处理的结果

13.3.31 车牌检测

车牌检测可以通过输入图像的方式来进行图像处理。

车牌检测的 API 的请求参数如表 13-81 所示。

表 13-81 车牌检测的 API 的请求参数

参　　数	可选/必选	类　型	说　　明
image_base64	必选(二选一,优先生效)	String	输入 base64 编码的图像
image_url	必选(二选一)	String	图像网址

车牌检测的 API 的返回参数如表 13-82 所示。

表 13-82 车牌检测的 API 的返回参数

字　　段	类　　型	说　　明
min_x	Int	左上角 x 坐标
min_y	Int	左上角 y 坐标
max_x	Int	右下角 x 坐标
max_y	Int	右下角 y 坐标
score	Float	结果准确度; 取值范围: $[0,1]$

使用车牌检测进行图像处理的代码如下:

```python
#第13章/db_cpjc.py
from __future__ import print_function
import sys
import requests
import base64
from volcengine.visual.VisualService import VisualService
import cv2
import numpy as np
import json
import urllib


def main(image_url, output_path, input_image):
    visual_service = VisualService()
    visual_service.set_ak("替换为豆包大模型的 AK")
    visual_service.set_sk("替换为豆包大模型的 SK")
    form = {
        "image_url": image_url
    }
    resp = visual_service.car_plate_detection(form)
    print(resp)
    image = cv2.imread(input_image)
    if resp["data"] == None:
```

```python
        image = cv2.putText(image, "No car plates", (10, 50),
                        cv2.FONT_HERSHEY_SIMPLEX, 1, (255, 0, 0), 2)
    else:
        bounding_boxes = resp["data"]["car_plate_box"]
        for box in bounding_boxes:
            xmin = int(box['min_x'])
            ymin = int(box['min_y'])
            xmax = int(box['max_x'])
            ymax = int(box['max_y'])
            color = (0, 255, 0)
            image = cv2.rectangle(image, (xmin, ymin), (xmax, ymax), color, 2)
    cv2.imwrite(output_path, image)
    print(f"图像已保存到 {output_path}")


def get_file_content_as_base64(path, urlencoded = False):
    with open(path, "rb") as f:
        content = base64.b64encode(f.read()).decode("utf8")
        if urlencoded:
            content = urllib.parse.quote_plus(content)
    return content

if __name__ == '__main__':
    main(sys.argv[1], sys.argv[2], sys.argv[3])
```

上面的代码使用的算法如下：

（1）根据图像调用提交请求 API。

（2）根据生成图像的网址下载图像并保存。

将图像网址指定为 http://cnoctave.cn/input.png 和 input.png，将输出图像指定为 output_png.png，使用车牌检测进行图像处理的代码如下：

```
>> python("db_cpjc.py", "http://cnoctave.cn/input.png", "output_png.png", "input.png")
```

使用车牌检测进行图像处理的结果如图 13-35 所示。

图 13-35   使用车牌检测进行图像处理的结果

13.3.32　图像配文

图像配文可以通过输入图像的方式来进行图像处理。

图像配文的 API 的请求参数如表 13-83 所示。

表 13-83　图像配文的 API 的请求参数

参　　数	可选/必选	类　　型	说　　明
image_base64	必选(二选一,优先生效)	String	输入 base64 编码的图像
image_url	必选(二选一)	String	图像网址

图像配文的 API 的返回参数如表 13-84 所示。

表 13-84　图像配文的 API 的返回参数

字　　段	类　　型	说　　明
poems	Array of string	生成的配文; 每个 String 为一条配文

使用图像配文进行图像处理的代码如下:

```python
# 第13章/db_tppw.py
from __future__ import print_function
import sys
import requests
import base64
from volcengine.visual.VisualService import VisualService
from PIL import Image, ImageDraw, ImageFont
import numpy as np
import json
import urllib


def main(image_url, output_path, input_image):
    visual_service = VisualService()
    visual_service.set_ak("替换为豆包大模型的 AK")
    visual_service.set_sk("替换为豆包大模型的 SK")
    form = {
        "image_url": image_url
    }
    resp = visual_service.poem_material(form)
    print(resp)
    image = Image.open(input_image)
    draw = ImageDraw.Draw(image)
    font = ImageFont.truetype("苹方特粗.ttf", 20)
    if resp["data"] == None:
        draw.text((10, 10), "No text", font=font, fill=(255, 0, 0))
```

```
        else:
            poems = resp["data"]["poems"]
            for k, poem in enumerate(poems):
                draw.text((10, 10 + k * 20), poem, font = font, fill = (255, 0, 0))
        image.save(output_path)
        print(f"图像已保存到 {output_path}")


def get_file_content_as_base64(path, urlencoded = False):
    with open(path, "rb") as f:
        content = base64.b64encode(f.read()).decode("utf8")
        if urlencoded:
            content = urllib.parse.quote_plus(content)
    return content


if __name__ == '__main__':
    main(sys.argv[1], sys.argv[2], sys.argv[3])
```

上面的代码使用的算法如下：

（1）根据图像调用提交请求 API。

（2）根据生成图像的网址下载图像并保存。

将图像网址指定为 http://cnoctave.cn/input.png 和 input.png，将输出图像指定为 output_png.png，使用图像配文进行图像处理的代码如下：

```
>> python("db_tppw.py", "http://cnoctave.cn/input.png", "output_png.png", "input.png")
```

使用图像配文进行图像处理的结果如图 13-36 所示。

图 13-36　使用图像配文进行图像处理的结果

13.3.33　图像评分

图像评分可以通过输入图像的方式来进行图像处理。

图像评分的 API 的请求参数如表 13-85 所示。

表 13-85 图像评分的 API 的请求参数

参 数	可选/必选	类 型	说 明
req_key	必选	string	算法名称； 取固定值为 lens_vida_single_pic
binary_data_base64	必选（二选一，优先生效）	array of string	输入 base64 编码的图像
image_urls	必选（二选一）	array of string	图像网址
vida_mode	可选	string	对输出结果的维度进行自定义控制； 取值为 vida_custom
vida_enable_module	可选	string	目前只支持 score_total_ds

图像评分的 API 的返回参数如表 13-86 所示。

表 13-86 图像评分的 API 的返回参数

分 类	输出维度	类 型	说 明	描 述
电商总分	score_total_ds	float	电商评分	拟合大众主观上对图像、视频的画质感受，更侧重于对电商图像进行质量评估，分值越高画质越清晰

使用图像评分进行图像处理的代码如下：

```python
# 第13章/db_tppf.py
from __future__ import print_function
import sys
import requests
import base64
from volcengine.visual.VisualService import VisualService
from PIL import Image, ImageDraw, ImageFont
import numpy as np
import json
import urllib


def main(image_url, output_path, input_image):
    visual_service = VisualService()
    visual_service.set_ak("替换为豆包大模型的 AK")
    visual_service.set_sk("替换为豆包大模型的 SK")
    form = {
        "req_key": "lens_vida_single_pic",
        "image_urls": [
            image_url
        ],
        "vida_mode": "vida_custom",
        "vida_enable_module": "score_total_ds"
    }
    resp = visual_service.image_score_v2(form)
    print(resp)
```

```
    image = Image.open(input_image)
    draw = ImageDraw.Draw(image)
    font = ImageFont.truetype("苹方特粗.ttf", 20)
    if resp["data"] == None:
        draw.text((10, 10), "No text", font = font, fill = (255, 0, 0))
    else:
        data = resp["data"]
        draw.text((10, 10 + 0 * 20),
                    "电商评分: " + str(data["score_total_ds"]),
                    font = font, fill = (255, 0, 0))
    image.save(output_path)
    print(f"图像已保存到 {output_path}")


def get_file_content_as_base64(path, urlencoded = False):
    with open(path, "rb") as f:
        content = base64.b64encode(f.read()).decode("utf8")
        if urlencoded:
            content = urllib.parse.quote_plus(content)
    return content


if __name__ == '__main__':
    main(sys.argv[1], sys.argv[2], sys.argv[3])
```

上面的代码使用的算法如下：

（1）根据图像调用提交请求 API。

（2）根据生成图像的网址下载图像并保存。

将图像网址指定为 http://cnoctave.cn/input.png 和 input.png，将输出图像指定为 output_png.png，使用图像评分进行图像处理的代码如下：

```
>> python("db_tppf.py", "http://cnoctave.cn/input.png", "output_png.png", "input.png")
```

使用图像评分进行图像处理的结果如图 13-37 所示。

图 13-37　使用图像评分进行图像处理的结果

13.3.34　商品图像分割

商品图像分割可以通过输入图像的方式来进行图像处理。

商品图像分割的 API 的请求参数如表 13-87 所示。

表 13-87　商品图像分割的 API 的请求参数

参　　数	可选/必选	类　　型	说　　明
image_base64	必选(二选一,优先生效)	String	输入 base64 编码的图像
image_url	必选(二选一)	String	图像网址
method	必选(product、human 和 general 三选一)	分割类型	human 代表人像分割；product 代表商品分割；general 代表其他

商品图像分割的 API 的返回参数如表 13-88 所示。

表 13-88　商品图像分割的 API 的返回参数

字　　段	类　　型	说　　明
img_url	string	base64 编码的图像

使用商品图像分割进行图像处理的代码如下：

```python
＃第 13 章/db_sptxfg.py
from __future__ import print_function
import sys
import requests
import base64
from volcengine.visual.VisualService import VisualService
from PIL import Image


def main(image_url, output_path):
    visual_service = VisualService()
    visual_service.set_ak("替换为豆包大模型的 AK")
    visual_service.set_sk("替换为豆包大模型的 SK")
    form = {
        "image_url": image_url,
        "method":"human"
    }

    resp = visual_service.goods_segment(form)
    img_url = resp["data"]["img_url"]
    print(img_url)
    save_png(img_url, output_path)
    convert_transparent_to_gray(output_path)


def save_png(img_url, output_path):
    response = requests.get(img_url)
```

```python
        if response.status_code == 200:
            # 将图像数据写入文件
            with open(output_path, 'wb') as file:
                file.write(response.content)
            print(f"图像已保存到 {output_path}")
        else:
            print(f"无法下载图像,状态码: {response.status_code}")

def convert_transparent_to_gray(image_path):
    image = Image.open(image_path)
    if image.mode != 'RGBA':
        return
    new_image = Image.new('RGBA', image.size)
    for y in range(image.height):
        for x in range(image.width):
            rgba = image.getpixel((x, y))
            r, g, b, a = rgba
            if a <= 50:
                gray = 100
                new_image.putpixel((x, y), (gray, gray, gray, 255))
            else:
                new_image.putpixel((x, y), rgba)
    new_image.save(image_path)


if __name__ == '__main__':
    main(sys.argv[1], sys.argv[2])
```

上面的代码使用的算法如下:

(1) 根据图像调用提交请求 API。

(2) 根据生成图像的网址下载图像并保存。

将图像网址指定为 http://cnoctave.cn/input.png,将输出图像指定为 output_png.png,使用商品图像分割进行图像处理的代码如下:

```
>> python("db_sptxfg.py", "http://cnoctave.cn/input.png", "output_png.png")
```

使用商品图像分割进行图像处理的结果如图 13-38 所示。

图 13-38   使用商品图像分割进行图像处理的结果

13.3.35 天空分割

天空分割可以通过输入图像的方式来进行图像处理。

天空分割的 API 的请求参数如表 13-89 所示。

表 13-89 天空分割的 API 的请求参数

参　　数	可选/必选	类　型	说　　明
image_base64	必选(二选一,优先生效)	String	输入 base64 编码的图像
image_url	必选(二选一)	String	图像网址

天空分割的 API 的返回参数如表 13-90 所示。

表 13-90 天空分割的 API 的返回参数

字　　段	类　　型	说　　明
mask	String	base64 编码的图像

使用天空分割进行图像处理的代码如下:

```python
# 第 13 章/db_tkfg.py
from __future__ import print_function
import sys
import base64
from volcengine.visual.VisualService import VisualService


def main(image_url, output_path):
    visual_service = VisualService()
    visual_service.set_ak("替换为豆包大模型的 AK")
    visual_service.set_sk("替换为豆包大模型的 SK")
    form = {
        "image_url": image_url
    }

    resp = visual_service.sky_segment(form)
    b64_png = resp["data"]["mask"]
    save_b64_png(b64_png, output_path)


def save_b64_png(b64_png, output_path):
    with open(output_path, 'wb') as file:
        content = base64.b64decode(b64_png)
        file.write(content)
        print(f"图像已保存到 {output_path}")


if __name__ == '__main__':
    main(sys.argv[1], sys.argv[2])
```

上面的代码使用的算法如下：

（1）根据图像调用提交请求 API。

（2）根据生成图像的网址下载图像并保存。

将图像网址指定为 http://cnoctave.cn/input.png，将输出图像指定为 output_png.png，使用天空分割进行图像处理的代码如下：

```
>> python("db_tkfg.py", "http://cnoctave.cn/input.png", "output_png.png")
```

使用天空分割进行图像处理的结果如图 13-39 所示。

图 13-39　使用天空分割进行图像处理的结果

13.3.36　车辆分割

车辆分割可以通过输入图像的方式来进行图像处理。

车辆分割的 API 的请求参数如表 13-91 所示。

表 13-91　车辆分割的 API 的请求参数

参　　数	可选/必选	类　　型	说　　明
image_base64	必选（二选一，优先生效）	String	输入 base64 编码的图像
image_url	必选（二选一）	String	图像网址

车辆分割的 API 的返回参数如表 13-92 所示。

表 13-92　车辆分割的 API 的返回参数

字　　段	类　　型	说　　明
mask	String	base64 编码的图像

使用车辆分割进行图像处理的代码如下：

```
#第13章/db_clfg.py
from __future__ import print_function
import sys
```

```
import base64
from volcengine.visual.VisualService import VisualService
from PIL import Image, ImageDraw, ImageFont


def main(image_url, output_path):
    visual_service = VisualService()
    visual_service.set_ak("替换为豆包大模型的 AK")
    visual_service.set_sk("替换为豆包大模型的 SK")
    form = {
        "image_url": image_url
    }

    resp = visual_service.car_segment(form)
    print(resp)
    if resp["data"] == None:
        width, height = 400, 300
        bg_color = (255, 255, 255)
        image = Image.new('RGB', (width, height), bg_color)
        draw = ImageDraw.Draw(image)
        font = ImageFont.truetype("苹方特粗.ttf", 20)
        draw.text((10, 10), "No cars", font=font, fill=(255, 0, 0))
        image.save(output_path)
        print(f"图像已保存到 {output_path}")
    else:
        b64_png = resp["data"]["mask"]
        save_b64_png(b64_png, output_path)

def save_b64_png(b64_png, output_path):
    with open(output_path, 'wb') as file:
        content = base64.b64decode(b64_png)
        file.write(content)
        print(f"图像已保存到 {output_path}")


if __name__ == '__main__':
    main(sys.argv[1], sys.argv[2])
```

上面的代码使用的算法如下：

（1）根据图像调用提交请求 API。

（2）根据生成图像的网址下载图像并保存。

将图像网址指定为 http://cnoctave.cn/input.png，将输出图像指定为 output_png.png，使用车辆分割进行图像处理的代码如下：

```
>> python("db_cljc.py", "http://cnoctave.cn/input.png", "output_png.png")
```

使用车辆分割进行图像处理的结果如图 13-40 所示。

No cars

图 13-40　使用车辆分割进行图像处理的结果

13.4　通义大模型

13.4.1　文本生成图像

文本生成图像可以通过输入图像和提示词的方式来进行图像处理。

文本生成图像的 API 的请求参数如表 13-93 所示。

表 13-93　文本生成图像的 API 的请求参数

参　　数	类　　型	必选/可选	含　　义
model	string	必选	模型名称：wanx-v1
input	object	必选	输入的基本信息，例如提示词等
prompt	string	必选	正向提示词，用来描述生成图像中期望包含的元素和视觉特点
negative_prompt	string	可选	反向提示词，用来描述不希望在画面中看到的内容，可以对画面进行限制
ref_img	string	可选	图像网址
style	string	可选	输出图像的风格； ＜auto＞：默认值，由模型随机输出图像风格； ＜photography＞：摄影； ＜portrait＞：人像写真； ＜3d cartoon＞：三维卡通； ＜anime＞：动画； ＜oil painting＞：油画； ＜watercolor＞：水彩； ＜sketch＞：素描； ＜chinese painting＞：中国画； ＜flat illustration＞：扁平插画
size	string	可选	输出图像的分辨率
n	integer	可选	生成图像的数量
seed	integer	可选	随机种子
ref_strength	float	可选	控制输出图像与参考图像的相似度
ref_mode	string	可选	基于参考图像生成图像的模式

文本生成图像的 API 的返回参数如表 13-94 所示。

表 13-94 文本生成图像的 API 的返回参数

参　　数	类　　型	含　　义
url	string	图像网址

使用文本生成图像进行图像处理的代码如下：

```python
＃第13章/ty_wbsctx.py
import requests
from dashscope import ImageSynthesis
import sys


def main(image_url, output_path, prompt):
    rsp = ImageSynthesis.call(api_key = "替换为通义大模型的 API Key",
                              model = ImageSynthesis.Models.wanx_v1,
                              prompt = prompt,
                              ref_img = image_url,
                              n = 1,
                              style = '< watercolor >',
                              size = '1024 * 1024')
    print('response: % s' % rsp)
    img_url = rsp.output.results[0].url
    print(img_url)
    save_png(img_url, output_path)

def save_png(img_url, output_path):
    response = requests.get(img_url)
    if response.status_code == 200:
        ＃将图像数据写入文件
        with open(output_path, 'wb') as file:
            file.write(response.content)
        print(f"图像已保存到 {output_path}")
    else:
        print(f"无法下载图像,状态码: {response.status_code}")

if __name__ == '__main__':
    main(sys.argv[1], sys.argv[2], sys.argv[3])
```

上面的代码使用的算法如下：

(1) 根据图像调用提交请求 API。

(2) 根据生成图像的网址下载图像并保存。

将图像网址指定为 http://cnoctave.cn/input.png，将输出图像指定为 output.png，将提示词指定为"绘制草地和大树的风景画"，使用文本生成图像进行图像处理的代码如下：

```
>> python("ty_wbsctx.py", "http://cnoctave.cn/input.png", "output.png", "绘制草地和大树的风景画")
```

使用文本生成图像进行图像处理的结果如图 13-41 所示。

图 13-41　使用文本生成图像进行图像处理的结果

13.4.2　文生图 V2 版

文生图 V2 版可以通过输入提示词的方式来进行图像处理。

文生图 V2 版的 API 的请求参数如表 13-95 所示。

表 13-95　文生图 V2 版的 API 的请求参数

参　　数	类　　型	必选/可选	含　　义
prompt	string	必选	正向提示词,用来描述生成图像中期望包含的元素和视觉特点
size	string	可选	输出图像的分辨率
n	integer	可选	生成图像的数量
seed	integer	可选	随机种子
prompt_extend	bool	可选	是否开启提示词扩写
watermark	bool	可选	是否添加水印标识

文生图 V2 版的 API 的返回参数如表 13-96 所示。

表 13-96　文生图 V2 版的 API 的返回参数

参　　数	类　　型	含　　义
url	string	图像网址

使用文生图 V2 版进行图像处理的代码如下:

```
#第13章/ty_wstv2b.py
import requests
from dashscope import ImageSynthesis
import sys
```

```python
def main(output_path, prompt):
    rsp = ImageSynthesis.call(api_key = "替换为通义大模型的 API Key",
                              model = "wanx2.1-t2i-turbo",
                              prompt = prompt,
                              n = 1,
                              size = '1024*1024')
    print('response: %s' % rsp)
    img_url = rsp.output.results[0].url
    print(img_url)
    save_png(img_url, output_path)

def save_png(img_url, output_path):
    response = requests.get(img_url)
    if response.status_code == 200:
        # 将图像数据写入文件
        with open(output_path, 'wb') as file:
            file.write(response.content)
        print(f"图像已保存到 {output_path}")
    else:
        print(f"无法下载图像,状态码: {response.status_code}")

if __name__ == '__main__':
    main(sys.argv[1], sys.argv[2])
```

上面的代码使用的算法如下：

（1）根据图像调用提交请求 API。

（2）根据生成图像的网址下载图像并保存。

将输出图像指定为 output.png，将提示词指定为"绘制草地、大树和江水的风景画"，使用文生图 V2 版进行图像处理的代码如下：

```
>> python("ty_wstv2b.py", "output.png", "绘制草地、大树和江水的风景画")
```

使用文生图 V2 版进行图像处理的结果如图 13-42 所示。

图 13-42 使用文生图 V2 版进行图像处理的结果

13.4.3 涂鸦作画

涂鸦作画可以通过输入图像和提示词的方式来进行图像处理。

涂鸦作画的 API 的请求参数如表 13-97 所示。

表 13-97 涂鸦作画的 API 的请求参数

参　　数	类　　型	必选/可选	含　　义
prompt	string	必选	提示词
sketch_image_url	string	必选	图像网址
style	string	可选	输出图像的风格； ＜auto＞：默认值，由模型随机输出图像风格； ＜3d cartoon＞：三维卡通； ＜anime＞：二次元； ＜oil painting＞：油画； ＜watercolor＞：水彩； ＜sketch＞：素描； ＜chinese painting＞：中国画； ＜flat illustration＞：扁平插画
size	string	可选	输出图像的分辨率
n	integer	可选	生成图像的数量
sketch_weight	integer	可选	输入草图对输出图像的约束程度
sketch_extraction	boolean	可选	如果上传图像是 RGB 图像，而不是草图，则此参数可控制是否对输入图像进行 sketch 边缘提取
sketch_color	array	可选	在 sketch_extraction＝false 时生效，所包含数值均被视为画笔色，其余数值均会视为背景色； 模型会基于一种或多种画笔色描绘的区域生成新的画作

涂鸦作画的 API 的返回参数如表 13-98 所示。

表 13-98 涂鸦作画的 API 的返回参数

参　　数	类　　型	含　　义
url	string	图像网址

使用涂鸦作画进行图像处理的代码如下：

```
＃第 13 章/ty_tyzh.py
import requests
from dashscope import ImageSynthesis
import sys


def main(image_url, output_path, prompt):
    rsp = ImageSynthesis.call(api_key = "替换为通义大模型的 API Key",
                              model = "wanx - sketch - to - image - lite",
                              prompt = prompt,
```

```
                                sketch_image_url = image_url,
                                n = 1,
                                style = '< anime >',
                                size = '768 * 768',
                                task = "image2image")
    print('response: % s' % rsp)
    img_url = rsp.output.results[0].url
    print(img_url)
    save_png(img_url, output_path)

def save_png(img_url, output_path):
    response = requests.get(img_url)
    if response.status_code == 200:
        ♯将图像数据写入文件
        with open(output_path, 'wb') as file:
            file.write(response.content)
        print(f"图像已保存到 {output_path}")
    else:
        print(f"无法下载图像,状态码: {response.status_code}")

if __name__ == '__main__':
    main(sys.argv[1], sys.argv[2], sys.argv[3])
```

上面的代码使用的算法如下:

（1）根据图像调用提交请求 API。

（2）根据生成图像的网址下载图像并保存。

将图像网址指定为 http://cnoctave.cn/input.png,将输出图像指定为 output.png,将提示词指定为"增加树木数量",使用涂鸦作画进行图像处理的代码如下:

```
>> python("ty_tyzh.py", "http://cnoctave.cn/input.png", "output.png", "增加树木数量")
```

使用涂鸦作画进行图像处理的结果如图 13-43 所示。

图 13-43　使用涂鸦作画进行图像处理的结果

13.4.4　Cosplay 动漫人物生成

Cosplay 动漫人物生成可以通过输入图像的方式来进行图像处理。Cosplay 动漫人物生成的 API 分为两部分：提交请求和查询结果。

提交请求 API 的请求参数如表 13-99 所示。

表 13-99　提交请求 API 的请求参数

参　　数	类　　型	必选/可选	含　　义
face_image_url	string	必选	人脸图像网址
template_image_url	string	必选	模板图像网址
model_index	integer	必选	风格类型； 三维卡通形象：3d cartoon

提交请求 API 的返回参数如表 13-100 所示。

表 13-100　提交请求 API 的返回参数

参　　数	类　　型	含　　义
task_id	string	任务 ID

查询结果 API 的请求参数如表 13-101 所示。

表 13-101　查询结果 API 的请求参数

参　　数	类　　型	必选/可选	含　　义
task_id	string	必选	任务 ID

查询结果 API 的返回参数如表 13-102 所示。

表 13-102　查询结果 API 的返回参数

参　　数	类　　型	含　　义
result_url	string	图像网址

使用 Cosplay 动漫人物生成进行图像处理的代码如下：

```
# 第13章/ty_cosplaydmrwsc.py
import sys
import base64
import urllib
import requests
import json
import time

api_key = "替换为通义大模型的 API Key"
```

```
def main(face_image_url, template_image_url, output_path):
    url = "https://dashscope.aliyuncs.com/api/v1/services/aigc/image-generation/generation"
    payload = json.dumps({
        "model": "wanx-style-cosplay-v1",
        "input": {
            "model_index": 1,
            "face_image_url": face_image_url,
            "template_image_url": template_image_url
        }
    }, ensure_ascii=False)
    headers = {
        'Content-Type': 'application/json',
        'Accept': 'application/json',
        'X-DashScope-Async': 'enable',
        'Authorization': 'Bearer ' + api_key,
    }
    response = requests.request("POST", url, headers=headers, data=payload.encode("utf-8"))
    print(response.text)
    task_status = "SUSPENDED"
    task_result = {}
    img_url = ""
    while task_status != "SUCCEEDED":
        time.sleep(15)
        task_result = get_result(response.json()["output"]["task_id"])
        task_status = task_result["output"]["task_status"]
        print(task_status)
    if task_status == "SUCCEEDED":
        img_url = task_result["output"]["result_url"]
        print(img_url)
        save_png(img_url, output_path)


def get_result(task_id):
    url = f"https://dashscope.aliyuncs.com/api/v1/tasks/{task_id}"
    headers = {
        'Content-Type': 'application/json',
        'Accept': 'application/json',
        "Authorization": "Bearer " + api_key,
    }
    response = requests.request("POST", url, headers=headers)
    print(response.text)
    return response.json()


def save_png(img_url, output_path):
    response = requests.get(img_url)
```

```
    if response.status_code == 200:
        ♯将图像数据写入文件
        with open(output_path, 'wb') as file:
            file.write(response.content)
        print(f"图像已保存到 {output_path}")
    else:
        print(f"无法下载图像,状态码: {response.status_code}")


if __name__ == '__main__':
    main(sys.argv[1], sys.argv[2], sys.argv[3])
```

上面的代码使用的算法如下:

(1) 根据输入图像和提示词调用提交请求 API。

(2) 循环调用查询结果 API,直到图像生成结果为 SUCCESS。

(3) 根据生成图像的网址下载图像并保存。

将人脸图像网址指定为 http://cnoctave.cn/yhb20.png,将模板图像网址指定为 http://cnoctave.cn/input.png,将输出图像指定为 output.png,使用 Cosplay 动漫人物生成进行图像处理的代码如下:

```
>> python("ty_cosplaydmrwsc.py", "http://cnoctave.cn/yhb20.png", "http://cnoctave.cn/
input.png", "output.png")
```

使用 Cosplay 动漫人物生成进行图像处理的结果如图 13-44 所示。

图 13-44   使用 Cosplay 动漫人物生成进行图像处理的结果

13.4.5   人像风格重绘

人像风格重绘可以通过输入图像的方式来进行图像处理。人像风格重绘的 API 分为两部分:提交请求和查询结果。

提交请求 API 的请求参数如表 13-103 所示。

表 13-103　提交请求 API 的请求参数

参　　数	类　　型	必选/可选	含　　义
image_url	string	必选	输入的图像网址
style_index	integer	必选	人像风格类型索引值： −1：参考上传图像风格； 0：复古漫画； 1：三维童话； 2：二次元； 3：小清新； 4：未来科技； 5：国画古风； 6：将军百战； 7：炫彩卡通； 8：清雅国风； 9：喜迎新年
style_ref_url	string	可选	风格参考图像网址

提交请求 API 的返回参数如表 13-104 所示。

表 13-104　提交请求 API 的返回参数

参　　数	类　　型	含　　义
task_id	string	任务 ID

查询结果 API 的请求参数如表 13-105 所示。

表 13-105　查询结果 API 的请求参数

参　　数	类　　型	必选/可选	含　　义
task_id	string	必选	任务 ID

查询结果 API 的返回参数如表 13-106 所示。

表 13-106　查询结果 API 的返回参数

参　　数	类　　型	含　　义
url	string	图像网址

使用人像风格重绘进行图像处理的代码如下：

```
#第13章/ty_rxfgch.py
import sys
import base64
import urllib
import requests
import json
import time
```

```python
api_key = "替换为通义大模型的 API Key"

def main(image_url, style_ref_url, output_path):
    url = "https://dashscope.aliyuncs.com/api/v1/services/aigc/image-generation/generation"
    payload = json.dumps({
        "model": "wanx-style-repaint-v1",
        "input": {
            "style_index": 3,
            "image_url": image_url,
            "style_ref_url": style_ref_url
        }
    }, ensure_ascii=False)
    headers = {
        'Content-Type': 'application/json',
        'Accept': 'application/json',
        'X-DashScope-Async': 'enable',
        'Authorization': 'Bearer ' + api_key,
    }
    response = requests.request("POST", url, headers=headers, data=payload.encode("utf-8"))
    print(response.text)
    task_status = "SUSPENDED"
    task_result = {}
    img_url = ""
    while task_status != "SUCCEEDED":
        time.sleep(15)
        task_result = get_result(response.json()["output"]["task_id"])
        task_status = task_result["output"]["task_status"]
        print(task_status)
    if task_status == "SUCCEEDED":
        img_url = task_result["output"]["results"][0]["url"]
        print(img_url)
        save_png(img_url, output_path)

def get_result(task_id):
    url = f"https://dashscope.aliyuncs.com/api/v1/tasks/{task_id}"
    headers = {
        'Content-Type': 'application/json',
        'Accept': 'application/json',
        "Authorization": "Bearer " + api_key,
    }
    response = requests.request("POST", url, headers=headers)
    print(response.text)
    return response.json()

def save_png(img_url, output_path):
    response = requests.get(img_url)
```

```
        if response.status_code == 200:
            ♯将图像数据写入文件
            with open(output_path, 'wb') as file:
                file.write(response.content)
            print(f"图像已保存到 {output_path}")
        else:
            print(f"无法下载图像,状态码: {response.status_code}")

if __name__ == '__main__':
    main(sys.argv[1], sys.argv[2], sys.argv[3])
```

上面的代码使用的算法如下：

（1）根据输入图像和提示词调用提交请求 API。

（2）循环调用查询结果 API，直到图像生成结果为 SUCCESS。

（3）根据生成图像的网址下载图像并保存。

将人脸图像网址指定为 http://cnoctave.cn/yhb20.png，将风格图像网址指定为 http://cnoctave.cn/input.png，将输出图像指定为 output.png，使用人像风格重绘进行图像处理的代码如下：

```
>> python("ty_rxfgch.py", "http://cnoctave.cn/yhb20.png", "http://cnoctave.cn/input.png",
"output.png")
```

使用人像风格重绘进行图像处理的结果如图 13-45 所示。

图 13-45　使用人像风格重绘进行图像处理的结果

13.4.6　虚拟模特

虚拟模特可以通过输入图像和提示词的方式来进行图像处理。虚拟模特的 API 分为两部分：提交请求和查询结果。

提交请求 API 的请求参数如表 13-107 所示。

表 13-107 提交请求 API 的请求参数

参　　数	类　　型	必选/可选	含　　义
base_image_url	string	必选	原始真人展示图像网址
mask_image_url	Integer	必选	对应原图的期望保留区域 mask 网址
face_image_url	string	可选	期望替换的人物图像网址
prompt	string	必选	针对生成图像背景环境、模特的全身形象描述
face_prompt	string	必选	生成人像面部描述
background_image_url	string	可选	背景环境参考图像网址
bgstyle_scale	float	可选	背景参考图像权重控制
realPerson	bool	可选	输入图像是否是真人
style	string	可选	生成图像风格
seed	integer	可选	控制生成 seed
aspect_ratio	String	可选	生成图像长宽比例
n	Integer	可选	生成图像的数量
short_side_size	string	必选	指定生成的图像短边大小

提交请求 API 的返回参数如表 13-108 所示。

表 13-108 提交请求 API 的返回参数

参　　数	类　　型	含　　义
task_id	string	任务 ID

查询结果 API 的请求参数如表 13-109 所示。

表 13-109 查询结果 API 的请求参数

参　　数	类　　型	必选/可选	含　　义
task_id	string	必选	任务 ID

查询结果 API 的返回参数如表 13-110 所示。

表 13-110 查询结果 API 的返回参数

参　　数	类　　型	含　　义
url	string	图像网址

使用虚拟模特进行图像处理的代码如下：

```python
# 第 13 章/ty_xnmt.py
import sys
import base64
import urllib
import requests
import json
import time

api_key = "替换为通义大模型的 API Key"
```

```python
def main(base_image_url, mask_image_url, output_path):
    url = "https://dashscope.aliyuncs.com/api/v1/services/aigc/virtualmodel/generation/"
    payload = json.dumps({
        "model": "wanx - virtualmodel",
        "input": {
            "model_index": 1,
            "prompt": "英俊、帅气、西装、领带、青年、男士",
            "face_prompt": "青年、男士,面容姣好,最高品质",
            "base_image_url": base_image_url,
            "mask_image_url": mask_image_url
        },
        "parameters": {
            "short_side_size": "512",
            "n": 1
        }
    }, ensure_ascii = False)
    headers = {
        'Content - Type': 'application/json',
        'Accept': 'application/json',
        'X - DashScope - Async': 'enable',
        'Authorization': 'Bearer ' + api_key,
    }
    response = requests.request("POST", url, headers = headers, data = payload.encode("utf - 8"))
    print(response.text)
    task_status = "SUSPENDED"
    task_result = {}
    img_url = ""
    while task_status != "SUCCEEDED":
        time.sleep(15)
        task_result = get_result(response.json()["output"]["task_id"])
        task_status = task_result["output"]["task_status"]
        print(task_status)
    if task_status == "SUCCEEDED":
        img_url = task_result["output"]["results"][0]["url"]
        print(img_url)
        save_png(img_url, output_path)


def get_result(task_id):
    url = f"https://dashscope.aliyuncs.com/api/v1/tasks/{task_id}"
    headers = {
        'Content - Type': 'application/json',
        'Accept': 'application/json',
        "Authorization": "Bearer " + api_key,
    }
    response = requests.request("POST", url, headers = headers)
    print(response.text)
    return response.json()
```

```
def save_png(img_url, output_path):
    response = requests.get(img_url)
    if response.status_code == 200:
        #将图像数据写入文件
        with open(output_path, 'wb') as file:
            file.write(response.content)
        print(f"图像已保存到 {output_path}")
    else:
        print(f"无法下载图像,状态码: {response.status_code}")

if __name__ == '__main__':
    main(sys.argv[1], sys.argv[2], sys.argv[3])
```

上面的代码使用的算法如下:

(1) 根据输入图像和提示词调用提交请求 API。

(2) 循环调用查询结果 API,直到图像生成结果为 SUCCESS。

(3) 根据生成图像的网址下载图像并保存。

将人脸图像网址指定为 http://cnoctave.cn/yhb20.png,将模板图像网址指定为 http://cnoctave.cn/input.png,将输出图像指定为 output.png,使用虚拟模特进行图像处理的代码如下:

```
>> python("ty_cosplaydmrwsc.py", "http://cnoctave.cn/yhb20.png", "http://cnoctave.cn/
input.png", "output.png")
```

使用虚拟模特进行图像处理的结果如图 13-46 所示。

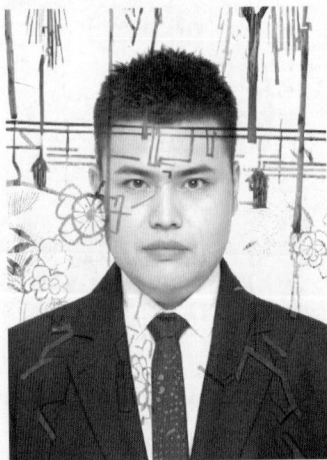

图 13-46　使用虚拟模特进行图像处理的结果

13.4.7　图像画面扩展

图像画面扩展可以通过输入图像的方式来进行图像处理。图像画面扩展的 API 分为两部分:提交请求和查询结果。

提交请求 API 的请求参数如表 13-111 所示。

表 13-111　提交请求 API 的请求参数

参　　数	类　　型	必选/可选	含　　义
image_url	string	必选	图像网址或者图像 base64 数据
angle	integer	可选	逆时针旋转角度
output_ratio	string	可选	图像宽高比
x_scale	float	可选	图像居中,在水平方向上按比例扩展图像
y_scale	float	可选	图像居中,在垂直方向上按比例扩展图像
top_offset	integer	可选	在图像上方添加像素
bottom_offset	integer	可选	在图像下方添加像素
left_offset	integer	可选	在图像左侧添加像素
right_offset	integer	可选	在图像右侧添加像素
best_quality	boolean	可选	开启图像最佳质量模式
limit_image_size	boolean	可选	限制模型生成的图像文件大小
add_watermark	boolean	可选	添加 Generated by AI 水印

提交请求 API 的返回参数如表 13-112 所示。

表 13-112　提交请求 API 的返回参数

参　　数	类　　型	含　　义
task_id	string	任务 ID

查询结果 API 的请求参数如表 13-113 所示。

表 13-113　查询结果 API 的请求参数

参　　数	类　　型	必选/可选	含　　义
task_id	string	必选	任务 ID

查询结果 API 的返回参数如表 13-114 所示。

表 13-114　查询结果 API 的返回参数

参　　数	类　　型	含　　义
output_image_url	string	图像网址

使用图像画面扩展进行图像处理的代码如下:

```
#第13章/ty_txhmkz.py
import sys
import base64
import urllib
import requests
import json
import time

api_key = "替换为通义大模型的 API Key"
```

```python
def main(image_url, output_path):
    url = "https://dashscope.aliyuncs.com/api/v1/services/aigc/image2image/out-painting"
    payload = json.dumps({
        "model": "image-out-painting",
        "input": {
            "image_url": image_url,
        },
        "parameters":{
            "angle": 45,
            "x_scale":1.5,
            "y_scale":1.5
        }
    }, ensure_ascii = False)
    headers = {
        'Content-Type': 'application/json',
        'Accept': 'application/json',
        'X-DashScope-Async': 'enable',
        'Authorization': 'Bearer ' + api_key,
    }
    response = requests.request("POST", url, headers = headers, data = payload.encode("utf-8"))
    print(response.text)
    task_status = "SUSPENDED"
    task_result = {}
    img_url = ""
    while task_status != "SUCCEEDED":
        time.sleep(15)
        task_result = get_result(response.json()["output"]["task_id"])
        task_status = task_result["output"]["task_status"]
        print(task_status)
    if task_status == "SUCCEEDED":
        img_url = task_result["output"]["output_image_url"]
        print(img_url)
        save_png(img_url, output_path)


def get_result(task_id):
    url = f"https://dashscope.aliyuncs.com/api/v1/tasks/{task_id}"
    headers = {
        'Content-Type': 'application/json',
        'Accept': 'application/json',
        "Authorization": "Bearer " + api_key,
    }
    response = requests.request("POST", url, headers = headers)
    print(response.text)
    return response.json()


def save_png(img_url, output_path):
    response = requests.get(img_url)
    if response.status_code == 200:
```

```
　　　　　＃将图像数据写入文件
　　　　　with open(output_path, 'wb') as file:
　　　　　　　file.write(response.content)
　　　　　print(f"图像已保存到 {output_path}")
　　　else:
　　　　　print(f"无法下载图像,状态码: {response.status_code}")

if __name__ == '__main__':
　　main(sys.argv[1], sys.argv[2])
```

上面的代码使用的算法如下：

（1）根据输入图像和提示词调用提交请求 API。

（2）循环调用查询结果 API,直到图像生成结果为 SUCCESS。

（3）根据生成图像的网址下载图像并保存。

将图像网址指定为 http://cnoctave.cn/yhb20.png,将输出图像指定为 output.png,使用图像画面扩展进行图像处理的代码如下：

```
>> python("ty_txhmkz.py", "http://cnoctave.cn/yhb20.png", "output.png")
```

使用图像画面扩展进行图像处理的结果如图 13-47 所示。

图 13-47　使用图像画面扩展进行图像处理的结果

13.4.8　人物实例分割

人物实例分割可以通过输入图像的方式来进行图像处理。人物实例分割的 API 分为两部分：提交请求和查询结果。

提交请求 API 的请求参数如表 13-115 所示。

表 13-115　提交请求 API 的请求参数

参　　数	类　　型	必选/可选	含　　义
image_url	string	必选	图像网址或者图像 base64 数据

提交请求 API 的返回参数如表 13-116 所示。

表 13-116 提交请求 API 的返回参数

参　　数	类　　型	含　　义
task_id	string	任务 ID

查询结果 API 的请求参数如表 13-117 所示。

表 13-117 查询结果 API 的请求参数

参　　数	类　　型	必选/可选	含　　义
task_id	string	必选	任务 ID

查询结果 API 的返回参数如表 13-118 所示。

表 13-118 查询结果 API 的返回参数

参　　数	类　　型	含　　义
output_vis_image_url	string	图像网址

使用人物实例分割进行图像处理的代码如下：

```python
#第 13 章/ty_rwslfg.py
import sys
import base64
import urllib
import requests
import json
import time

api_key = "替换为通义大模型的 API Key"

def main(image_url, output_path):
    url = "https://dashscope.aliyuncs.com/api/v1/services/aigc/image2image/image-synthesis"
    payload = json.dumps({
        "model": "image-instance-segmentation",
        "input": {
            "image_url": image_url
        }
    }, ensure_ascii=False)
    headers = {
        'Content-Type': 'application/json',
        'Accept': 'application/json',
        'X-DashScope-Async': 'enable',
        'Authorization': 'Bearer ' + api_key,
    }
    response = requests.request("POST", url, headers=headers, data=payload.encode("utf-8"))
    print(response.text)
    task_status = "SUSPENDED"
```

```
        task_result = {}
        img_url = ""
        while task_status != "SUCCEEDED":
            time.sleep(15)
            task_result = get_result(response.json()["output"]["task_id"])
            task_status = task_result["output"]["task_status"]
            print(task_status)
        if task_status == "SUCCEEDED":
            img_url = task_result["output"]["output_vis_image_url"]
            print(img_url)
            save_png(img_url, output_path)

def get_result(task_id):
    url = f"https://dashscope.aliyuncs.com/api/v1/tasks/{task_id}"
    headers = {
        'Content-Type': 'application/json',
        'Accept': 'application/json',
        "Authorization": "Bearer " + api_key,
    }
    response = requests.request("POST", url, headers=headers)
    print(response.text)
    return response.json()

def save_png(img_url, output_path):
    response = requests.get(img_url)
    if response.status_code == 200:
        #将图像数据写入文件
        with open(output_path, 'wb') as file:
            file.write(response.content)
        print(f"图像已保存到 {output_path}")
    else:
        print(f"无法下载图像,状态码: {response.status_code}")

if __name__ == '__main__':
    main(sys.argv[1], sys.argv[2])
```

上面的代码使用的算法如下:

(1)根据输入图像和提示词调用提交请求 API。

(2)循环调用查询结果 API,直到图像生成结果为 SUCCESS。

(3)根据生成图像的网址下载图像并保存。

将人脸图像网址指定为 http://cnoctave.cn/yhb20.png,将模板图像网址指定为 http://cnoctave.cn/input.png,将输出图像指定为 output.png,使用人物实例分割进行图像处理的代码如下:

```
>> python("ty_cosplaydmrwsc.py", "http://cnoctave.cn/yhb20.png", "http://cnoctave.cn/
input.png", "output.png")
```

使用人物实例分割进行图像处理的结果如图 13-48 所示。

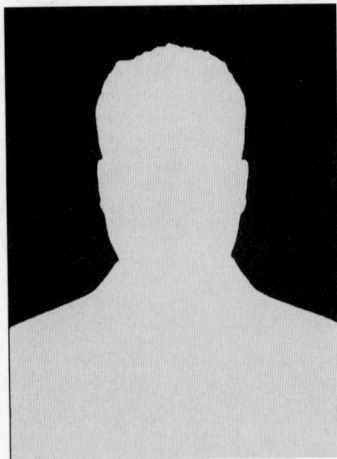

图 13-48　使用人物实例分割进行图像处理的结果

13.4.9　创意海报生成

创意海报生成可以通过输入图像的方式来进行图像处理。创意海报生成的 API 分为两部分：提交请求和查询结果。

提交请求 API 的请求参数如表 13-119 所示。

表 13-119　提交请求 API 的请求参数

参　　数	类　　型	必选/可选	含　　义
generate_mode	string	必选	海报生成模式； generate：默认模式； sr：高分辨率模式； hrf：高清修复模式
generate_num	Int	可选	生成的海报数
auxiliary_parameters	string	可选	当 generate_mode 为 sr 或 hrf 时必选
title	string	必选	主标题
sub_title	string	可选	副标题
body_text	string	可选	正文
prompt_text_zh	string	可选	中文提示词
prompt_text_en	string	可选	英文提示词
wh_ratios	string	可选	生成海报的版式。横版或竖版
lora_name	string	可选	海报风格名称
lora_weight	float	可选	海报风格权重
ctrl_ratio	float	可选	留白效果权重
ctrl_step	float	可选	留白步数比例
creative_title_layout	bool	可选	标题是否启用创意排版

提交请求 API 的返回参数如表 13-120 所示。

表 13-120 提交请求 API 的返回参数

参　　数	类　　型	含　　义
task_id	string	任务 ID

查询结果 API 的请求参数如表 13-121 所示。

表 13-121 查询结果 API 的请求参数

参　　数	类　　型	必选/可选	含　　义
task_id	string	必选	任务 ID

查询结果 API 的返回参数如表 13-122 所示。

表 13-122 查询结果 API 的返回参数

参　　数	类　　型	含　　义
url	string	图像网址

使用创意海报生成进行图像处理的代码如下:

```python
# 第13章/ty_cyhbsc.py
import sys
import base64
import urllib
import requests
import json
import time

api_key = "sk-d962a07b21dc4ee3bcb015fcf5e71cd6"

def main(title, sub_title, body_text, prompt_text_zh, output_path):
    url = "https://dashscope.aliyuncs.com/api/v1/services/aigc/text2image/image-synthesis"
    payload = json.dumps({
        "model": "wanx-poster-generation-v1",
        "input": {
            "title": title,
            "sub_title": sub_title,
            "body_text": body_text,
            "prompt_text_zh": prompt_text_zh,
            "wh_ratios":"竖版",
            "lora_name":"童话油画",
            "lora_weight":0.8,
            "ctrl_ratio":0.7,
            "ctrl_step":0.7,
            "generate_mode":"generate",
            "generate_num":1
        }
```

```
        }, ensure_ascii = False)
        headers = {
            'Content - Type': 'application/json',
            'Accept': 'application/json',
            'X - DashScope - Async': 'enable',
            'Authorization': 'Bearer ' + api_key,
        }
        response = requests.request("POST", url, headers = headers, data = payload.encode("utf - 8"))
        print(response.text)
        task_status = "SUSPENDED"
        task_result = {}
        img_url = ""
        while task_status != "SUCCEEDED":
            time.sleep(15)
            task_result = get_result(response.json()["output"]["task_id"])
            task_status = task_result["output"]["task_status"]
            print(task_status)
        if task_status == "SUCCEEDED":
            img_url = task_result["output"]["render_urls"][0]
            print(img_url)
            save_png(img_url, output_path)

def get_result(task_id):
    url = f"https://dashscope.aliyuncs.com/api/v1/tasks/{task_id}"
    headers = {
        'Content - Type': 'application/json',
        'Accept': 'application/json',
        "Authorization": "Bearer " + api_key,
    }
    response = requests.request("POST", url, headers = headers)
    print(response.text)
    return response.json()

def save_png(img_url, output_path):
    response = requests.get(img_url)
    if response.status_code == 200:
        # 将图像数据写入文件
        with open(output_path, 'wb') as file:
            file.write(response.content)
        print(f"图像已保存到 {output_path}")
    else:
        print(f"无法下载图像,状态码: {response.status_code}")

if __name__ == '__main__':
    main(sys.argv[1], sys.argv[2], sys.argv[3], sys.argv[4], sys.argv[5])
```

上面的代码使用的算法如下：

(1) 根据输入图像和提示词调用提交请求 API。

(2) 循环调用查询结果 API,直到图像生成结果为 SUCCESS。

(3) 根据生成图像的网址下载图像并保存。

将标题指定为"于红博祝你",将副标题指定为"年年有今日 岁岁有今朝",将正文指定

为"Octave 中文网总工程师",将提示词指定为"灯笼,小猫,梅花",将输出图像指定为
output.png,使用创意海报生成图像处理的代码如下:

```
>> python("ty_cyhbsc.py", "于红博祝你", "年年有今日 岁岁有今朝", "Octave 中文网总工程师",
"灯笼,小猫,梅花")
```

使用创意海报生成进行图像处理的结果如图 13-49 所示。

图 13-49 使用创意海报生成进行图像处理的结果

13.4.10 图配文

图配文可以通过输入图像的方式来进行图像处理。图配文的 API 分为两部分:提交请
求和查询结果。

提交请求 API 的请求参数如表 13-123 所示。

表 13-123 提交请求 API 的请求参数

参　　数	类　　型	必选/可选	含　　义
title	array	必选	待添加的标题文本
subtitle	array	可选	待添加的副标题文本
text	array	可选	待添加的其他文本
image_url	string	必选	输入的背景图的网址
underlay	integer	可选	蒙版(衬底)的数量
logo	string	可选	Logo 素材的网址
temperature	float	可选	采样温度
top_p	float	可选	生成时,核采样方法的概率阈值,用于控制模型生成图像的多样性
n	Integer	必选	期望生成的图像数量

提交请求 API 的返回参数如表 13-124 所示。

表 13-124　提交请求 API 的返回参数

参　　数	类　　型	含　　义
task_id	string	任务 ID

查询结果 API 的请求参数如表 13-125 所示。

表 13-125　查询结果 API 的请求参数

参　　数	类　　型	必选/可选	含　　义
task_id	string	必选	任务 ID

查询结果 API 的返回参数如表 13-126 所示。

表 13-126　查询结果 API 的返回参数

参　　数	类　　型	含　　义
url	string	图像网址

使用图配文进行图像处理的代码如下：

```python
# 第 13 章/ty_tpw.py
import sys
import base64
import urllib
import requests
import json
import time

api_key = "替换为通义大模型的 API Key"

def main(image_url, output_path, title, subtitle, text):
    url = "https://dashscope.aliyuncs.com/api/v1/services/aigc/text2image/image-synthesis"
    payload = json.dumps({
        "model": "wanx-ast",
        "input": {
            "image_url": image_url,
            "underlay": 1,
            "title": [title],
            "subtitle": [subtitle],
            "text": [text],
        },
    }, ensure_ascii=False)
    headers = {
        'Content-Type': 'application/json',
        'Accept': 'application/json',
        'X-DashScope-Async': 'enable',
        'Authorization': 'Bearer ' + api_key,
    }
```

```
        response = requests.request("POST", url, headers = headers, data = payload.encode("utf-8"))
        print(response.text)
        task_status = "SUSPENDED"
        task_result = {}
        img_url = ""
        while task_status != "SUCCEEDED":
            time.sleep(15)
            task_result = get_result(response.json()["output"]["task_id"])
            task_status = task_result["output"]["task_status"]
            print(task_status)
        if task_status == "SUCCEEDED":
            img_url = task_result["output"]["results"][0]["url"]
            print(img_url)
            save_png(img_url, output_path)

def get_result(task_id):
    url = f"https://dashscope.aliyuncs.com/api/v1/tasks/{task_id}"
    headers = {
        'Content-Type': 'application/json',
        'Accept': 'application/json',
        "Authorization": "Bearer " + api_key,
    }
    response = requests.request("POST", url, headers = headers)
    print(response.text)
    return response.json()

def save_png(img_url, output_path):
    response = requests.get(img_url)
    if response.status_code == 200:
        #将图像数据写入文件
        with open(output_path, 'wb') as file:
            file.write(response.content)
        print(f"图像已保存到 {output_path}")
    else:
        print(f"无法下载图像,状态码: {response.status_code}")

if __name__ == '__main__':
    main(sys.argv[1], sys.argv[2], sys.argv[3], sys.argv[4], sys.argv[5])
```

上面的代码使用的算法如下:

(1)根据输入图像和提示词调用提交请求 API。

(2)循环调用查询结果 API,直到图像生成结果为 SUCCESS。

(3)根据生成图像的网址下载图像并保存。

将人脸图像网址指定为 http://cnoctave.cn/yhb20.png,将输出图像指定为 output. png,将标题指定为于红博,将副标题指定为 Octave 中文网总工程师,将其他文本指定为图像处理,使用图配文进行图像处理的代码如下:

```
>> python("ty_tpw.py", "http://cnoctave.cn/yhb20.png", "output.png", "于红博", "Octave中文
网总工程师", "图像处理")
```

使用图配文进行图像处理的结果如图 13-50 所示。

图 13-50　使用图配文进行图像处理的结果

13.5　混元大模型

13.5.1　混元生图

混元生图可以通过输入提示词的方式来进行图像处理。混元生图的 API 分为两部分：
提交请求和查询结果。

提交请求 API 的请求参数如表 13-127 所示。

表 13-127　提交请求 API 的请求参数

参 数 名 称	必 　 选	类 　 型	描 　 述
Action	是	String	SubmitHunyuanImageJob
Version	是	String	2023/9/1
Region	是	String	ap-guangzhou
Prompt	是	String	提示词
NegativePrompt	否	String	反向提示词
Style	否	String	绘画风格：riman
Resolution	否	String	生成图分辨率
Num	否	Integer	图像生成数量
Seed	否	Integer	随机种子
Clarity	否	String	超分选项； x2：2 倍超分； x4：4 倍超分

续表

参数名称	必选	类型	描述
Revise	否	Integer	是否开启提示词扩写
LogoAdd	否	Integer	是否添加水印； 1代表添加； 0代表不添加
LogoParam	否	LogoParam	水印设置

提交请求API的返回参数如表13-128所示。

表13-128 提交请求API的返回参数

参数名称	类型	描述
JobId	String	任务ID
RequestId	String	唯一请求ID

查询结果API的请求参数如表13-129所示。

表13-129 查询结果API的请求参数

参数	类型	必选/可选	含义
JobId	string	必选	任务ID

查询结果API的返回参数如表13-130所示。

表13-130 查询结果API的返回参数

参数	类型	含义
ResultImage	string	图像网址

使用混元生图进行图像处理的代码如下：

```python
# 第13章/hy_st.py
import sys
import requests
import json
import time
from tencentcloud.common import credential
from tencentcloud.common.profile.client_profile import ClientProfile
from tencentcloud.common.profile.http_profile import HttpProfile
from tencentcloud.hunyuan.v20230901 import hunyuan_client, models


cred = credential.Credential("替换为混元大模型的SecretId", "替换为混元大模型的SecretKey")
httpProfile = HttpProfile()
httpProfile.endpoint = "hunyuan.tencentcloudapi.com"
clientProfile = ClientProfile()
clientProfile.httpProfile = httpProfile
client = hunyuan_client.HunyuanClient(cred, "ap-guangzhou", clientProfile)
```

```python
def main(prompt, output_path):
    req = models.SubmitHunyuanImageJobRequest()
    params = {
        "Prompt": prompt,
        "Style": "riman",
        "Resolution": "1024:1024",
        "Num": 1,
        "Seed": 1,
        "LogoAdd": 0
    }
    req.from_json_string(json.dumps(params))
    resp = client.SubmitHunyuanImageJob(req)
    print(resp.to_json_string())
    task_status = ""
    task_result = {}
    img_url = ""
    while task_status != "Success":
        time.sleep(15)
        task_result = get_result(json.loads(resp.to_json_string())["JobId"])
        task_status = task_result["ResultDetails"][0]
        print(task_status)
    if task_status == "Success":
        img_url = task_result["ResultImage"][0]
        print(img_url)
        save_png(img_url, output_path)


def get_result(task_id):
    req = models.QueryHunyuanImageJobRequest()
    params = {
        "JobId": task_id
    }
    req.from_json_string(json.dumps(params))
    resp = client.QueryHunyuanImageJob(req)
    return json.loads(resp.to_json_string())


def save_png(img_url, output_path):
    response = requests.get(img_url)
    if response.status_code == 200:
        # 将图像数据写入文件
        with open(output_path, 'wb') as file:
            file.write(response.content)
        print(f"图像已保存到 {output_path}")
    else:
        print(f"无法下载图像,状态码: {response.status_code}")


if __name__ == '__main__':
    main(sys.argv[1], sys.argv[2])
```

上面的代码使用的算法如下：

(1) 根据提示词调用提交请求 API。

(2) 循环调用查询结果 API，直到图像生成结果为 SUCCESS。

(3) 根据生成图像的网址下载图像并保存。

将提示词指定为"绘制一幅桥头树木风景画"，将输出图像指定为 output.png，使用混元生图进行图像处理的代码如下：

```
>> python("hy_st.py", "绘制一幅桥头树木风景画", "output.png")
```

使用混元生图进行图像处理的结果如图 13-51 所示。

图 13-51　使用混元生图进行图像处理的结果

13.5.2　文生图轻量版

文生图轻量版可以通过输入提示词的方式来进行图像处理。

文生图轻量版 API 的请求参数如表 13-131 所示。

表 13-131　文生图轻量版 API 的请求参数

参 数 名 称	必　选	类　型	描　述
Action	是	String	TextToImageLite
Version	是	String	2023/9/1
Region	是	String	ap-guangzhou
Prompt	是	String	提示词
NegativePrompt	否	String	反向提示词
Style	否	String	绘画风格：101
Resolution	否	String	生成图分辨率

续表

参 数 名 称	必 选	类 型	描 述
LogoAdd	否	Integer	是否添加水印； 1 代表添加； 0 代表不添加
LogoParam	否	LogoParam	水印设置
RspImgType	否	String	返回图像方式； base64 代表返回 base64 编码的图像； url 代表返回图像网址

文生图轻量版 API 的返回参数如表 13-132 所示。

表 13-132　文生图轻量版 API 的返回参数

参 数	类 型	含 义
RequestId	string	请求 ID
ResultImage	string	图像网址

使用文生图轻量版进行图像处理的代码如下：

```python
# 第 13 章/hy_wstqlb.py
import sys
import requests
import json
from tencentcloud.common import credential
from tencentcloud.common.profile.client_profile import ClientProfile
from tencentcloud.common.profile.http_profile import HttpProfile
from tencentcloud.hunyuan.v20230901 import hunyuan_client, models

cred = credential.Credential("替换为混元大模型的 SecretId", "替换为混元大模型的 SecretKey")
httpProfile = HttpProfile()
httpProfile.endpoint = "hunyuan.tencentcloudapi.com"
clientProfile = ClientProfile()
clientProfile.httpProfile = httpProfile
client = hunyuan_client.HunyuanClient(cred, "ap-guangzhou", clientProfile)

def main(prompt, output_path):
    req = models.TextToImageLiteRequest()
    params = {
        "Prompt": prompt,
        "Style": "101",
        "Resolution": "768:768",
        "LogoAdd": 0,
        "RspImgType": "url"
    }
    req.from_json_string(json.dumps(params))
    resp = client.TextToImageLite(req)
    print(resp.to_json_string())
    save_png(json.loads(resp.to_json_string())["ResultImage"], output_path)

def save_png(img_url, output_path):
```

```
        response = requests.get(img_url)
        if response.status_code == 200:
            ♯将图像数据写入文件
            with open(output_path, 'wb') as file:
                file.write(response.content)
            print(f"图像已保存到 {output_path}")
        else:
            print(f"无法下载图像,状态码: {response.status_code}")

if __name__ == '__main__':
    main(sys.argv[1], sys.argv[2])
```

上面的代码使用的算法如下:

(1) 根据提示词调用提交请求 API。

(2) 根据生成图像的网址下载图像并保存。

将提示词指定为"绘制雨天桥头树木风景画",将输出图像指定为 output. png,使用文生图轻量版进行图像处理的代码如下:

```
>> python("hy_wstqlb.py", "绘制雨天桥头树木风景画", "output.png")
```

使用文生图轻量版进行图像处理的结果如图 13-52 所示。

图 13-52 使用文生图轻量版进行图像处理的结果

13.6 星火大模型

13.6.1 图像生成

图像生成可以通过输入提示词的方式来进行图像处理。

图像生成 API 的请求参数如表 13-133 所示。

表 13-133　图像生成 API 的请求参数

参　数　名	类　型	是否必选	描　述
header. app_id	string	是	应用的 app_id
header. uid	string	否	每名用户的 id
parameter. chat. width	int	是	图像的宽度
parameter. chat. height	int	是	图像的高度
payload. message. text	json/object/array	是	文本数据
payload. message. text. role	string	是	角色；user 代表用户
payload. message. text. content	string	是	提示词

图像生成 API 的返回参数如表 13-134 所示。

表 13-134　图像生成 API 的返回参数

参　数	类　型	含　义
header. code	int	0 代表正常；非 0 代表出错
header. sid	string	会话的 sid
header. status	int	会话的状态；文生图场景下为 2
header. message	string	返回消息描述
payload. choices. status	int	数据状态；0 代表排队中；1 代表开始；2 代表结束
payload. choices. seq	int	数据序号
payload. choices. text	json object array	文本结果

使用图像生成进行图像处理的代码如下：

```
# 第 13 章/xh_tpsc.py
import sys
import base64
import urllib
import requests
import json
import time
from datetime import datetime
from time import mktime
from wsgiref.handlers import format_date_time
from urllib.parse import urlencode
import hmac
import hashlib
import base64
```

```python
APPID = "替换为星火大模型的 APPID"
APIKey = "替换为星火大模型的 APIKey"
APISecret = "替换为星火大模型的 APISecret"


def make_url(input_url):
    cur_time = datetime.now()
    date = format_date_time(mktime(cur_time.timetuple()))
    tmp = "host: " + "spark-api.cn-huabei-1.xf-yun.com" + "\n"
    tmp += "date: " + date + "\n"
    tmp += "POST " + "/v2.1/tti" + " HTTP/1.1"
    tmp_sha = hmac.new(APISecret.encode('utf-8'),
                       tmp.encode('utf-8'), digestmod=hashlib.sha256).digest()
    signature = base64.b64encode(tmp_sha).decode(encoding='utf-8')
    authorization_origin = f'api_key="{APIKey}", algorithm="hmac-sha256", headers="host date request-line", signature="{signature}"'
    authorization = base64.b64encode(
        authorization_origin.encode('utf-8')).decode(encoding='utf-8')
    v = {
        "authorization": authorization,
        "date": date,
        "host": "spark-api.cn-huabei-1.xf-yun.com"
    }
    url = input_url + "?" + urlencode(v)
    print(url)
    return url


def main(prompt, output_path):
    url = make_url("https://spark-api.cn-huabei-1.xf-yun.com/v2.1/tti")
    payload = json.dumps({
        "header": {
            "app_id": APPID
        },
        "parameter": {
            "chat": {
                "domain": "general",
                "width": 512,
                "height": 512
            }
        },
        "payload": {
            "message": {
                "text": [
                    {
                        "role": "user",
                        "content": prompt
                    }
                ]
```

```
            }
        }
}, ensure_ascii = False)
headers = {
        'Content - Type': 'application/json;charset = UTF - 8',
        'Accept': 'application/json'
}
response = requests.request(
        "POST", url, headers = headers, data = payload.encode("utf - 8"))
b64_png = response.json()["payload"]["choices"]["text"][0]["content"]
save_b64_png(b64_png, output_path)

def save_b64_png(b64_png, output_path):
    with open(output_path, 'wb') as file:
        content = base64.b64decode(b64_png)
        file.write(content)
        print(f"图像已保存到 {output_path}")


if __name__ == '__main__':
    main(sys.argv[1], sys.argv[2])
```

上面的代码使用的算法如下：

（1）根据输入图像和提示词调用提交请求 API。

（2）根据生成图像的网址下载图像并保存。

将提示词指定为"绘制一幅树木草地风景画"，将输出图像指定为 output.png，使用图像生成进行图像处理的代码如下：

```
>> python("xh_tpsc.py", "绘制一幅树木草地风景画", "output.png")
```

使用图像生成进行图像处理的结果如图 13-53 所示。

图 13-53 使用图像生成进行图像处理的结果

13.6.2　图像生成 HiDream

图像生成 HiDream 可以通过输入图像和提示词的方式来进行图像处理。图像生成 HiDream 生成的 API 分为两部分：提交请求和查询结果。

提交请求 API 的请求参数如表 13-135 所示。

表 13-135　提交请求 API 的请求参数

字　　段	类　　型	说　　明	是 否 必 选
header	string	协议头部	是
header. app_id	string	app id 信息	是
header. status	int	请求方式； 3 代表一次传完	否
header. channel	string	通道	是
header. callback_url	string	回调	是
parameter	string	AI 能力功能参数	是
parameter. oig. result. encoding	object	可选 utf8 和 gb231	否
parameter. oig. result. compress	string	可选 raw 和 gzip	否
parameter. oig. result. format	string	可选 plain、json 和 xml	否
payload	string	请求参数	是
payload. oig. text	string	其他参数	是

提交请求 API 的返回参数如表 13-136 所示。

表 13-136　提交请求 API 的返回参数

参　　数	类　　型	含　　义
task_id	string	任务 ID

查询结果 API 的请求参数如表 13-137 所示。

表 13-137　查询结果 API 的请求参数

字　　段	含　　义
header	平台公共协议段
header. app_id	在平台申请 app_id 信息
header. task_id	任务唯一标识

查询结果 API 的返回参数如表 13-138 所示。

表 13-138　查询结果 API 的返回参数

字　　段	含　　义	类　　型
header	平台公共协议段	Object
task_id	任务唯一标识	string

续表

字　段	含　义	类　型
task_status	任务状态 1 代表待处理； 2 代表处理中； 3 代表处理完成； 4 代表回调完成	string
encodingw	文本编码	string
compress	文本压缩格式	string
format	文本格式	string
status	数据请求类型； 3 代表一次性传完	int
text	图像数据	string

使用图像生成进行图像处理的代码如下：

```python
# 第 13 章/xh_tpschidream.py
import sys
import base64
import urllib
import requests
import json
import time
from datetime import datetime
from time import mktime
from wsgiref.handlers import format_date_time
from urllib.parse import urlencode
import hmac
import hashlib
import base64

APPID = "替换为星火大模型的 APPID"
APIKey = "替换为星火大模型的 APIKey"
APISecret = "替换为星火大模型的 APISecret"

def main(input_image, prompt, output_path):
    def make_url(input_url):
        cur_time = datetime.now()
        date = format_date_time(mktime(cur_time.timetuple()))
        tmp = "host: " + "cn-huadong-1.xf-yun.com" + "\n"
        tmp += "date: " + date + "\n"
        tmp += "POST " + "/v1/private/s3fd61810/create" + " HTTP/1.1"
        tmp_sha = hmac.new(APISecret.encode('utf-8'),
                    tmp.encode('utf-8'), digestmod=hashlib.sha256).digest()
        signature = base64.b64encode(tmp_sha).decode(encoding='utf-8')
        authorization_origin = f'api_key="{APIKey}", algorithm="hmac-sha256", headers="host date request-line", signature="{signature}"'
```

```
        authorization = base64.b64encode(
            authorization_origin.encode('utf-8')).decode(encoding = 'utf-8')
        v = {
            "authorization": authorization,
            "date": date,
            "host": "cn-huadong-1.xf-yun.com"
        }
        url = input_url + "?" + urlencode(v)
        print(url)
        return url
image = get_file_content_as_base64(input_image)
url = make_url("https://cn-huadong-1.xf-yun.com/v1/private/s3fd61810/create")
payload = json.dumps({
    "header": {
        "app_id": APPID,
        "status": 3,
        "channel": "default",
        "callback_url": "default"
    },
    "parameter": {
        "oig": {
            "result": {
                "encoding": "utf8",
                "compress": "raw",
                "format": "json"
            }
        }
    },
    "payload": {
        "oig": {
            "encoding": "utf8",
            "compress": "raw",
            "format": "json",
            "status": 3,
            "text": base64.b64encode(json.dumps(
                {
                    "image": [image],
                    "prompt": prompt,
                    "aspect_ratio": "1:1",
                    "negative_prompt": "",
                    "img_count": 4,
                    "resolution": "2k"
                }
            ).encode("utf-8")).decode()
        }
    }
}, ensure_ascii = False)
headers = {
    'Content-Type': 'application/json;charset = UTF-8',
    'Accept': 'application/json'
}
```

```
        response = requests.request(
            "POST", url, headers = headers, data = payload.encode("utf-8"))
    print(response.text)
    task_status = "1"
    task_result = {}
    while task_status != "3":
        time.sleep(15)
        task_result = get_result(response.json()["header"]["task_id"])
        print(task_result)
        task_status = task_result["header"]["task_status"]
    if task_status == "3":
        result_text = task_result["payload"]["result"]["text"]
        result_dict = json.loads(base64.b64decode(result_text).encode('utf8'))
        save_b64_png(result_dict[0]["image_wm"], output_path)


def get_result(task_id):
    def make_url(input_url):
        cur_time = datetime.now()
        date = format_date_time(mktime(cur_time.timetuple()))
        tmp = "host: " + "cn-huadong-1.xf-yun.com" + "\n"
        tmp += "date: " + date + "\n"
        tmp += "POST " + "/v1/private/s3fd61810/query" + " HTTP/1.1"
        tmp_sha = hmac.new(APISecret.encode('utf-8'),
                           tmp.encode('utf-8'), digestmod = hashlib.sha256).digest()
        signature = base64.b64encode(tmp_sha).decode(encoding = 'utf-8')
        authorization_origin = f'api_key="{APIKey}", algorithm = "hmac-sha256", headers =
"host date request-line", signature = "{signature}"'
        authorization = base64.b64encode(
            authorization_origin.encode('utf-8')).decode(encoding = 'utf-8')
        v = {
            "authorization": authorization,
            "date": date,
            "host": "cn-huadong-1.xf-yun.com"
        }
        url = input_url + "?" + urlencode(v)
        print(url)
        return url
    url = make_url("https://cn-huadong-1.xf-yun.com/v1/private/s3fd61810/query")
    payload = json.dumps({
        "header": {
            "app_id": APPID,
            "task_id": task_id
        }
    }, ensure_ascii = False)
    headers = {
        'Content-Type': 'application/json;charset = UTF-8',
        'Accept': 'application/json'
    }
    response = requests.request(
        "POST", url, headers = headers, data = payload.encode("utf-8"))
    return response.json()
```

```
def get_file_content_as_base64(path, urlencoded = False):
    with open(path, "rb") as f:
        content = base64.b64encode(f.read()).decode("utf8")
        if urlencoded:
            content = urllib.parse.quote_plus(content)
    return content

def save_b64_png(b64_png, output_path):
    with open(output_path, 'wb') as file:
        content = base64.b64decode(b64_png)
        file.write(content)
        print(f"图像已保存到 {output_path}")


if __name__ == '__main__':
    main(sys.argv[1], sys.argv[2], sys.argv[3])
```

上面的代码使用的算法如下：

（1）根据输入图像和提示词调用提交请求 API。

（2）循环调用查询结果 API，直到图像生成结果为 SUCCESS。

（3）根据生成图像的网址下载图像并保存。

将输入图像指定为 input.png，将提示词指定为"根据图像增加天空的面积"，将输出图像指定为 output.png，使用图像生成 HiDream 进行图像处理的代码如下：

```
>> python("xh_tpsc.py", "input.png", "根据图像增加天空的面积", "output.png")
```

使用图像生成 HiDream 进行图像处理的结果如图 13-54 所示。

图 13-54　使用图像生成 HiDream 进行图像处理的结果

13.7　Stable Diffusion

Stable Diffusion 是一种基于扩散模型（Diffusion Models）的文本到图像生成技术。扩散模型是一类生成模型，在生成图像时逐步将噪声添加到数据中，然后学习如何从噪声中恢复原始数据来工作。这种 AI 图像生成技术使模型能够捕捉到数据的复杂分布。

13.7.1　Stable Diffusion WebUI

Stable Diffusion WebUI 是基于 Stable Diffusion 模型的一个图形用户界面，集成了多种插件，使研究人员可以更方便地使用 Stable Diffusion。

Stable Diffusion WebUI 的界面顶部由多个下拉菜单组成。"Stable Diffusion 模型（ckpt）"下拉菜单用于选择要使用哪一个 Stable Diffusion 模型进行图像处理。此外，Stable Diffusion 模型在生成图像时可以配合 VAE。VAE 即变分自编码器，是 Stable Diffusion 模型的重要组成部分。VAE 是一种生成模型，通过编码器和解码器学习数据的潜在代表。VAE 主要用于对输入图像进行编码和解码，从而辅助模型生成更高质量的图像。"模型的 VAE"下拉菜单用于选择要使用哪一个 VAE 辅助 Stable Diffusion 模型进行图像处理。"Stable Diffusion 模型（ckpt）"下拉菜单和"模型的 VAE"下拉菜单如图 13-55 所示。

图 13-55　"Stable Diffusion 模型（ckpt）"下拉菜单和"模型的 VAE"下拉菜单

Stable Diffusion WebUI 的界面底部显示 Stable Diffusion WebUI 的版本信息。

单击 API 按钮将跳转到 Stable Diffusion WebUI API 的网页。

单击 GitHub 按钮将跳转到 Stable Diffusion WebUI 的 GitHub 网页。

单击 Gradio 按钮将跳转到 Gradio 的网页。

单击"启动配置"按钮将跳转到启动配置的设置网页。

单击"重新加载 WebUI"按钮将重启 Stable Diffusion WebUI。

version 字段代表 Stable Diffusion WebUI 的版本号。

python 字段代表 Stable Diffusion WebUI 的 Python 版本号。

torch 字段代表 PyTorch 的版本号。

xformers 字段代表 xFormers 的版本号。

gradio 字段代表 Gradio 的版本号。

checkpoint 字段代表 Stable Diffusion 模型的 checkpoint。

Stable Diffusion WebUI 的版本信息如图 13-56 所示。

API · Github · Gradio · 启动配置 · 重新加载WebUI
version: **v1.6.0** · python: 3.10.12 · torch: 2.0.1+cu117 · xformers:
0.0.20 · gradio: 3.41.2 · checkpoint: **59ffe2243a**

图 13-56　Stable Diffusion WebUI 的版本信息

在 Stable Diffusion WebUI 的界面中含有多个选项卡,在每个选项卡中都含有不同的配置选项。

"嵌入式(Embedding)"选项卡用于配置嵌入式模型,如图 13-57 所示。

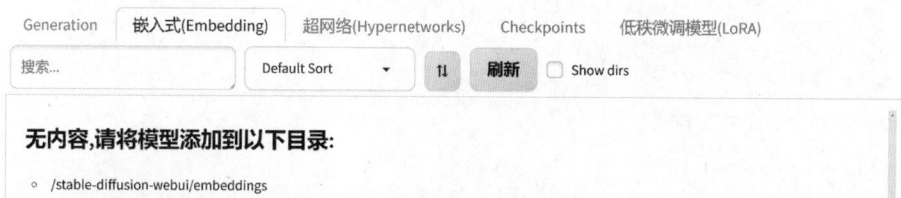

图 13-57　"嵌入式(Embedding)"选项卡

"超网络(Hypernetworks)"选项卡用于配置超网络模型,如图 13-58 所示。

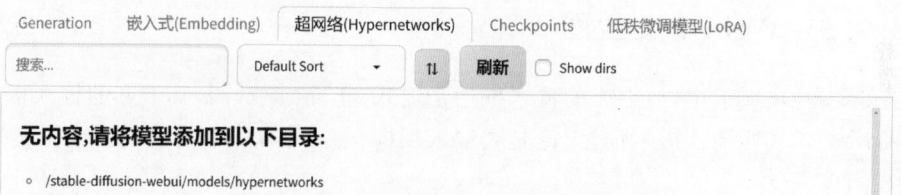

图 13-58　"超网络(Hypernetworks)"选项卡

Checkpoints 选项卡用于配置 Stable Diffusion 模型,如图 13-59 所示。

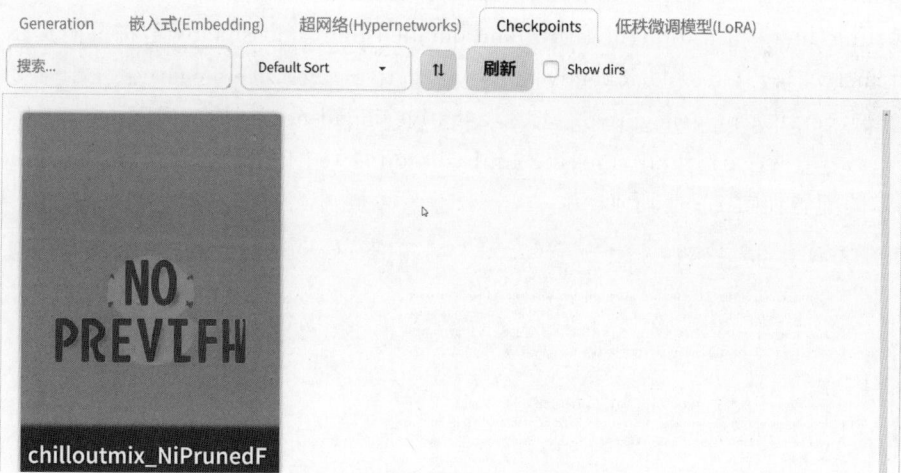

图 13-59　Checkpoints 选项卡

"低秩微调模型（LoRA）"选项卡用于配置低秩微调模型，如图 13-60 所示。

图 13-60 "低秩微调模型（LoRA）"选项卡

13.7.2 WebUI 文生图

在"文生图"选项卡中，最上方的输入框用于输入（正面）提示词，其下方的输入框用于输入反向提示词。只要输入提示词，无论是否输入反向提示词均可单击输入框右侧的"生成"按钮生成图像。

将提示词指定为"masterpiece,best quality,very detailed,extremely detailed beautiful, super detailed,tousled hair,illustration,dynamic angles,girly,fashion clothing,standing, mannequin,looking at viewer,interview,beach,beautiful detailed eyes,exquisitely beautiful face,floating,high saturation,beautiful and detailed light and shadow"，将反向提示词指定为"loli, nsfw, logo, text, badhandv4, EasyNegative, ng_deepnegative_v1_75t, rev2-badprompt,verybadimagenegative_v1.3,negative_hand-neg,mutated hands and fingers, poorly drawn face,extra limb,missing limb,disconnected limbs,malformed hands,ugly"，生成图像的配置如图 13-61 所示。

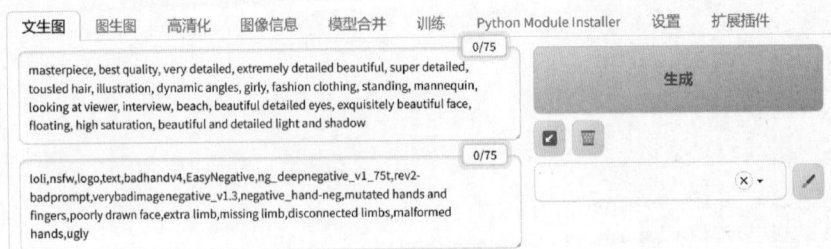

图 13-61 文生图配置

在"文生图"选项卡中,Generation 选项卡用于配置生成图像的参数。

"采样器"下拉菜单用于选择生成图像时采用的采样器,可选 Euler a、DDIM 和 UniPC 等。Stable Diffusion WebUI 有多种插件用于提供不同的采样器。

每种采样器适合的采样步数都不同,如果要调整采样步数,则可以在"采样步数"输入框中输入需要的采样步数或者在"采样步数"滑动条中滑动调整需要的采样步数。

将采样器指定为 Euler a,将采样步数指定为 20,生成图像的配置如图 13-62 所示。

图 13-62 指定采样器和采样步数

"高分辨率修复"选项卡用于配置高分辨率修复的参数。

"高清化算法"下拉菜单用于选择生成图像时采用的高清化算法,可选 Latent、Lanczos 和 Nearest 等。特别地,如果选择 None,则代表不使用高清化算法。Stable Diffusion WebUI 有多种插件用于提供高清化算法。

每种高清化算法适合的高分辨率采样步数都不同,如果要调整高分辨率采样步数,则可以在"高分辨率采样步数"输入框中输入需要的高分辨率采样步数或者在"高分辨率采样步数"滑动条中滑动调整需要的高分辨率采样步数。

重绘强度用于控制图像在高分辨率修复过程中的强度,其取值范围为 0~1,0 为完全不重绘,1 为完全重绘。如果要调整重绘强度,则可以在"重绘强度"输入框中输入需要的重绘强度或者在"重绘强度"滑动条中滑动调整需要的重绘强度。

放大倍率用于等比例缩放图像。如果要调整放大倍率,则可以在"放大倍率"输入框中输入需要的放大倍率或者在"放大倍率"滑动条中滑动调整需要的放大倍率。

宽度和高度用于按任意比例缩放图像。如果要调整宽度和高度,则可以在"将宽度调整到"输入框和"将高度调整到"输入框中输入需要的宽度和高度或者在"将宽度调整到"滑动条和"将高度调整到"滑动条中滑动调整需要的宽度和高度。

将高清化算法指定为 Latent,将高分辨率采样步数指定为 10,将重绘强度指定为 0.5,将宽度和高度分别指定为 1280 和 720,生成图像的配置如图 13-63 所示。

Refiner 选项卡用于配置 Refiner 的参数。

Checkpoint 下拉菜单用于选择 Stable Diffusion 模型。

Switch at 用于控制在何时应用 Refiner 模型,0 为在图像生成的最开始就应用 Refiner 模型,1 为从不应用 Refiner 模型。如

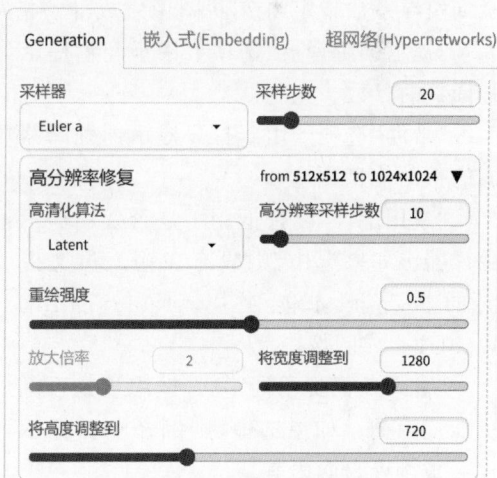

图 13-63 指定高清化算法

果要调整 Switch at,则可以在 Switch at 输入框中输入需要的 Switch at 或者在 Switch at 滑动条中滑动调整需要的 Switch at。

将 Switch at 指定为 0.8,生成图像的配置如图 13-64 所示。

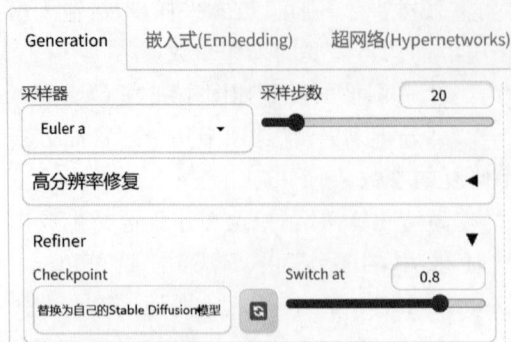

图 13-64　指定 Switch at

宽度和高度用于配置生成图像的宽度和高度。如果要调整宽度和高度,则可以在"宽度"输入框和"高度"输入框中输入需要的宽度和高度或者在"宽度"滑动条和"高度"滑动条中滑动调整需要的宽度和高度。

生成次数用于配置生成图像的次数。如果要调整生成次数,则可以在"生成次数"输入框中输入需要的生成次数或者在"生成次数"滑动条中滑动调整需要的生成次数。

每次数量用于配置每次生成图像的数量。如果要调整每次数量,则可以在"每次数量"输入框中输入需要的每次数量或者在"每次数量"滑动条中滑动调整需要的每次数量。

提示词引导系数用于配置提示词引导系数。提示词引导系数越高则 Stable Diffusion 模型在生成图像时自由发挥的空间就越小。如果要调整提示词引导系数,则可以在"提示词引导系数"输入框中输入需要的提示词引导系数或者在"提示词引导系数"滑动条中滑动调整需要的提示词引导系数。

图像生成种子用于配置在生成图像时使用的种子。特别地,−1 代表使用随机种子。如果要调整图像生成种子,则可以在"图像生成种子"输入框中输入需要的图像生成种子或者在"图像生成种子"滑动条中滑动调整需要的图像生成种子。

将宽度和高度分别指定为 512 和 513,将生成次数指定为 1,将每次数量指定为 2,将提示词引导系数指定为 7,将图像生成种子指定为−1,生成图像的配置如图 13-65 所示。

"提示词翻译器"选项卡用于配置提示词翻译器的参数。

"帮助"选项卡用于打开提示词翻译器功能的帮助信息。

"禁用翻译"复选框用于是否禁用提示词翻译器。如果选中,则只有在输入英文提示词的情况下才能使用 Stable Diffusion WebUI 生成图像。

"翻译负面提示词"复选框用于是否翻译负面提示词。如果选中,则翻译负面提示词也会被翻译为源语言。

"源语言"下拉菜单用于选择提示词和负

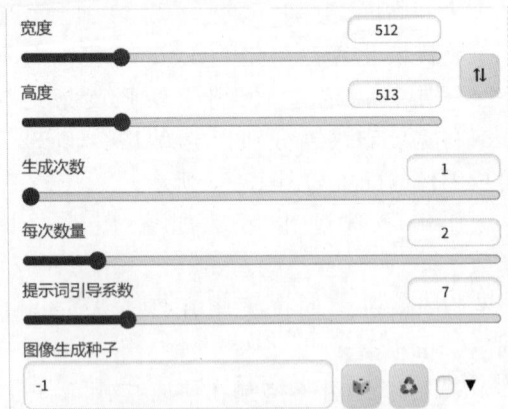

图 13-65　指定宽度和高度

面提示词的语言,可选中文等语言。

启用翻译,不翻译负面提示词,将源语言指定为中文,生成图像的配置如图 13-66 所示。

ControlNet 选项卡用于配置 ControlNet 的参数。

"ControlNet Unit 0""ControlNet Unit 1"和"ControlNet Unit 2"等选项卡用于在图像生成时同时使用多个 ControlNet 模型,支持单幅图像和批量处理。

"启用"复选框用于是否启用 ControlNet。

"低显存模式"复选框用于是否启用低显存

图 13-66　启用翻译

模式。如果显卡的显存低于 4GB,则应该启用低显存模式。

注意:在启用 ControlNet 时,建议使用显存至少为 4GB 的显卡,这样即可避免由低显存而引发的性能问题。

"完美匹配像素"复选框用于在匹配像素时是否完美匹配。

"允许预览"复选框用于是否预览 ControlNet 在每步处理后的结果图像。如果选中,则在 ControlNet 模型生成图像时将预览 ControlNet 在每步处理后的结果图像。

Control Type 选项卡用于配置 ControlNet 的 Control Type,可选 All、Canny(线条)和 Depth(深度)等。Stable Diffusion WebUI 有多种插件,用于提供不同的 Control Type。

"预处理"下拉菜单用于选择预处理方式,可选 none 等。特别地,如果预处理方式为 none,则不进行预处理。Stable Diffusion WebUI 有多种插件,用于提供不同的预处理方式。

"模型"下拉菜单用于选择 ControlNet 模型。

"缩放模式"选项卡用于配置 ControlNet 的缩放模式,可选拉伸、裁剪和填充。

"[图像迭代]自动将生成的图像发送到该 ControlNet"复选框用于在图像迭代时是否自动将生成的图像发送到 ControlNet。

"预设"下拉菜单用于选择 ControlNet 的预设参数。单击"预设"下拉菜单右侧的保存图标可以将当前的 ControlNet 的参数保存为新的预设参数。单击"预设"下拉菜单右侧的删除图标可以删除当前选中的 ControlNet 的预设参数。单击"预设"下拉菜单右侧的刷新图标可以刷新"预设"下拉菜单中的选项。

上传图像 input.png,启用 ControlNet,禁用低显存模式,在匹配像素时不完美匹配,不预览 ControlNet 的预处理结果图像,将 Control Type 指定为 All,将预处理方式指定为 none,将缩放模式指定为裁剪,在图像迭代时自动将生成的图像发送到 ControlNet,生成图像的配置如图 13-67 所示。

"脚本"下拉菜单用于选择在图像处理过程中使用的脚本。如果选择 None,则代表不使用脚本。Stable Diffusion 有三大基础脚本:Prompt matrix、Prompts from file or textbox

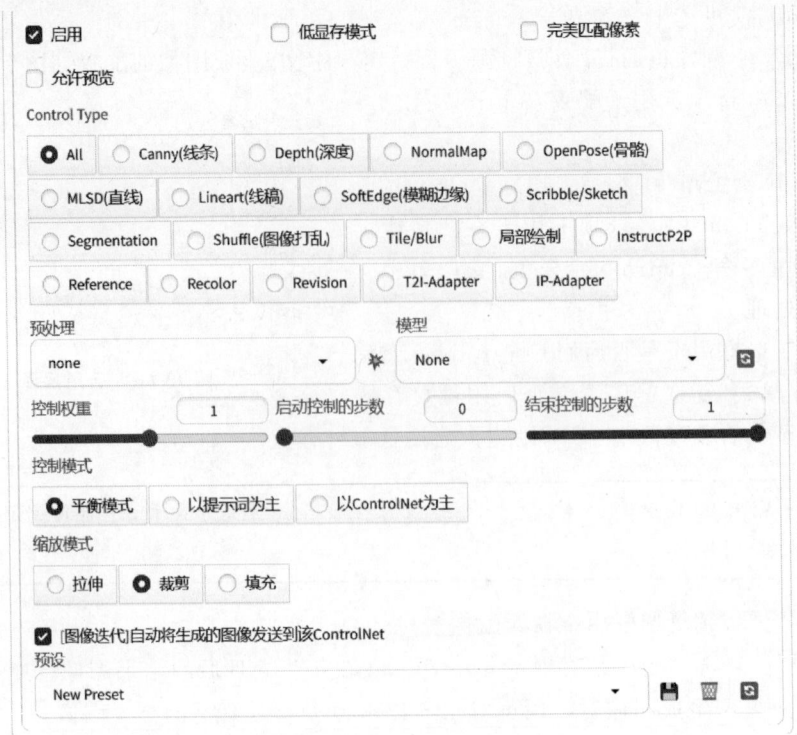

图 13-67　启用 ControlNet

和 X/Y/Z plot。

在选择 Prompt matrix 脚本时，"把变量部分放在提示词文本的开头处"复选框用于是否把变量部分放在提示词文本的开头处。

"为每张图片使用不同的随机种子"复选框用于是否为每幅图像使用不同的随机种子。

"选择提示类型"选项卡用于配置 Stable Diffusion 的提示类型，可选正面提示词和反向提示词。在选择正面提示词时，脚本将作用于正面提示词区域。在选择反向提示词时，脚本将作用于反向提示词区域。

"选择连接符号"选项卡用于配置提示词的分隔符，可选逗号和空格。在选择逗号时，提示词将按照逗号分隔。在选择空格时，提示词将按照空格分隔。

宫格边距（像素）用于调整生成的多幅图像之间的边距。如果要调整生成的多幅图像之间的边距，则可以在"宫格边距（像素）"输入框中输入需要的边距或者在"宫格边距（像素）"滑动条中滑动调整需要的边距。

选择 Prompt matrix 脚本，把变量部分放在提示词文本的开头处，为每幅图像使用不同的随机种子，将提示类型指定为正面提示词，将连接符号指定为逗号，将生成的多幅图像之间的边距指定为 20，生成图像的配置如图 13-68 所示。

在选择 Prompts from file or textbox 脚本时,"每行输入都换一个随机种子"复选框用于是否在每行输入都换一个随机种子。

"每行输入都使用同一个随机种子"复选框用于是否在每行输入都使用同一个随机种子。

"提示词输入列表"输入框用于输入文件格式的提示词。文件格式的提示词可以用于在同一个文件中存放多个提示词。将 4 个提示词 apple、orange、grape 和 grapefruit 编写为文件格式的提示词 prompt _ from _ textbox. txt,代码如下:

图 13-68 选择 Prompt matrix 脚本

```
-- prompt "apple"
-- prompt "orange"
-- prompt "grape"
-- prompt "grapefruit"
```

在输入文件格式的提示词时,既可以将文件中的内容复制粘贴到输入框中,也可以上传提示词输入文件。上传提示词输入文件的效果和将文件中的内容复制粘贴到输入框中的效果相同。

选择 Prompts from file or textbox 脚本,每行输入都换一个随机种子,将文件格式的提示词指定为 prompt_from_textbox. txt,生成图像的配置如图 13-69 所示。

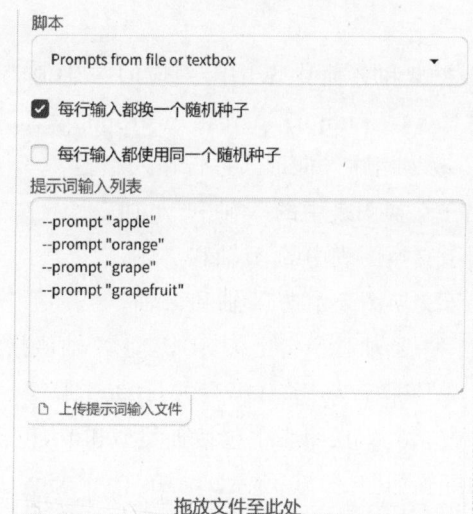

图 13-69 选择 Prompts from file or textbox 脚本

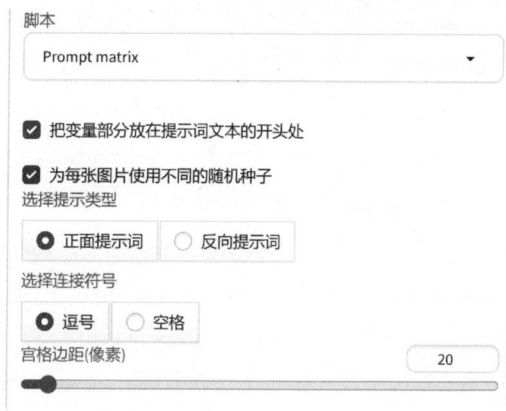

在选择 X/Y/Z plot 脚本时,"X 轴类型"下拉菜单、"Y 轴类型"下拉菜单和"Z 轴类型"下拉菜单用于选择 X 轴类型、Y 轴类型和 Z 轴类型。每个轴的类型可选 Nothing、Seed、Var. seed、Var. strength、Steps、Hires steps、CFG Scale、Prompt S/R、Prompt order、Sampler、Hires sampler、Checkpoint name、Negative Guidance minimum sigma、Sigma Churn、Sigma min、Sigma max、Sigma noise、Schedule type、Schedule min sigma、Schedule max sigma、Schedule rho、Eta、Clip skip、Denoising、Initial noise multiplier、Extra noise、Hires upscaler、VAE、Styles、UniPC Order、Face restore、Token merging ratio、Token merging ratio high-res、Always discard next-to-last sigma、SGM noise multiplier、Refiner checkpoint、Refiner switch at、RNG source、[ControlNet] Enabled、[ControlNet] Model、[ControlNet] Weight、[ControlNet] Guidance Start、[ControlNet] Guidance End、[ControlNet] Control Mode、[ControlNet] Resize Mode、[ControlNet] Preprocessor、[ControlNet] Pre Resolution、[ControlNet] Pre Threshold A 和[ControlNet] Pre Threshold B。特别地,如果选择 Nothing,则代表不使用对应的轴。

"X 轴值"输入框、"Y 轴值"输入框和"Z 轴值"输入框用于输入 X 轴值、Y 轴值和 Z 轴值,每个 X 轴值、Y 轴值和 Z 轴值用逗号隔开,最终的轴由指定的值组成。

"在图表中包括轴类型和值"复选框用于是否在图表中包括轴类型和值。

"保持随机种子为−1"复选框用于是否保持随机种子为−1。

"包含子图像"复选框用于是否在图表中同时显示子图像。

"包含子宫格"复选框用于是否在图表中同时显示子宫格。

宫格边距(像素)用于调整每幅图像之间的边距。如果要调整每幅图像之间的边距,则可以在"宫格边距(像素)"输入框中输入需要的边距或者在"宫格边距(像素)"滑动条中滑动调整需要的边距。

在有些 X 轴类型、Y 轴类型和 Z 轴类型当中,对应的 X 轴值、Y 轴值和 Z 轴值要求使用下拉菜单形式进行选择。"Use text inputs instead of dropdowns"复选框用于是否强制将这种 X 轴值、Y 轴值和 Z 轴值改为用输入框形式进行输入。

"交换 X/Y 轴"按钮用于交换图表中的 X 轴和 Y 轴。

"交换 Y/Z 轴"按钮用于交换图表中的 Y 轴和 Z 轴。

"交换 X/Z 轴"按钮用于交换图表中的 X 轴和 Z 轴。

选择 X/Y/Z plot 脚本,将 X 轴类型指定为 Seed,将 X 轴值指定为 1,2,4,8,将 Y 轴类型指定为 Var. Seed,将 Y 轴值指定为 10,100,1000,10000,将 Z 轴类型指定为 CFG Scale,将 Z 轴值指定为 0.1,0.2,0.4,0.8,在图表中包括轴类型和值,包含子图像,将宫格边距(像素)指定为 20,生成图像的配置如图 13-70 所示。

图 13-70 选择 X/Y/Z plot 脚本

13.7.3 WebUI 图生图

在"图生图"选项卡中,最上方的输入框用于输入(正面)提示词,其下方的输入框用于输入反向提示词。只要上传图像,无论是否输入(正面)提示词和反向提示词,均可单击输入框右侧的"生成"按钮生成图像。

上传图像 input.png,将提示词指定为"masterpiece,best quality,very detailed,extremely detailed beautiful,super detailed,tousled hair,illustration,dynamic angles,girly,fashion clothing,standing,mannequin,looking at viewer,interview,beach,beautiful detailed eyes,exquisitely beautiful face,floating,high saturation,beautiful and detailed light and shadow",将反向提示词指定为"loli,nsfw,logo,text,badhandv4,EasyNegative,ng_deepnegative_v1_75t,rev2-badprompt,verybadimagenegative_v1.3,negative_hand-neg,mutated hands and fingers,poorly drawn face,extra limb,missing limb,disconnected limbs,malformed hands,ugly",生成图像的配置如图 13-71 所示。

"DeepBooru 反向生成提示词"按钮用于根据上传的图像反向生成提示词,在单击此按钮后,Stable Diffusion 将自动生成(正面)提示词,并将自动生成的(正面)提示词填入最上方的输入框当中。

在"图生图"选项卡中,Generation 选项卡用于配置生成图像的参数。

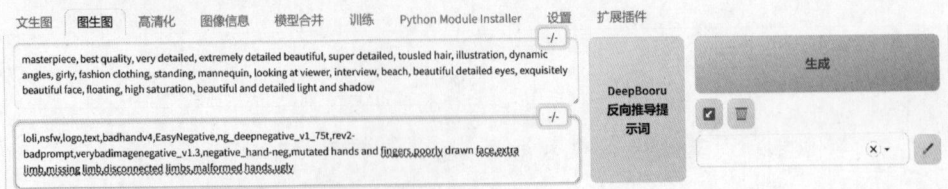

图 13-71　图生图

"缩放模式"选项卡用于配置源图像的缩放模式,可选拉伸、裁剪、填充和直接缩放(潜空间放大)。

"采样器"下拉菜单用于选择生成图像时采用的采样器,可选 Euler a、DDIM 和 Heun 等。Stable Diffusion WebUI 有多种插件,用于提供不同的采样器。

每种采样器适合的采样步数都不同,如果要调整采样步数,则可以在"采样步数"输入框中输入需要的采样步数或者在"采样步数"滑动条中滑动调整需要的采样步数。

将缩放模式指定为拉伸,将采样器指定为 Heun,将采样步数指定为 20,生成图像的配置如图 13-72 所示。

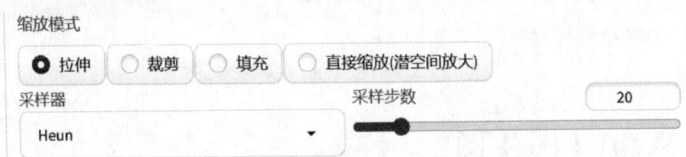

图 13-72　指定缩放模式

Refiner 选项卡用于配置 Refiner 的参数。

Checkpoint 下拉菜单用于选择 Stable Diffusion 模型。

Switch at 用于控制在何时应用 Refiner 模型,0 表示在图像生成的最开始就应用 Refiner 模型,1 表示从不应用 Refiner 模型。如果要调整 Switch at,则可以在 Switch at 输入框中输入需要的 Switch at 或者在 Switch at 滑动条中滑动调整需要的 Switch at。

将 Switch at 指定为 0.8,生成图像的配置如图 13-73 所示。

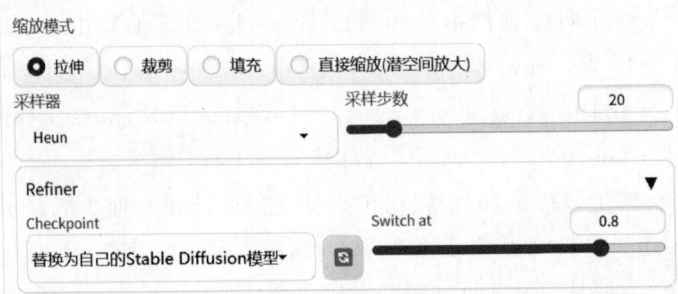

图 13-73　指定 Switch at

Resize by 选项卡用于等比例缩放生成的图像。如果要调整比例,则可以在"比例"输入框中输入需要的比例或者在"比例"滑动条中滑动调整需要的比例。

Resize to 选项卡用于按宽度和高度缩放生成的图像。如果要调整宽度和高度,则可以在"宽度"输入框和"高度"输入框中输入需要的宽度和高度或者在"宽度"滑动条和"高度"滑动条中滑动调整需要的宽度和高度。

生成次数用于配置生成图像的次数。如果要调整生成次数,则可以在"生成次数"输入框中输入需要的生成次数或者在"生成次数"滑动条中滑动调整需要的生成次数。

每次数量用于配置每次生成图像的数量。如果要调整每次数量,则可以在"每次数量"输入框中输入需要的每次数量或者在"每次数量"滑动条中滑动调整需要的每次数量。

将宽度和高度分别指定为 1280 和 720,将生成次数指定为 1,将每次数量指定为 2,生成图像的配置如图 13-74 所示。

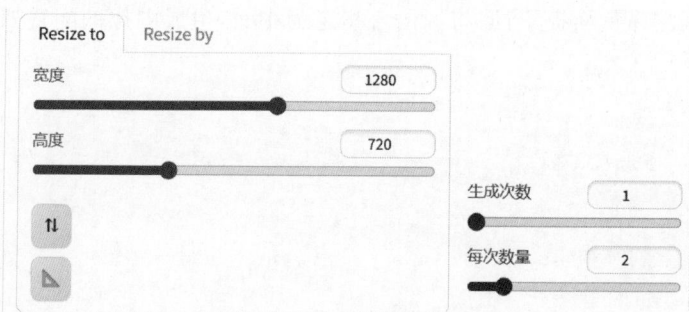

图 13-74　指定宽度和高度

提示词引导系数用于配置提示词引导系数。提示词引导系数越高则 Stable Diffusion 模型在生成图像时自由发挥的空间就越小。如果要调整提示词引导系数,则可以在"提示词引导系数"输入框中输入需要的提示词引导系数或者在"提示词引导系数"滑动条中滑动调整需要的提示词引导系数。

重绘强度用于控制图像在高分辨率修复过程中的强度,其取值范围为 0~1,0 表示完全不重绘,1 表示完全重绘。如果要调整重绘强度,则可以在"重绘强度"输入框中输入需要的重绘强度或者在"重绘强度"滑动条中滑动调整需要的重绘强度。

图像生成种子用于配置在生成图像时使用的种子。特别地,-1 代表使用随机种子。如果要调整图像生成种子,则可以在"图像生成种子"输入框中输入需要的图像生成种子或者在"图像生成种子"滑动条中滑动调整需要的图像生成种子。

将提示词引导系数指定为 7,将重绘强度指定为 0.75,将图像生成种子指定为-1,生成图像的配置如图 13-75 所示。

"提示词翻译器"选项卡用于配置提示词翻译器的参数。

"帮助"选项卡用于打开提示词翻译器功能的帮助信息。

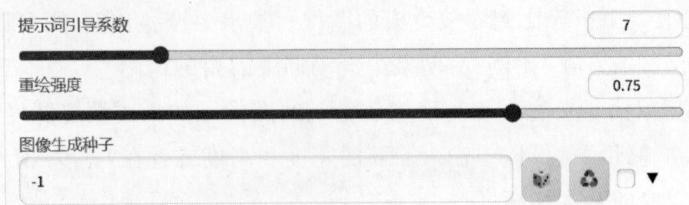

图 13-75　指定提示词引导系数

"禁用翻译"复选框用于是否禁用提示词翻译器。如果选中,则只能在输入英文提示词的情况下才能使用 Stable Diffusion WebUI 生成图像。

"翻译负面提示词"复选框用于是否翻译负面提示词。如果选中,则翻译负面提示词也会被翻译为源语言。

"源语言"下拉菜单用于选择提示词和负面提示词的语言,可选中文等语言。

启用翻译,不翻译负面提示词,将源语言指定为中文,生成图像的配置如图 13-76 所示。

图 13-76　启用翻译

ControlNet 选项卡用于配置 ControlNet 的参数。

"ControlNet Unit 0""ControlNet Unit 1"和"ControlNet Unit 2"等选项卡用于在图像生成时同时使用多个 ControlNet 模型。

"启用"复选框用于是否启用 ControlNet。

"低显存模式"复选框用于是否启用低显存模式。如果显卡的显存低于 4GB,则应该启用低显存模式。

注意:在启用 ControlNet 时,建议使用显存至少为 4GB 的显卡,这样即可避免由低显存而引发的性能问题。

"完美匹配像素"复选框用于在匹配像素时是否完美匹配。

Upload independent control image 复选框用于是否上传独立控制图像。如果选中,则 ControlNet 模型要求额外上传图像。不选中 Upload independent control image 复选框的

界面如图 13-77 所示。

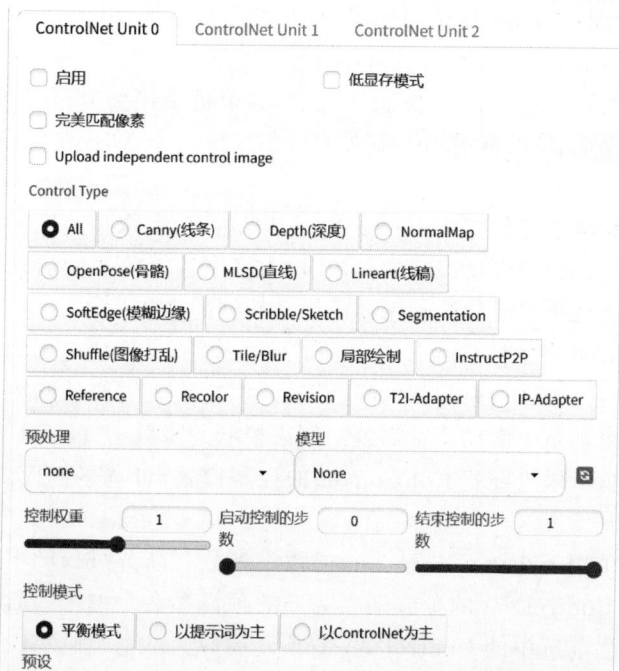

图 13-77 不选中 Upload independent control image 复选框

选中 Upload independent control image 复选框的界面如图 13-78 所示。

图 13-78 选中 Upload independent control image 复选框

Control Type 选项卡用于配置 ControlNet 的 Control Type,可选 All、Canny(线条)和 Depth(深度)等。Stable Diffusion WebUI 有多种插件,用于提供不同的 Control Type。

"预处理"下拉菜单用于选择预处理方式,可选 none 等。特别地,如果预处理方式为 none,则不进行预处理。Stable Diffusion WebUI 有多种插件,用于提供不同的预处理方式。

"模型"下拉菜单用于选择 ControlNet 模型。

控制权重用于控制 ControlNet 控制的强度,其取值范围为 0~2。如果要调整控制权重,则可以在"控制权重"输入框中输入需要的控制权重或者在"控制权重"滑动条中滑动调整需要的控制权重。

启动控制的步数用于控制 ControlNet 何时开始控制,其取值范围为 0~1。如果要调整启动控制的步数,则可以在"启动控制的步数"输入框中输入需要的启动控制的步数或者在"启动控制的步数"滑动条中滑动调整需要的启动控制的步数。

结束控制的步数用于控制 ControlNet 何时停止控制,其取值范围为 0~1。如果要调整结束控制的步数,则可以在"结束控制的步数"输入框中输入需要的结束控制的步数或者在"结束控制的步数"滑动条中滑动调整需要的结束控制的步数。

"控制模式"选项卡用于配置 ControlNet 的控制模式,可选平衡模式、以提示词为主和以 ControlNet 为主。

"预设"下拉菜单用于选择 ControlNet 的预设参数。单击"预设"下拉菜单右侧的保存图标可以将当前的 ControlNet 的参数保存为新的预设参数。单击"预设"下拉菜单右侧的删除图标可以删除当前选中的 ControlNet 的预设参数。单击"预设"下拉菜单右侧的刷新图标可以刷新"预设"下拉菜单中的选项。

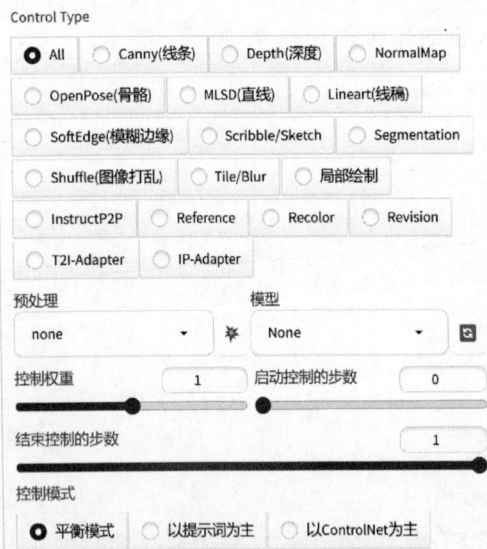

图 13-79 启用 ControlNet

启用 ControlNet,禁用低显存模式,在匹配像素时不完美匹配,不上传独立控制图像,将 Control Type 指定为 All,将预处理方式指定为 none,将控制权重指定为 1,将启动控制的步数指定为 0,将结束控制的步数指定为 1,将控制模式指定为平衡模式,生成图像的配置如图 13-79 所示。

"脚本"下拉菜单用于选择在图像处理过程中使用的脚本。如果选择 None,则代表不使用脚本。在图生图时,除了文生图的三大基础脚本之外,还有 SD upscale 基础脚本。

在选择 SD upscale 脚本时,"图块重叠范围"复选框用于选择每个图块之间的图块重叠范围。这个范围越小则生成的图像中的像素化效果就越不明显,最终生成的图像的画质也就越细腻。

如果要调整缩放比例,则可以在"缩放比例"输入框中输入需要的缩放比例,或者在"缩放比例"滑动条中滑动调整缩放比例。

"高清化算法"下拉菜单用于选择生成图像时采用的高清化算法，可选 Lanczos 和 Nearest 等。特别地，如果选择无，则代表不使用高清化算法。Stable Diffusion WebUI 有多种插件，用于提供高清化算法。

选择 SD upscale 脚本，将图块重叠范围指定为 64，将缩放比例指定为 2，将高清化算法指定为 Lanczos，生成图像的配置如图 13-80 所示。

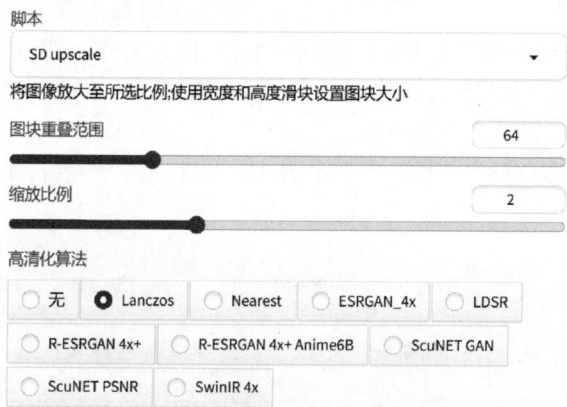

图 13-80 选择 SD upscale 脚本

"涂鸦绘制"选项卡用于配置涂鸦生成图像的参数，如图 13-81 所示。

图 13-81 "涂鸦绘制"选项卡

"涂鸦绘制"选项卡中的配置方式和"图生图"选项卡中的配置方式类似，不再赘述。

"局部绘制"选项卡用于配置在源图像的基础上绘制图像而生成图像的参数。

"缩放模式"选项卡用于配置源图像的缩放模式，可选拉伸、裁剪、填充和直接缩放（潜空间放大）。

蒙版模糊度用于调节图像的蒙版区域的模糊度。蒙版模糊度越大，则图像的蒙版区域就越模糊。如果要调整蒙版模糊度，则可以在"蒙版模糊度"输入框中输入需要的蒙版模糊度或者在"蒙版模糊度"滑动条中滑动调整需要的蒙版模糊度。

"蒙版模式"选项卡用于配置蒙版模式,可选绘制蒙版内容和绘制非蒙版内容。

"蒙版蒙住的内容"选项卡用于配置蒙版蒙住的内容应该如何生成到图像中,可选填充、原图、潜在噪声和无潜在空间。

"绘制区域"选项卡用于配置绘制图像的区域,可选全图和仅蒙版。

仅蒙版绘制参考半径(像素)用于控制在仅蒙版绘制时的参考半径。如果要调整仅蒙版绘制时的参考半径,则可以在"仅蒙版绘制参考半径(像素)"输入框中输入需要的仅蒙版绘制时的参考半径或者在"仅蒙版绘制参考半径(像素)"滑动条中滑动调整需要的仅蒙版绘制时的参考半径。

将缩放模式指定为拉伸,将采样器指定为 Heun,将采样步数指定为 20,生成图像的配置如图 13-82 所示。

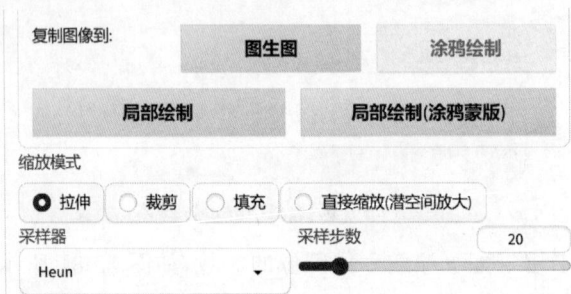

图 13-82　指定缩放模式

Refiner 选项卡用于配置 Refiner 的参数。

"局部绘制(涂鸦蒙版)"选项卡用于配置局部绘制＋涂鸦蒙版生成图像的参数,如图 13-83 所示。

图 13-83　"局部绘制(涂鸦蒙版)"选项卡

"局部绘制(涂鸦蒙版)"选项卡中的配置方式和"局部绘制"选项卡中的配置方式类似,不再赘述。

"局部绘制（上传蒙版）"选项卡用于配置局部绘制＋上传蒙版生成图像的参数，如图 13-84 所示。用这种方式生成图像时，除了需要上传源图像之外，还必须上传蒙版图像。蒙版图像的尺寸必须和源图像相同。"局部绘制（上传蒙版）"选项卡如图 13-84 所示。

图 13-84　"局部绘制（上传蒙版）"选项卡

"局部绘制（上传蒙版）"选项卡中的配置方式和"局部绘制（涂鸦蒙版）"选项卡中的配置方式类似，不再赘述。

"批量处理"选项卡用于配置批量生成图像的参数。

"输入目录"输入框用于输入存放源图像的目录。

"输出目录"输入框用于输入保存生成图像的目录。

"批量绘制遮罩图像目录（仅对批量处理中的绘制功能需要）"输入框用于输入保存蒙版图像的目录。

"Controlnet 输入目录"输入框用于输入交给 ControlNet 处理的图像的目录。

将输入目录指定为．/input，将输出目录指定为．/output，批量生成图像的配置如图 13-85 所示。

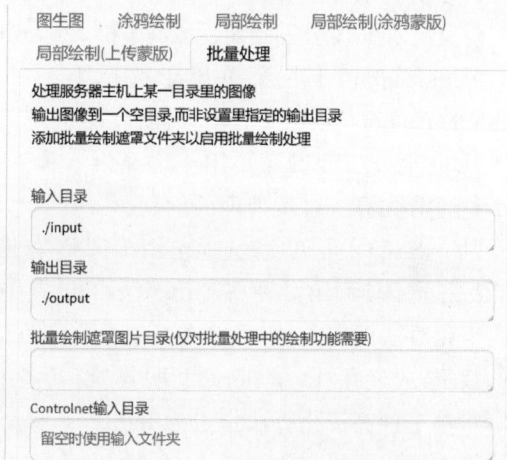

图 13-85　批量生成图像

13.7.4　WebUI 高清化

"高清化"选项卡用于配置图像高清化的参数。

"单张图像"选项卡用于上传单张图像并进行图像高清化，如图 13-86 所示。

图 13-86　"单张图像"选项卡

"等比缩放"选项卡用于等比例缩放生成的图像。如果要调整缩放比例,则可以在"缩放比例"输入框中输入需要的缩放比例,或者在"缩放比例"滑动条中滑动调整缩放比例。

"指定分辨率缩放"选项卡用于按宽度和高度缩放生成的图像。如果要调整宽度和高度,则可以在"宽度"输入框和"高度"输入框中输入需要的宽度和高度或者在"宽度"滑动条和"高度"滑动条中滑动调整需要的宽度和高度。

"裁剪以适应宽高比"复选框用于是否裁剪源图像以适应宽高比。如果选中,则可能丢失源图像中的某些内容。

将宽度和高度分别指定为 1280 和 720,裁剪源图像,生成图像的配置如图 13-87 所示。

"Upscaler 1"下拉菜单用于选择第 1 种高清化算法,可选 Lanczos 和 Nearest 等。Stable Diffusion WebUI 有多种插件,用于提供高清化算法。

"Upscaler 2"下拉菜单用于选择第 2 种高清化算法,可选 Lanczos 和 Nearest 等,避免第 1 种高清化算法过度处理的问题。

"Upscaler 2 可见度"选项卡用于调整第 2 种高清化算法的权重,其取值范围为 0~1,0 代表完全不使用第 2 种高清化算法,1 代表完全使用第 2 种高清化算法。如果要调整第 2 种高清化算法的权重,则可以在"Upscaler 2 可见度"输入框中输入需要的第 2 种高清化算法的权重,或者在"Upscaler 2 可见度"滑动条中滑动调整需要的第 2 种高清化算法的权重。

将第 1 种高清化算法指定为 Lanczos,将第 2 种高清化算法指定为 Nearest,将第 2 种高清化算法的权重指定为 0.5,生成图像的配置如图 13-88 所示。

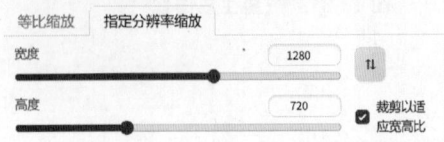

图 13-87　指定宽度和高度

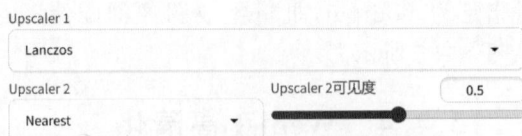

图 13-88　指定第 1 种高清化算法

如果要进行面部修复,则可以在"GFPGAN 面部修复程度"输入框中输入需要的面部修复程度,或者在"GFPGAN 面部修复程度"滑动条中滑动调整需要的面部修复程度。

如果要进行面部修复,则可以在"CodeFormer 面部重建程度"输入框中输入需要的面部重建程度,或者在"CodeFormer 面部重建程度"滑动条中滑动调整需要的面部重建程度,可以在"CodeFormer 面部重建权重(为 0 时效果最大,为 1 时效果最小)"输入框中输入需要的面部重建权重,或者在"CodeFormer 面部重建权重(为 0 时效果最大,为 1 时效果最小)"滑动条中滑动调整需要的面部重建权重。

注意:在面部修复时,GFPGAN 和 CodeFormer 二选一即可,无须全选。

将 GFPGAN 面部重建程度指定为 0.5,将 CodeFormer 面部重建程度指定为 0.6,将 CodeFormer 面部重建权重指定为 0.7,生成图像的配置如图 13-89 所示。

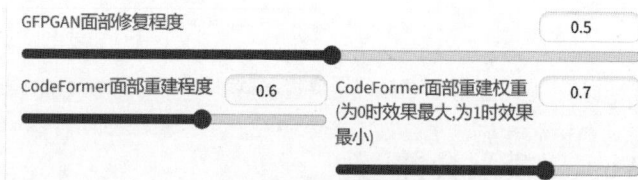

图 13-89 面部重建

"批量图像"选项卡用于上传多幅图像并进行图像高清化,如图 13-90 所示。

"批量处理"选项卡中的配置方式和"单张图像"选项卡中的配置方式类似,不再赘述。

"批量处理目录下图像"选项卡用于对某个目录下的图像进行图像高清化处理,如图 13-91 所示。

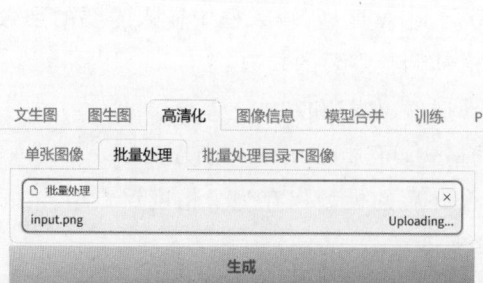

图 13-90 "批量图像"选项卡

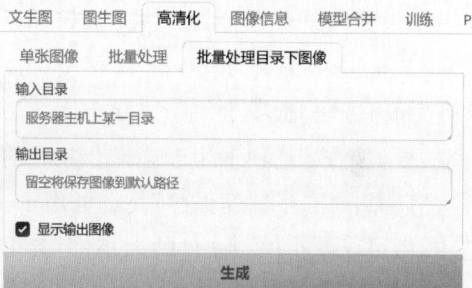

图 13-91 "批量处理目录下图像"选项卡

"批量处理目录下图像"选项卡中的配置方式和"单张图像"选项卡中的配置方式类似,不再赘述。

13.7.5 WebUI 图像信息

"图像信息"选项卡用于读取图像的 PNG 图像信息。在上传图像后,图像的 PNG 图像信息将自动显示在图像右侧。

可以单击图像右侧的"＞＞文生图"按钮、"＞＞图生图"按钮、"＞＞局部绘制"按钮或"＞＞高清化"按钮,将读取到的 PNG 图像信息一键导入对应的提示词输入框中,如图 13-92 所示。

图 13-92 "图像信息"选项卡

13.7.6 WebUI 模型合并

"模型合并"选项卡用于配置合并 Stable Diffusion 模型的参数。

"主要模型(A)"下拉菜单用于选择模型 A,"次要模型(B)"下拉菜单用于选择模型 B,"第三模型(C)"下拉菜单用于选择模型 C。在模型合并时,模型 A 和模型 B 必选,模型 C 可选。

"自定义名称(可选)"输入框用于输入合并后的模型的名称。

如果要调整乘数,则可以在"乘数(M)-设为 0 得到 A 模型"输入框中输入需要的乘数,或者在"乘数(M)-设为 0 得到 A 模型"滑动条中滑动调整需要的乘数。

"插值方法"选项卡用于选择插值方法,可选无插值、加权和和加上差值。

"模型格式"选项卡用于选择合并后的模型的格式,可选 ckpt 和 safetensors。

"以 float16 半精度保存"复选框用于是否将合并后的模型保存为半精度浮点型。如果选中,则可以减小模型文件的大小,但会丢失一些精度。

"复制…模型配置"选项卡用于选择合并后的模型将复制哪些模型的配置,可选 A、B or C、B、C 和 Don't。

"使用以下 VAE 校正:"下拉菜单用于选择合并后的模型的 VAE。

"放弃与下列名称匹配的权重"输入框用于输入合并后的模型将放弃哪些权重。不同的权重名称之间用逗号隔开。

单击"开始合并"按钮即可按照配置合并 Stable Diffusion 模型,如图 13-93 所示。

图 13-93　合并 Stable Diffusion 模型

13.7.7　WebUI 模型训练

"训练"选项卡用于训练 Stable Diffusion 模型。

"创建 Embedding"选项卡用于添加一个 Embedding 模型的配置。

注意：Embedding 模型要先添加，再训练，这样才能用于生成图像。

"名称"输入框用于输入 Embedding 模型的名称。

"初始化文本"输入框用于输入 Embedding 模型的初始化文本。

如果要调整每个词元的向量数，则可以在"每个词元（token）的向量数"输入框中输入每个词元的向量数，或者在"每个词元（token）的向量数"滑动条中滑动调整每个词元的向量数。

"覆写旧的 Embedding"复选框用于是否覆盖同名的 Embedding 模型。如果选中，并且 Stable Diffusion WebUI 之前已有同名的 Embedding 模型，则同名的 Embedding 模型立即失效。

单击"创建 Embedding"按钮即可添加一个 Embedding 模型的配置。

将名称指定为 new_embedding，将初始化文本指定为 *，将每个词元的向量数指定为 1，覆盖同名的 Embedding 模型，添加一个 Embedding 模型的配置如图 13-94 所示。

"创建超网络（Hypernetwork）"选项卡用于添加一个超网络模型的配置。

注意：超网络模型要先添加，再训练，这样才能用于生成图像。

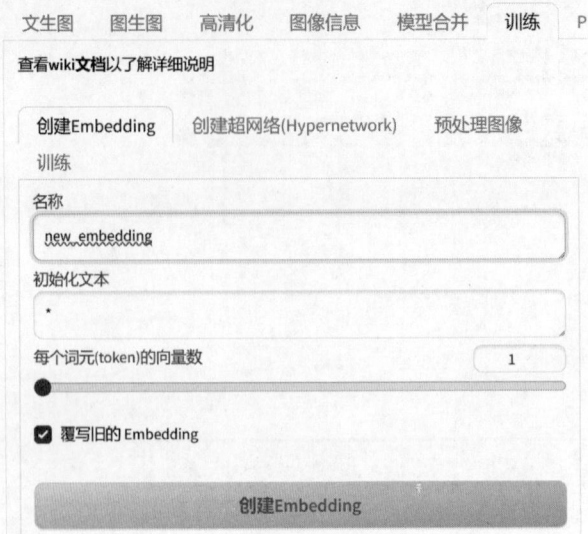

图 13-94　添加一个 Embedding 模型的配置

"名称"输入框用于输入超网络模型的名称。

"模块"选项卡用于选择超网络模型的模块尺寸,可选 768、1024、320、640 和 1280。

"输入超网络层结构"输入框用于输入超网络层结构,每层超网络层之间用逗号隔开。

"选择超网络的激活函数。建议:Swish/Linear(无激活函数)"下拉菜单用于选择超网络的激活函数,可选 linear、relu、leakyrelu、elu、swish、tanh、sigmoid、celu、gelu、glu、hardshrink、hardsigmoid、hardtanh、logsigmoid、logsoftmax、mish、prelu、rrelu、relu6、selu、silu、softmax、softmax2d、softmin、softplus、softshrink、softsign、tanhshrink 和 threshold。

"选择 Layer weights 的初始化方法。建议:对于 ReLU 等函数,使用 Kaiming 初始化;对于 sigmoid 等函数,使用 Xavier 初始化;否则,使用正态分布初始化"下拉菜单用于 Layer weights 的初始化方法,可选 Normal、KaimingUniform、KaimingNormal、XavierUniform 和 XavierNormal。

"添加 layer normalization"复选框用于是否在超网络层之间进行归一化运算。

"使用 dropout"复选框用于是否在超网络模型中使用 dropout 技术。如果在超网络模型中使用 dropout 技术,则可以在"输入超网络的 dropout 结构或为(空). 推荐:00.35,增量序列:0、0.05、0.15"输入框输入 dropout 技术的参数,每个参数之间用逗号隔开。

"覆盖旧的超网络"复选框用于是否覆盖同名的超网络模型。如果选中,并且 Stable Diffusion WebUI 之前已有同名的超网络模型,则同名的超网络模型立即失效。

单击"创建超网络(Hypernetwork)"按钮即可添加一个超网络模型的配置。

将名称指定为 new_hypernetwork,将模块指定为 768、320、640 和 1280,将超网络层结构指定为 1,2,1,将超网络的激活函数指定为 softshrink,将 Layer weights 的初始化方法指定为 XavierNormal,在超网络层之间进行归一化运算,使用 dropout 技术,将 dropout 技术

的参数指定为 $0,0.05,0.15$,添加一个超网络模型的配置如图 13-95 所示。

图 13-95　添加一个超网络模型的配置

"预处理图像"选项卡用于将图像预处理用于训练模型。

注意：训练模型所使用的图像必须经过预处理。

"资源目录"输入框用于输入存放源图像的目录。

"目标目录"输入框用于输入保存预处理后的图像的目录。

宽度和高度用于设置预处理后的图像的宽度和高度。如果要调整宽度和高度,则可以在"宽度"输入框和"高度"输入框中输入需要的宽度和高度或者在"宽度"滑动条和"高度"滑动条中滑动调整需要的宽度和高度。

"对已有的标题文本进行操作"下拉菜单用于选择预处理后的图像的名称如何包含源图像的名称,可选 ignore、copy、prepend 和 append。

"保持原始尺寸"复选框用于预处理后的图像是否保持和源图像的尺寸相同。如果选中,则在预处理时将不裁剪源图像。

"创建镜像副本"复选框用于是否创建预处理后的图像的镜像副本。

"分割过大图像"复选框用于是否将过大的源图像分割成多幅图像。如果选中,则每个过大的源图像将生成多幅预处理后的图像。

"自动焦点裁剪"复选框用于是否在图像分割时使用自动焦点技术。如果选中,则预处理后的图像将尽可能包含更多的焦点区域。

"自动尺寸裁剪"复选框用于是否在图像分割时使用自动尺寸技术。如果选中,则预处理后的图像将采用自动尺寸。

"使用 BLIP 添加说明"复选框用于是否使用 BLIP 添加 PNG 图像信息。

"使用 Deepbooru 添加说明"复选框用于是否使用 Deepbooru 添加 PNG 图像信息。

注意:在添加 PNG 图像信息时,BLIP 和 Deepbooru 二选一即可,无须全选。

单击"预处理图像"按钮即可添加一个超网络模型的配置。

将资源目录指定为 ./input,将目标目录指定为 ./output,将宽度指定为 1280,将高度指定为 720,将对已有的标题文本进行操作指定为 ignore,使用 BLIP 添加 PNG 图像信息,预处理图像的配置如图 13-96 所示。

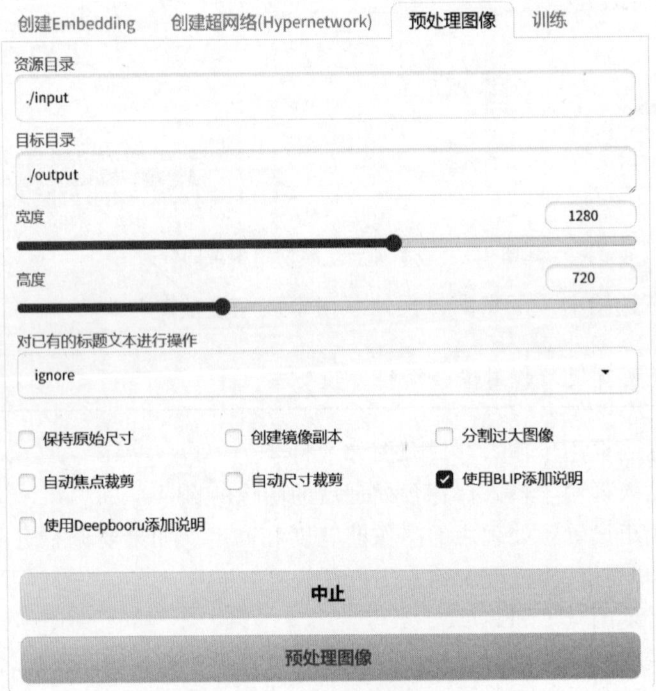

图 13-96 预处理图像的配置

"训练"选项卡用于训练 Embedding 模型或者超网络模型。

注意：如果要训练其他模型，例如 DreamBooth 模型，则需要额外安装插件，并且对应的训练配置在插件提供的选项卡中，不在"训练"选项卡中。

Embedding 下拉菜单用于选择 Embedding 模型的配置。

"超网络(Hypernetwork)"下拉菜单用于选择超网络模型的配置。

"Embedding 学习率"输入框用于输入 Embedding 模型的学习率。

"超网络学习率"输入框用于输入超网络模型的学习率。

"梯度剪裁"下拉菜单用于选择梯度剪裁方式，可选 disabled、value 和 norm。特别地，如果梯度剪裁方式为 disabled，则禁用梯度剪裁。

"每次数量"输入框用于输入每次梯度剪裁的图像数量。

"梯度累积步数"输入框用于输入每次梯度剪裁的梯度累积步数。

"数据集目录"输入框用于输入预处理后的图像的目录。

"日志目录"输入框用于输入存放日志的目录。

"提示词模板"下拉菜单用于选择提示词模板。

宽度和高度用于设置预处理后的图像的宽度和高度。如果要调整宽度和高度，则可以在"宽度"输入框和"高度"输入框中输入需要的宽度和高度或者在"宽度"滑动条和"高度"滑动条中滑动调整需要的宽度和高度。

"不调整图像大小"复选框用于是否不调整预处理后的图像的大小。如果选中，并且预处理后的图像的大小不全等于宽度和高度，则训练将报错。

"最大迭代步数"输入框用于输入最大迭代步数。

"每 N 步保存一张图像到日志目录，0 为禁用"输入框用于输入如何将图像保存到日志目录。

"每 N 步保存 Embedding 的副本到日志目录，0 代表禁用"输入框用于输入如何将Embedding 模型保存到日志目录。

"使用 PNG alpha 通道作为损失权重"复选框用于是否使用 PNG alpha 通道作为损失权重。如果选中，则 alpha 值越高损失越低。

"保存 Embedding 在 PNG 图像信息内"复选框用于是否在 PNG 图像信息内保存Embedding 模型的信息。

"在进行预览时，从文生图选项卡中读取参数(提示词等)"复选框用于是否在进行预览时从文生图选项卡中读取参数。

"在创建提示词时按','随机打乱 tags"复选框用于是否在创建提示词时按逗号键随机打乱提示词。

如果要在创建提示词时删除一部分提示词，则可以在"在创建提示词时删除 tags"输入框中输入删除提示词的数量或者在"在创建提示词时删除 tags"滑动条中滑动调整删除提示词的数量。

"选择潜在空间采样器"选项卡用于选择潜在空间采样器,可选 once、deterministic 和随机。

单击"训练 Embedding"按钮即可训练 Embedding 模型。

单击"训练超网络"按钮即可训练超网络模型。

将 Embedding 学习率指定为 0.005,将超网络学习率指定为 0.00001,将梯度剪裁指定为 disabled,将每次数量指定为 1,将梯度累积步数指定为 2,将数据集目录指定为 ./input,将日志目录指定为 ./log,将提示词模板指定为 style_filewords.txt,将宽度指定为 1280,将高度指定为 720,将最大迭代步数指定为 100 000,指定每 500 步将一张图像保存到日志目录,指定每 500 步将 Embedding 的副本保存到日志目录,保存 Embedding 在 PNG 图像信息内,将潜在空间采样器指定为 once,训练 Embedding 模型或超网络模型的配置如图 13-97 所示。

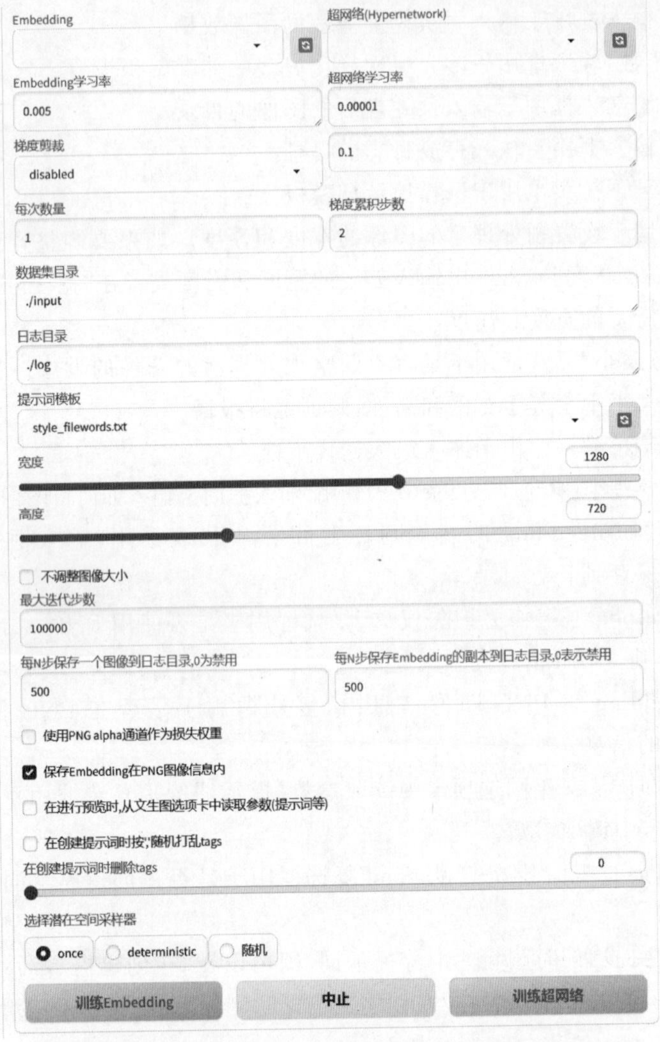

图 13-97 训练 Embedding 模型或超网络模型的配置

13.7.8　Stable Diffusion WebUI API

Stable Diffusion WebUI 除网页外,还提供 API 模式,用于通过调用 API 的方式生成图像。

Stable Diffusion WebUI API 也提供网页,可以浏览所有的 Stable Diffusion WebUI API,如图 13-98 所示。

此外,研究人员也可以在 Stable Diffusion WebUI API 网页上填写需要调用的 API 的参数,单击 Execute 按钮后可视化调用 API。以 /login/ API 为例,可视化调用 API,如图 13-99 所示。

图 13-98　浏览所有的 Stable Diffusion WebUI API

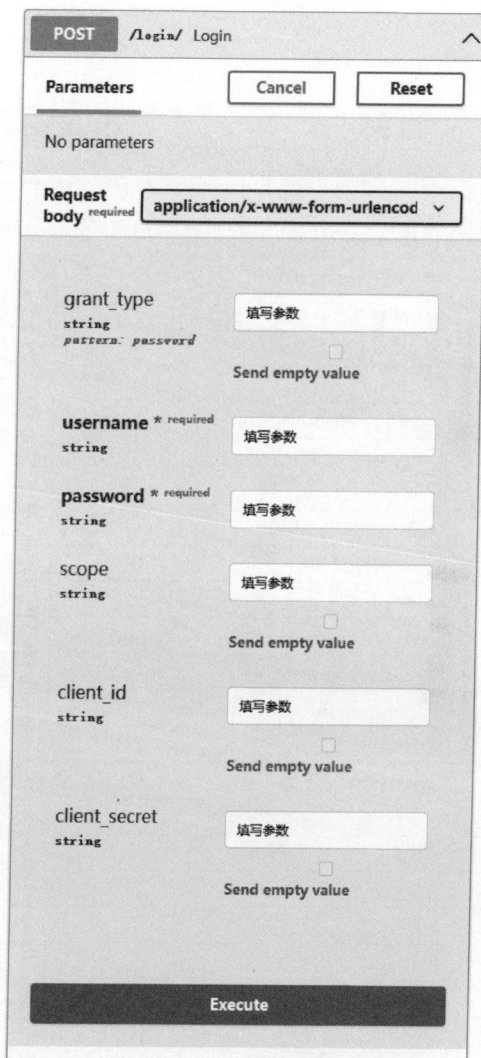

图 13-99　可视化调用 API

13.7.9　txt2img

txt2img 即文生图。txt2img API 可以通过输入提示词的方式来进行图像处理。txt2img API 的请求参数如表 13-139 所示。

表 13-139　txt2img API 的请求参数

参　　数	含　　义
enable_hr	启用高分辨率模式
denoising_strength	去噪强度,用于减少生成图像中的噪点
firstphase_width	第一阶段生成的图像宽度
firstphase_height	第一阶段生成的图像高度
hr_scale	高分辨率图像的缩放比例
hr_upscaler	用于采样到高分辨率的算法或模型
hr_second_pass_steps	高分辨率生成过程中的第 2 次迭代步数
hr_resize_x	高分辨率图像在 x 轴上的调整大小
hr_resize_y	高分辨率图像在 y 轴上的调整大小
hr_checkpoint_name	高分辨率模型的检查点名称
hr_sampler_name	高分辨率模式下使用的采样器名称
hr_scheduler	高分辨率模式下的调度器配置
hr_prompt	高分辨率模式下的提示词
hr_negative_prompt	高分辨率模式下的反向提示词
prompt	生成图像的提示词
styles	应用的风格
seed	随机种子,用于生成可重复的图像
subseed	子随机种子,用于增加随机性
subseed_strength	子随机种子的强度
seed_resize_from_h	根据高度调整随机种子大小
seed_resize_from_w	根据宽度调整随机种子大小
sampler_name	使用的采样器名称
scheduler	调度器配置,用于控制采样过程
batch_size	批次大小,即一次处理的图像数量
n_iter	迭代次数
steps	生成图像所需的步骤数
cfg_scale	配置缩放因子,影响生成图像的细节和风格
width	生成图像的宽度
height	生成图像的高度
restore_faces	启用面部修复功能
tiling	启用图像平铺功能
do_not_save_samples	不保存生成的样本图像
do_not_save_grid	不保存网格布局的图像

续表

参　数	含　义
negative_prompt	反向提示词,用于避免生成某些内容
eta	与采样器相关的高级参数
s_churn	与采样器相关的高级参数
s_tmax	与采样器相关的高级参数
s_tmin	与采样器相关的高级参数
s_noise	与采样器相关的高级参数
override_settings	覆盖默认设置
override_settings_restore_afterwards	覆盖设置后是否恢复默认设置
script_args	脚本参数
script_name	脚本名称
send_images	发送生成的图像
save_images	保存生成的图像
alwayson_scripts	始终运行的脚本
controlnet_units	控制网络的单元数
adetailer	启用细节增强功能
animatediff	生成动画 DIFF 文件
roop	启用循环动画功能
reactor	启用反应器功能
sag	启用特定算法或功能
sampler_index	使用已弃用的控制网络
use_deprecated_controlnet	采样器索引
use_async	启用异步处理

txt2img API 的返回参数如表 13-140 所示。

表 13-140　txt2img API 的返回参数

参　数	含　义
images	图像
parameters	参数
info	图像信息

使用 txt2img API 进行图像处理的代码如下:

```
# 第 13 章/sd_txt2img.py
import webuiapi
import sys


def main(prompt, output_path):
    api = webuiapi.WebUIApi(host = 'stablediffusionwebui.cnoctave.cn', port = 80)
    result1 = api.txt2img(prompt = prompt,
                        negative_prompt = "ugly, out of frame",
```

```
                            seed = 1003,
                            styles = ["anime"],
                            cfg_scale = 7,
                            )
    result1.image.save('output.png')
    print(result1.info)
    print(result1.parameters)
    print(f"图像已保存到 {output_path}")

if __name__ == '__main__':
    main(sys.argv[1], sys.argv[2])
```

上面的代码使用的算法如下：

（1）根据输入提示词调用提交请求 API。

（2）根据生成图像的网址下载图像并保存。

将提示词指定为"绘制一幅河水草地树木风景画"，将输出图像指定为 output.png，使用 txt2img API 进行图像处理的代码如下：

```
>> python("sd_txt2img.py", "绘制一幅河水草地树木风景画", "output.png")
```

使用 txt2img API 进行图像处理的结果如图 13-100 所示。

图 13-100　使用 txt2img API 进行图像处理的结果

13.7.10　img2img

img2img 即图生图。img2img API 可以通过输入图像和提示词的方式来进行图像处理。

img2img API 的请求参数如表 13-141 所示。

表 13-141　img2img API 的请求参数

参　　数	含　　义
images	图像
resize_mode	缩放模式
denoising_strength	去噪强度，用于减少生成图像中的噪点
image_cfg_scale	图像配置缩放因子，影响图像生成的细节程度
mask_image	用于图像修复的遮罩图像
mask_blur	遮罩图像的模糊程度
inpainting_fill	启用图像修复功能
inpaint_full_res	在全分辨率下进行图像修复
inpaint_full_res_padding	全分辨率修复时的填充大小
inpainting_mask_invert	反转遮罩，即处理未遮罩区域
initial_noise_multiplier	初始噪声乘数，影响生成图像的随机性
prompt	生成图像的提示词
styles	应用的风格
seed	随机种子，用于生成可重复的图像
subseed	子随机种子，用于增加随机性
subseed_strength	子随机种子的强度
seed_resize_from_h	根据高度调整随机种子大小
seed_resize_from_w	根据宽度调整随机种子大小
sampler_name	使用的采样器名称
scheduler	调度器配置，用于控制采样过程
batch_size	批次大小，即一次处理的图像数量
n_iter	迭代次数
steps	生成图像所需的步骤数
cfg_scale	配置缩放因子，影响生成图像的细节和风格
width	生成图像的宽度
height	生成图像的高度
restore_faces	启用面部修复功能
tiling	启用图像平铺功能
do_not_save_samples	不保存生成的样本图像
do_not_save_grid	不保存网格布局的图像
negative_prompt	反向提示词，用于避免生成某些内容
eta	与采样器相关的参数
s_churn	与采样器相关的参数
s_tmax	与采样器相关的参数，最大时间步长
s_tmin	与采样器相关的参数，最小时间步长
s_noise	与采样器相关的噪声参数
override_settings	覆盖默认设置
override_settings_restore_afterwards	覆盖设置后是否恢复默认设置
script_args	脚本参数

续表

参　数	含　义
sampler_index	采样器索引
include_init_images	包含初始图像
script_name	脚本名称
send_images	发送生成的图像
save_images	保存生成的图像
alwayson_scripts	始终运行的脚本
controlnet_units	控制网络的单元数
adetailer	启用细节增强功能
animatediff	生成动画 DIFF 文件
roop	启用循环动画功能
reactor	启用反应器功能
sag	启用特定算法或功能
use_deprecated_controlnet	使用已弃用的控制网络
use_async	启用异步处理

img2img API 的返回参数如表 13-142 所示。

表 13-142　img2img API 的返回参数

参　数	含　义
images	图像
parameters	参数
info	图像信息

使用 img2img API 进行图像处理的代码如下：

```python
# 第13章/sd_img2img.py
import webuiapi
from PIL import Image
import sys


def main(image_path, prompt, output_path):
    image = Image.open(image_path)
    api = webuiapi.WebUIApi(host = 'stablediffusionwebui.cnoctave.cn', port = 80)
    result1 = api.img2img(images = [image],
                          prompt = prompt,
                          negative_prompt = "ugly, out of frame",
                          seed = 1003,
                          styles = ["anime"],
                          cfg_scale = 7,
                          )
    result1.image.save('output.png')
    print(result1.info)
    print(result1.parameters)
```

```
        print(f"图像已保存到 {output_path}")

if __name__ == '__main__':
    main(sys.argv[1], sys.argv[2], sys.argv[3])
```

上面的代码使用的算法如下：

（1）根据输入图像和提示词调用提交请求 API。

（2）根据生成图像的网址下载图像并保存。

将输入图像指定为 input.png，将提示词指定为"根据图像，增加树木的数量"，将输出图像指定为 output.png，使用 img2img API 进行图像处理的代码如下：

```
>> python("sd_img2img.py", "input.png", "根据图像,增加树木的数量", "output.png")
```

使用 img2img API 进行图像处理的结果如图 13-101 所示。

图 13-101　使用 img2img API 进行图像处理的结果

13.7.11　extra

extra 即高清化。extra_single_image API 可以用于上传单幅图像并进行图像高清化处理。

extra_single_image API 的请求参数如表 13-143 所示。

表 13-143　extra_single_image API 的请求参数

参　　数	含　　义
image	输入的图像文件或 URL,用于后续进行处理或生成
resize_mode	调整图像大小的模式,例如保持纵横比、填充、裁剪等
show_extras_results	是否显示额外的处理结果,例如不同阶段的生成图像、中间层输出等
gfpgan_visibility	控制 GFPGAN 的可见性
codeformer_visibility	控制 Codeformer 的可见性
codeformer_weight	控制 Codeformer 的权重
upscaling_resize	是否启用缩放功能
upscaling_resize_w	缩放后的图像宽度
upscaling_resize_h	缩放后的图像高度
upscaling_crop	在采样过程中是否进行裁剪,以调整图像的纵横比
upscaler_1	第 1 种高清化算法的名称或配置
upscaler_2	第 2 种高清化算法的名称或配置,用于进一步地提升图像质量
extras_upscaler_2_visibility	第 2 种高清化算法的权重
upscale_first	是否先高清化,然后进行其他操作
use_async	启用异步处理

extra_single_image API 的返回参数如表 13-144 所示。

表 13-144　extra_single_image API 的返回参数

参　　数	含　　义
html_info	HTML 格式的信息
image	图像

使用 extra_single_image API 上传单幅图像并进行图像高清化处理的代码如下:

```python
# 第 13 章/sd_extra_single_image.py
import webuiapi
from PIL import Image
import sys


def main(image_path, width, height, output_path):
    image = Image.open(image_path)
    api = webuiapi.WebUIApi(host = 'stablediffusionwebui.cnoctave.cn', port = 80)
    result1 = api.extra_single_image(image,
                                     resize_mode = 1,
                                     upscaling_resize_w = width,
                                     upscaling_resize_h = height,
                                     upscaler_1 = "Lanczos",
                                     upscaler_2 = "Nearest",
                                     extras_upscaler_2_visibility = 0.7)
    result1.image.save('output.png')
    print(result1.info)
    print(result1.parameters)
```

```
        print(f"图像已保存到 {output_path}")

if __name__ == '__main__':
    main(sys.argv[1], int(sys.argv[2]), int(sys.argv[3]), sys.argv[4])
```

将输入图像指定为 input.png,将宽度指定为 1280,将高度指定为 720,将输出图像指定为 output.png,使用 extra_single_image API 上传单幅图像并进行图像高清化处理的代码如下:

```
>> python("sd_extra_single_image.py", "input.png", "1280", "720", "output.png")
```

extra_batch_images API 可以用于上传多幅图像并进行图像高清化处理。

extra_batch_images API 的请求参数如表 13-145 所示。

表 13-145　extra_batch_images API 的请求参数

参　　数	含　　义
images	输入的图像文件或 URL,用于后续进行处理或生成
name_list	输入的图像名称
resize_mode	调整图像大小的模式,例如保持纵横比、填充、裁剪等
show_extras_results	是否显示额外的处理结果,例如不同阶段的生成图像、中间层输出等
gfpgan_visibility	控制 GFPGAN 的可见性
codeformer_visibility	控制 Codeformer 的可见性
codeformer_weight	控制 Codeformer 的权重
upscaling_resize	是否启用缩放功能
upscaling_resize_w	缩放后的图像宽度
upscaling_resize_h	缩放后的图像高度
upscaling_crop	在采样过程中是否进行裁剪,以调整图像的纵横比
upscaler_1	第 1 种高清化算法的名称或配置
upscaler_2	第 2 种高清化算法的名称或配置,用于进一步地提升图像质量
extras_upscaler_2_visibility	第 2 种高清化算法的权重
upscale_first	是否先高清化,然后进行其他操作
use_async	启用异步处理

extra_batch_images API 的返回参数如表 13-146 所示。

表 13-146　extra_batch_images API 的返回参数

参　　数	含　　义
html_info	HTML 格式的信息
image	图像

使用 extra_batch_images API 上传多幅图像并进行图像高清化处理的代码如下:

```
# 第13章/sd_extra_batch_images.py
import webuiapi
from PIL import Image
```

```
import sys


def main(image_path, width, height, output_path):
    image = Image.open(image_path)
    api = webuiapi.WebUIApi(host = 'stablediffusionwebui.cnoctave.cn', port = 80)
    result1 = api.extra_batch_images([image],
                                     resize_mode = 1,
                                     upscaling_resize_w = width,
                                     upscaling_resize_h = height,
                                     upscaler_1 = "Lanczos",
                                     upscaler_2 = "Nearest",
                                     extras_upscaler_2_visibility = 0.7)
    result1.image.save('output.png')
    print(result1.info)
    print(result1.parameters)
    print(f"图像已保存到 {output_path}")

if __name__ == '__main__':
    main(sys.argv[1], int(sys.argv[2]), int(sys.argv[3]), sys.argv[4])
```

将输入图像指定为 input.png,将宽度指定为 1280,将高度指定为 720,将输出图像指定为 output.png,使用 extra_batch_images API 上传多幅图像并进行图像高清化处理的代码如下:

```
>> python("sd_extra_batch_images.py", "input.png", "1280", "720", "output.png")
```

13.7.12 PNG info

PNG info 即图像信息。png_info API 可以获取图像信息。

png_info API 的请求参数如表 13-147 所示。

png_info API 的返回参数如表 13-148 所示。

表 13-147 png_info API 的请求参数

参　　数	含　　义
image	图像

表 13-148 png_info API 的返回参数

参　　数	含　　义
info	图像信息
items	详细的图像信息

使用 png_info API 获取图像信息的代码如下:

```
#第13章/sd_png_info.py
import webuiapi
from PIL import Image
import sys
```

```
def main(image_path):
    image = Image.open(image_path)
    api = webuiapi.WebUIApi(host = 'stablediffusionwebui.cnoctave.cn', port = 80)
    result1 = api.png_info(image)
    print(result1.info)
    return result1.info


if __name__ == '__main__':
    main(sys.argv[1])
```

将输入图像指定为 input.png，使用 png_info API 获取图像信息的代码如下：

```
>> python("sd_png_info.py", "input.png")
```

图书推荐

书　　　名	作　　者
HarmonyOS 移动应用开发(ArkTS 版)	刘安战、余雨萍、陈争艳 等
Vue＋Spring Boot 前后端分离开发实战(第 2 版·微课视频版)	贾志杰
仓颉语言网络编程	张磊
仓颉语言实战(微课视频版)	张磊
仓颉语言核心编程——入门、进阶与实战	徐礼文
仓颉语言程序设计	董昱
仓颉程序设计语言	刘安战
仓颉语言元编程	张磊
仓颉语言极速入门——UI 全场景实战	张云波
仓颉语言网络编程	张磊
公有云安全实践(AWS 版·微课视频版)	陈涛、陈庭暄
虚拟化 KVM 极速入门	陈涛
移动 GIS 开发与应用——基于 ArcGIS Maps SDK for Kotlin	董昱
Node.js 全栈开发项目实践——Egg.js＋Vue.js＋uni-app＋MongoDB(微课视频版)	葛天胜
前端工程化——体系架构与基础建设(微课视频版)	李恒谦
TypeScript 框架开发实践(微课视频版)	曾振中
Chrome 浏览器插件开发(微课视频版)	乔凯
精讲 MySQL 复杂查询	张方兴
精讲数据结构(Java 语言实现)	塔拉
Kubernetes API Server 源码分析与扩展开发(微课视频版)	张海龙
Spring Cloud Alibaba 微服务开发	李西明、陈立为
解密 SSM——从架构到实践	鲍源野、江宇奇、饶欢欢
编译器之旅——打造自己的编程语言(微课视频版)	于东亮
全栈接口自动化测试实践	胡胜强、单镜石、李睿
Spring Boot＋Vue.js＋uni-app 全栈开发	夏运虎、姚晓峰
Selenium 3 自动化测试——从 Python 基础到框架封装实战(微课视频版)	栗任龙
NDK 开发与实践(入门篇·微课视频版)	蒋超
跟我一起学 uni-app——从零基础到项目上线(微课视频版)	陈斯佳
Python Streamlit 从入门到实战——快速构建机器学习和数据科学 Web 应用(微课视频版)	王鑫
C++ 元编程与通用设计模式实现	宋炜
Java 项目实战——深入理解大型互联网企业通用技术(基础篇)	廖志伟
Java 项目实战——深入理解大型互联网企业通用技术(进阶篇)	廖志伟
恶意代码逆向分析基础详解	刘晓阳
网络攻防中的匿名链路设计与实现	杨昌家
零基础入门 CyberChef 分析恶意样本文件	黄雪丹、任嘉妍
Spring Boot 3.0 开发实战	李西明、陈立为
Go 语言零基础入门(微课视频版)	郭志勇
零基础入门 Rust-Rocket 框架	盛逸飞
SageMath 程序设计	于红博
NIO 高并发 WebSocket 框架开发(微课视频版)	刘宁萌
数据星河：构建现代化数据仓库之路	程志远、左岩、翟文麟

书　名	作　者
全解深度学习——九大核心算法	于浩文
跟我一起学深度学习	王成、黄晓辉
大模型时代——智能体的崛起与应用实践(微课视频版)	王瑞平、张美航、王瑞芳 等
强化学习——从原理到实践	李福林
HuggingFace 自然语言处理详解——基于 BERT 中文模型的任务实战	李福林
动手学推荐系统——基于 PyTorch 的算法实现(微课视频版)	於方仁
深度学习——从零基础快速入门到项目实践	文青山
LangChain 与新时代生产力——AI 应用开发之路	陆梦阳、朱剑、孙罗庚、韩中俊
玩转 OpenCV——基于 Python 的原理详解与项目实践	刘爽
Transformer 模型开发从 0 到 1——原理深入与项目实践	李瑞涛
语音与音乐信号处理轻松入门(基于 Python 与 PyTorch)	姚利民
图像识别——深度学习模型理论与实战	于浩文
GPT 多模态大模型与 AI Agent 智能体	陈敬雷
非线性最优化算法与实践(微课视频版)	龙强、赵克全
Python 量化交易实战——使用 vn.py 构建交易系统	欧阳鹏程
基金量化之道——系统搭建与实践精要	欧阳鹏程
编程改变生活——用 Qt 6 创建 GUI 程序(基础篇·微课视频版)	邢世通
编程改变生活——用 Qt 6 创建 GUI 程序(进阶篇·微课视频版)	邢世通
编程改变生活——用 PySide6/PyQt6 创建 GUI 程序(基础篇·微课视频版)	邢世通
编程改变生活——用 PySide6/PyQt6 创建 GUI 程序(进阶篇·微课视频版)	邢世通
编程改变生活——用 Python 提升你的能力(基础篇·微课视频版)	邢世通
编程改变生活——用 Python 提升你的能力(进阶篇·微课视频版)	邢世通
Python 区块链量化交易	陈林仙
Unity 编辑器开发与拓展	张寿昆
Unity 游戏单位驱动设计	张寿昆
Unity3D 插件开发之路	陈星睿
Python 全栈开发——数据分析	夏正东
Python 全栈开发——Web 编程	夏正东
Linux x86 汇编语言视角下的 shellcode 开发与分析	刘晓阳
从数据科学看懂数字化转型——数据如何改变世界	刘通
FFmpeg 入门详解——音视频原理及应用	梅会东
FFmpeg 入门详解——流媒体直播原理及应用	梅会东
FFmpeg 入门详解——命令行与音视频特效原理及应用	梅会东
FFmpeg 入门详解——音视频流媒体播放器原理及应用	梅会东
FFmpeg 入门详解——视频监控与 ONVIF＋GB28181 原理及应用	梅会东
深入浅出 Power Query M 语言	黄福星
深入浅出 DAX——Excel Power Pivot 和 Power BI 高效数据分析	黄福星
从 Excel 到 Python 数据分析：Pandas、xlwings、openpyxl、Matplotlib 的交互与应用	黄福星
云计算管理配置与实战	杨昌家
AI 芯片开发核心技术详解	吴建明、吴一昊
MLIR 编译器原理与实践	吴建明、吴一昊